Lehrbuch

Physik

Sekundarstufe I
(Klassen 9 und 10)

Optik
Kernphysik
Mechanik
Elektrizitätslehre

Volk und Wissen Verlag

Autoren:
Prof. Dr. Ekkehard Ciesla (Mechanik 4, 5, 6, 7)
Dr. Wolfgang Krug (Elektrizitätslehre 7, 8, 9; Kernphysik 1, 2, 3)
Prof. Dr. Klaus Liebers (Elektrizitätslehre 1, 2, 6)
Dr. Ernst Neumann (Elektrizitätslehre 3, 4, 5)
Dr. Josef Peter (Mechanik 8, 9, 10)
Prof. Dr. Georg Schollmeyer (Mechanik 1, 2, 3)
Prof. Dr. Hans-Joachim Wilke (Mechanik 4, 5, 6, 7;
Elektrizitätslehre 10; Optik 1, 2)

Redaktion: Bettina Rosenkranz

Zum Buch erschienene Lehrerbände:

Mechanik 3	ISBN 3-06-022216-9
Elektrizitätslehre 2	ISBN 3-06-022215-0
Optik 2/Kernphysik/Praktikum	ISBN 3-06-022217-7

Dieses Werk folgt der reformierten Rechtschreibung und Zeichensetzung. Währungsangaben erfolgen in Euro.

ISBN 3-06-020941-3

1. Auflage
5 4 3 2 / 03 02 01 00
Alle Drucke dieser Auflage sind unverändert und im Unterricht parallel nutzbar. Die letzte Zahl bedeutet das Jahr dieses Druckes.

Printed in Germany
Satz: VWV DTP
Reproduktion: CRIS GmbH, Berlin
Druck und Binden: Westermann Druck Zwickau GmbH
Technische Zeichnungen: Waltraud Schmidt
Illustrationen: Rainer Fischer, Karl-Heinz Wieland, Hans Wunderlich
Einband: Wolfgang Lorenz
Typografie und Layout: Hansmartin Schmidt, Wolfgang Lorenz

Inhalt

1 Bewegungen mit konstantem Betrag der Geschwindigkeit

Im täglichen Leben kann man eine Vielzahl unterschiedlicher Bewegungen von Menschen, Tieren, Fahrzeugen, Flüssen, Planeten usw. verfolgen. Manche Bewegungen sind sehr kompliziert. Es fällt schwer sie zu beschreiben. Welche Gesetze gelten für unterschiedliche Bewegungen?

1

2

3

Relativität der Bewegung

Sicher haben Sie schon folgendes Erlebnis gehabt: Sie sitzen im Zug und schauen auf einen Zug, der auf dem Nachbargleis steht (Bild 4). Plötzlich beobachten Sie, dass sich dieser Zug von Ihnen entfernt. Eine kurze Zeit lang wissen Sie nicht, welcher der beiden Züge fährt. Während der Zugfahrt bewegen Sie sich in Bezug auf Ihr Abteil nicht. Sie bewegen sich aber in Bezug auf die Landschaft, die der Zug durchfährt.
Ein Körper kann gegenüber einem Bezugskörper in Ruhe sein, gegenüber einem anderen jedoch in Bewegung. Oft dient die Erde als Bezugskörper.

Die Bewegung eines Körpers ist die Veränderung seines Ortes relativ zu einem Bezugskörper.

4

Ob Sie sich bewegen, ist eine Frage des Bezugspunktes.

Gleichförmige geradlinige Bewegung

Im Vergnügungspark kann man verschiedene Bewegungen beobachten. Das Karussell dreht sich, die Luftschaukel schwingt, die Autos im Autoscooter können komplizierte Bewegungen ausführen. Man kann das Auto geradeaus steuern oder in beliebigen Kurven fahren. Auf einer Rolltreppe bewegen sich Menschen längs einer geraden Bahn (Bild 1). Sie bewegen sich an allen Stellen gleich schnell. Eine solche Bewegung nennt man gleichförmige geradlinige Bewegung. Sie ist die einfachste Bewegungsform. Vergleicht man die Bewegung eines Autos mit der eines Fahrrades, so fällt auf, dass sich das Auto wesentlich schneller bewegt als das Fahrrad. Das Auto kann in der gleichen Zeit einen viel größeren Weg als das Fahrrad zurücklegen. Für eine bestimmte Strecke benötigt das Auto eine kürzere Zeit als das Fahrrad. Wir erkennen, dass die Schnelligkeit sowohl vom Weg als auch von der Zeit abhängt. Die Schnelligkeit bezeichnet der Physiker als **Geschwindigkeit**. Wie kann man die Geschwindigkeit eines Körpers berechnen?

1

Auf der Rolltreppe bewegen sich die Menschen gleichförmig geradlinig.

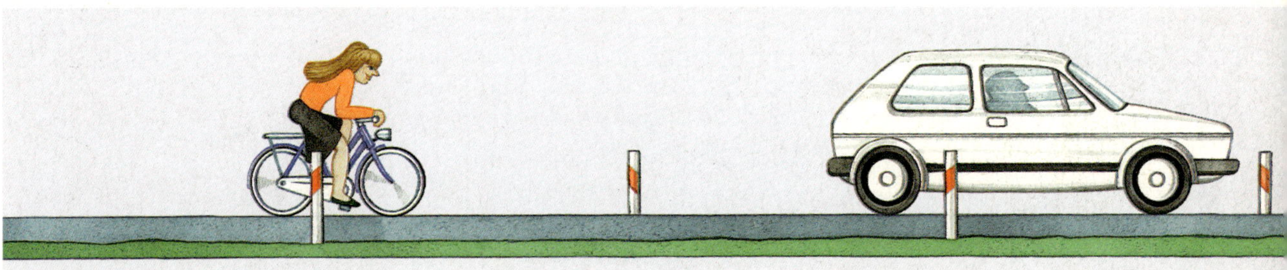
2

Um die Geschwindigkeit, die ein Körper besitzt, zu kennzeichnen, muss man den Weg angeben, den er in einer bestimmten Zeit zurücklegt. Deshalb gilt: Geschwindigkeit = $\frac{\text{Weg}}{\text{Zeit}}$ ($v = \frac{s}{t}$).

Die Geschwindigkeit eines Körpers gibt an, wie schnell sich dieser bewegt.

Geschwindigkeit = $\frac{\textbf{Weg}}{\textbf{Zeit}}$

$$v = \frac{s}{t}$$

Die Einheit der Geschwindigkeit ergibt sich aus den Einheiten für Weg und Zeit: $\frac{\text{m}}{\text{s}}$. Neben der Einheit $\frac{\text{m}}{\text{s}}$ wird im täglichen Leben häufig die Einheit $\frac{\text{km}}{\text{h}}$ gewählt.

Es gilt die Beziehung:

$$1\,\frac{\text{m}}{\text{s}} = 3{,}6\,\frac{\text{km}}{\text{h}} \quad (1\ \text{m} \cdot \text{s}^{-1} = 3{,}6\ \text{km} \cdot \text{h}^{-1}).$$

Um die Geschwindigkeit eines Körpers zu bestimmen, muss man den Weg und die dazugehörige Zeit messen. Die Berechnung erfolgt dann nach der Gleichung. Es ist aber auch möglich, die Geschwindigkeit direkt zu messen. Dazu benutzt man ein Tachometer (Bild 3).

3

Weg-Zeit-Gesetz der gleichförmigen geradlinigen Bewegung

Die Menschen auf einer Rolltreppe bewegen sich an allen Stellen mit gleich bleibender Geschwindigkeit. Sie führen eine gleichförmige geradlinige Bewegung aus. Für diese Bewegung gilt also

$v = \frac{s}{t}$ = konstant.

Den Weg kann man mit dem Gesetz $s = v \cdot t$ berechnen.

Man erhält es durch Umformen von $v = \frac{s}{t}$ nach s.

Weg-Zeit-Gesetz für die gleichförmige geradlinige Bewegung $\quad s = v \cdot t$

Gültigkeitsbedingung: Die Messung des Weges beginnt zur Zeit $t = 0$.

Weg-Zeit-Diagramm und Geschwindigkeit-Zeit-Diagramm. Zur Veranschaulichung der Bewegung eines Körpers kann man eine grafische Darstellung benutzen. Dazu wollen wir die Bewegung eines Wagens auf einer Schiene untersuchen.

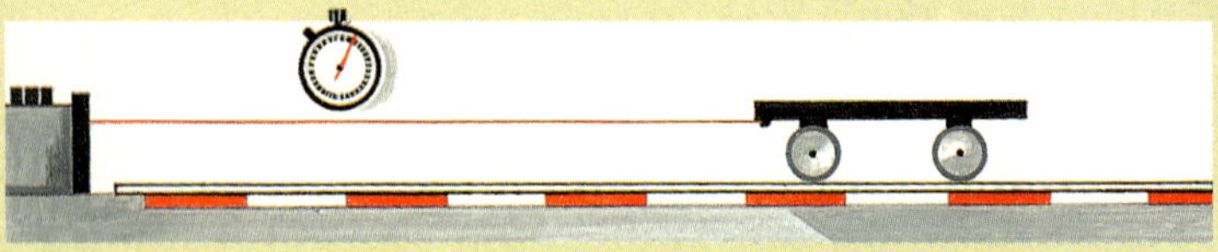

1

Experiment 1
Mithilfe eines Motors wird ein Wagen gleichförmig auf Schienen bewegt (Bild 1). Es wird die Zeit gemessen, die der Wagen benötigt, um einen Weg von 20 cm zurückzulegen. Danach wird die Zeit für einen Weg von 40 cm usw. bestimmt. Wege und Zeiten werden in ein Diagramm eingetragen.
Danach wird das Experiment noch zweimal mit jeweils größerer Geschwindigkeit wiederholt. Auch diese Wertepaare werden in das Diagramm eingetragen.

Das Diagramm (Bild 2) ist ein **Weg-Zeit-Diagramm** der gleichförmigen Bewegung.
Wenn wir für jede der drei Bewegungen die Geschwindigkeiten zu verschiedenen Zeiten berechnen und die Wertepaare in ein Diagramm eintragen, erhalten wir ein **Geschwindigkeit-Zeit-Diagramm** (Bild 3).

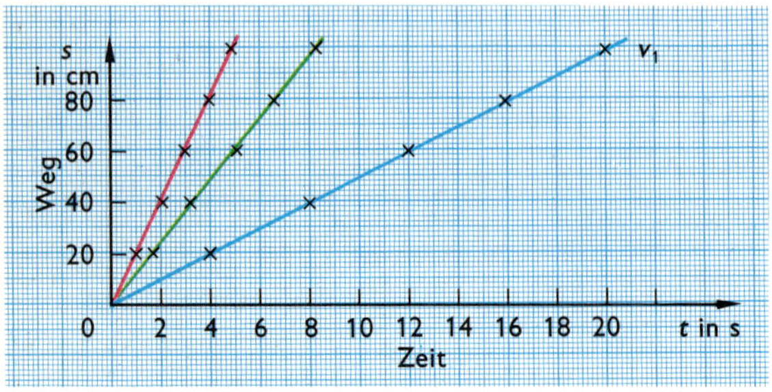

2

Weg-Zeit-Diagramm

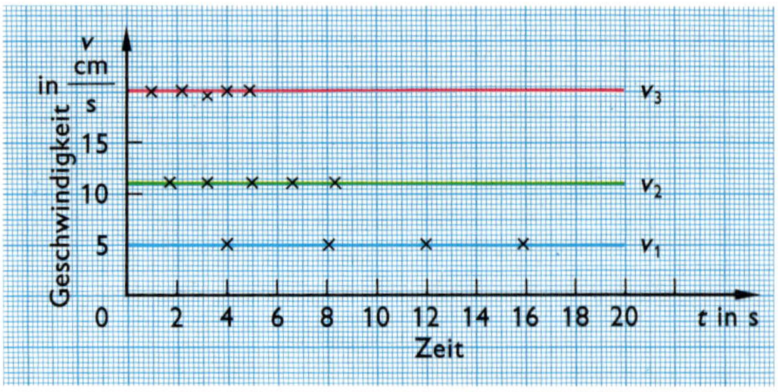

3

Geschwindigkeit-Zeit-Diagramm

Welche Aussagen können aus den Diagrammen entnommen werden?

- Im Weg-Zeit-Diagramm sind die Graphen für gleichförmige Bewegungen Geraden. Sie gehen durch den Koordinatenursprung, d. h., der Weg ist der Zeit proportional: $s \sim t$. Der Anstieg der Geraden ist umso größer, je größer die Geschwindigkeit der jeweiligen Bewegung ist.
- Im Geschwindigkeit-Zeit-Diagramm sind die Graphen für gleichförmige Bewegungen Geraden. Sie verlaufen parallel zur t-Achse. Für jede dieser Bewegungen ist zu allen Zeitpunkten die Geschwindigkeit gleich groß. Die Geschwindigkeit ist konstant: v = konstant. Der Abstand der Geraden von der t-Achse ist umso größer, je größer die Geschwindigkeit ist.

Diese Betrachtungen zeigen, dass man aus Diagrammen viele Informationen gewinnen kann. Ein solches Auswerten nennt man Interpretieren. Beim **Interpretieren von Diagrammen** kann man wie folgt vorgehen:

1. Angeben, zwischen welchen physikalischen Größen ein Zusammenhang dargestellt ist (geht aus den Achsenbeschriftungen hervor).
2. Angeben des Zusammenhangs, der zwischen diesen Größen besteht.
3. Nennen der Bedingungen, unter denen der dargestellte Zusammenhang gilt.
4. Erläutern eines Beispiels für diesen Zusammenhang.

Aus einem Diagramm können nicht nur Informationen über die physikalischen Größen, die auf den Koordinatenachsen aufgetragen sind, gewonnen werden, sondern auch noch über andere Größen.

- Im Geschwindigkeit-Zeit-Diagramm für die gleichförmige Bewegung ist die Fläche unter dem Graphen ein Rechteck. Für diese Fläche gilt: $v \cdot t$. Da die Gleichung $s = v \cdot t$ gilt, ist diese Fläche ein Maß für den Weg, den ein Körper bis zu einer bestimmten Zeit zurücklegt (Bild 1).
- Im Weg-Zeit-Diagramm der gleichförmigen Bewegung ist der Anstieg des Graphen gleich dem Quotienten aus Weg und Zeit: $\frac{s}{t}$. Da die Gleichung $v = \frac{s}{t}$ gilt, ist der Anstieg des Graphen ein Maß für die Geschwindigkeit.

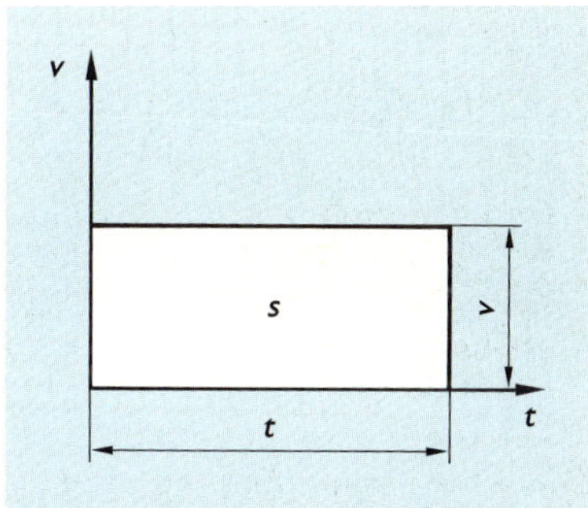

1

Um diese Beispiele zu verdeutlichen, betrachten wir die Diagramme in den Bildern 2 und 3, S. 6 noch einmal. Wir wählen die langsamste Bewegung aus.

- Für die Zeit t = 20 s ist das Produkt $v \cdot t$ im v-t-Diagramm $\frac{5\ \text{cm}}{1\ \text{s}} \cdot 20\ \text{s} = 100\ \text{cm}$. Das stimmt mit dem s-t-Diagramm überein. Hier gehört zu einer Zeit von 20 s ein Weg von 100 cm.
- Im s-t-Diagramm gehört zu einer Zeit von 20 s der Weg von 100 cm. Bilden wir den Quotienten $\frac{s}{t} = \frac{100\ \text{cm}}{20\ \text{s}}$, so erhalten wir $v = 5\ \frac{\text{cm}}{\text{s}}$. Das entspricht der Geschwindigkeit der langsamsten Bewegung.

Durchschnittsgeschwindigkeit

Im täglichen Leben kommen gleichförmige geradlinige Bewegungen nur selten vor. Eisenbahnzüge müssen erst anfahren, bis sie sich gleichförmig bewegen können, vor Signalen müssen sie abbremsen und in Bahnhöfen halten. Autos im Straßenverkehr müssen vor Ampeln stoppen, auf Verkehrsteilnehmer reagieren und so ihre Geschwindigkeit immer wieder ändern. Sie führen insgesamt gesehen eine ungleichförmige Bewegung aus.

Auch für solche Bewegungen ist es möglich, eine Aussage über die Geschwindigkeit zu machen. So möchte man z. B. wissen, wie lange man mit einem Zug braucht – obwohl er sich ungleichförmig bewegt – um eine bestimmte Strecke zurückzulegen. Zur Beschreibung einer solchen Bewegung gebraucht man die physikalische Größe **Durchschnittsgeschwindigkeit**.

Das Formelzeichen für die Durchschnittsgeschwindigkeit ist $\bar{v}$ (sprich: v quer).

Man errechnet sie, indem man den gesamten zurückgelegten Weg durch die dazu benötigte Zeit dividiert.

$$\textbf{Durchschnittsgeschwindigkeit} = \frac{\textbf{gesamter zurückgelegter Weg}}{\textbf{dazu benötigte Zeit}} \qquad \bar{v} = \frac{s}{t}$$

Im Bild 1 ist solch eine ungleichförmige Bewegung eines Fahrzeuges dargestellt.

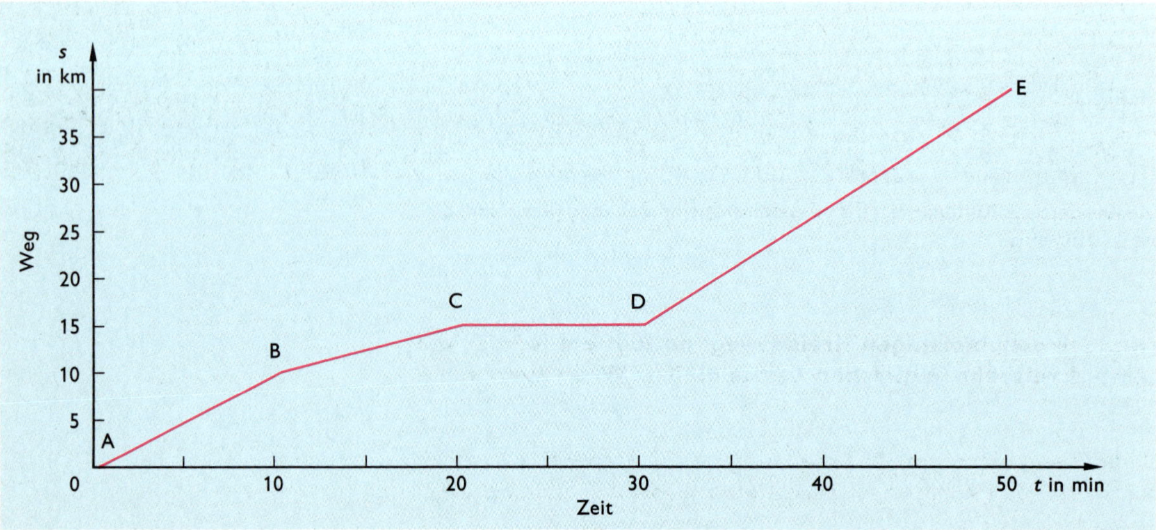

1

Vereinfachte grafische Darstellung einer ungleichförmigen Bewegung

Die Geschwindigkeiten sind während der verschiedenen Zeitabschnitte unterschiedlich. Insgesamt legt das Fahrzeug in einer Zeit von 50 min einen Weg von 40 km zurück. Die Durchschnittsgeschwindigkeit beträgt:

$$\bar{v} = \frac{s}{t} = \frac{40\ \text{km}}{50\ \text{min}} = 0{,}8\ \frac{\text{km}}{\text{min}} = 48\ \frac{\text{km}}{\text{h}} = 48\ \text{km} \cdot \text{h}^{-1}.$$

Gleichförmige Kreisbewegung

Die Gondeln eines Kettenkarussells bewegen sich auf einer Kreisbahn. Solange sich das Karussell gleich bleibend schnell dreht, führen sie eine gleichförmige Kreisbewegung aus. Sie ist die einfachste aller krummlinigen Bewegungen (Bild 1).

1

Die Gondeln des Kettenkarussells bewegen sich eine Zeit lang gleichförmig auf Kreisbahnen.

Bei der gleichförmigen Kreisbewegung legt ein Körper auf einer Kreisbahn in gleichen Zeiten gleiche Wege zurück.

Deshalb kann man für die Berechnung der Geschwindigkeit bei der gleichförmigen Kreisbewegung dieselbe Gleichung wie für die gleichförmige geradlinige Bewegung anwenden: $v = \frac{s}{t}$.

Um eine Kreisbewegung zu kennzeichnen, kann man die Dauer eines Umlaufs, die Umlaufzeit T, benutzen. Während dieser Umlaufzeit legt ein Körper auf der Kreisbahn den Weg $s = 2\pi \cdot r$ zurück.

Damit gilt für die gleichförmige Kreisbewegung: $\mathbf{v = \frac{2\pi \cdot r}{T}}$.

Ein Blick in die Geschichte

Die Bewegungen der Himmelskörper haben die Menschen schon immer sehr interessiert. Wegen der Relativität der Bewegungen ergaben sich unterschiedliche Weltbilder, je nachdem, welchen Bezugskörper der Beobachter wählte.
Vor Tausenden von Jahren wurde angenommen, dass die Erde im Mittelpunkt des Weltalls ruht und die Planeten, unsere Sonne sowie alle anderen Sterne sich um die Erde herum auf teilweise sehr komplizierten Bahnen bewegen.
Der griechische Astronom *Ptolemäus* (etwa 90–160 n. Chr.) hat die Erkenntnisse seiner Zeit über dieses geozentrische Weltbild um 150 n. Chr. in einem Buch zusammengefasst.
Seine Lehren haben sich lange behauptet, obwohl es später Gelehrte gab, die Zweifel daran anmeldeten. Zu ihnen gehörte auch *Nicolaus Copernicus* (1473–1543). Bei seinen astronomischen Beobachtungen und langwierigen Messungen und Berechnungen stellte er immer wieder Widersprüche zur Theorie des *Ptolemäus* fest. Er schloss deshalb, dass die Sonne im Mittelpunkt des Weltalls steht und die Erde und die anderen Planeten sie umkreisen. Die Erde dreht sich in diesem heliozentrischen Weltbild täglich einmal um ihre Achse (Bild 1). *Copernicus* hat lange gezögert, seine Lehren zu veröffentlichen. Zum einen standen seine neuen Erkenntnisse im Gegensatz zu den Lehren der Kirche und zum anderen war er mit den Ergebnissen nicht zufrieden. Auch er musste feststellen, dass seine Beobachtungen und Berechnungen noch Unstimmigkeiten aufwiesen. Die Kunde von der Ausarbeitung eines grundlegenden neuen Werkes der Astronomie verbreitete sich in Fachkreisen. In Wittenberg erfuhr der junge Mathematiker *Rhaeticus* (1514–1575) von dieser umwälzenden Idee. Er begab sich zu *Copernicus* und wurde zu einem begeisterten Verfechter des heliozentrischen Weltbildes. Er machte in einem ausführlichen Bericht die Öffentlichkeit mit dem Hauptinhalt von *Copernicus'* Werk bekannt. Aufgrund des intensiven Zuredens von *Rhaeticus* gab *Copernicus* schließlich die Zustimmung zur Veröffentlichung seines Werkes. *Rhaeticus* veranlasste die Drucklegung von „De revolutionibus". *Copernicus* soll sein berühmtes gedrucktes Werk auf seinem Sterbebett gerade noch in den Händen gehalten haben. Dieses Buch erregte Aufsehen, denn es enthielt bahnbrechende Gedanken.
Johannes Kepler (1571–1630) hat das heliozentrische Weltbild des *Copernicus* schließlich im Ergebnis exakter Messungen und Berechnungen verfeinert. Er erkannte u. a., dass die Bahnen der Planeten um die Sonne die Form von Ellipsen haben.

1

Gewusst? Erkannt? Gekonnt?

1. Erläutern Sie an Beispielen, dass jede Bewegung relativ ist!
2. Überprüfen Sie die Richtigkeit der Umrechnungsgleichung $1\ \text{m} \cdot \text{s}^{-1} = 3{,}6\ \text{km} \cdot \text{h}^{-1}$!
3. Um sein Tachometer zu überprüfen, durchfährt ein Kraftfahrer auf der Autobahn die 500 m lange Strecke zwischen zwei Kilometerangaben gleichförmig so, dass das Tachometer stets $100\ \text{km} \cdot \text{h}^{-1}$ anzeigt. Er braucht für die Strecke 17 s. Was stellt er fest?
4. Welche Zeit benötigt das Licht der Sonne, bis es die 150 000 000 km entfernte Erde erreicht (Lichtgeschwindigkeit $c = 300\,000\ \text{km} \cdot \text{s}^{-1}$)?
5. Was versteht man in der Physik unter den Begriffen Bewegung und Geschwindigkeit? Geben Sie Beispiele dafür an, dass diese Begriffe im Alltag auch anders aufgefasst werden!
6. Bei einem Experiment mit einer Spielzeuglokomotive wurden folgende Werte gemessen:

s in cm	0	30	60	90	120	150	180
t in s	0	2	4,1	6,1	8	9,9	12

a) Zeichnen Sie das *s*-*t*-Diagramm für diese Bewegung! b) Zeichnen Sie das *v*-*t*-Diagramm! c) Ermitteln Sie aus dem *s*-*t*-Diagramm die Zeit, die für 105 cm nötig ist, und den Weg, der in 11 s zurückgelegt wurde!

7. Wie lange dauert es, bis ein 200 m langer Güterzug mit der Geschwindigkeit $48\ \text{km} \cdot \text{h}^{-1}$ einen 1,8 km langen Tunnel durchfahren hat?
8. Ein geostationärer Nachrichtensatellit befindet sich in 36 000 km Höhe über einem festen Punkt der Erdoberfläche.
   a) Welchen Weg legt er innerhalb eines Tages auf seiner Kreisbahn zurück (Erdradius = 6 370 km)?
   b) Mit welcher Geschwindigkeit (in $\text{km} \cdot \text{h}^{-1}$ und $\text{km} \cdot \text{s}^{-1}$) bewegt er sich dabei?
9. Wie groß ist die Geschwindigkeit eines Körpers am Äquator bei der Kreisbewegung, die durch die Erdrotation hervorgerufen wird?
10. Interpretieren Sie eines der *s*-*t*-Diagramme im Bild 2, S. 6!

Kurz und knapp

Die Bewegung eines Körpers ist die Veränderung seines Ortes relativ zu einem Bezugskörper.
Die Geschwindigkeit eines Körpers gibt an, wie schnell sich dieser bewegt.

$$\text{Geschwindigkeit} = \frac{\text{Weg}}{\text{Zeit}}\ ;\quad v = \frac{s}{t}\,.$$

Für die gleichförmige geradlinige Bewegung gilt:

$$v = \frac{s}{t} = \text{konstant.}$$

Daraus folgt das Weg-Zeit-Gesetz: $s = v \cdot t$ (Bedingung: Für $t = 0$ ist $s = 0$).

Die gleichförmige Kreisbewegung ist die einfachste krummlinige Bewegung. Für sie gilt ebenfalls $v = \frac{s}{t}$ = konstant.

Die Geschwindigkeit lässt sich aus Radius r und Umlaufzeit T berechnen: $v = \frac{2\pi r}{T}$.

Bei der ungleichförmigen Bewegung kann man die Durchschnittsgeschwindigkeit angeben:

$$\bar{v} = \frac{\text{gesamter zurückgelegter Weg}}{\text{dazu benötigte Zeit}} = \frac{s}{t}\,.$$

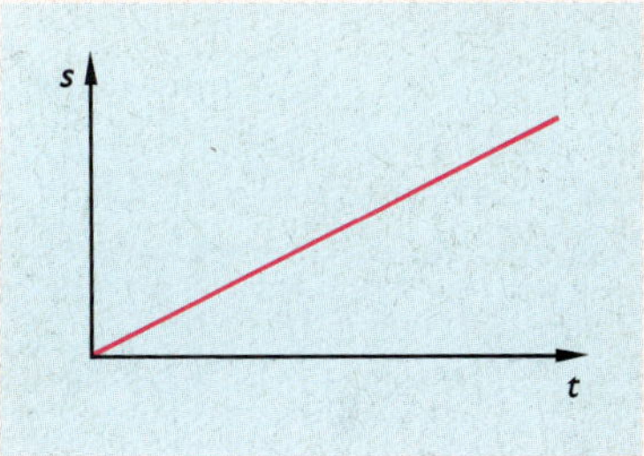

s-*t*-Diagramm

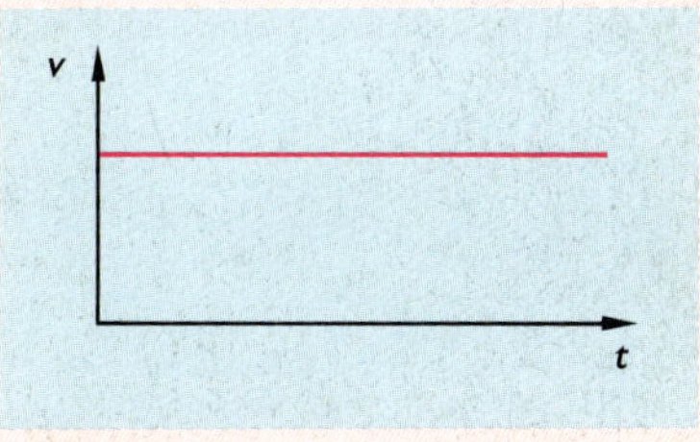

v-*t*-Diagramm

2 Bewegungen mit veränderlichem Betrag der Geschwindigkeit

Soeben wurde ein Autorennen gestartet. Der Fahrer, der seinen Wagen am schnellsten auf Höchstgeschwindigkeit beschleunigen kann, sichert sich eine gute Ausgangsposition für den weiteren Rennverlauf. Vor Kurven und in Gefahrensituationen muss der Fahrer stark bremsen und schnell wieder beschleunigen. Welche Gesetze gelten für beschleunigte Bewegungen?

1

Momentangeschwindigkeit

In Lkw und Autobussen sind Fahrtenschreiber eingebaut. Sie zeichnen in einem Diagramm exakt auf, welche Geschwindigkeit das Fahrzeug über Stunden hinweg in jedem Moment hatte (Bild 2). So kann jederzeit festgestellt werden, ob der Fahrer zulässige Höchstgeschwindigkeiten nicht überschritten hat, ob er vorgeschriebene Pausen eingehalten hat usw.

Der Fahrer kontrolliert seine Geschwindigkeit mit dem Tachometer. Beim Anfahren ändert sie sich ständig. Die Geschwindigkeit, die zu einem bestimmten Zeitpunkt vorliegt, nennt man **Momentangeschwindigkeit**.

Die Momentangeschwindigkeit kann man auch durch Messen von Wegen und Zeiten ermitteln.

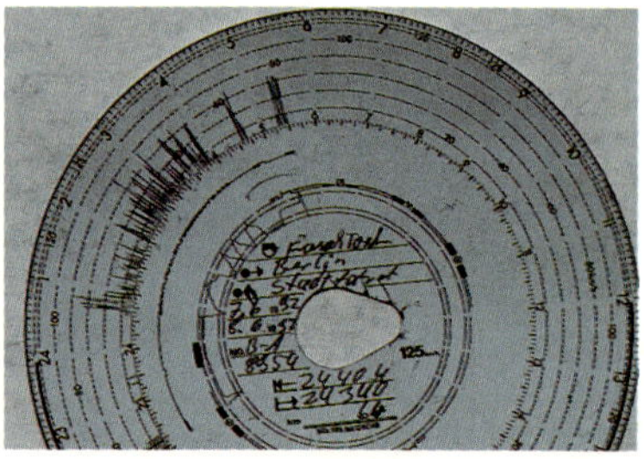
2
Fahrtenschreiber-Diagramm

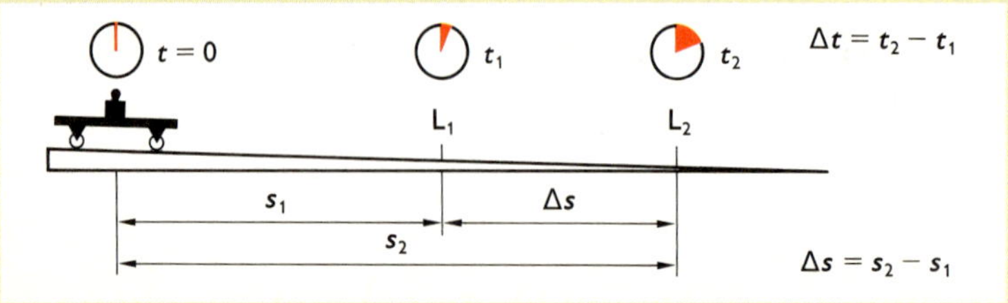

3

Experiment 1

Ein Wagen rollt eine geneigte Ebene hinab und führt dabei eine beschleunigte Bewegung aus. Er passiert die Lichtschranken L_1 und L_2 (Bild 3). Um seine Momentangeschwindigkeit beim Passieren der Lichtschranke L_2 zu bestimmen, wird die Zeit Δt (sprich: delta t) gemessen, die er für die Strecke $\Delta s = s_2 - s_1$ zwischen den beiden Lichtschranken benötigt. Schrittweise wird Δs verkürzt und für jede Einstellung wird der Quotient

$\bar{v} = \frac{\Delta s}{\Delta t}$ gebildet

($\bar{v}$, weil es sich immer um eine Durchschnittsgeschwindigkeit handelt). Die Werte werden in eine Tabelle eingetragen.

Messwertetabelle

s_2 in cm	s_1 in cm	$\Delta s = s_2 - s_1$ in cm	Δt in s	$\bar{v} = \frac{\Delta s}{\Delta t}$ in $\frac{cm}{s}$
100	20	80	1,265	63
100	40	60	0,895	67
100	60	40	0,578	69
100	80	20	0,284	70

Aus der letzten Spalte der Messwertetabelle ist ersichtlich, dass sich die Durchschnittsgeschwindigkeiten mit kleiner werdenden Δs und Δt einem bestimmten Wert nähern. Dieser Wert ist die Momentangeschwindigkeit des Wagens beim Passieren der Lichtschranke L_2.
Damit gilt:

Momentangeschwindigkeit $$v = \frac{\Delta s}{\Delta t}$$

Gültigkeitsbedingungen: Die Beträge von Δs und Δt sind hinreichend klein.

Beschleunigung

Ein Körper führt eine beschleunigte Bewegung aus, wenn sich seine Geschwindigkeit ändert.

Die Beschleunigung gibt an, wie schnell sich die Geschwindigkeit eines Körpers ändert.

Das Formelzeichen für die Beschleunigung ist a.

Die Beschleunigung ist umso größer, je größer die Änderung der Geschwindigkeit in einem bestimmten Zeitintervall ist oder je kleiner das Zeitintervall ist, während dessen eine bestimmte Änderung der Geschwindigkeit erfolgt.
Deshalb wurde festgelegt:

$$\textbf{Beschleunigung} = \frac{\textbf{Geschwindigkeitsänderung}}{\textbf{Zeitintervall}}$$ $$a = \frac{\Delta v}{\Delta t}$$

a – Beschleunigung
Δv – Geschwindigkeitsänderung
Δt – Zeitintervall, in dem die Geschwindigkeitsänderung erfolgt

Setzt man in die Gleichung die Einheiten für Δv und Δt ein, so erhält man als Einheit für die Beschleunigung

$$1\,\frac{\frac{\text{m}}{\text{s}}}{\text{s}} = 1\,\frac{\text{m}}{\text{s}^2} = 1\ \text{m} \cdot \text{s}^{-2}$$ (Meter je Quadratsekunde).

Einige Beschleunigungen beim Anfahren

Fahrzeug	Beschleunigung in $\text{m} \cdot \text{s}^{-2}$	Fahrzeug	Beschleunigung in $\text{m} \cdot \text{s}^{-2}$
Güterzug	0,08	Pkw, Kleinwagen	2
Personenzug	0,2	Pkw, Mittelklasse	4
U-Bahn	0,6	Moped	4
Personenaufzug	1	Sportwagen	5
Straßenbahn	1,2	Rennwagen	8

Gleichmäßig beschleunigte geradlinige Bewegung

Gleitet ein Skispringer eine Sprungschanze hinunter (Bild 1), so nimmt seine Geschwindigkeit anfangs gleichmäßig zu.
Bei einer gleichmäßig beschleunigten geradlinigen Bewegung ändert sich die Beschleunigung nicht. Es gilt also a = konstant.
Für eine gleichmäßig beschleunigte Bewegung aus dem Stillstand folgt aus der Gleichung $a = \frac{\Delta v}{\Delta t}$, dass $a = \frac{v}{t}$ ist. Zur Zeit $t = 0$ ist auch die Geschwindigkeit $v = 0$.
Stellt man diese Gleichung nach v um, so ergibt sich das

1

Der Skispringer bewegt sich in der Anlaufspur anfangs gleichmäßig beschleunigt.

Geschwindigkeit-Zeit-Gesetz der gleichmäßig beschleunigten geradlinigen Bewegung $\quad v = a \cdot t$

Gültigkeitsbedingungen:
Die Beschleunigung a ist konstant.
Die Bewegung erfolgt aus dem Stillstand.

Aus dem Geschwindigkeit-Zeit-Gesetz folgt, dass die Geschwindigkeit der Zeit proportional ist: $v \sim t$.
Im Geschwindigkeit-Zeit-Diagramm der gleichmäßig beschleunigten Bewegung ist der Graph eine Gerade, die durch den Koordinatenursprung geht (Bild 2).
Um eine Gleichung für den Weg s zu erhalten, betrachten wir die Fläche, die der Graph im v-t-Diagramm mit der Zeitachse einschließt. Von der Interpretation des Geschwindigkeit-Zeit-Diagramms der gleichförmig geradlinigen Bewegung wissen wir, dass die Fläche ein Maß für den Weg ist. Im Falle der gleichmäßig be-

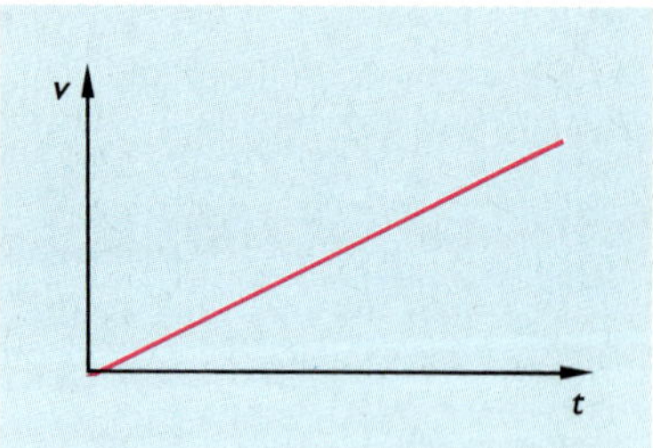

2

v-t-Diagramm für eine gleichmäßig beschleunigte Bewegung

schleunigten Bewegung hat die Fläche die Form eines Dreiecks (Bild 1). Für die Berechnung gilt:

$s = \frac{1}{2}\, t \cdot v.$

Unter Berücksichtigung des Geschwindigkeit-Zeit-Gesetzes der gleichmäßig beschleunigten Bewegung, $v = a \cdot t$,
ergibt sich das

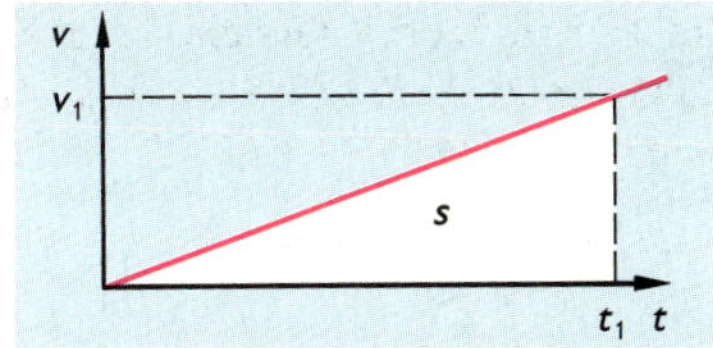

1

Weg-Zeit-Gesetz der gleichmäßig beschleunigten geradlinigen Bewegung

$$s = \frac{1}{2}\, a \cdot t^2$$

Gültigkeitsbedingungen:
Die Beschleunigung a ist konstant.
Die Bewegung erfolgt aus dem Stillstand.

Die Gültigkeit der hergeleiteten Gleichung wollen wir in einem Experiment überprüfen.

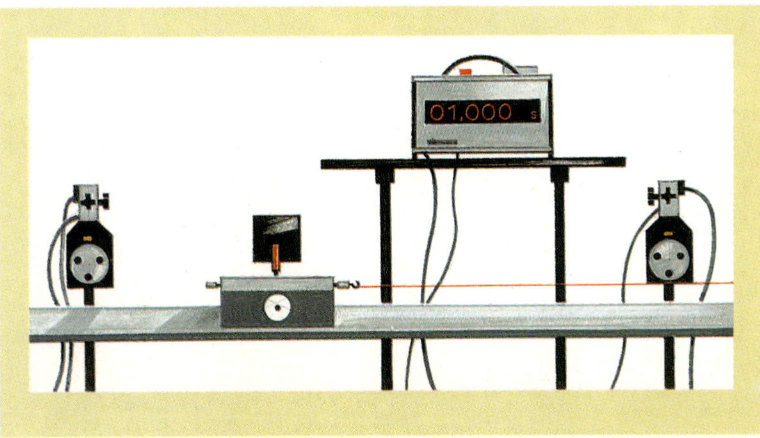

2

Experiment 2
Ein Schwebekörper auf der Luftkissenbahn wird durch eine konstante Kraft gleichmäßig beschleunigt. Gemessen werden die Zeiten, die für festgelegte Wege benötigt werden, und die Momentangeschwindigkeiten, die der Schwebekörper zu diesen Zeiten erreicht hat. Danach wird das Experiment bei größerer Beschleunigung wiederholt. Die Messwerte werden in eine Tabelle eingetragen.

	s in cm	t in s	v in $\frac{\text{cm}}{\text{s}}$	$a = \frac{v}{t}$ in $\frac{\text{cm}}{\text{s}^2}$	$s = \frac{1}{2}\, a \cdot t^2$ in cm
Teil-experiment 1	10	1,85	12	6,5	11
	20	2,61	16	6,1	21
	40	3,58	22	6,1	40
	60	4,49	26	5,8	58
	80	5,22	32	6,1	83
Teil-experiment 2	10	1,43	14	9,8	10
	20	2,03	20	9,9	20
	40	2,80	29	10,4	41
	60	3,51	35	10,0	62
	80	4,04	40	9,9	81

Aus der vorletzten Spalte geht hervor: $a = \frac{v}{t}$ ist bei beiden Teilexperimenten eine Konstante. Im Teilexperiment 1 hat sie den mittleren Wert $a = 6{,}1\ \frac{\text{cm}}{\text{s}^2}$, im Teilexperiment 2 ist $a = 10\ \frac{\text{cm}}{\text{s}^2}$. Die letzte Spalte zeigt: Die errechneten Werte für $s = \frac{1}{2}\ a \cdot t^2$ stimmen mit denen, die in der ersten Spalte stehen, gut überein (Abweichungen sind durch Messfehler entstanden, die z. B. auf Reibung beruhen).

Damit sind das Weg-Zeit-Gesetz und das Geschwindigkeit-Zeit-Gesetz für die gleichmäßig beschleunigte geradlinige Bewegung bestätigt.

Geschwindigkeit-Zeit-Diagramm, Weg-Zeit-Diagramm und Beschleunigung-Zeit-Diagramm. Die in dem vorhergehenden Experiment gewonnenen Messergebnisse sind in den Bildern 1, 2 und 3 dargestellt.

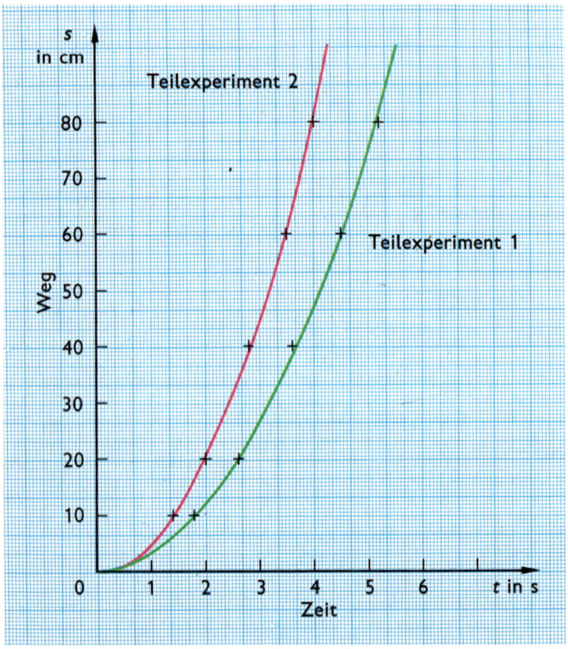

1
Weg-Zeit-Diagramm

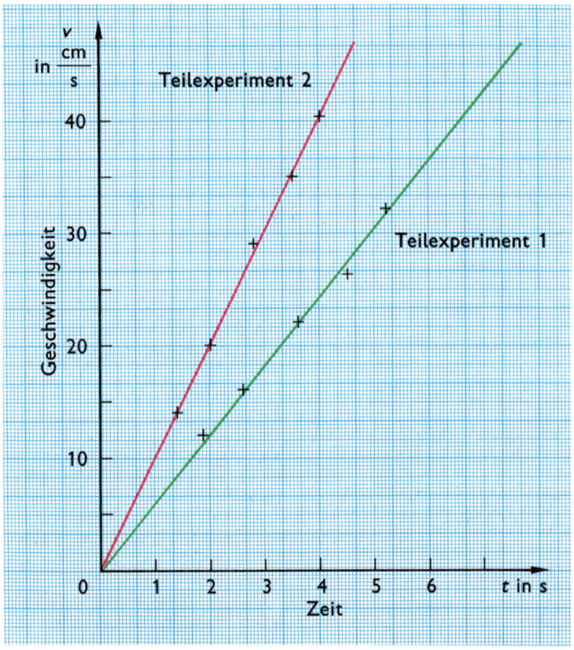

2
Geschwindigkeit-Zeit-Diagramm

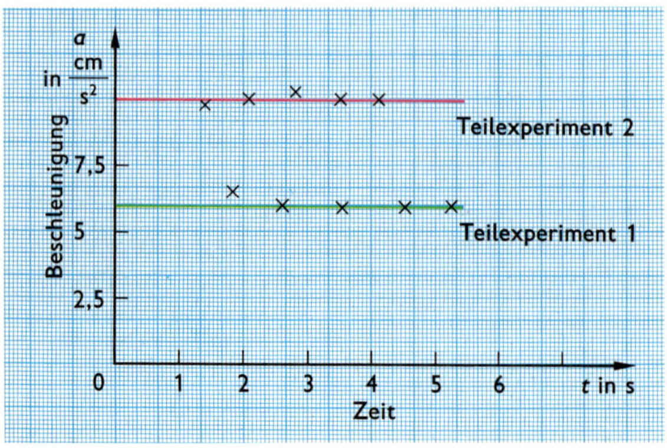

3 Beschleunigung-Zeit-Diagramm

Wir erkennen:
- Der Graph im Weg-Zeit-Diagramm einer gleichmäßig beschleunigten Bewegung ist eine Parabel. Sie ist umso mehr gestreckt, je größer die Beschleunigung a ist.
- Der Graph im Geschwindigkeit-Zeit-Diagramm einer gleichmäßig beschleunigten Bewegung ist eine Gerade, die durch den Koordinatenursprung geht. Ihr Anstieg ist umso größer, je größer die Beschleunigung a ist.
- Der Graph im Beschleunigung-Zeit-Diagramm ist eine Parallele zur t-Achse.

Beispiel zur Berechnung der Beschleunigung

Ein Motorradfahrer hat bei konstanter Beschleunigung aus dem Stand heraus nach 5 s eine Geschwindigkeit von 72 $\frac{\text{km}}{\text{h}}$ erreicht. Welchen Weg hat er dabei zurückgelegt? Wie groß war seine Beschleunigung?

1

Analyse: Es liegt eine gleichmäßig beschleunigte Bewegung vor.

Gesucht: s, a

Gegeben: $t = 5\ \text{s}$

$v = 72\ \frac{\text{km}}{\text{h}} = 20\ \frac{\text{m}}{\text{s}}$

Plan zur Lösung:

Der Weg wird mit der Gleichung $s = \frac{1}{2}\ a \cdot t^2$ und die Beschleunigung mit der Gleichung $a = \frac{v}{t}$ berechnet.

Da t und v gegeben sind, muss zuerst a errechnet werden, danach s.

Lösung:

1. $v = a \cdot t$

$$a = \frac{v}{t}$$

$$a = \frac{20\ \text{m}}{\text{s} \cdot 5\ \text{s}} = \frac{20\ \text{m}}{5\ \text{s}^2}$$

$$\underline{\underline{a = 4\ \frac{\text{m}}{\text{s}^2}}}$$

2. $s = \frac{1}{2}\ a \cdot t^2$

$$s = \frac{1}{2} \cdot \frac{4\ \text{m}}{\text{s}^2} \cdot (5\ \text{s})^2$$

$$s = \frac{4\ \text{m} \cdot 25\ \text{s}^2}{2\ \text{s}^2} = \frac{4 \cdot 25\ \text{m} \cdot \text{s}^2}{2\ \text{s}^2}$$

$$\underline{\underline{s = 50\ \text{m}}}$$

Ergebnis:

Der Motorradfahrer hat nach 5 s einen Weg von 50 m zurückgelegt. Seine Beschleunigung betrug 4 $\frac{\text{m}}{\text{s}^2}$.

Freier Fall

Eine Schneeflocke fällt langsamer als ein Hagelkorn. Lässt man ein glattes Blatt Papier fallen, so braucht es länger, um zum Boden zu gelangen, als ein zusammengeknülltes. Woran liegt das?

Experiment 3
In einem Glasrohr befinden sich mehrere kleine Körper (Vogelfeder, Metallstück u. a.). Die Röhre wird so gedreht, dass die Körper fallen können (Bild 1 a). Das Metallstück fällt viel schneller als die Vogelfeder. Danach wird die Röhre nahezu luftleer gepumpt und das Experiment wiederholt. Alle Körper fallen jetzt gleich schnell (Bild 1 b).

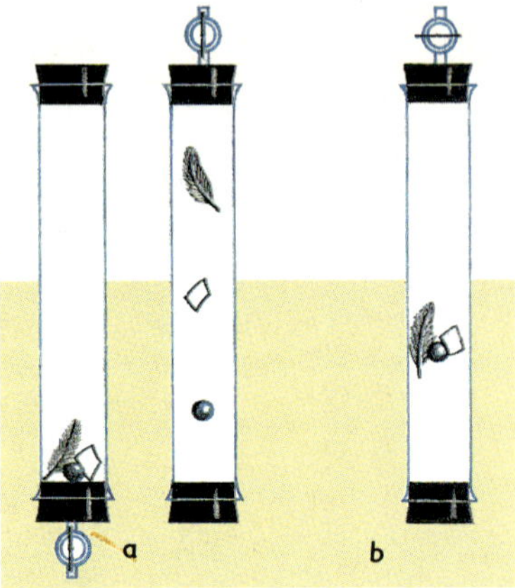

1

Wir erkennen: Die Ursache für die unterschiedlich schnelle Fallbewegung ist der Luftwiderstand.
Will man die Fallbewegung untersuchen, ist es erforderlich, den Einfluss der Luft möglichst klein zu halten. Deshalb werden die Experimente mit Metallkugeln durchgeführt, die einen geringen Luftwiderstand besitzen.
Welche Gesetze gelten für den freien Fall?
Rollt eine Kugel eine geneigte Ebene hinab, so führt sie eine gleichmäßig beschleunigte Bewegung aus. Die Beschleunigung ist umso größer, je stärker die Neigung der Ebene ist. Wird die geneigte Ebene schließlich lotrecht gestellt, dann fällt die Kugel senkrecht nach unten.
Es ist zu vermuten, dass diese Bewegung auch eine gleichmäßig beschleunigte Bewegung ist. Dann müsste gelten: $s = \frac{1}{2} a \cdot t^2$.
Die Beschleunigung müsste dabei den größten Betrag erreichen.

Experiment 4
Wir lassen eine Stahlkugel nacheinander aus verschiedenen Höhen fallen (Bild 2). Die jeweiligen Fallzeiten werden gemessen. Nach der Gleichung $a = \frac{2\,s}{t^2}$ wird jedesmal die Beschleunigung errechnet (Tabelle).

2

Der Messwertetabelle entnehmen wir:
Die Werte für die Beschleunigung in der letzten Spalte sind fast gleich. Daraus folgt, dass es sich beim freien Fall um eine gleichmäßig beschleunigte Bewegung handelt.

Die berechnete Beschleunigung hat einen Wert von etwa 9,8 $\frac{\text{m}}{\text{s}^2}$ (9,8 $\text{m} \cdot \text{s}^{-2}$).

Sie wird **Fallbeschleunigung** genannt. Abgeleitet vom Wort *Gravitation*, kennzeichnet man die Fallbeschleunigung mit dem Formelzeichen ***g***.
Die Fallbeschleunigung g ist für alle Körper im Vakuum gleich groß. Da sie durch die Anziehungskraft zwischen den Körpern und

s in m	t in s	$a = \frac{2\,s}{t^2}$ in $\text{m} \cdot \text{s}^{-2}$
0,1	0,14	10,2
0,2	0,20	10,0
0,4	0,29	9,5
0,5	0,32	9,8
0,6	0,35	9,8

der Erde bedingt wird, ist sie ortsabhängig. Sie beträgt auf dem 45. Breitengrad und in Meeresspiegelhöhe 9,81 m · s^{-2}.
Eine Fallbewegung, die nicht durch den Luftwiderstand behindert wird, heißt **freier Fall**.
Für den freien Fall gelten folgende Gesetze:

Geschwindigkeit-Zeit-Gesetz	$v = g \cdot t$
Weg-Zeit-Gesetz	$s = \frac{1}{2} g \cdot t^2$

Gültigkeitsbedingungen: Luftwiderstand vernachlässigbar klein, Bewegung aus dem Stillstand, g = konstant (g = 9,81 m · s^{-2}).

Gleichmäßig verzögerte geradlinige Bewegung

Ein Kind läuft plötzlich auf die Fahrbahn! Der Autofahrer muss möglichst schnell bremsen, um sein Fahrzeug noch rechtzeitig zum Stehen zu bringen (Bild 1).

1

Das Auto führt bis zum Stillstand eine **verzögerte** Bewegung aus, seine Geschwindigkeit nimmt ab.
Wenn die Geschwindigkeitsabnahme in gleichen Zeitabschnitten gleich ist, heißt diese Bewegung **gleichmäßig verzögert**. Man sagt auch, dass dann eine konstante negative Beschleunigung vorliegt.
Im Bild 1, folgende Seite, ist ein Beispiel für den Fall dargestellt, dass ein Fahrzeug eine gleichmäßig verzögerte Bewegung ausführt. Nach Ablauf der Bremszeit t_B ist seine Geschwindigkeit von der Anfangsgeschwindigkeit v_0 auf null abgesunken.

Für die Geschwindigkeit bei der gleichmäßig verzögerten geradlinigen Bewegung gilt die Gleichung:

$v = v_0 - a \cdot t$.

v_0 – Geschwindigkeit vor der Verzögerung (vor dem Abbremsen)

a – konstante Verzögerung

Bis zum Stillstand ($v = 0$) wird die Bremszeit t_B benötigt (Bild 1). Es gilt also

$v_0 - a \cdot t_B$ und für die

Bremszeit: $\mathbf{t_B = \frac{v_0}{a}}$.

Den Bremsweg kann man mit dem Weg-Zeit-Gesetz für die gleichmäßig beschleunigte geradlinige Bewegung ermitteln:

$s_B = \frac{a}{2} \cdot t_B^2$.

Nach Einsetzen von $t^2 = \left(\frac{v_0}{a}\right)^2$ ergibt sich die häufiger benutzte Gleichung für den **Bremsweg:** $\mathbf{s_B} = \frac{\mathbf{v_0^2}}{\mathbf{2a}}$.

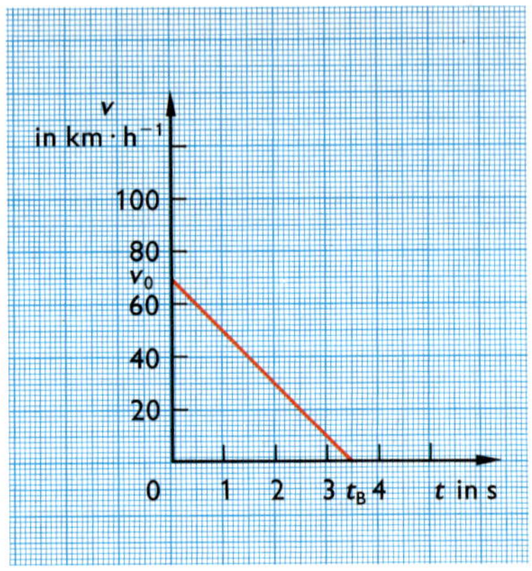

1 v-t-Diagramm einer gleichmäßig verzögerten geradlinigen Bewegung

Das heißt, der Bremsweg wächst mit dem Quadrat der Geschwindigkeit vor dem Bremsen!

Bei Verkehrsunfällen kann die Polizei aus der Länge der Bremsspur mithilfe dieses Zusammenhanges auf die Geschwindigkeit der am Unfall beteiligten Fahrzeuge schließen.

Die Verzögerung – und damit der Bremsweg – hängt auch in starkem Maße von der Beschaffenheit der Fahrbahn ab.

Beim Bremsen eines Pkw erreichbare Verzögerungen

Material der Straßendecke	Verzögerungen in $m \cdot s^{-2}$, falls Fahrbahn trocken	nass	vereist
Beton	9	5	
Asphalt	9	3	1
Kopfsteine	6	3	(maximal)

Beispiel für die Berechnung von Bremszeit und Bremsweg

Ein Personenzug mit einer Geschwindigkeit von 93 $km \cdot h^{-1}$ soll mit einer konstanten Verzögerung von 0,4 $m \cdot s^{-2}$ rechtzeitig vor einem Haltesignal zum Stehen gebracht werden.

Welcher Bremsweg ist dazu nötig und wie lange dauert der Bremsvorgang?

Analyse: Es liegt eine gleichmäßig verzögerte Bewegung vor.

Gesucht: s_B, t_B

Gegeben: $v_0 = 93 \frac{km}{h} = 26 \frac{m}{s}$

$a = 0{,}4 \frac{m}{s^2}$

Plan zur Lösung:

Da v_0 und a gegeben sind, empfiehlt es sich, s_B mithilfe der Gleichung $s_B = \frac{v_0^2}{2a}$ zu berechnen. t_B ergibt sich aus $t_B = \frac{v_0}{a}$.

Lösung:

1. $s_B = \frac{v_0^2}{2a}$

$$s_B = \frac{\left(26\,\frac{\text{m}}{\text{s}}\right)^2}{2 \cdot 0{,}4\,\frac{\text{m}}{\text{s}^2}}$$

$$s_B = \frac{26^2\,\text{m}^2 \cdot \text{s}^2}{\text{s}^2 \cdot 2 \cdot 0{,}4\,\text{m}}$$

$$\underline{\underline{s_B = 845\,\text{m}}}$$

2. $t_B = \frac{v_0}{a}$

$$t_B = \frac{26\,\text{m} \cdot \text{s}^2}{\text{s} \cdot 0{,}4\,\text{m}}$$

$$\underline{\underline{t_B = 65\,\text{s}}}$$

Ergebnis:
Der Zug benötigt einen Bremsweg von 845 m. Der Bremsvorgang dauert 65 s.

Ein Blick in die Geschichte

Aus der täglichen Erfahrung wissen wir, dass ein Stein schneller fällt als eine Flaumfeder. Für diese und ähnliche Erfahrungen mit fallenden Körpern haben bereits Gelehrte im Altertum eine Erklärung gesucht. Sie waren der Meinung, dass die Masse des fallenden Körpers dabei eine entscheidende Rolle spielt. Wir wissen, dass das nicht stimmt.

Aristoteles (384–322 v. Chr.), ein berühmter griechischer Gelehrter, hat die Auffassung, dass die Fallbeschleunigung von der Gewichtskraft (bzw. Masse) eines Körpers abhängt, auch vertreten. Er hat aber keine Experimente durchgeführt, um diese Auffassung zu überprüfen.

Galileo Galilei (1564–1642) konnte sich als scharfer Denker von den Vorstellungen seiner Zeitgenossen lösen. Er ist der Entdecker der Fallgesetze.

Er ging von der Annahme aus, dass die Fallgeschwindigkeit und die Fallzeit zueinander proportional sind. Zur Überprüfung dieser Annahme führte er zielstrebig zahlreiche Experimente durch. Er war der erste Forscher, der das Experiment als Methode zur Gewinnung oder Überprüfung physikalischer Erkenntnisse systematisch eingesetzt hat!

Weil es zu *Galileis* Zeiten keine Uhren gab, mit denen man so kurze Zeiten messen konnte, wie sie bei Fallbewegungen auftreten, führte er seine Experimente an unterschiedlich geneigten Ebenen durch, auf denen er Kugeln hinabrollen ließ. Er hatte erkannt, dass sich Kugeln, die geneigte Ebenen hinabrollen, gleichmäßig beschleunigt bewegen, aber mit geringerer Beschleunigung als beim freien Fall. Die Zeiten hat er mithilfe des Pulsschlages oder mit einer „Wasseruhr" gemessen.

In einem seiner Aufsehen erregenden Bücher ist zu lesen:

„Auf einem Lineale ... war eine Rinne ... eingegraben. Dieselbe war sehr gerade gezogen ... in dieser Rinne ließ man eine sehr harte, völlig rund und glatt polierte Messingkugel laufen. Nach Aufstellung des Brettes wurde dasselbe einerseits gehoben, bald eine, bald zwei Ellen hoch; dann ließ man die Kugel durch den Ka-

1 *Aristoteles*

2 *Galileo Galilei*

1

Galilei erforscht die beschleunigte Bewegung.

nal fallen und verzeichnete ... die Fallzeit für die ganze Strecke; häufig wiederholten wir den Versuch, zur genauen Ermittlung der Zeit ... Darauf ließen wir die Kugel nur durch ein Viertel der Strecke laufen und fanden stets genau die halbe Fallzeit gegenüber früher ... bei wohl hundertfacher Wiederholung fanden wir stets, dass sich die Strecken verhielten wie die Quadrate der Zeiten ... Zur Abmessung der Zeit stellten wir einen Eimer Wasser auf, in dessen Boden ein enger Kanal angebracht war, durch den ein feiner Wasserstrahl sich ergoss, der mit einem kleinen Becher aufgefangen wurde, während jeder beobachteten Fallzeit: Das auf dieser Art aufgesammelte Wasser wurde auf einer sehr genauen Waage gewogen ..."

Galilei hat somit erkannt, dass für die Bewegung der Kugel längs der geneigten Ebene wie für den freien Fall $s \sim t^2$ gilt.

Ein Blick in die Technik

Nach der Unfallstatistik für den Straßenverkehr gibt es sehr viele Verkehrsunfälle dadurch, dass Kraftfahrer nicht genügend Abstand halten.

Ob ein Fahrer im Notfall noch rechtzeitig anhalten kann, hängt von seiner Reaktionszeit und der Bremszeit ab. Daraus ergibt sich dann der Weg, den ein Fahrzeug noch zurücklegt, bis es zum Stillstand kommt.

Reaktionszeit t_R: Zeit vom Bemerken der Gefahr bis zum Beginn des Bremsvorganges; setzt sich zusammen aus der „Schrecksekunde" und der Zeit, die danach bis zur Betätigung der Bremsen verstreicht.

Bremszeit t_B: Zeit für die als gleichmäßig angenommene Bewegung durch das Bremsen; hängt ab von der Geschwindigkeit, den Straßenverhältnissen sowie von der Beschaffenheit der Reifen und Bremsen.

Es gilt:

Anhaltezeit t_A = Reaktionszeit t_R + Bremszeit t_B

bzw.

Anhalteweg s_A = Reaktionsweg s_R + Bremsweg s_B.

Weil der Fahrer die Reaktionszeit nicht beeinflussen kann und im Allgemeinen der Fahrer vor ihm auch eine gewisse Reaktionszeit benötigt, gibt es für den „Sicherheitsabstand" folgende Faustregel:

Abstand = halber Tacho.

(Abstand in m, Tachometeranzeigen in $km \cdot h^{-1}$)

1

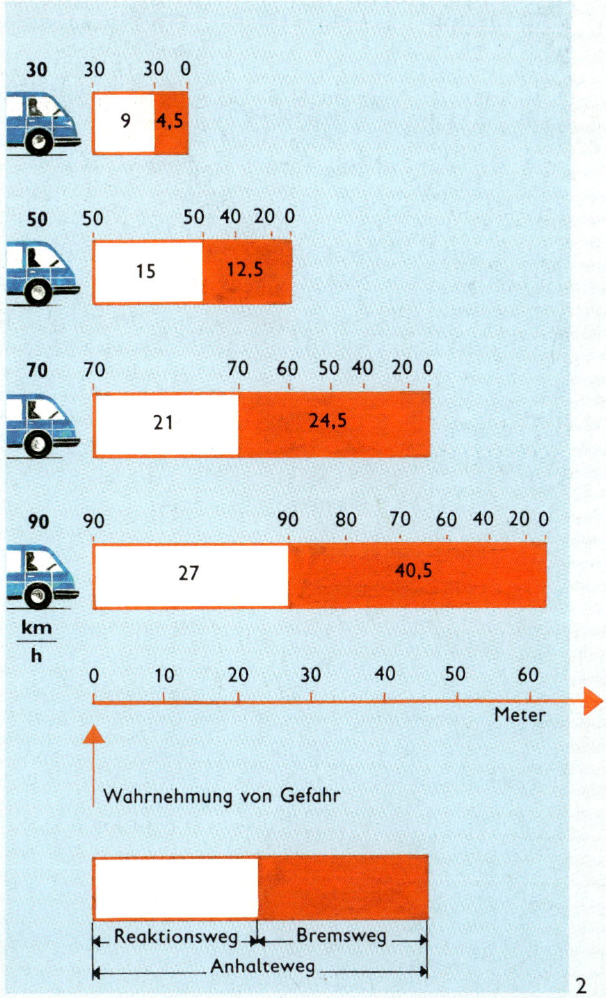

2

Reaktions- und Bremswege. Voraussetzung: 1 Sekunde Reaktionszeit, intakte Bremsen und trockene Fahrbahn

Eine Orientierung für den „Sicherheitsabstand" bietet auch der **2-Sekunden-Abstand**. Demnach soll eine Zeit von 2 Sekunden vergehen, bis das nachfolgende Fahrzeug eine markante Stelle passiert, an der sich das vorherfahrende gerade befindet.

Den Bremsweg kann man mit der Formel

$$\textbf{Bremsweg in m} = \left(\frac{\textbf{Geschwindigkeit in km} \cdot \textbf{h}^{-1}}{\textbf{10}}\right)^2$$

abschätzen.

Aber all diese Überlegungen gelten nur für günstige Bedingungen. So kann der Bremsweg bei nasser Asphaltstraße schon doppelt so groß wie bei trockener sein.

Verantwortungsbewusst fahren heißt, genügend Abstand im Straßenverkehr einhalten!

Gewusst? Erkannt? Gekonnt?

1. Ein Sportflugzeug wird beim Start mit $4\ m \cdot s^{-2}$ beschleunigt. Wie lang muss die Startbahn mindestens sein, wenn das Flugzeug nach 16 s abhebt? Mit welcher Geschwindigkeit hebt es ab?
2. Erläutern Sie ein Verfahren, mit dem man die (mittlere) Beschleunigung eines startenden Radfahrers ermitteln kann!
3. In einem Experiment wurden für die geradlinige Bewegung eines Körpers folgende Messwerte ermittelt:

Zeit t in s	0	0,1	0,3	0,5	0,7
Weg s in m	0	0,05	0,46	1,27	2,43

   a) Um welche Bewegungsart handelt es sich?
   b) Zeichnen Sie das s-t- und das v-t-Diagramm!
4. Welche Bewegungsarten sind aus dem Diagramm (Bild 1) für die Zeitintervalle t_1, $t_2 - t_1$ usw. erkennbar?

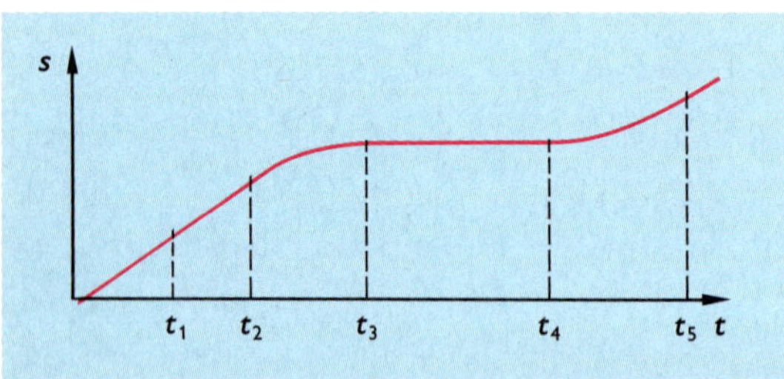

1

5. Ein Motorrad erreicht aus dem Stand heraus nach 6 Sekunden die Geschwindigkeit $80\ km \cdot h^{-1}$, ein zweites braucht dazu 4 Sekunden. Vergleichen Sie die Beschleunigungen. Berechnen Sie die Beschleunigungen unter der Annahme, dass jeweils eine gleichmäßig beschleunigte Bewegung vorliegt!
6. Leiten Sie aus dem Weg-Zeit-Gesetz und dem Geschwindigkeit-Zeit-Gesetz für die gleichmäßig beschleunigte Bewegung die Gleichung $v = \sqrt{2\ a \cdot s}$ her und lösen Sie folgende Aufgabe:
   Welche Geschwindigkeit hat eine Rakete nach 200 m, wenn sie mit der Beschleunigung $10\ m \cdot s^{-2}$ startet?
7. Ein Motorroller hat nach 5 s aus dem Stand eine Geschwindigkeit von $45\ km \cdot h^{-1}$ erreicht.
   Welchen Weg hat er dabei zurückgelegt? Wie groß ist eine (als konstant angenommene) Beschleunigung?

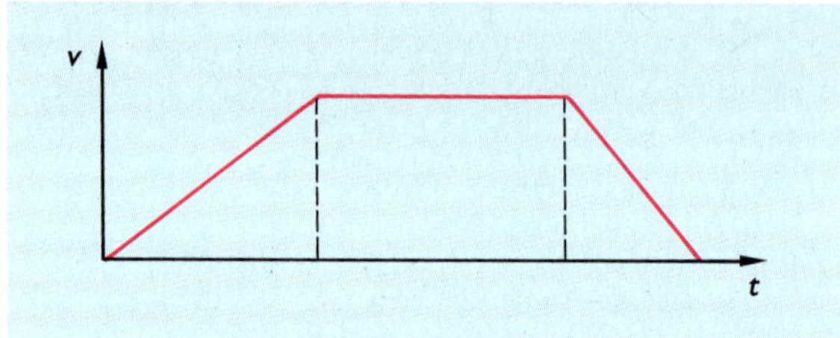

2

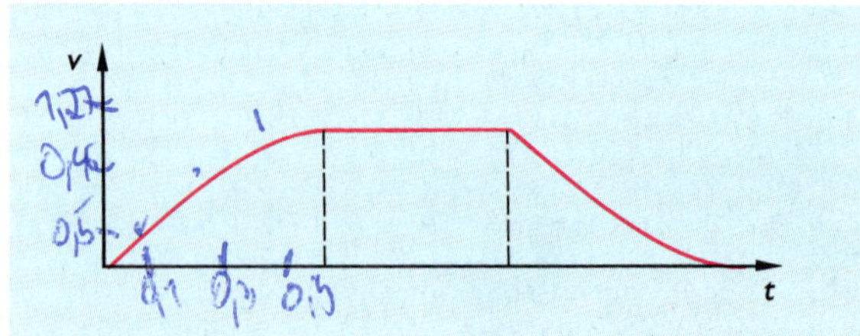

3

8. In den Diagrammen (Bilder 2 und 3) haben zwei Schüler versucht, das Geschwindigkeit-Zeit-Diagramm für die reale Bewegung eines Fahrzeuges darzustellen. Interpretieren Sie die Diagramme! Welches trägt der „normalen“ Bewegung (also ohne Vereinfachungen) am besten Rechnung?
9. Eine Rodelbahn an einem Hang mit gleich bleibender Neigung ist 80 m lang.
   Wie schnell wird ein Schlitten, bis er den Auslauf des Hanges erreicht, wenn er mit $0{,}1\ m \cdot s^{-2}$ beschleunigt wird?
   Welche Geschwindigkeit (in $m \cdot s^{-1}$ und $km \cdot h^{-1}$) hat er dann?
   Wie lange dauert die Schlittenfahrt bis dahin?
10. Ein Stein fällt in eine 125 m tiefe Schlucht. Nach welcher Zeit schlägt er auf ($g \approx 10\ m \cdot s^{-2}$)?
11. Um die Tiefe eines Brunnens zu erfahren, lassen Wanderer einen Stein vom Brunnenrand hineinfallen. Wie tief ist der Brunnen, wenn der Aufschlag des Steins nach 4,3 s zu hören ist? Warum ist das Verfahren ungenau?
12. Warum kann man mit der Gleichung $v = g \cdot t$ nicht errechnen, wie lange es dauert, bis ein Fallschirmspringer nach dem Verlassen des Flugzeuges bei ungeöffnetem Fallschirm die Geschwindigkeit $60\ m \cdot s^{-1}$ erreicht hat?
13. Skizzieren Sie ein v-t-Diagramm für die Bewegung eines Fallschirmspringers vom Absprung aus dem Flugzeug bis zur Landung!

Kurz und knapp

Gleichmäßig beschleunigte geradlinige Bewegung

Die Beschleunigung gibt an, wie schnell sich die Geschwindigkeit eines Körpers ändert.

Es gilt: $a = \frac{\Delta v}{\Delta t}$.

Für gleichmäßig beschleunigte Bewegungen aus dem Stillstand gilt:

- Die Beschleunigung ist konstant; a = konstant.
  Der Graph im a-t-Diagramm ist eine Parallele zur t-Achse.
- Das Geschwindigkeit-Zeit-Gesetz: $v = a \cdot t$; $v \sim t$.
  Der Graph im v-t-Diagramm ist eine Gerade durch den Koordinatenursprung. Je größer die Beschleunigung ist, desto größer ist der Anstieg der Geraden.
- Das Weg-Zeit-Gesetz: $s = \frac{1}{2} a \cdot t^2$; $s \sim t^2$.
  Der Graph im s-t-Diagramm ist eine Parabel.
  Je größer die Beschleunigung ist, desto mehr ist die Parabel gestreckt.

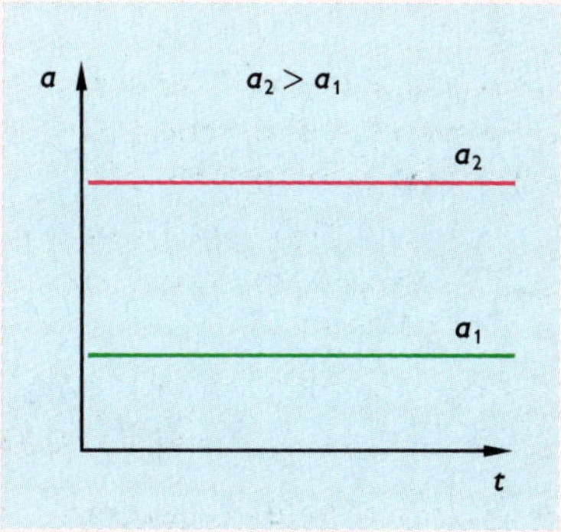

a-t-Diagramm

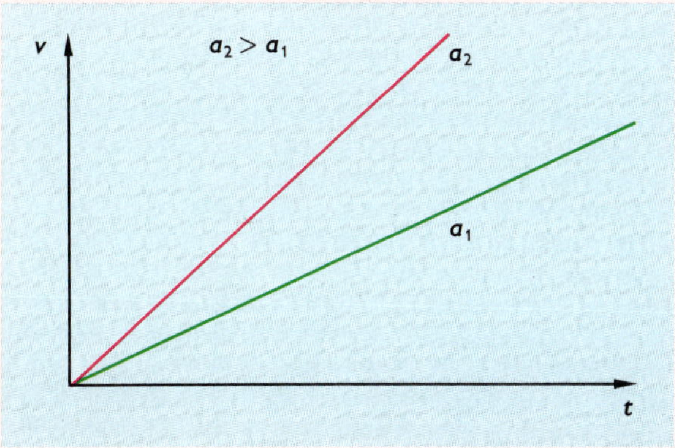

v-t-Diagramm

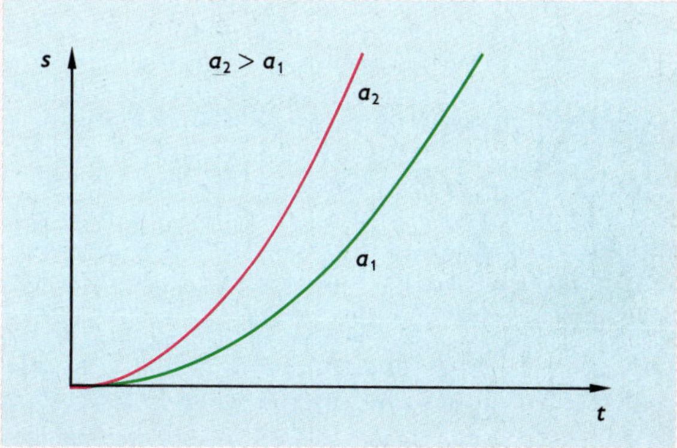

s-t-Diagramm

Freier Fall

Der freie Fall ist eine gleichmäßig beschleunigte Bewegung.
Für den freien Fall gilt: $a = g$ sowie das
Geschwindigkeit-Zeit-Gesetz: $v = g \cdot t$ und das
Weg-Zeit-Gesetz: $s = \frac{1}{2} g \cdot t^2$;
g: Fallbeschleunigung (g = 9,81 m $\cdot$ s^{-2}).

Gleichmäßig verzögerte geradlinige Bewegung

Für die Geschwindigkeit gilt: $v = v_0 - a \cdot t$

und für die Bremszeit bis zum Stillstand: $t_B = \frac{v_0}{a}$.

Der Bremsweg bis zum Stillstand ist

$s_B = \frac{a}{2} t^2$ bzw. $s_B = \frac{v_0^2}{2a}$

v_0 – Geschwindigkeit vor der Verzögerung
a – konstante Verzögerung

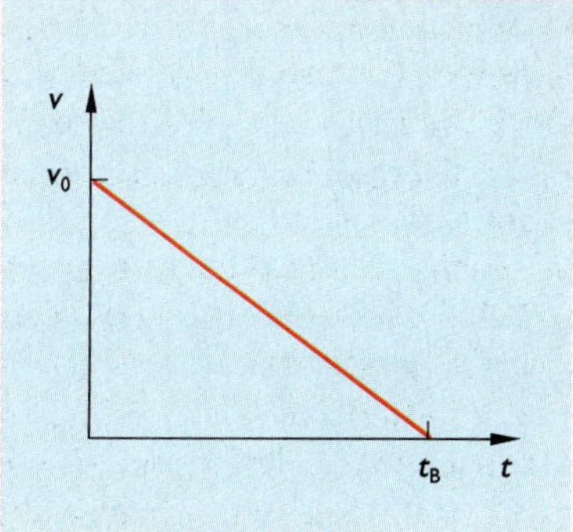

a-t-Diagramm

3 Zusammengesetzte Bewegungen

Die Läuferin auf dem Ergometer bewegt sich mit dem Laufband nach hinten. Gleichzeitig bewegt sie sich mit der Eigengeschwindigkeit auf dem Laufband nach vorn. Beide Bewegungen überlagern sich so, dass die Geschwindigkeiten einander aufheben. Die Läuferin tritt auf der Stelle.

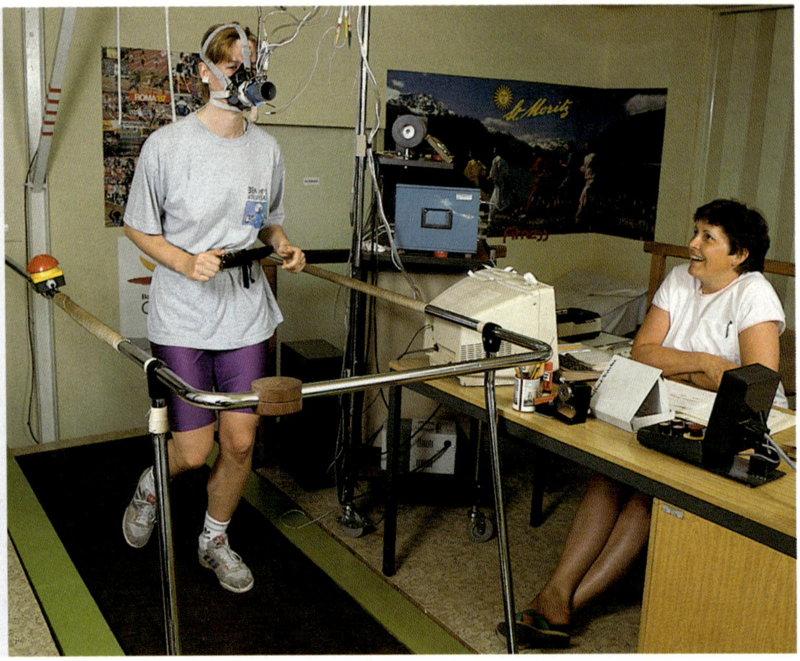

1

Geschwindigkeit und Weg als gerichtete Größen

Ein Reisender bewegt sich im Zug, dessen Geschwindigkeit $v_1 = 20\ \text{m} \cdot \text{s}^{-1}$ beträgt, mit der Eigengeschwindigkeit $v_2 = 1\ \text{m} \cdot \text{s}^{-1}$ in Fahrtrichtung und danach wieder zum Abteil zurück. Im ersten Fall hat er in Bezug auf den Bahndamm die Geschwindigkeit $v_R = 21\ \text{m} \cdot \text{s}^{-1}$, im zweiten Fall $v_R = 19\ \text{m} \cdot \text{s}^{-1}$. Im ersten Fall legt er z. B. in 3 s den Weg $s_R = 63$ m, im zweiten Fall $s_R = 57$ m, wiederum bezogen auf den Bahndamm, zurück.
An diesem Beispiel ist zu erkennen:
Ein Körper kann mehrere Bewegungen gleichzeitig ausführen. Die Bewegungen überlagern sich zu einer resultierenden Bewegung.
Wenn die Bewegungen in gleicher Richtung erfolgen, gilt: $v_R = v_1 + v_2$;
haben sie entgegengesetzte Richtungen, dann gilt: $v_R = v_1 - v_2$.
Entsprechend gilt für die Wege bei Richtungsgleichheit: $s_R = s_1 + s_2$ und bei entgegengesetzten Richtungen: $s_R = s_1 - s_2$.
Bislang haben wir nur die Beträge von Wegen und Geschwindigkeiten in unseren Überlegungen zu den Gesetzen der Bewegungen berücksichtigt. Bei den zusammengesetzten Bewegungen (Überlagerung von Bewegungen) muss auch die Richtung von Wegen und Geschwindigkeiten beachtet werden.

Weg und Geschwindigkeit sind gerichtete physikalische Größen. Man nennt physikalische Größen, die durch Betrag und Richtung gekennzeichnet sind, **vektorielle Größen** oder **Vektoren** und stellt sie durch Pfeile dar: $\rightarrow \vec{v}$

Die Spitze des Pfeiles zeigt in die Richtung, die die physikalische Größe hat.
Die Länge des Pfeiles kennzeichnet ihren Betrag.
Wie überlagern sich Bewegungen, wenn sie nicht in gleicher oder entgegengesetzter Richtung verlaufen?
Der Paddelbootfahrer im Bild 1 möchte den Fluss überqueren und zum Punkt P gelangen.
Wenn er sein Boot senkrecht zur Strömung stellt, kommt er im Punkt P_0 an. Denn während der Zeit, in der er mit der Eigengeschwindigkeit v_1 bis zum jenseitigen Ufer gelangt, hat ihn die Strömung um die Strecke $\overline{PP_0}$ abgetrieben.

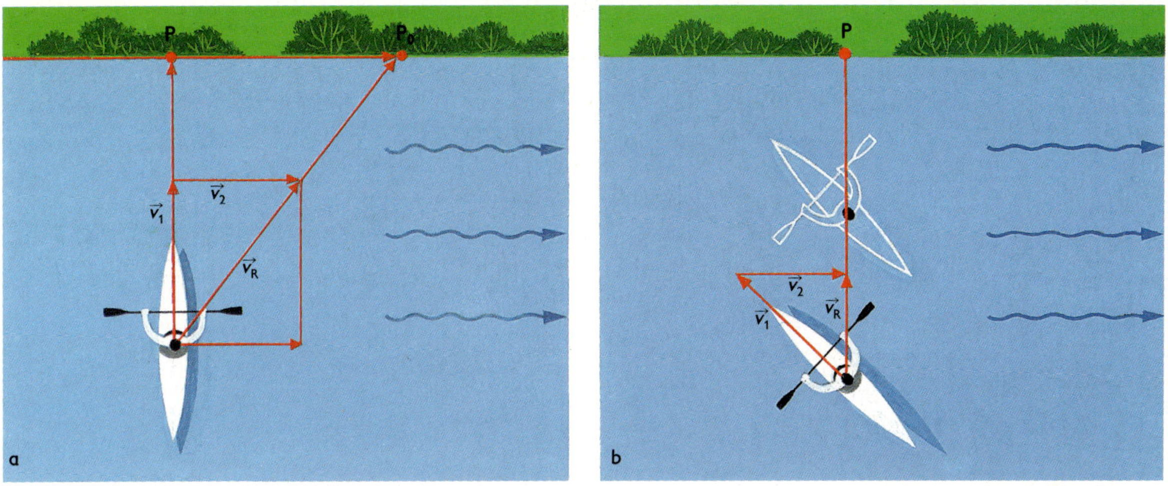

1

Zusammengesetzte Bewegung beim Überqueren eines Flusses. a) Das Boot wird abgetrieben. b) Das Boot kommt wie beabsichtigt in P an.

Will der Paddler den Punkt P erreichen, muss er sein Boot so schräg gegen die Strömung steuern, dass sich seine Geschwindigkeit v_1 mit der Strömungsgeschwindigkeit v_2 zu einer Geschwindigkeit v_R überlagert, deren Richtung nach P weist. Die Überquerung des Flusses dauert zwar länger, aber das Boot kommt im Punkt P an (Bild 1 b).
Mit dem Seilzug des Kranes wurde ein Behälter von A nach B gehoben und danach mit der Laufkatze nach C befördert (Bild 2). Der Kran kann aber den Behälter auch direkt von A nach C befördern. Dabei bewegt er ihn gleichzeitig nach oben und nach rechts.
Wenn man die zusammengesetzte Bewegung des Paddelbootes mit der des Behälters vergleicht, dann kann festgestellt werden, dass es bei der Überlagerung von Bewegungen gleich ist, ob diese nacheinander oder gleichzeitig erfolgen. In jedem Fall sind sie voneinander unabhängig.
Die resultierenden Geschwindigkeiten und Wege erhält man durch Aneinandersetzen der Vektoren bzw. durch Zeichnen eines Parallelogramms aus den Vektoren.

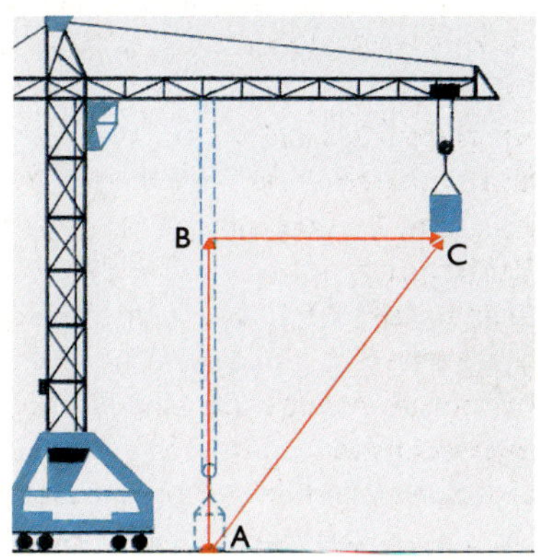

2

Die Last führt auf ihrem Wege von A nach C gleichzeitig zwei Bewegungen aus. Welche?

Kennzeichnet man die beiden Einzelbewegungen durch Pfeile, so ergibt sich die resultierende Bewegung als Diagonale im Vektorparallelogramm (Parallelogramm der Wege oder der Geschwindigkeiten).

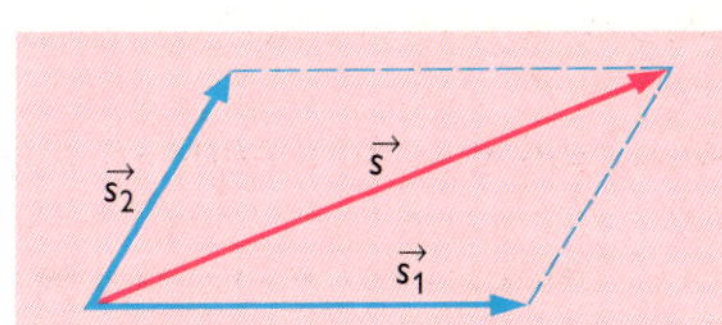

3

Wurfbewegungen

Wenn ein Körper geworfen wird, so tritt stets die Überlagerung zweier Bewegungen auf: Einerseits bewegt sich der Körper gleichförmig geradlinig mit der Wurfgeschwindigkeit v_0 in Wurfrichtung. Andererseits führt er eine Fallbewegung aus, für die die Gesetze des freien Falls gelten.

Waagerechter Wurf. Der geworfene Körper bewegt sich horizontal mit konstanter Geschwindigkeit, gleichzeitig fällt er beschleunigt nach unten. Durch Überlagerung beider Bewegungen ergibt sich eine gekrümmte Bahn (Bild 1). Sie ist der Teil einer Parabel.

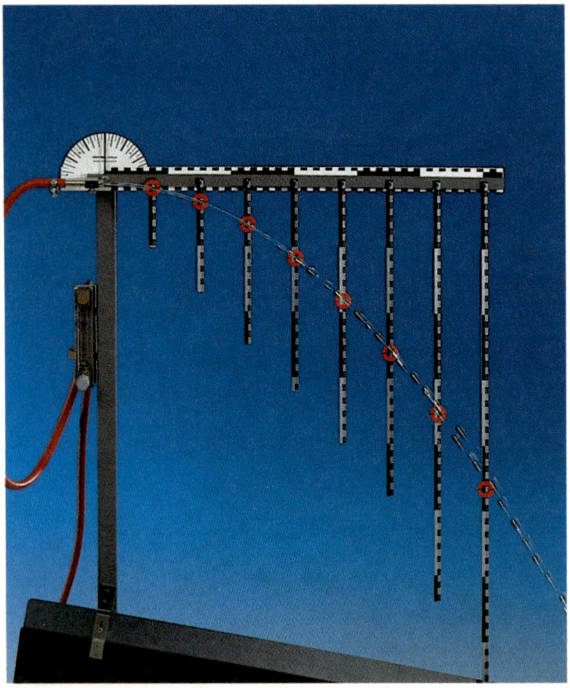
1

Wurfgerät – waagerechter Wurf

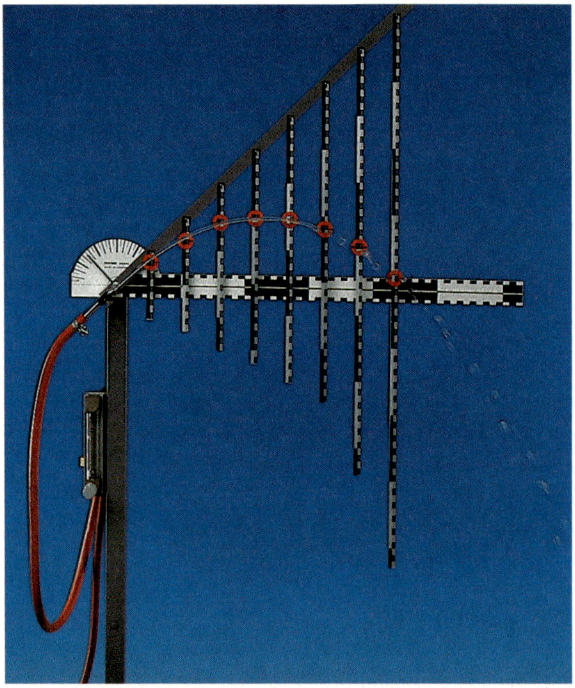
2

Wurfgerät – schräger Wurf

Schräger Wurf. Der schräge Wurf tritt bei vielen Sportarten, z. B. Diskuswerfen, Speerwerfen und Kugelstoßen auf. Der geworfene Körper bewegt sich nach oben. Dabei überlagert sich seine gleichförmige Bewegung mit seiner Fallbewegung. Er beschreibt eine Parabelbahn (Bild 2).

Um beim schrägen Wurf, etwa beim Kugelstoßen, eine möglichst große Wurfweite zu erzielen, muss die Anfangsgeschwindigkeit möglichst groß sein. Außerdem hängt die Wurfweite vom Abwurfwinkel ab. Die größte Wurfweite erreicht man bei $\alpha = 45°$, falls der geworfene Körper wieder in Höhe des Abwurfs auftrifft. Es zeigt sich, dass ein steiler geworfener Körper die gleiche Wurfweite wie ein flacher geworfener Körper erreichen kann. Das tritt dann ein, wenn der eine Wurfwinkel α und der andere Wurfwinkel $90° - \alpha$ ist. Das lässt sich leicht mit einem Wasserstrahl zeigen (Bild 3).

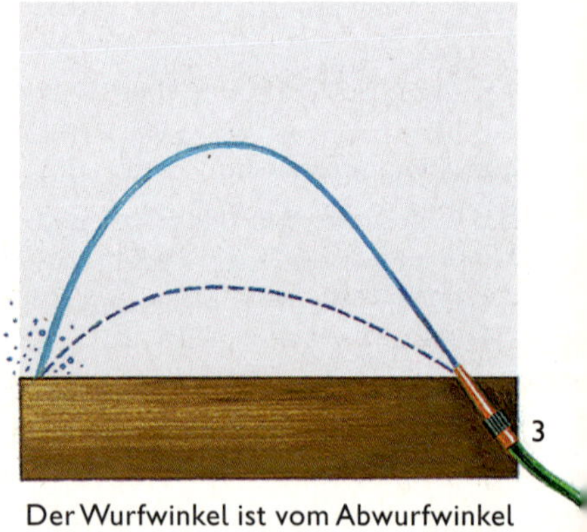
3

Der Wurfwinkel ist vom Abwurfwinkel abhängig.

Bei Wurfbewegungen mit großen Geschwindigkeiten beeinflusst der Luftwiderstand die Bewegung und damit die Bahnform stark. Man bezeichnet die dabei entstehenden Kurven als **ballistische Bahnen** (Bild 1).

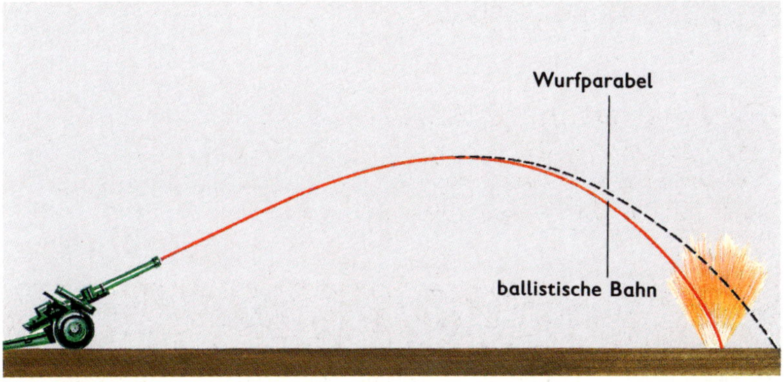

1 Wurfparabel und ballistische Bahn

Gewusst? Erkannt? Gekonnt?

1. Nennen Sie Beispiele dafür, dass sich zwei Bewegungen überlagern, die a) gleiche Richtungen haben, b) entgegengesetzte Richtungen haben, c) senkrecht zueinander erfolgen, d) einen anderen Winkel miteinander einschließen!
2. Auf ein Sportflugzeug, das mit einer Eigengeschwindigkeit von 280 km · h^{-1} in nordsüdlicher Richtung fliegt, wirkt aus östlicher Richtung Seitenwind mit einer Geschwindigkeit von 60 km · h^{-1}. In welche Richtung würde sich das Flugzeug bewegen, wenn es nicht gegengesteuert würde? Wie groß ist die resultierende Geschwindigkeit?
3. Ein Schwimmer kann in ruhendem Gewässer die Geschwindigkeit 0,7 m · s^{-1} über längere Zeit halten. Er schwimmt in einem Fluss, dessen Strömungsgeschwindigkeit 0,5 m · s^{-1} beträgt, a) mit der Strömung, b) gegen die Strömung, c) senkrecht zur Strömung. Wie groß ist seine Geschwindigkeit über Grund in a) und b)?
   In welcher Richtung bewegt er sich im Fall c)?
4. Im gleichen Moment, in dem eine Kugel K_1 in der Höhe h waagerecht geworfen wird, lässt man eine zweite Kugel K_2 aus gleicher Höhe fallen. K_1 benötigt bis zum Aufschlag auf den Boden die Zeit t_1. Wie groß ist die Zeit t_2, die K_2 bis zum Aufschlag benötigt?
5. Eine Kugel rollt mit der Geschwindigkeit 5 m · s^{-1} über die Kante einer waagerechten, 80 cm hohen Tischplatte hinweg. a) Wann schlägt sie auf dem Fußboden auf? b) In welcher Entfernung schlägt sie auf?

Kurz und knapp

Geschwindigkeit und Weg sind physikalische Größen, die durch ihren Betrag und ihre Richtung gekennzeichnet sind (Vektoren).
Führt ein Körper mehrere Bewegungen gleichzeitig aus, dann überlagern sich diese ohne sich gegenseitig zu stören.
Die resultierenden Geschwindigkeiten und Wege lassen sich grafisch ermitteln (Vektorparallelogramm).

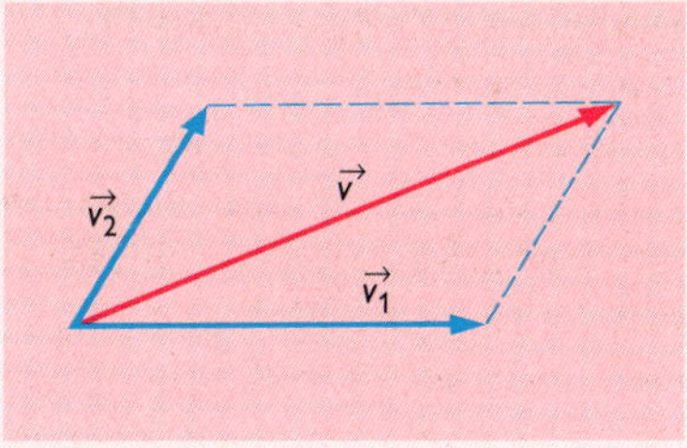

Wurfbewegungen sind zusammengesetzte Bewegungen.

4 Kraft

Ein Drachen wiegt sich im Wind. Zur Freude der Kinder schwebt er in der Luft. Ursache ist die Kraft des Windes. Lässt der Wind nach, so sinkt der Drachen. Wenn man an der Leine zieht, so steigt er wieder auf. Man muss dabei schräg nach unten ziehen. Der Drachen bewegt sich aber nach oben. Wie kommt das?

1

Wirkungen der Kraft

Herbststürme sind an der Küste und im Gebirge besonders stark. Man sieht, wie sich die Stämme hoher Bäume unter der Kraft des Sturmes biegen (Bild 2). Oft tritt sogar Windbruch auf. Dann haben die Bäume der Kraft des Sturmes nicht Stand gehalten. Er hat sie abgeknickt oder entwurzelt (Bild 3).

Kräfte können Körper verformen.

2

3

4

Beim Start zum Autorennen heulen die Motoren auf. Die Kraft der Motoren setzt die Rennwagen schnell in Bewegung (Bild 4). Bereits an der ersten Kurve verringert die Bremskraft die Geschwindigkeit der Wagen.

Kräfte können Bewegungsänderungen von Körpern hervorrufen.

Die Kraft als physikalische Größe

Über die Kraft wissen Sie bereits:
- Die Kraft gibt an, wie stark ein Körper auf einen anderen einwirkt.
- Das Formelzeichen für die Kraft ist F.
- Die Einheit der Kraft ist das Newton (N).
- 1 Newton ist etwa die Kraft, mit der die Erde einen Körper von 100 g Masse anzieht (Bild 1).
- Ein Messgerät für die Kraft ist der Federkraftmesser (Bild 1).

Die Kraft wirkt immer in einer bestimmten Richtung. Deshalb genügt es nicht, nur den Betrag der Kraft – z. B. 1 N wie in Bild 1 – anzugeben. Man muss auch die Richtung der Kraft kennzeichnen. Das ist z. B. in einer Zeichnung möglich. Man stellt dort die Kraft mit einem Pfeil grafisch dar (Bild 2). Die Länge des Pfeils gibt den Betrag der Kraft an. Dazu muss man einen geeigneten Maßstab festlegen. Die Richtung des Pfeils zeigt die Richtung der Kraft an.

Die Kraft ist eine gerichtete Größe. Sie kann durch einen Pfeil grafisch dargestellt werden.

Sollen Betrag und Richtung der Kraft gekennzeichnet werden, so gibt man das durch einen kleinen Pfeil über dem Kraftsymbol an: $\vec{F}$. Wenn nur der Betrag der Kraft interessiert, dann benutzt man das Formelzeichen F.

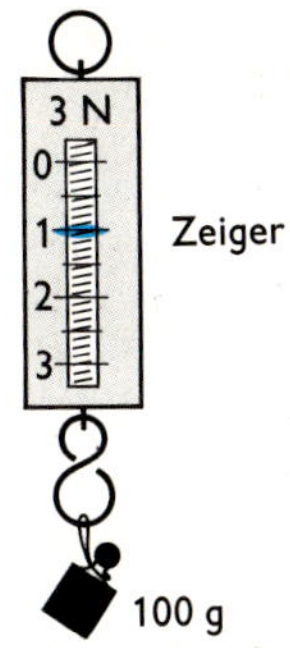

1

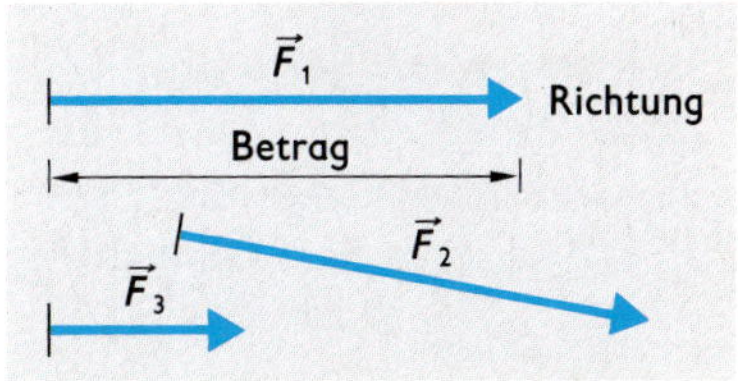

2

Der Pfeil gibt die Richtung der Kraft an, seine Länge kennzeichnet den Betrag der Kraft. Die Kräfte $\vec{F}_1$ und $\vec{F}_2$ haben gleichen Betrag, aber verschiedene Richtungen, die Kräfte $\vec{F}_1$ und $\vec{F}_3$ verschieden große Beträge, aber gleiche Richtung.

Zusammensetzen von Kräften

Will man die Zugkraft eines Straßenbahnzuges vergrößern, so verwendet man zusätzlich einen zweiten Triebwagen. Die Zugkräfte haben dann die gleiche Richtung, wenn sich beide Triebwagen auf einer geraden Strecke bewegen. Ist F_1 die Kraft des ersten Triebwagens und F_2 die Kraft des zweiten, so gilt für die Gesamtkraft: $F = F_1 + F_2$.

Große Raketen und Flugzeuge sind mit mehreren Triebwerken ausgestattet (Bild 3). Dadurch wird ihre Schubkraft vergrößert. Da alle Kräfte in der gleichen Richtung wirken, addieren sich ihre Beträge zu einer resultierenden Gesamtkraft.

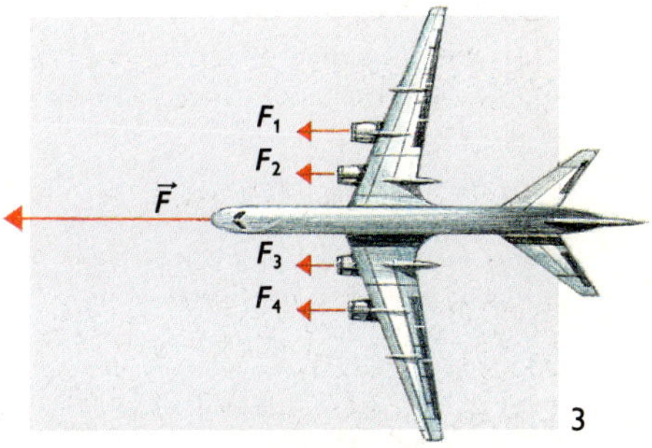

3

Haben alle Kräfte die gleiche Richtung, so ist der Betrag der Gesamtkraft gleich der Summe der Beträge der Einzelkräfte.

Wirken zwei Kräfte in gleicher Richtung auf einen Körper ein, so ist der Betrag der Gesamtkraft gleich der Summe der Beträge der Einzelkräfte.

$$F = F_1 + F_2$$

Sind zwei Kräfte entgegengesetzt gerichtet, so kann man die daraus resultierende Kraft ebenfalls sehr leicht berechnen. Ein solcher Fall liegt z. B. bei einem Kraftfahrzeug vor. Der Motor übt eine Kraft F_1 in Fahrtrichtung aus. Durch den Luftwiderstand wirkt außerdem die Kraft F_2. Sie ist der Bewegung entgegengerichtet. Für den Betrag der Gesamtkraft gilt: $F = F_1 - F_2$.

Deshalb steht nicht die gesamte Motorkraft F_1, sondern nur die Kraft F zur Beschleunigung des Fahrzeugs zur Verfügung (Bild 1 a). Mit zunehmender Geschwindigkeit wird auch der Luftwiderstand immer größer. Dadurch wird die resultierende Kraft F immer kleiner (Bild 1 b).
Hat das Fahrzeug seine Höchstgeschwindigkeit erreicht, ist der Betrag der Motorkraft gleich dem Betrag der Widerstandskraft. Jetzt ist die resultierende Kraft null (Bild 1 c).

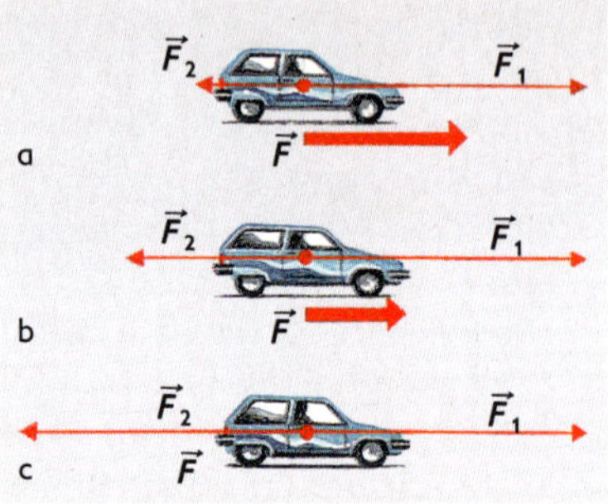

1

Wirken zwei entgegengesetzt gerichtete Kräfte F_1 und F_2 auf einen Körper, so ist der Betrag der Gesamtkraft gleich der Differenz der Beträge der Einzelkräfte. Die Gesamtkraft wirkt in Richtung der größeren Einzelkraft.

$$F = F_1 - F_2$$

Kräfteparallelogramm

In vielen Fällen sind die Kräfte nicht gleich oder entgegengesetzt gerichtet. In Bild 2 ziehen die beiden Schlepper das Schiff in unterschiedliche Richtungen, der eine mehr nach rechts, der andere mehr nach links. In welche Richtung bewegt sich das Schiff? Mit welcher Kraft wird es bewegt?

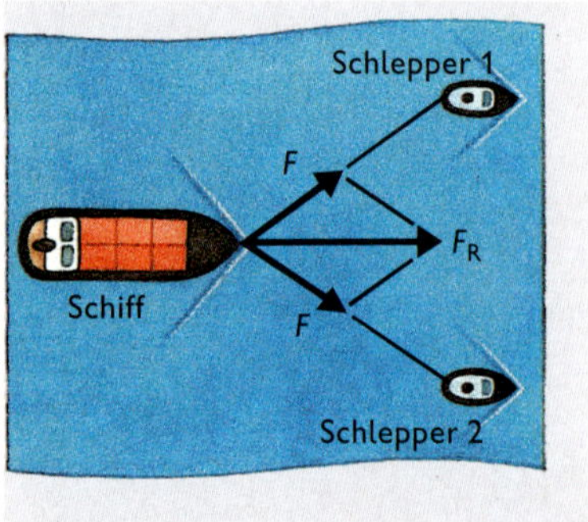

2

Experiment 1
An dem Schlüsselring (Bild 3 a) greifen zwei Kräfte an, die in verschiedene Richtungen wirken. Die beiden Federkraftmesser zeigen Betrag und Richtung der Kräfte an. Das Kräftegleichgewicht wird durch eine Schraubenfeder hergestellt. In Bild 3 b sind die beiden Kräfte durch eine einzige ersetzt worden. Sie wirkt in gleicher Weise wie die beiden ersten auf den Schlüsselring.

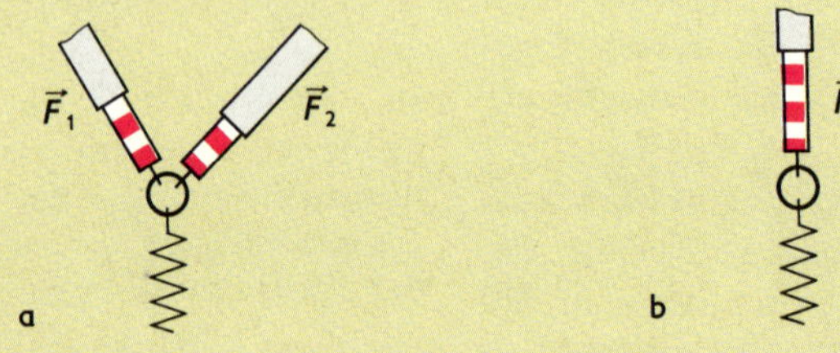

3

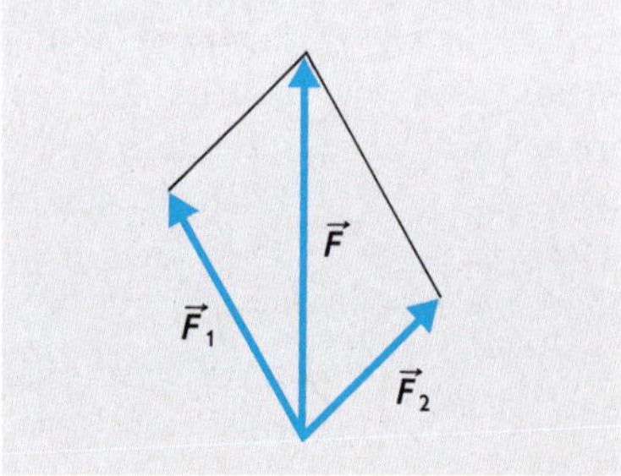

4

Bild 4 zeigt, wie Sie aus den beiden Einzelkräften die Gesamtkraft ermitteln können: Sie brauchen nur ein Parallelogramm zu zeichnen. Die beiden Kräfte F_1 und F_2 sind benachbarte Seiten in diesem Parallelogramm. Die Diagonale, die durch den Angriffspunkt der Kräfte geht, kennzeichnet dann die resultierende Kraft F. Ihr Betrag ist kleiner als die Summe der Beträge von F_1 und F_2.

Greifen an einem Körper zwei Kräfte im gleichen Punkt an, so können diese mit einem Kräfteparallelogramm zu einer resultierenden Kraft zusammengefasst werden.

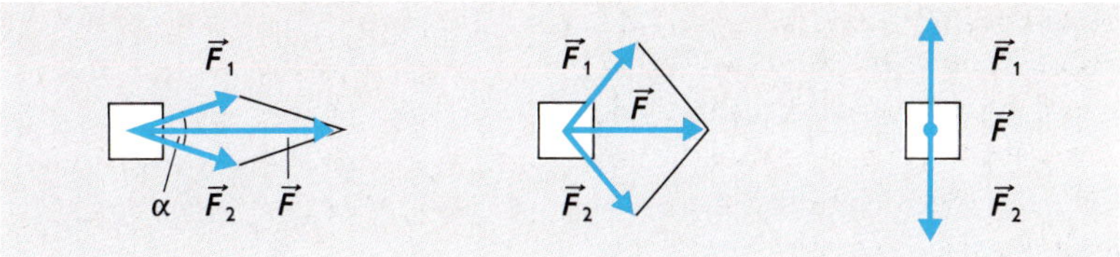

1

Je größer der Winkel zwischen den beiden angreifenden Kräften wird, umso kleiner wird die resultierende Kraft.

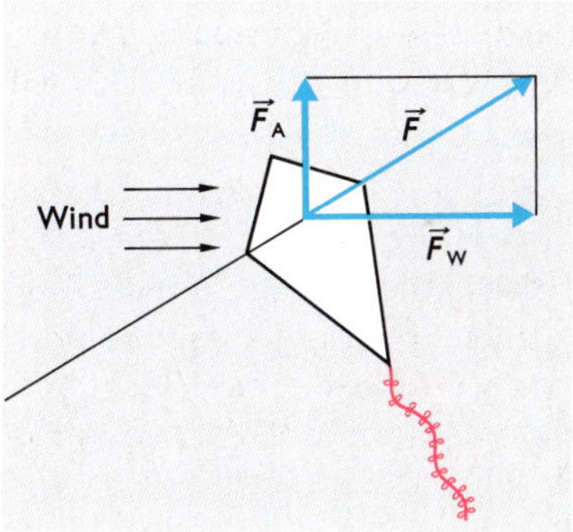

2

Beim Drachen (Bild 1, S. 30) bewirkt der Wind, dass gleichzeitig zwei Kräfte auftreten: Infolge des Luftwiderstandes wirkt die Widerstandskraft F_W (Bild 2). Da der Wind schräg auf den Drachen trifft, tritt außerdem eine nach oben gerichtete Auftriebskraft F_A auf. Zeichnet man das Kräfteparallelogramm, so ergibt sich eine schräg nach oben gerichtete Kraft F. Mit der Leine üben die Kinder eine Kraft auf den Drachen aus, die dieser resultierenden Kraft entgegengerichtet ist.

Zerlegen von Kräften

Wenn man eine beladene Schubkarre auf weichem Erdboden fahren will, so benötigt man beim Schieben viel mehr Kraft als beim Ziehen. Beim Schieben übt man auf die Karre eine Kraft schräg nach unten aus (Bild 3a). Dadurch wirkt außer der Gewichtskraft noch ein Teil der Schubkraft senkrecht auf den Bogen. Das Rad wird tiefer in die Erde hineingedrückt. Die beim Fahren zu überwindende Reibungskraft vergrößert sich.

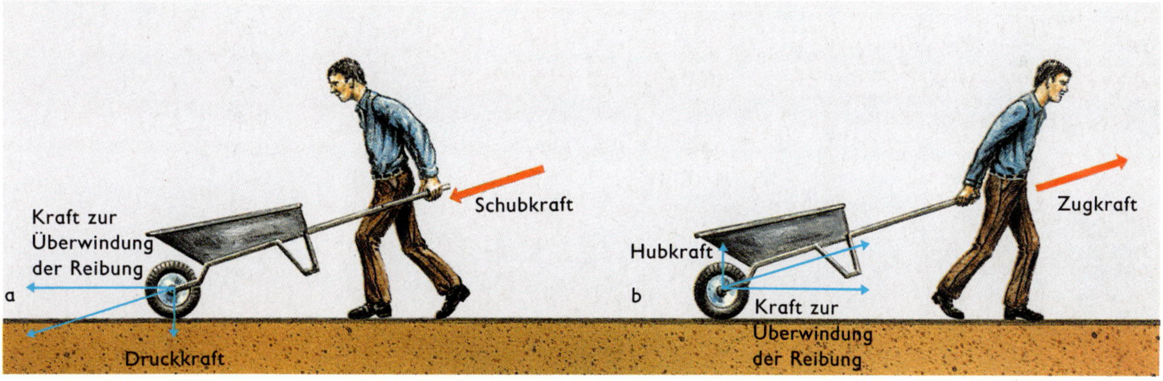

3

Unterschiedliche Kräfte beim Schieben und Ziehen einer Schubkarre

Beim Ziehen wird die Kraft schräg nach oben auf die Karre ausgeübt. Dadurch wirkt ein Teil dieser Kraft als Hubkraft und verringert die Gewichtskraft der Schubkarre (Bild 3b). Das Rad sinkt weniger tief in den Boden ein. Beim Fahren braucht nur eine geringere Reibung überwunden zu werden. In den Bildern 3a und 3b sind die jeweils wirkenden Teilkräfte dargestellt. Die senkrecht nach unten bzw. nach oben gerichtete Kraft wirkt zusätzlich zur Gewichtskraft der Karre. Die horizontal gerichtete Kraft steht zur Überwindung der Reibung und zur Beschleunigung zur Verfügung.

Wie kann man den Betrag dieser Kräfte ermitteln?
Die aufgewandte Schub- und Zugkraft wird als Pfeil dargestellt, dessen Richtung die Richtung der Kraft angibt und dessen Länge den Betrag der Kraft beschreibt (Bild 1).
Durch den Anfangspunkt des Pfeils legt man zwei Geraden. Sie stimmen mit den Richtungen der Teilkräfte überein. Von der Spitze des Pfeils ausgehend konstruiert man nun ein Kräfteparallelogramm (Bild 1).

Die zu zerlegende Kraft ist die Diagonale in einem Kräfteparallelogramm. Die vom gleichen Punkt ausgehenden Seiten des Parallelogramms stellen die gesuchten Teilkräfte in Betrag und Richtung dar.

In dieser Weise lassen sich für beliebige Anordnungen die auftretenden Teilkräfte bestimmen. Bild 2 zeigt die Kräftezerlegung bei einer Kabelkrananlage. Durch die Gewichtskraft der Laufkatze treten an dem Seil große Zugkräfte auf. Im Bild 3 erkennt man, dass bei einem Turmdrehkran durch die Gewichtskraft des transportierten Körpers das Halteseil auf Zug beansprucht wird. Auf den Ausleger wirkt eine Druckkraft.

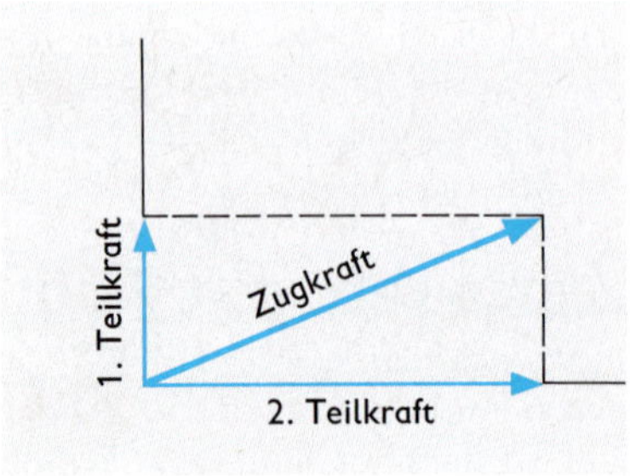

1 Ermitteln der Teilkräfte bei der Kräftezerlegung

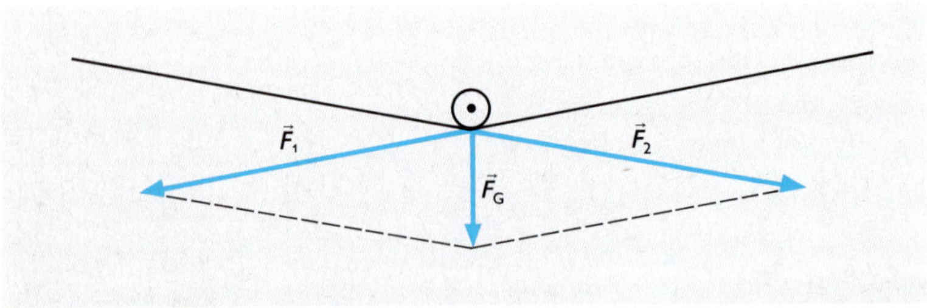

2 Kräfte bei einer Kabelkrananlage

3 Kräfte bei einem Turmdrehkran

Gewusst? Erkannt? Gekonnt?

1. An einer Schraubenfeder greift nacheinander eine Kraft von a) 16 N, b) 24 N und c) 480 N an. Stellen Sie diese Kräfte grafisch dar! Wählen Sie für die jeweilige Kraft einen geeigneten Maßstab!
2. Auf ein Boot, das mit einem Seil am Ufer befestigt ist, wirkt die Strömung mit einer Kraft von 420 N. Der Wind, der quer zur Strömung weht, übt eine Kraft von 280 N aus (Bild 1). Bestimmen Sie grafisch die am Seil angreifende Kraft!

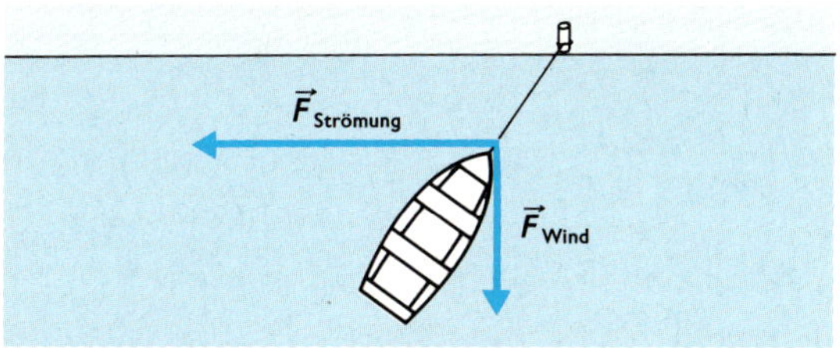

1

3. Zwei Bauarbeiter sollen ein Gerüstteil, das an einer Stelle von zwei Seilen gehalten wird, langsam zur Erde hinablassen. Es hat eine Masse von 50 kg und die Arbeiter stehen im Abstand von 2 m auf dem Gerüst. Welche Kraft muss jeder Arbeiter aufbringen, wenn das Teil um 2 m abgesenkt ist? Wie groß ist die Kraft bei 10 m Absenktiefe?
   Wie groß müssten diese Kräfte sein, wenn die Arbeiter in einem Abstand von 5 m stünden? Lösen Sie die Aufgabe grafisch!
4. Eine in der Mitte der Wäscheleine aufgehängte nasse Decke hat eine Gewichtskraft von 80 N. Sie bedingt, dass die Leine mit den Wänden je einen Winkel von 85° bildet.
   Wie groß ist die Zugkraft, die auf jeden Haken in der Wand wirkt?

Kurz und knapp

Die Kraft ist eine gerichtete Größe.
Kräfte können Verformungen und Bewegungsänderungen von Körpern hervorrufen.

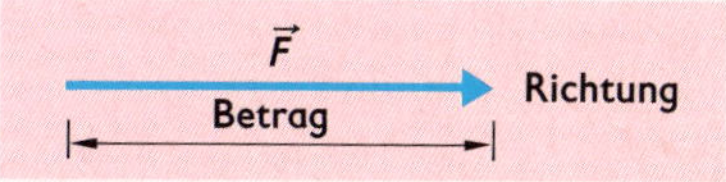

Wirken zwei Kräfte in gleicher Richtung auf einen Körper ein, so ist der Betrag der Gesamtkraft gleich der Summe der Beträge der Einzelkräfte:
$F = F_1 + F_2$.

Wirken zwei Kräfte in entgegengesetzter Richtung auf einen Körper ein, so ist der Betrag der Gesamtkraft gleich der Differenz der Beträge der Einzelkräfte:
$F = F_1 - F_2$.

Greifen an einem Körper zwei Kräfte in dem gleichen Punkt an, so können diese zu einer resultierenden Kraft zusammengefasst werden.

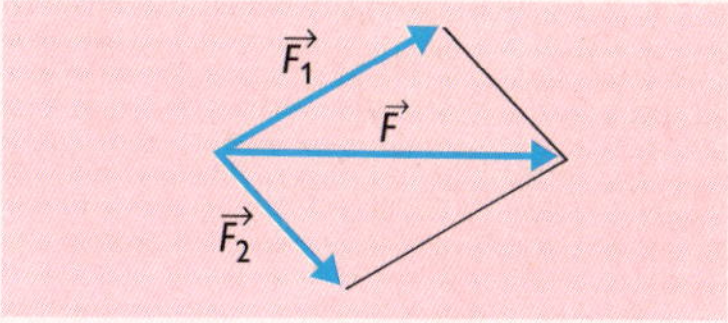

Eine Kraft kann in zwei Teilkräfte zerlegt werden. Sie ist die Diagonale im Kräfteparallelogramm. Die vom gleichen Punkt ausgehenden Seiten des Parallelogramms stellen die Teilkräfte dar.

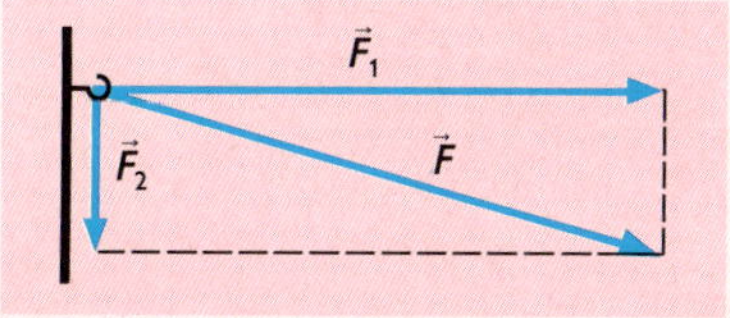

5 Newton'sche Gesetze

Eine Raumfähre startet. Heiße Verbrennungsgase treten mit großer Geschwindigkeit aus den mächtigen Raketentriebwerken aus. Trotz seiner großen Gewichtskraft wird der riesige Flugkörper angehoben. Zunächst schwebt er frei in der Luft, dann wird er in immer schnellere Bewegung versetzt. Wie ist es möglich die Raumfähre schwebend in der Luft zu halten und dann beschleunigt nach oben zu bewegen? Wovon hängt ihre Beschleunigung ab?

1

Das 1. Newton'sche Gesetz (Trägheitsgesetz)

Wird ein Lkw mit Schottersteinen entladen (Bild 2), so rutschen und rollen die Steine nur wenige Meter weit. Dann bleiben sie liegen. Ein angestoßener Schlitten rutscht auf einer horizontalen Bahn etwas weiter. Aber auch er bleibt bald stehen.
Ähnliche Beobachtungen machte bereits der griechische Gelehrte *Aristoteles* (384–322 v. Chr.). Er schloss daraus:
Um eine Bewegung aufrecht zu erhalten, braucht man eine Kraft.
Diese Aussage stimmt auch mit Ihrer Erfahrung beim Radfahren überein. Wenn Sie nicht langsamer werden wollen, müssen Sie immerzu in die Pedale treten, falls es nicht steil bergab geht. Trotzdem ist dieser Schluss falsch! Das zeigt das folgende Experiment.

2

Experiment 1
Auf einer horizontal ausgerichteten Luftkissenbahn befindet sich ein Schwebekörper. An den Enden der Bahn werden elastische Anschläge angebracht. Nach dem Einschalten des Luftkissens stößt man den Schwebekörper an.
Der Schwebekörper bewegt sich mit gleich bleibender Geschwindigkeit bis zum Ende der Bahn. Dort wird er zurückgeworfen und bewegt sich fast gleich schnell in entgegengesetzter Richtung. Dieser Vorgang läuft wiederholt in der gleichen Weise ab.

Aus diesem Experiment kann man die Ursache erkennen, warum sich die abgekippten Steine, der Schlitten und Ihr Rad nicht gleichförmig weiterbewegen. Es ist die Reibung.

Nur deshalb, weil bei all diesen Vorgängen Reibung auftritt, nimmt die Geschwindigkeit ab. Wirkt dagegen – wie auf der Luftkissenbahn – keine Reibungskraft, so ändert sich der Bewegungszustand des Körpers nicht.

Die Eigenschaft der Körper, die gleichförmige Bewegung oder auch die Ruhe beizubehalten, wird **Trägheit** genannt. Die Trägheit lässt sich sehr gut auf der Luftkissenbahn beobachten.

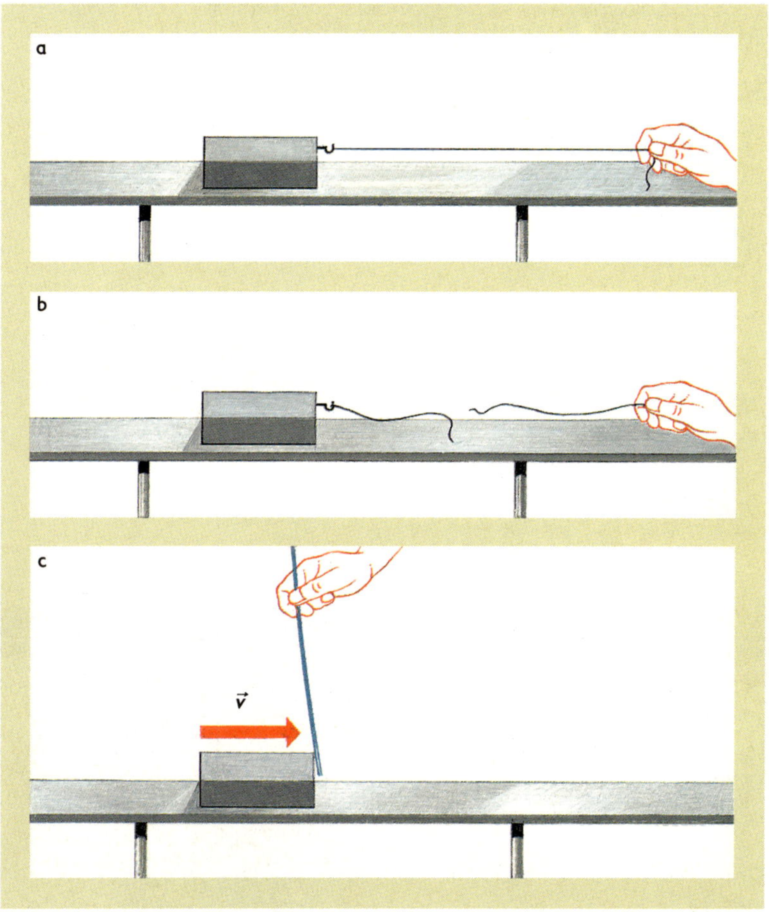

1

Experiment 2

An einem Schwebekörper wird das Ende eines dünnen Fadens befestigt. Zunächst wird an dem horizontal ausgespannten Faden langsam gezogen (Bild 1 a). Beim Anziehen verspürt man einen Widerstand, obwohl doch keine Reibung zwischen dem Körper und der Luftkissenbahn besteht.

Dann versucht man den Schwebekörper ruckartig in Bewegung zu versetzen. Der Faden reißt (Bild 1 b).

Schließlich bremst man den gleitenden Schwebekörper mit einem dünnen Kunststoffstreifen ab (Bild 1 c). Während des Bremsens biegt sich der Streifen.

In allen drei Fällen ist eine Kraft erforderlich, um den Bewegungszustand des Körpers zu ändern. Im ersten Falle spürt man die Kraft, im zweiten und dritten Falle erkennt man sie am Zerreißen bzw. Verbiegen. Wirkt auf den Körper jedoch keine Kraft, so bleibt er in Ruhe oder in Bewegung. *Isaac Newton* (1643–1727) hat diese Erkenntnis wie folgt im Trägheitsgesetz formuliert:

1. Newton'sches Gesetz (Trägheitsgesetz):
Jeder Körper verharrt im Zustand der Ruhe oder der gleichförmigen geradlinigen Bewegung, solange keine Kraft auf ihn einwirkt.

Sie haben die Trägheit Ihres eigenen Körpers oft schon beim Anfahren oder plötzlichen Abbremsen eines Busses oder eines anderen Fahrzeuges verspürt (Bild 1).

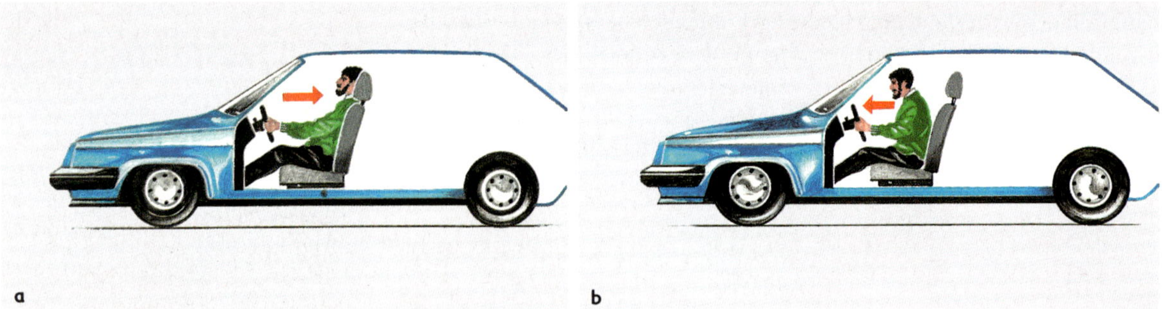

a b 1

Wirkung der Trägheitskraft auf einen Fahrer a) beim Anfahren, b) beim Bremsen eines Pkws

Das 2. Newton'sche Gesetz (Grundgesetz)

Die vier Schüler haben es eilig. Sie brausen mit ihren Kleinkrafträdern los (Bild 2). Obwohl sie aber alle zur gleichen Zeit anfahren, unterscheiden sich ihre Geschwindigkeiten nach einigen Sekunden erheblich voneinander. Das Moped von Klaus hat den stärksten Motor. Er hat die größte Geschwindigkeit erreicht. Antje und Peter fahren Krafträder gleicher Leistung. Peter ist der langsamste. Er fährt gemeinsam mit Petra.

2

Wie sind diese unterschiedlichen Beschleunigungen zu erklären?
Es liegen folgende Vermutungen nahe:
- Je größer die Kraft ist (Kraftrad von Klaus), umso größer ist die Beschleunigung.
- Je größer die Masse ist (Kraftrad von Peter und Petra), umso kleiner ist die Beschleunigung.

Diese Vermutungen wollen wir mit Experimenten überprüfen.

Zusammenhang zwischen Kraft und Beschleunigung. Wir führen die Experimente auf der Luftkissenbahn aus, um den störenden Einfluss der Reibung auszuschalten. Der Körper, auf den die Kraft wirkt, ist der Schwebekörper. Die Kraft wird durch die Gewichtskraft eines kleinen Wägestückes erzeugt. Es hängt an einem Faden, der am Schwebekörper befestigt ist (Bild 1). Die Rolle, über die der Faden geführt ist, ist mit Bohrungen versehen. Sie dreht sich in einer Lichtschranke. Auf diese Weise kann die Beschleunigung elektronisch gemessen und direkt angezeigt werden.

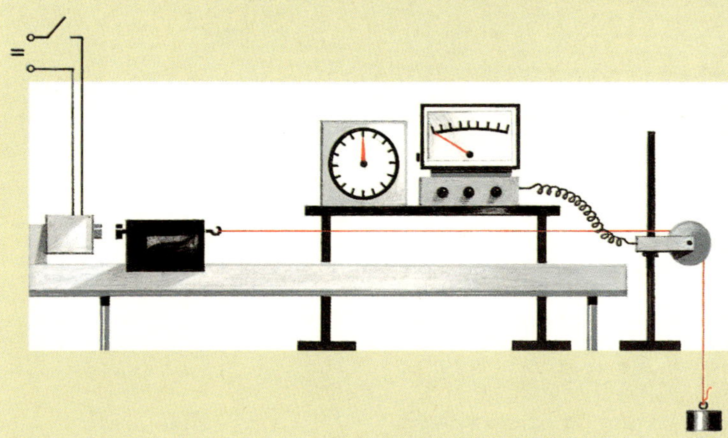

1

Experiment 3
Der Schwebekörper hat eine Masse von 0,2 kg. Die Kraft beträgt 0,02 N. Sie wird gemessen und in eine Messwertetabelle eingetragen. Nachfolgend wird die Kraft auf 0,04 N, 0,06 N und 0,08 N erhöht.
Die Beschleunigung ist in allen Fällen über den gesamten Bewegungsablauf konstant. Mit wachsender Kraft nimmt auch die Beschleunigung zu.

Messwertetabelle 1

Masse m = 0,2 kg

F in N	a in $m \cdot s^{-2}$	$\frac{F}{a}$ in $N \cdot m^{-1} \cdot s^2$
0,02	0,10	0,20
0,04	0,19	0,21
0,06	0,29	0,21
0,08	0,38	0,21

Im Bild 2 ist die Beschleunigung als Funktion der Kraft grafisch dargestellt. Der Graph ist eine Gerade, die durch den Koordinatenursprung geht. Sie lässt erkennen, dass die Beschleunigung der Kraft direkt proportional ist. Daraus folgt, dass auch der Quotient $\frac{F}{a}$ konstant ist (letzte Spalte in Messwertetabelle 1).

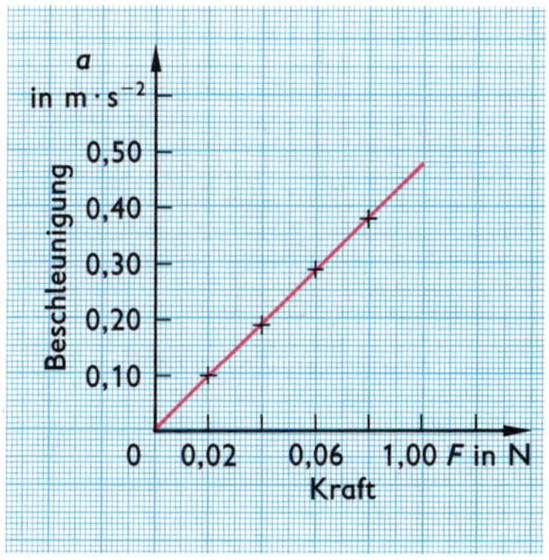

2

Beschleunigung-Kraft-Diagramm

Wirkt auf einen Körper eine Kraft, so wird er beschleunigt.
Bei unveränderlicher Masse ist die Beschleunigung der Kraft proportional.

$a \sim F$

Diesen Zusammenhang haben Sie schon beobachtet, wenn Sie mit Ihrem Rad einen Berg hinabgerollt sind (Bild 1). Je steiler der Berg war, umso größer war die Kraft, die längs des Berges auf Sie wirkte. Je steiler der Berg war, umso größer war auch die Beschleunigung.

1

Je größer die Kraft ist, umso größer ist auch die Beschleunigung.

Zusammenhang zwischen Masse und Beschleunigung. Zur Untersuchung des Einflusses der Masse auf die Beschleunigung wiederholen wir das Experiment mit einer konstanten beschleunigenden Kraft.

Experiment 4
Der Schwebekörper hat zunächst die Masse 0,1 kg. Die Kraft beträgt 0,04 N. Die Beschleunigung wird wieder gemessen und in eine Messwertetabelle eingetragen. Nachfolgend wird die Masse auf 0,2 kg, 0,3 kg und 0,4 kg erhöht. Mit zunehmender Masse nimmt die Beschleunigung ab.

Messwertetabelle 2

Kraft F = 0,04 N

m in kg	a in $\mathrm{m \cdot s^{-2}}$	$m \cdot a$ in $\mathrm{kg \cdot m \cdot s^{-2}}$
0,10	0,40	0,040
0,20	0,19	0,038
0,30	0,13	0,039
0,40	0,09	0,036

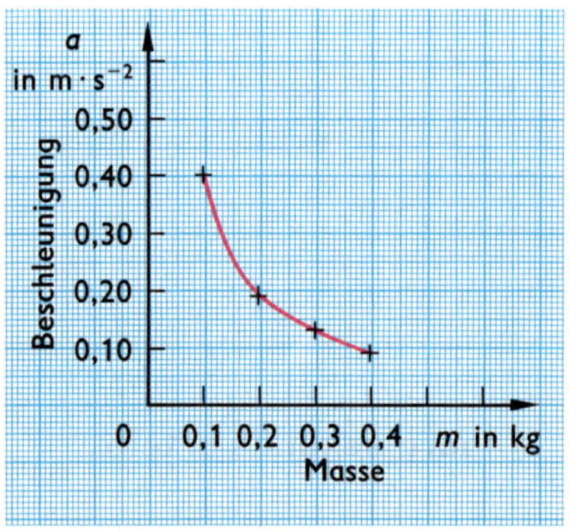

2

Beschleunigung-Masse-Diagramm

Im Bild 2 ist die Beschleunigung als Funktion der Masse grafisch dargestellt. Der Graph lässt diesen Zusammenhang erkennen. Das Produkt aus Masse und Beschleunigung hat bei allen Messungen nahezu den gleichen Wert.
Das heißt, dass die Beschleunigung der Masse umgekehrt proportional ist.

Bei unveränderlicher Kraft ist die Beschleunigung der Masse umgekehrt proportional.

$$a \sim \frac{1}{m}$$

Diesen Zusammenhang haben Sie schon beim Anschieben eines Kraftfahrzeugs beobachtet (Bild 1). Ein Moped können Sie viel stärker beschleunigen als einen Personenkraftwagen.

1

Gleichung für den Zusammenhang von Kraft, Masse und Beschleunigung. Den von uns erkannten Zusammenhang zwischen Beschleunigung und Kraft bzw. Beschleunigung und Masse hat bereits der englische Physiker *Isaac Newton* gefunden.
Er formulierte ihn in Form der Gleichung

$a = \frac{F}{m}$ bzw. $F = m \cdot a$.

Diese Gleichung kennzeichnet die fundamentale Beziehung zwischen den physikalischen Größen Kraft, Masse und Beschleunigung. Deshalb nennt man diesen Zusammenhang auch das **Newton'sche Grundgesetz**.

2. Newton'sches Gesetz (Grundgesetz):
Wirkt auf einen beweglichen Körper eine Kraft, so wird er beschleunigt.

$\boldsymbol{F = m \cdot a}$

Gültigkeitsbedingung: Körper wird als Massenpunkt betrachtet.

In der Gleichung $a = \frac{F}{m}$ sind die von uns experimentell gewonnenen Zusammenhänge als Sonderfälle enthalten. Ist z. B. die Masse des zu beschleunigenden Körpers konstant, so folgt aus der Gleichung für die Beschleunigung $a \sim F$ (bei m = konstant). Das entspricht dem Ergebnis von Experiment 3.
Ist dagegen die Kraft konstant, so ergibt sich aus der Gleichung $a \sim \frac{1}{m}$ (bei F = konstant). Dieses Ergebnis hatten wir mit Experiment 4 gewonnen.

Einheit der Kraft. Aus dem Newton'schen Grundgesetz lässt sich auch die Einheit der Kraft herleiten. Aus
$F = m \cdot a$ folgt
$1\ \text{N} = 1\ \text{kg} \cdot 1\ \text{m} \cdot \text{s}^{-2}$.

Ein Newton ist die Kraft, die einem Körper mit der Masse von 1 Kilogramm eine Beschleunigung von 1 Meter je Quadratsekunde erteilt.

$\mathbf{1\ N = 1\ kg \cdot m \cdot s^{-2}}$

Diese Aussage kann anhand der Messwertetabellen 1 und 2 überprüft werden. In Tabelle 1 ergibt sich für den Quotienten $\frac{F}{a} \approx 0{,}2\ \text{N} \cdot \text{s}^2 \cdot \text{m}^{-1}$. Das ist die Masse des Schwebekörpers (0,2 kg), denn es gilt: $1\ \text{kg} = 1\ \text{N} \cdot \text{s}^2 \cdot \text{m}^{-1}$.
In Tabelle 2 ergibt sich für das Produkt $m \cdot a \approx 0{,}04\ \text{kg} \cdot \text{m} \cdot \text{s}^{-2}$. Das ist die wirksame Kraft von 0,04 N, denn es besteht die Beziehung $1\ \text{N} = 1\ \text{kg} \cdot \text{m} \cdot \text{s}^{-2}$.

Beispiel zur Berechnung einer Kraft
Ein mit vier Personen besetzter und mit Gepäck belasteter Personenkraftwagen der Mittelklasse (Gesamtmasse 1 500 kg) wird aus dem Stand annähernd gleichmäßig beschleunigt. Er erreicht nach 3,2 Sekunden eine Geschwindigkeit von 20 km · h⁻¹. Wie groß ist die Antriebskraft?

Gesucht: F (in N)

Gegeben: $m = 1\,500$ kg
$v = 20 \text{ km} \cdot \text{h}^{-1} = 5{,}56 \text{ m} \cdot \text{s}^{-1}$
$t = 3{,}2$ s

Lösung:

$$F = m \cdot a$$

$$F = m \cdot \frac{v}{t}$$

$$F = \frac{1\,500 \text{ kg} \cdot 5{,}56 \text{ m}}{3{,}2 \text{ s} \cdot \text{s}}$$

$$F = 2\,604 \text{ kg} \cdot \text{m} \cdot \text{s}^{-2}$$

$$\underline{\underline{F = 2\,604 \text{ N}}}$$

Ergebnis: Die Antriebskraft des Personenkraftwagens beträgt etwa 2 600 N.

Gewichtskraft

Sie wissen bereits vieles über die Gewichtskraft der Körper:
- Die Gewichtskraft ist die Kraft, mit der ein Körper an seiner Aufhängung zieht oder auf seine Unterlage drückt.
- Je größer die Masse eines Körpers ist, umso größer ist auch seine Gewichtskraft: $F_G \sim m$ (Bild 1).
- 1 N ist etwa die Kraft, mit der ein Körper von 100 g Masse an seiner Aufhängung zieht oder auf seine Unterlage drückt.

Außerdem wissen Sie, dass fallende Körper eine gleichmäßig beschleunigte Bewegung ausführen. Die Fallbeschleunigung beträgt $g = 9{,}81 \text{ m} \cdot \text{s}^{-2}$ (Bild 2).

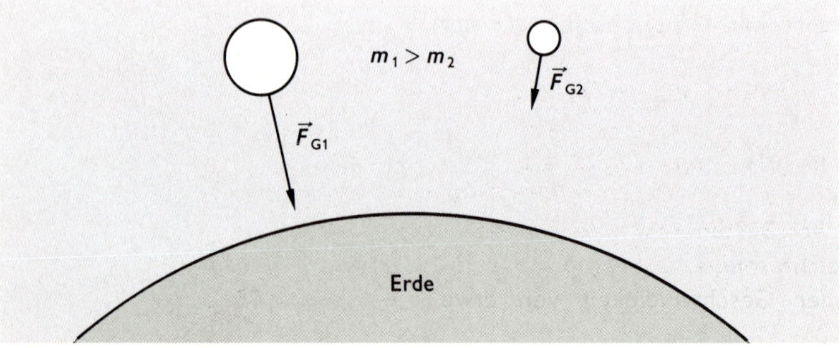

1

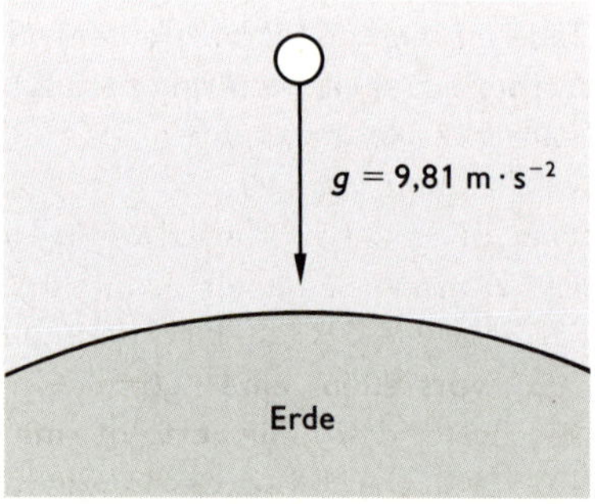

2

Das Newton'sche Grundgesetz lässt uns den Zusammenhang zwischen diesen Aussagen deutlich werden:
Die Gewichtskraft eines Körpers ist die Ursache für seine gleichmäßig beschleunigte Bewegung beim freien Fall. Deshalb gilt die Gleichung $F = m \cdot a$ in der Form $F_G = m \cdot g$.
Dabei ist F_G die Gewichtskraft und g die Fallbeschleunigung. Setzt man in die Gleichung für $g = 10 \text{ m} \cdot \text{s}^{-2}$ und für die Masse $m = 100$ g ein, so erhält man eine Gewichtskraft von 1 N. Damit wird ver-

ständlich, warum ein Körper mit der Masse von 100 g etwa mit einer Kraft von 1 N von der Erde angezogen wird.

Ortsabhängigkeit der Gewichtskraft. Die Erde hat nicht genau die Form einer Kugel. An den Polen ist die Erde abgeplattet. Auch der geologische Aufbau und die Drehung der Erde beeinflussen die Kraft, mit der ein Körper von der Erde angezogen wird. Folglich ist die Gewichtskraft ortsabhängig. Hat ein Körper eine Masse von 5 kg, so beträgt seine Gewichtskraft am Pol 49,2 N, am Äquator dagegen nur 48,9 N (Bild 1).

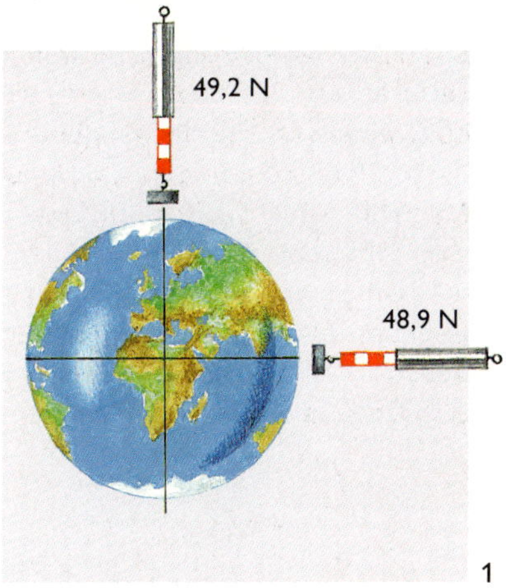

1
Am Äquator ist die Gewichtskraft eines Körpers kleiner als an den Polen.

Gewichtslosigkeit eines Körpers. Steht eine Kaffeetasse auf dem Tisch oder hängt eine Lampe an der Decke, so werden diese Körper am Fallen gehindert (Bild 2). Sie drücken mit der Gewichtskraft $F_G = m \cdot g$ auf den Tisch oder ziehen mit dieser Kraft an der Decke. Was geschieht nun aber, wenn die Tasse zusammen mit dem Tisch fällt?

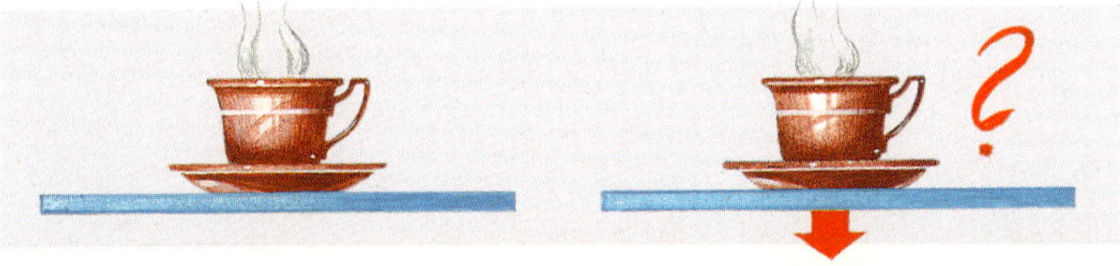

2

Experiment 5
Ein Feldstein liegt auf einem Brett. Zwischen beiden befindet sich ein Papierstreifen. Das Brett ist an einem Stativ befestigt (Bild 3). Da der Feldstein auf das Brett drückt, kann der Papierstreifen nicht herausgezogen werden.
Das Ende des Streifens wird mit einer Hand gehalten und mit der anderen Hand wird der Faden durchgeschnitten. Der Papierstreifen gleitet zwischen Stein und Brett heraus.

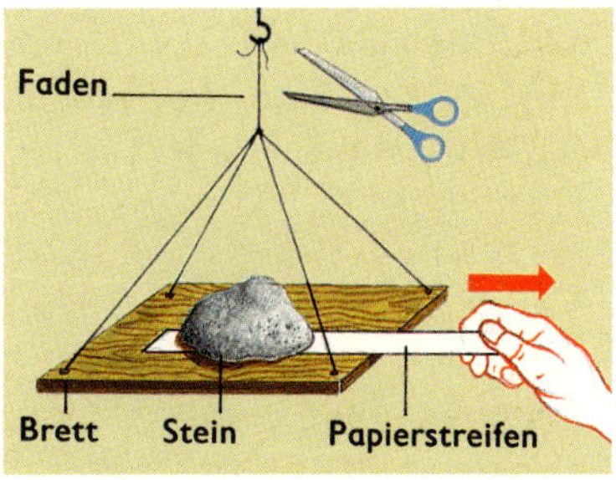

3

Beim ruhenden Körper ist die Gewichtskraft die Kraft, mit der der Körper auf seine Unterlage drückt.
Fällt der Körper, so ist seine Gewichtskraft null. Er drückt nicht auf die Unterlage.
In einem solchen Zustand wie der fallende Stein befindet sich auch ein Astronaut in einer Raumfähre, die die Erde umkreist. Man kann sich die Bewegung der Fähre aus zwei Bestandteilen zusammengesetzt vorstellen: einer geradlinig gleichförmigen Bewegung als erster Bestandteil. Sie erfolgt mit einer Geschwindigkeit von etwa $8\ \text{km} \cdot \text{s}^{-1}$ in Richtung der Tangente an die Bahn (Bild 4).
Der zweite Bestandteil ist eine Fallbewegung auf die Erde zu. In-

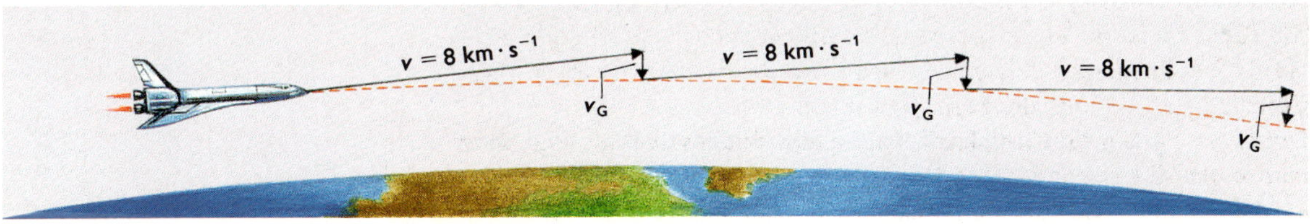

4

folge der geradlinigen Bewegung mit der hohen Geschwindigkeit entfernt sich die Fähre immer gerade so weit von der Erde, wie sie andererseits zur Erde hin fällt. Deshalb ergibt sich eine Kreisbahn. In der Raumfähre liegen dabei die gleichen Bedingungen wie beim fallenden Stein vor. Alle Körper ziehen nicht an der Aufhängung oder drücken auf die Unterlage; sie schweben im Raumschiff. In der Umgangssprache wird dieser Zustand oft als „*schwerelos*" bezeichnet. Das ist deshalb nicht korrekt, weil die Körper ihre Masse behalten. Sie werden von der Erde nach wie vor angezogen. Sie sind träge und schwer. Die bessere Formulierung ist: gewichtslos.

Das 3. Newton'sche Gesetz (Wechselwirkungsgesetz)

Wenn Sie aus einem Ruderboot an Land springen wollen, dann müssen Sie sich kräftig anstrengen, damit Sie nicht ins Wasser fallen!
Ihr Absprungsort – das Boot – ist nämlich beweglich. Wenn Sie abspringen, weicht es zurück. Viel leichter ist es, vom Land aus ins Boot zu springen. Dann ist Ihr Absprungsort fest.
Das Beispiel zeigt, dass zum Wirken einer Kraft immer eine Gegenkraft vorhanden sein muss. Beim Sprung üben Sie nicht nur eine Kraft auf das Boot aus, vom Boot her wirkt auch eine Kraft auf Sie. Welche Beziehung besteht zwischen diesen beiden Kräften?

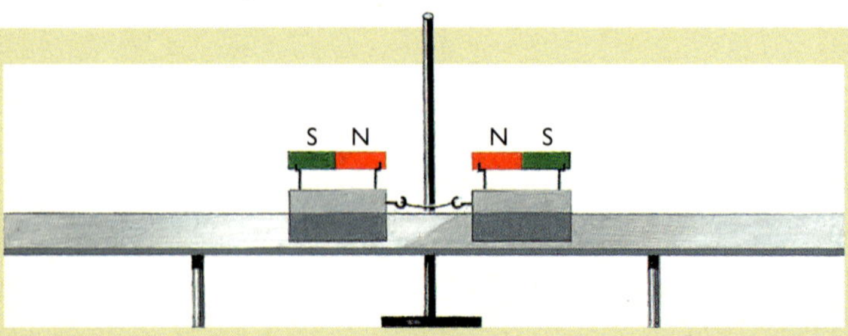

1

2

Experiment 6
Auf der Luftkissenbahn liegt auf zwei Schwebekörpern je ein Stabmagnet. Dabei stehen gleiche Pole einander gegenüber (Bild 1).

Ein Faden hält beide Schwebekörper in geringem Abstand voneinander. Ein Stativstab zeigt die Lage der Schwebekörper an. Der Luftstrom wird eingeschaltet und der Faden durchgebrannt. Nach 3 Sekunden wird der Luftstrom abgeschaltet. Beide Schwebekörper haben jetzt den gleichen Abstand von der Startstelle (Bild 2). Es wirkt sowohl eine Kraft vom ersten Magneten auf den zweiten als auch vom zweiten Magneten auf den ersten. Diese Kräfte haben an den gleichen Schwebekörpern gleiche Bewegungsänderungen hervorgerufen. Daraus folgt, dass beide Kräfte gleiche Beträge haben.

Man kann die gleich großen Beträge der beiden Kräfte auch messen. Dazu werden auf den Schwebekörpern anstelle der Magnete Druckkraftmesser befestigt.

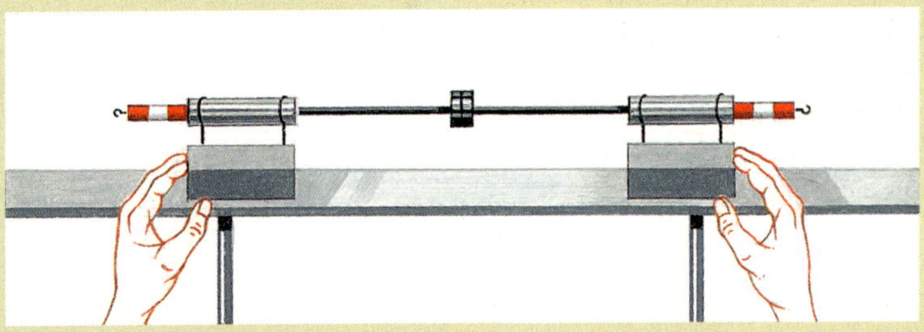

Experiment 7
Bei ausgeschaltetem Luftstrom werden die beiden Schwebekörper mit den Druckkraftmessern langsam aufeinander zu bewegt. Zu jedem Zeitpunkt zeigen beide Kraftmesser den gleichen Betrag der Kraft an (Bild 1).
Hält man einen der Körper fest und schiebt jeweils den anderen heran, so sind die Beträge der Kräfte ebenfalls gleich.

1

Dieser Zusammenhang ist Ihnen von vielen Beobachtungen her bekannt. Fährt z. B. ein Personenkraftwagen auf feuchtem Lehmboden an, so wird zunächst die Kraft des Motors auf die Räder übertragen. Die Räder üben eine Kraft auf den Lehmboden aus. Er wird verformt. Das erkennt man an der Anfahrspur (Bild 2). Gleichzeitig übt der Boden eine Kraft auf die Räder aus. Diese Schubkraft bewirkt das Anfahren des Autos.
Wenn Sie ein Bild aufhängen, so wirkt es mit seiner Gewichtskraft auf den Haken. Diesen müssen Sie so tief in die Wand hineinschlagen, dass er eine gleich große Gegenkraft auf das Bild ausüben kann. Ist die Gegenkraft nicht groß genug, so löst sich der Haken aus der Wand und das Bild fällt zu Boden.

2 Auf Kraftfahrzeug und Feldweg wirken gleich große Kräfte mit entgegengesetzter Richtung.

3. Newton'sches Gesetz (Wechselwirkungsgesetz):
Wirken zwei Körper wechselseitig aufeinander ein, so greift stets an jedem der Körper eine Kraft an. Die beiden Kräfte haben gleiche Beträge und entgegengesetzte Richtungen.

Das 3. Newton'sche Gesetz wird oft verkürzt als **actio = reactio** (Wirkung = Gegenwirkung) formuliert.
Obwohl zu jeder Kraft immer eine gleich große Gegenkraft gehört, gibt man in den meisten Fällen nur eine der beiden Kräfte an. So interessiert beim Kraftfahrzeug in erster Linie die Motorkraft. Man setzt stillschweigend die erforderliche Gegenkraft, die vom Straßenbelag erzeugt wird, voraus. Dieser Gegenkraft wird erst dann Aufmerksamkeit geschenkt, wenn sie nicht groß genug ist. Das trifft z. B. für feuchten Lehmboden oder vereiste Straßen zu.

Ein Blick in die Geschichte

1

Newton, der Begründer der klassischen Mechanik. *Isaac Newton* (Bild 1) wurde 1643 in einem kleinen Dorf in Ostengland geboren. Seine Kindheit verbrachte er auf dem Gutshof seiner Eltern. Später besuchte er eine Lateinschule. Mit 18 Jahren begann er sein Studium an der Universität Cambridge. Bereits 9 Jahre später erfolgte seine Berufung zum Professor. Durch die Fürsprache eines Freundes wurde er 1699 Direktor der Münzstätte in London. Seit 1703 war er Präsident der berühmten Royal Society, der englischen Akademie für Naturwissenschaften in London. 1727 verstarb er im Alter von 85 Jahren.

Im 17. Jh. setzte in England eine stürmische Entwicklung der Industrie ein. Neue Fragen ergaben sich auch aus dem Stand der Forschung in der Astronomie. Auf der Grundlage bereits gewonnener Erkenntnisse in der Mechanik und von Himmelsbeobachtungen arbeitete *Newton* in den Jahren 1665 bis 1667 das wissenschaftliche Fundament der Mechanik aus. Er hat es in seinem berühmtesten Werk „Mathematische Prinzipien der Naturwissenschaft“ dargelegt. Durch *Newtons* Arbeiten wurde die Mechanik Ende des 17. Jh. zur grundlegenden Disziplin der Physik. Dadurch übte sie nicht nur auf die anderen Teilgebiete der Physik, sondern auch auf andere Naturwissenschaften einen nachhaltigen Einfluss aus.
In den beiden ersten Bänden seines Buches „Mathematische Prinzipien der Naturwissenschaft“ beschreibt *Newton* die Zusammenhänge zwischen den Kräften und den Bewegungen und formuliert die drei nach ihm benannten Gesetze. Im dritten Band weist *Newton* nach, dass für die Bewegungen der Himmelskörper die gleichen Gesetze wie für die Bewegungen der Körper auf der Erde gelten. Damit begründete er eine einheitliche Physik des Himmels und der Erde.
Quellen der Erkenntnis waren für *Newton* die Beobachtung und das Experiment. Er verallgemeinerte Beobachtungsdaten und Erfahrungen und nutzte die Mathematik zur Formulierung von Naturgesetzen. Dadurch konnten physikalische Vorgänge besser erklärt und in ihrem Ablauf vorhergesagt werden.
Etwa zwei Jahrhunderte lang galt die Newton'sche Mechanik als Grundlage der gesamten Physik. Mit Beginn des 20. Jh. wurden neue, umfassendere Kenntnisse gewonnen. Dabei wurden auch die Bedingungen erkannt, unter denen die Gesetze der Newton'schen Mechanik gelten. So sind diese Gesetze z. B. nicht bei hohen Geschwindigkeiten in der Nähe der Lichtgeschwindigkeit und im atomaren Bereich anwendbar.

Ein Blick in die Natur

2

Ein Fischreiher nutzt beim Verschlingen eines Fisches unbewusst das Trägheitsgesetz (Bild 2). Zunächst ergreift er seine Beute mit dem Schnabel. Dann gibt er den Fisch eine ganz kurze Zeit wieder frei. In diesem Moment stößt er den geöffneten Schnabel ruckartig nach vorn. Während dieser Zeit wirkt auf den Fisch nur die nach unten gerichtete Gewichtskraft. Er fällt ein kurzes Stück. Dieses Fallen verringert der Fischreiher dadurch, dass er den Fisch beim Loslassen geringfügig nach oben schleudert.
Durch mehrfaches Wiederholen dieser Vorgänge gelangt der Fisch infolge seiner Trägheit immer tiefer in den Schnabel und schließlich in den Schlund des Reihers.

Ein Blick in die Technik

Sicherheitsgurt und Airbag. Sicherheitsgurte gehören zur gesetzlich vorgeschriebenen Ausstattung von Personenkraftwagen. Außerdem bieten Autofirmen ein weiteres Sicherheitssystem, den Airbag, an (Bild 1).

Das physikalische Wirkprinzip ist in beiden das Gleiche. Das Fahrzeug bewegt sich mit seinen Insassen mit einer hohen Geschwindigkeit. Plötzlich wird es durch den Fahrer oder durch einen Aufprall stark abgebremst. Dabei wirkt auf das Fahrzeug eine starke Kraft entgegen der Bewegungsrichtung.

Nach dem Trägheitsgesetz bewegen sich alle die Körper, auf die keine Kraft wirkt, mit der ursprünglichen Geschwindigkeit geradlinig weiter. Das trifft für die Insassen des Pkw zu. Sie würden gegen die Frontscheibe des abgebremsten Wagens prallen. Erst dort treten dann Kräfte auf, die ihrer Bewegung entgegenwirken. Diese führen allerdings zu Verletzungen, denen vorgebeugt werden muss.

Die Sicherheitssysteme sollen gewährleisten, dass die Bremskraft des Fahrzeuges möglichst schnell und ungefährlich auch auf die Insassen wirkt. Dadurch verringern diese in gleichem Maße ihre Geschwindigkeit wie das Fahrzeug.

Diese Aufgabe können die fest an der Karosserie befestigten Sicherheitsgurte übernehmen. Noch wirksamer ist der Luftsack (Airbag). Er befindet sich zwischen Motorraum, Frontscheibe und Fahrer. Im Falle eines Aufpralls füllt er sich schlagartig mit Luft. Dadurch wird die abbremsende Kraft gleichmäßig auf alle Körperteile verteilt.

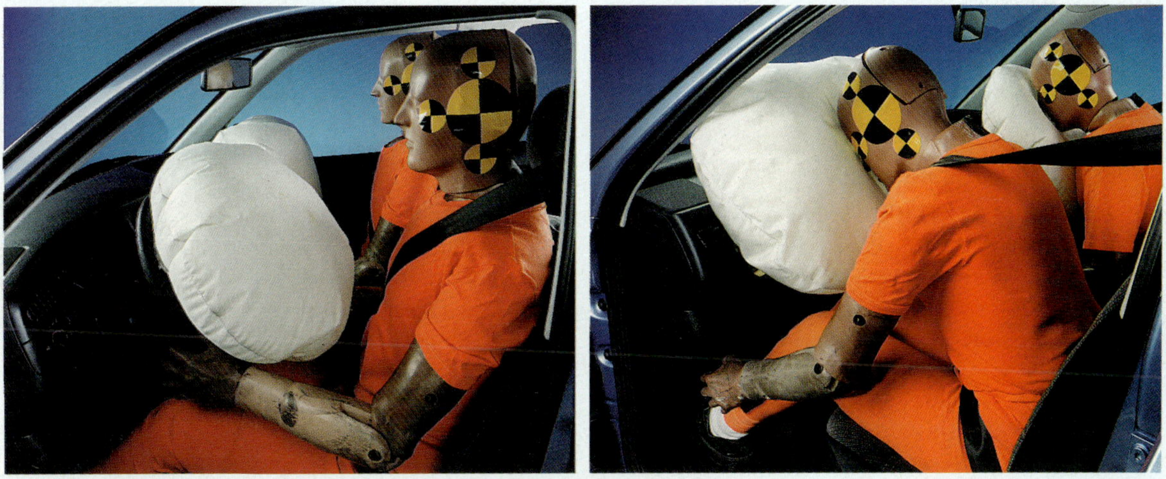

1

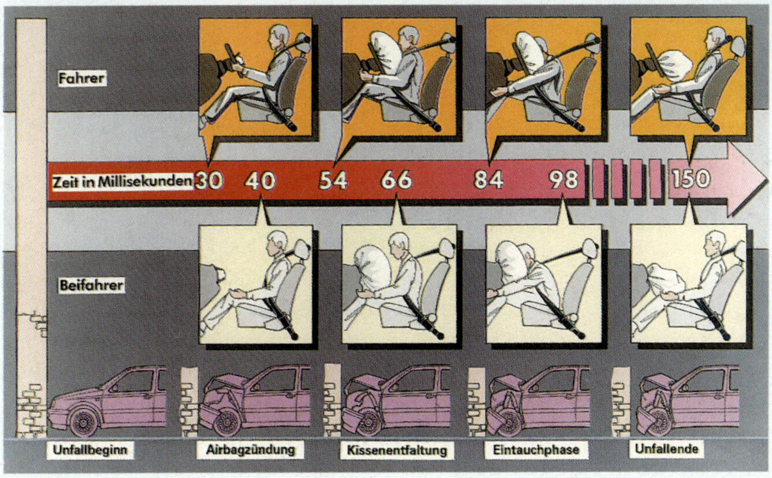

2

Gewusst? Erkannt? Gekonnt?

1. Entwickeln Sie eine Experimentieranordnung, mit der man das Trägheitsgesetz demonstrieren kann!
2. Warum ist es verboten, Fahrzeuge, deren Bremsanlage defekt ist, mit Seilen abzuschleppen?
3. Erklären Sie, warum sich das Hobeleisen lockert, wenn man mit einem Hammer auf den Hobel schlägt (Bild 1)!

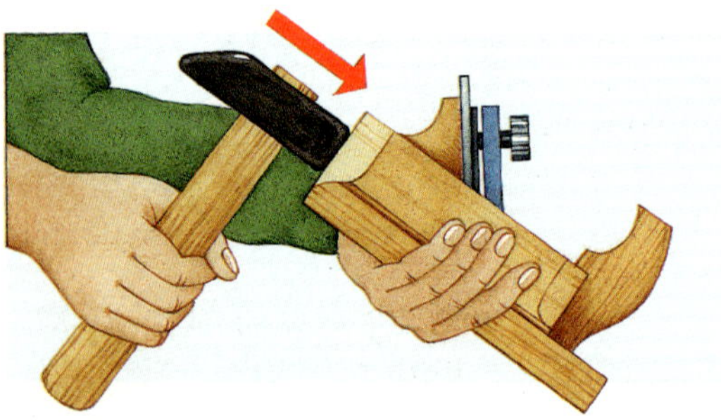

1

4. Erklären Sie, warum die Ladung auf dem Dachgepäckträger eines Personenkraftwagens gut befestigt werden muss!
5. Auf einem rauen Brett steht ein hoher Quader. Neben ihm liegt ein Zylinder (Bild 2).
   a) Das Brett wird schnell in Bewegung versetzt. Beschreiben und erklären Sie, wie sich beide Körper verhalten!
   b) Das Brett wird langsam in Bewegung versetzt und plötzlich abgebremst. Beschreiben und erklären Sie das Verhalten beider Körper!

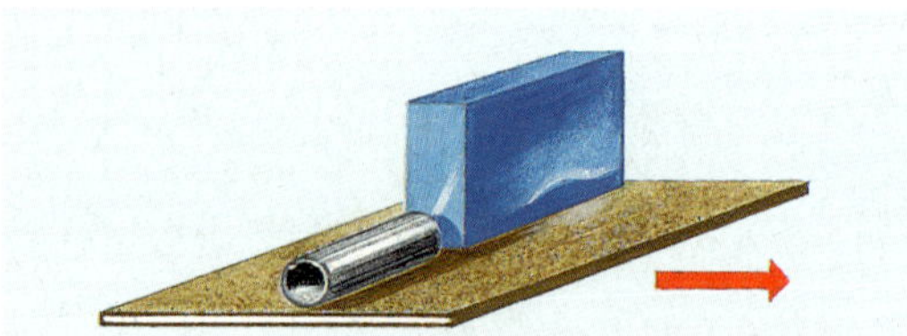

2

6. Ein sich bewegender Körper wird gleichmäßig abgebremst. Welche Aussagen können Sie über den Betrag und die Richtung der Kraft treffen?
7. Entwerfen Sie eine Experimentieranordnung, mit der Sie das Anfahren und das Bremsen eines Wagens untersuchen können!
8. Zwei gleiche Lokomotiven ziehen mit gleicher Zugkraft zwei Züge. Der eine Zug hat 25 Waggons, der andere 15. Die Massen aller Waggons sind gleich. Bei welchem Zug ist die Beschleunigung größer? Begründen Sie Ihre Aussage!
9. Wie ändert sich die Beschleunigung eines Körpers, wenn die beschleunigende Kraft vervierfacht wird?
10. Interpretieren Sie die Gleichung $a = \frac{F}{m}$!
11. Interpretieren Sie das a-F-Diagramm (Bild 2, S. 39) und das a-m-Diagramm (Bild 2, S. 40)!
12. An zwei Körpern, deren Massen sich wie 1 zu 2 verhalten, greifen Kräfte von 1 N, 2 N, ..., 8 N an. Skizzieren Sie den Zusammenhang zwischen den Beschleunigungen und den Kräften in einem Diagramm!
13. Auf einen Körper, der ohne Reibung eine geneigte Ebene hinabgleitet, wirkt eine Kraft von 0,6 N in Bewegungsrichtung. Wie groß ist seine Masse, wenn die Beschleunigung $1{,}2\ \mathrm{m \cdot s^{-2}}$ beträgt?
14. Wie groß ist die Antriebskraft eines Personenkraftwagens mit einer Masse von 800 kg, wenn er mit einer Beschleunigung von $1{,}2\ \mathrm{m \cdot s^{-2}}$ anfährt?
15. Mit welcher Beschleunigung fährt ein Zug an, der eine Masse von 950 t hat, wenn die Zugkraft der Lokomotive 475 kN beträgt?
16. Eine Diesellokomotive kann von der Geschwindigkeit $90\ \mathrm{km \cdot h^{-1}}$ auf einer Strecke von 400 m bis zum Stillstand abgebremst werden. Die Masse der Lokomotive beträgt 120 t. Wie groß ist die Bremskraft?
17. Erklären Sie, warum zwei Schüler beim Anschieben von unterschiedlich beladenen Wagen die gleiche Beschleunigung erreichen können!
18. Die Zugkraft einer Elektrolokomotive beträgt 180 kN, ihre Masse 200 t. Der Zug besteht aus 10 Wagen mit je 40 t Masse.
    a) Wie groß ist die Beschleunigung?
    b) Welche Geschwindigkeit hat der Zug nach einer Minute erreicht?
    c) Welche Geschwindigkeit erreicht der Zug, wenn an ihn zusätzlich 20 Wagen mit 40 t Masse angekoppelt werden? – wenn er von 2 Lokomotiven gezogen wird und 20 Wagen hat?
    (Lösen Sie Aufgabe c ausgehend vom Ergebnis der Aufgabe b ohne ausführliche Rechnung!)

d) Welche Geschwindigkeit besitzt die Lokomotive nach 0,5 Minuten, wenn sie ohne Wagen anfährt?

e) Wie groß ist die Geschwindigkeit von zwei miteinander gekoppelten Lokomotiven ohne Wagen nach 0,5 Minuten?

f) Erklären Sie, warum jeder Wagen des Zuges mit Bremsen ausgestattet werden muss und es nicht genügt, nur die Lokomotive abzubremsen!

19. Wie groß ist die Kraft, die auf einen Körper der Masse 150 g wirkt, wenn seine Beschleunigung 4,5 m · s^{-2} beträgt?

20. Welche Beschleunigung wird bei der Anordnung in Bild 1 erreicht, wenn die Masse der Rolle und die Reibung vernachlässigt werden?

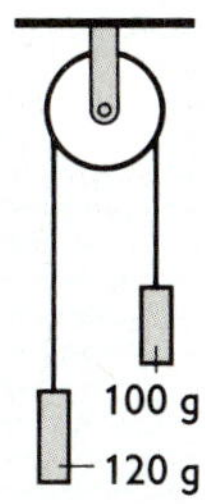

1

21. Warum kann ein Lkw ohne Anhänger an einer Kreuzung schneller anfahren als ein gleicher Lkw mit Anhänger?

22. Ein Fußball der Masse 500 g wird beim Strafstoßschießen innerhalb von 0,02 s auf eine Geschwindigkeit von 15 m · s^{-1} beschleunigt. Welche mittlere Kraft wirkt auf den Ball?

23. Warum bewegt sich ein aufgeblasener Luftballon, wenn er geöffnet und losgelassen wird?

24. Warum müssen die Startblöcke beim Kurzstreckenlauf auf der Aschenbahn starr befestigt werden?

25. Warum konnte sich *Münchhausen* nicht selbst an den Haaren aus dem Sumpf ziehen?

Kurz und knapp

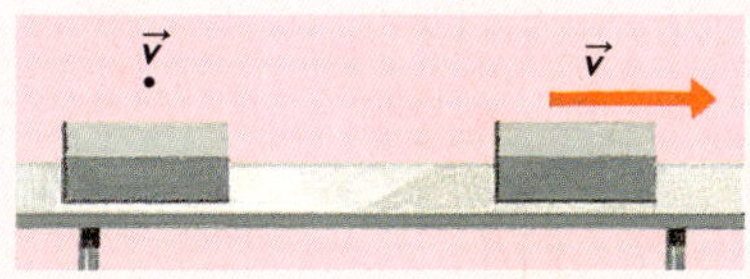

1. Newton'sches Gesetz (Trägheitsgesetz): Jeder Körper verharrt im Zustand der Ruhe oder der gleichförmigen geradlinigen Bewegung, solange keine Kraft auf ihn einwirkt.

2. Newton'sches Gesetz (Grundgesetz): Wirkt auf einen beweglichen Körper eine Kraft, so wird er beschleunigt. Für die Kraft gilt die Gleichung $F = m \cdot a$.

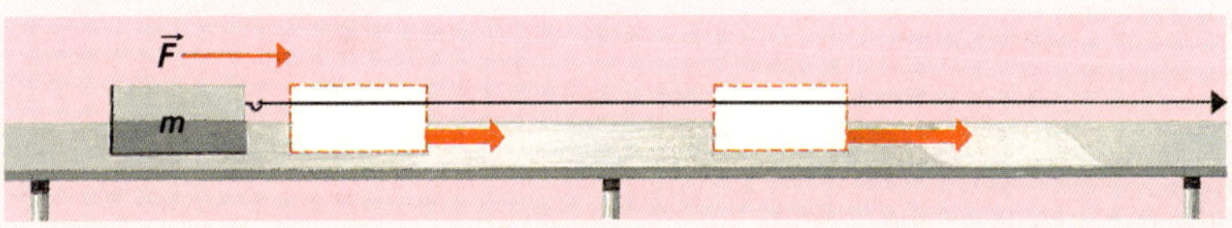

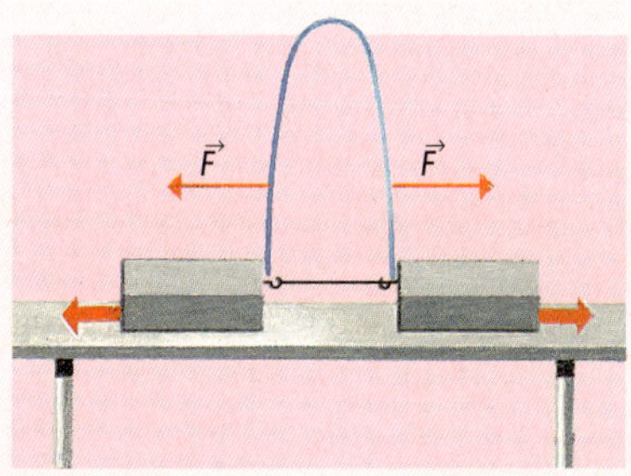

3. Newton'sches Gesetz (Wechselwirkungsgesetz): Wirken zwei Körper wechselseitig aufeinander ein, so greift stets an jedem Körper eine Kraft an. Die beiden Kräfte haben gleiche Beträge und entgegengesetzte Richtungen.

Für die Gewichtskraft gilt $F_G = m \cdot g$. Sie ist ortsabhängig.

Frei fallende Körper sind gewichtslos („schwerelos").
Eine um die Erde kreisende Raumfähre führt gleichzeitig eine geradlinig gleichförmige Bewegung und einen freien Fall aus. Deshalb haben alle Körper in der Fähre kein Gewicht.

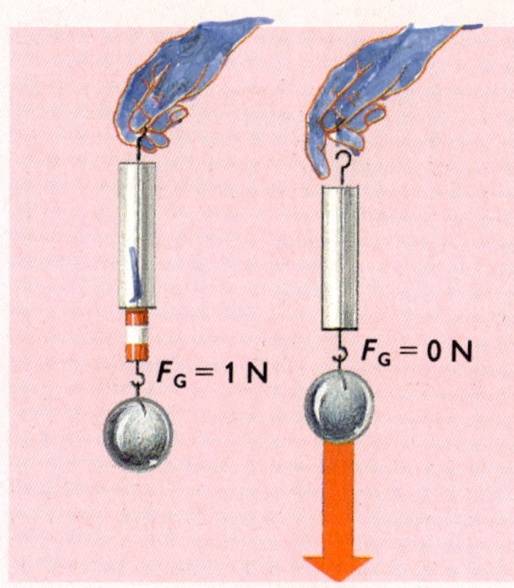

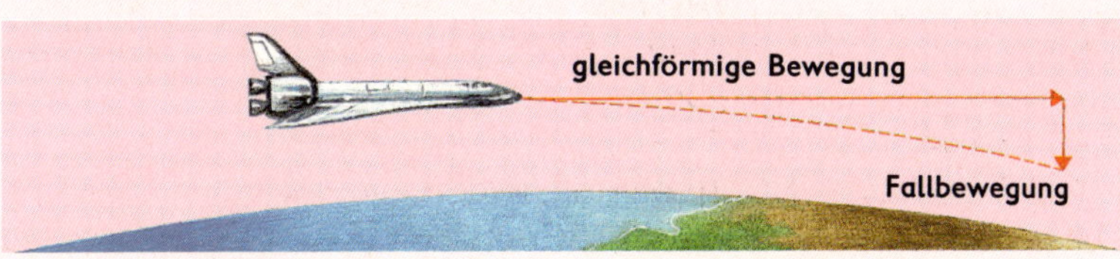

6 Kräfte bei der Kreisbewegung

Ein Hammerwerfer dreht sich vor dem Abwurf sehr schnell um seine eigene Achse. Um mit beiden Händen sein Wurfgerät zu halten, muss er eine große Kraft aufwenden. Vereinfachend kann man annehmen, dass sich die Kugel des Wurfgerätes auf einer Kreisbahn um den Hammerwerfer bewegt. Wovon hängt die Kraft ab, mit der er die Kugel auf die Kreisbahn zwingt?

1

Kreisbewegung und Drehbewegung

In der Technik können Sie viele Kreis- und Drehbewegungen beobachten. So führt der Griff einer Kurbel, die eine Maschine antreibt, eine Kreisbewegung aus (Bild 2). Die Scheibe eines Trennschleifers, das Bohrfutter einer Bohrmaschine und der Anker eines Elektromotors führen Drehbewegungen aus (Bild 3).
Bei einer *Kreisbewegung* kann man den Körper als Massenpunkt betrachten. Das trifft z. B. für die Kugel des Hammerwerfers und für den Griff an der Kurbel zu.
Bei einer *Drehbewegung* dreht sich ein Körper um eine Achse. Einen solchen Körper darf man nicht als einen einzigen Massenpunkt betrachten. Damit würde man z. B. das Verhalten einer Trennscheibe nicht richtig beschreiben. In Gedanken kann man aber die Trennscheibe, die eine Drehbewegung ausführt, in viele Massenpunkte zerlegen (Bild 4). Jeder dieser Massenpunkte M_1, M_2, ..., M_n führt eine Kreisbewegung aus. Für jeden dieser Punkte gelten dann auch die Gesetze der Kreisbewegung. Die weiter außen liegenden Punkte durchlaufen Kreise mit größeren Radien als die innen liegenden. Das muss man bei der Konstruktion von Maschinen beachten.

2

Der Griff der Kurbel führt eine Kreisbewegung aus.

3

Die Trennscheibe führt eine Drehbewegung aus.

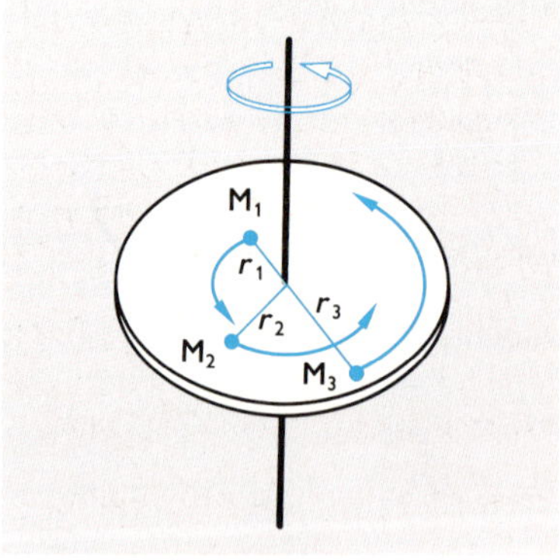

4

Die Massenpunkte eines sich drehenden Körpers führen Kreisbewegungen mit unterschiedlichen Radien aus.

Radialkraft

Um die Kugel auf der Kreisbahn zu halten, muss der Hammerwerfer zu jedem Zeitpunkt eine Kraft aufwenden, die zum Kreismittelpunkt gerichtet ist (Bild 1). Da diese Kraft in Richtung des Radius wirkt, nennt man sie **Radialkraft**. Lässt der Hammerwerfer das Wurfgerät los, so bewegt es sich zunächst geradlinig gleichförmig in Richtung der Tangente an die Kreisbahn weiter. Diese tangentiale Bewegung kann man sehr gut an einer Schleifscheibe beobachten (Bild 2). Beim Anschleifen eines Werkstückes kennzeichnen die glühenden Stahlteile ihre Bewegungsrichtung.

1

2

3

Damit ein Körper eine Kreisbewegung ausführen kann, muss eine zum Kreismittelpunkt gerichtete Kraft, die Radialkraft, wirken.

Gleichung für die Radialkraft

Eine Kreisbewegung kann man erzeugen, wenn man einen Ball im Netz über dem Kopf kreisen lässt (Bild 3). Dabei findet man leicht heraus, wovon der Betrag der Radialkraft abhängt:

Die Radialkraft ist umso größer,

- je kleiner die Umlaufzeit des Balls ist. Die Masse m und der Radius r sind dabei konstant.
- je größer die Masse des Balls ist. Dabei sind die Umlaufzeit T und der Radius r konstant.
- je größer der Radius der Kreisbahn ist. Dabei sind die Masse m und die Umlaufzeit T konstant.

Diese Zusammenhänge können mit einem Radialkraftmesser untersucht werden (Bild 4). Die Ergebnisse dieser Messungen führen zu der Gleichung für die Radialkraft $F_r = m \cdot \frac{4\pi^2 \cdot r}{T^2}$. Unter Berücksichtigung der Gleichung für die Geschwindigkeit bei der gleichförmigen Kreisbewegung $v = \frac{2\pi \cdot r}{T}$ erhält man $F_r = m \cdot \frac{v^2}{r}$.

Die Radialkraft ist die Kraft, mit der ein Körper auf einer Kreisbahn geführt wird.

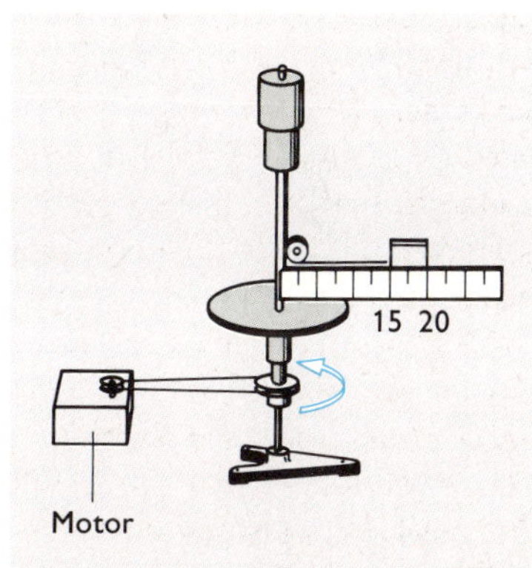

4

Radialkraftmesser zur Untersuchung der Kreisbewegung. Beim Rotieren ist eine Radialkraft notwendig, um die Walze auf ihrer Bahn zu halten. Der Betrag dieser Kraft wird am Federkraftmesser abgelesen. Es können verschiedene Massen und Radien gewählt und verschiedene Umlaufzeiten eingestellt werden.

$$\boldsymbol{F_r = m \cdot \frac{v^2}{r}}$$

Für die Berechnung von Radialkräften haben beide Gleichungen Bedeutung:

$$F_r = m \cdot \frac{4\pi^2 \cdot r}{T^2} \quad \text{und} \quad F_r = m \cdot \frac{v^2}{r}.$$

Die in den Gleichungen enthaltenen physikalischen Größen geben Ihnen einen Hinweis darauf, welche Gleichung Sie bei Ihrer Berechnung bevorzugen sollten. Bei Bewegung eines Körpers auf einer Kreisbahn mit vollen Umläufen wird meist die Umlaufzeit T angegeben, da sie leichter als die Geschwindigkeit gemessen werden kann. In diesen Fällen werden Sie die erste Gleichung bevorzugen. Bewegt sich ein Körper jedoch nur auf einem Teil eines Kreisbogens, so lässt sich leicht seine Geschwindigkeit v auf der Kreisbahn angeben und die Berechnung mit der zweiten Gleichung durchführen.

Beispiel zur Berechnung der Radialkraft
Zwei Radfahrer mit der gleichen Masse von 75 kg durchfahren eine Kurve mit einem Radius von 10 m mit einer Geschwindigkeit von 15 km · h^{-1} und 30 km · h^{-1}. Welche Radialkräfte treten auf?

1

Gesucht:
F_{r1} und F_{r2}

Gegeben:
$m_1 = m_2 = 75$ kg
$r = 10$ m
$v_1 = 15$ km · h^{-1} = 4,17 m · s^{-1}
$v_2 = 30$ km · h^{-1} = 8,33 m · s^{-1}

Lösung:

$$F_{r1} = m_1 \cdot \frac{v_1^2}{r}$$

$$F_{r1} = \frac{75\ \text{kg} \cdot 4{,}17^2 \cdot \text{m}^2 \cdot \text{s}^{-2}}{10\ \text{m}}$$

$$F_{r1} = 130{,}4\ \text{kg} \cdot \text{m} \cdot \text{s}^{-2}$$

$$\underline{\underline{F_{r1} = 130{,}4\ \text{N}}}$$

$$F_{r2} = m_2 \cdot \frac{v_2^2}{r}$$

$$F_{r2} = \frac{75\ \text{kg} \cdot 8{,}33^2 \cdot \text{m}^2 \cdot \text{s}^{-2}}{10\ \text{m}}$$

$$F_{r2} = 520{,}4\ \text{kg} \cdot \text{m} \cdot \text{s}^{-2}$$

$$\underline{\underline{F_{r2} = 520{,}4\ \text{N}}}$$

Ergebnis: Die Radialkräfte betragen 130 N und 520 N.

Das Beispiel zeigt deutlich, dass die Radialkraft mit dem Quadrat der Geschwindigkeit wächst. Deshalb ist es bei nasser Fahrbahn besonders wichtig, die vorgeschriebene oder empfohlene Höchstgeschwindigkeit in Kurven nicht zu überschreiten. Bereits eine geringfügige Überschreitung der Geschwindigkeit führt zu einem starken Anwachsen der erforderlichen Radialkraft. Auf einer nassen Fahrbahn reicht die Reibungskraft nicht aus, um diese Radialkraft zu realisieren.

Die Erde als Karussell

Alle ruhenden Körper in unserer Umgebung drücken auf ihre Unterlage oder ziehen an ihrer Aufhängung. Die herabfallenden Äpfel drücken auf den Erdboden, die hängenden Äpfel ziehen an den Zweigen (Bild 1). Alle diese Körper haben eine Gewichtskraft. Man kann sie an den Eindruckstellen im Gras und am Durchbiegen der Zweige erkennen. Fällt ein Apfel gerade zur Erde, so ist seine Gewichtskraft null. Er ist gewichtslos.
Die Ursache für diese Erscheinungen ist die Erdanziehungskraft. Alle diese Körper werden von der Erde angezogen. Da die Erdanziehungskraft die Ursache für die Gewichtskraft ist, unterscheidet man oft diese beiden Kräfte nicht streng voneinander. Auch wir haben das bisher nicht getan. Das Beispiel mit dem fallenden Apfel zeigt jedoch, dass es nützlich ist, beide Kräfte voneinander zu unterscheiden. Auf alle Äpfel wirkt die Erdanziehungskraft. Die hängenden und liegenden Äpfel haben eine Gewichtskraft, der fallende Apfel nicht.

1

Die hängenden und liegenden Äpfel haben eine Gewichtskraft.
Der fallende Apfel ist gewichtslos.

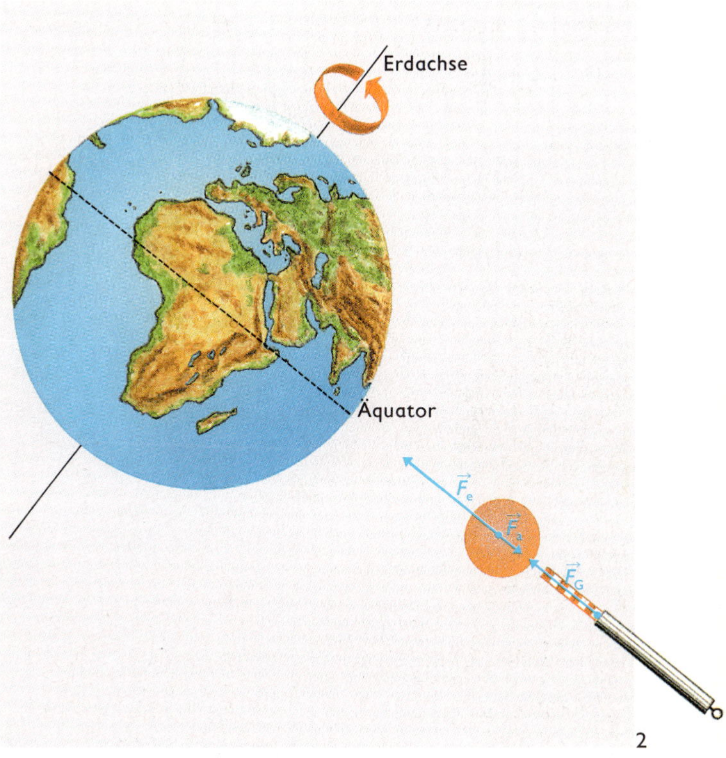

2

Auf einen Körper am Äquator wirkt die Erdanziehungskraft F_e. Gleichzeitig wirkt auf ihn infolge der Rotation der Erde die Kraft F_a. Der Betrag der Gewichtskraft ist die Differenz aus den Beträgen beider Kräfte.

Zwischen der Gewichtskraft und der Erdanziehungskraft besteht aber noch ein weiterer Unterschied. Unsere Erde dreht sich wie ein Karussell. Sie rotiert in ≈ 24 Stunden einmal um ihre Achse. Deshalb wirkt zusätzlich auf einen Körper eine nach außen gerichtete Kraft (Bild 2), wie Sie sie vom Karussell her kennen. Diese ist der Erdanziehungskraft teilweise entgegengerichtet.

Deshalb ist die Gewichtskraft kleiner als die Erdanziehungskraft. Am Äquator ist die Abweichung zwischen den Beträgen der Gewichtskraft und der Erdanziehungskraft besonders groß. Dennoch liegt sie unter 1 %.
Zu den Polen der Erde hin nimmt der Unterschied ab.

Weil sich die Erde um ihre Achse dreht, wirken auf alle Körper nach außen gerichtete Kräfte. Deshalb ist die Gewichtskraft kleiner als die Erdanziehungskraft, die auf einen Körper wirkt.

Würde sich die Erde schneller drehen, so wäre die Gewichtskraft der Körper noch kleiner. Diese Erscheinung kann man in Raumschiffen beobachten. Auf einer erdnahen Umlaufbahn braucht ein Raumschiff für die Umkreisung der Erde nur 90 Minuten. Seine Geschwindigkeit beträgt dabei etwa 7,8 km · s^{-1} auf der Kreisbahn. Die nach außen gerichtete Kraft ist dabei genau so groß wie die Erdanziehungskraft. Deshalb sind alle Körper im Raumschiff gewichtslos.

Ein Blick in die Technik

Rotierende Maschinenteile. Die Drehzahl von Maschinenteilen oder Werkstücken darf man nicht beliebig hoch wählen (Bild 1). Mit zunehmender Drehzahl nimmt die Radialkraft stark zu. Es besteht dann die Gefahr, dass die Festigkeit des Materials nicht ausreicht, um die äußeren Teile auf einer Kreisbahn zu halten. Dann können sie sich ablösen und sich tangential weiterbewegen. Um Unfälle zu vermeiden, ist es deshalb erforderlich, die zulässigen Drehzahlen nicht zu überschreiten. Außerdem werden an den Maschinen Verkleidungen angebracht.

1

Wäscheschleuder. In einer Wäscheschleuder bewegt sich jedes Wäschestück auf einer Kreisbahn (Bild 2). Die Wand des Zylinders übt die dazu erforderliche Radialkraft auf die Wäsche aus. Wegen der Durchlässigkeit des Gewebes wirkt auf das Wasser in der Wäsche jedoch keine Radialkraft. Es gelangt bis an die Innenwand der rotierenden Trommel. Durch Löcher in dieser Wand kann es weiter nach außen dringen.

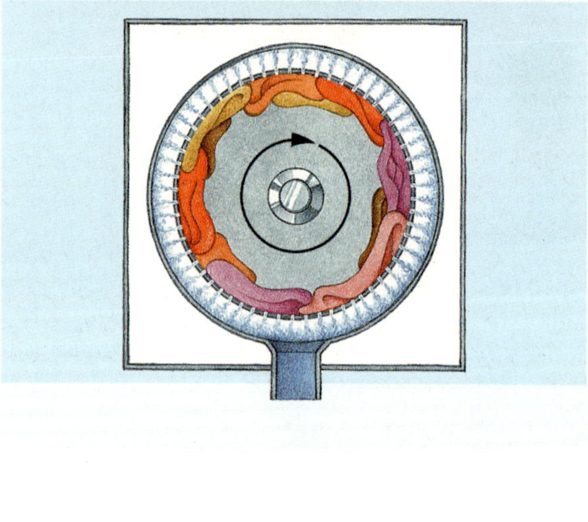

2

Gewußt? Erkannt? Gekonnt?

1. Ein Hammerwerfer bewegt die Stahlkugel mit der Masse von 7,0 kg kurz vor dem Loslassen mit einer Geschwindigkeit von 20 m · s^{-1} auf einer Kreisbahn. Der Bahnradius beträgt 2,2 m.
   a) Welche Radialkraft muss der Hammerwerfer aufbringen? Zeichnen Sie die Radialkraft in die Skizze ein!
   b) In welchem Punkt muss der Hammerwerfer das Wurfgerät loslassen, damit es zum Ziel Z gelangt (Bild 1)?

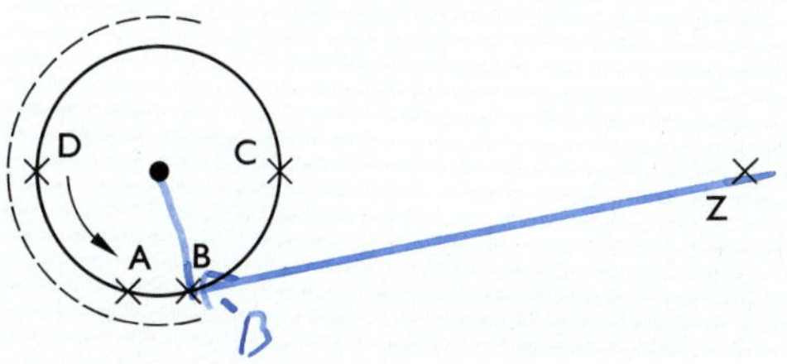

1

2. Die Gondel einer Luftschaukel besitzt eine 4 m lange Aufhängung. Aus der horizontalen Lage kommend bewegt sie sich mit einer Geschwindigkeit von 8,94 m · s^{-1} durch den tiefsten Punkt ihrer Kreisbahn. Die Gondel hat eine Masse von 30 kg und die in ihr stehende Person eine Masse von 50 kg. Mit welcher Kraft drückt der Fahrgast zu diesem Zeitpunkt auf den Boden der Schaukel? Berechnen Sie die maximale Achsbelastung der Schaukel!
3. Interpretieren Sie die Gleichung für die Radialkraft!
4. Zwei Körper mit unterschiedlichen Massen bewegen sich auf der gleichen Kreisbahn und mit der gleichen Umlaufzeit. Was können Sie über die Radialkräfte aussagen?
5. Wie muss sich die Bahngeschwindigkeit eines Körpers auf seiner Kreisbahn verändern, wenn die Radialkraft bei gleichem Bahnradius vervierfacht werden soll?
6. Berechnen Sie die Radialkraft, die auf den Waggon eines Zuges wirkt, der eine Kurve mit dem Radius 490 m durchfährt! Der Zug hat eine Geschwindigkeit von 45 km · h^{-1} und der Waggon eine Masse von 25 t.
7. Ein Körper mit der Masse von 3,5 kg ist an einem 1,2 m langen Faden befestigt. Er führt eine in der horizontalen Ebene liegende gleichförmige Kreisbewegung aus. Wie groß ist die Radialkraft, wenn die Umlaufzeit 0,5 s beträgt?
8. Wird die Radialkraft, die einen Körper auf seine Kreisbahn zwingt, null, so bewegt sich der Körper tangential weiter. Welche Maßnahmen des Gesundheitsschutzes sind Ihnen diesbezüglich bekannt?

Kurz und knapp

Ein Körper führt eine Kreisbewegung aus, wenn auf ihn ständig eine zum Kreismittelpunkt gerichtete Kraft wirkt. Die Radialkraft nimmt mit der Masse und dem Quadrat der Geschwindigkeit zu. Sie ist dem Radius umgekehrt proportional:

$$F_r = m \cdot \frac{v^2}{r}.$$

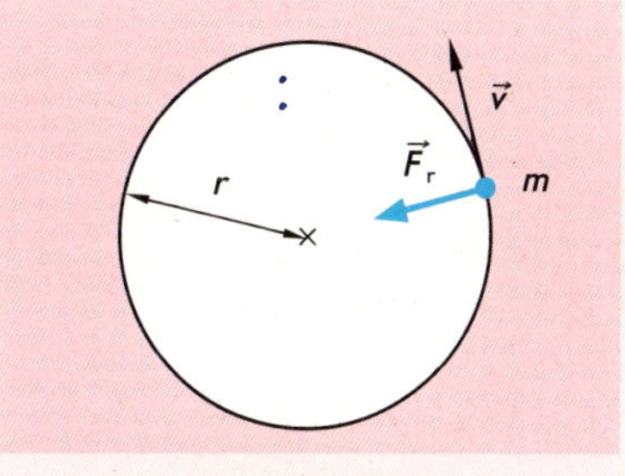

Die Radialkraft kann auch nach folgender Gleichung berechnet werden:

$$F_r = m \cdot \frac{4\pi \cdot r^2}{T^2}.$$

Infolge der Erddrehung wirkt auf alle Körper eine von der Erdachse senkrecht nach außen gerichtete Kraft. Deshalb ist die Gewichtskraft eines Körpers kleiner als die auf ihn wirkende Erdanziehungskraft.

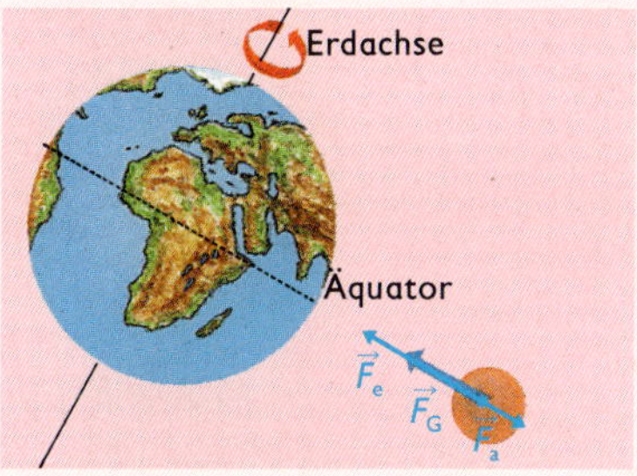

7 Mechanische Arbeit und mechanische Energie

Wasserkraftwerke sind sehr umweltfreundlich. Die Energie wird durch den Regen ständig nachgeliefert. Im Gebirge baut man sie für große Höhenunterschiede. Dabei steht relativ wenig Wasser zur Verfügung. Staut man große Flüsse an, so können riesige Wassermengen die Turbinen antreiben. Die Stauhöhe des Wassers ist aber nicht sehr groß. Welchen Einfluss haben die Höhenunterschiede und die Masse des Wassers auf die gespeicherte Energie?

1

Über die mechanische Arbeit und die mechanische Energie wissen Sie bereits:

- Mechanische Arbeit wird verrichtet, wenn ein Körper durch eine Kraft in immer schnellere Bewegung versetzt, abgebremst oder verformt wird (Bild 2).
- Zur Berechnung benutzt man die Gleichung: $W = F \cdot s$.
- Die Einheit der mechanischen Arbeit ist das Joule: $1\ \mathrm{J} = 1\ \mathrm{N} \cdot \mathrm{m}$.
- Energie ist die Fähigkeit eines Körpers, mechanische Arbeit zu verrichten, Wärme abzugeben oder Licht auszusenden.
- Gehobene Körper und elastisch verformte Körper besitzen potenzielle Energie (Lageenergie).
- Körper, die sich in Bewegung befinden, besitzen kinetische Energie (Bewegungsenergie).

2

Hubarbeit und potenzielle Energie

Ein Rammbär wird gehoben (Bild 1, S. 57). Dabei muss Hubarbeit verrichtet werden. Die Hubarbeit wird in Form der potenziellen Energie durch die erhöhte Lage gegenüber der Erdoberfläche gespeichert. Die potenzielle Energie eines Körpers hängt davon ab, auf welche Höhe man sie bezieht. Wenn z. B. ein Flugzeug in einer bestimmten Höhe fliegt, so kann man seine Energie gegenüber dem Meeresspiegel angeben (Bild 2, S. 57). Gegenüber einem hohen Berg hat das Flugzeug eine wesentlich kleinere potenzielle Energie.

Die potenzielle Energie eines Körpers hängt von der gewählten Bezugsebene ab.

1

Der gehobene Rammbär besitzt potenzielle Energie.

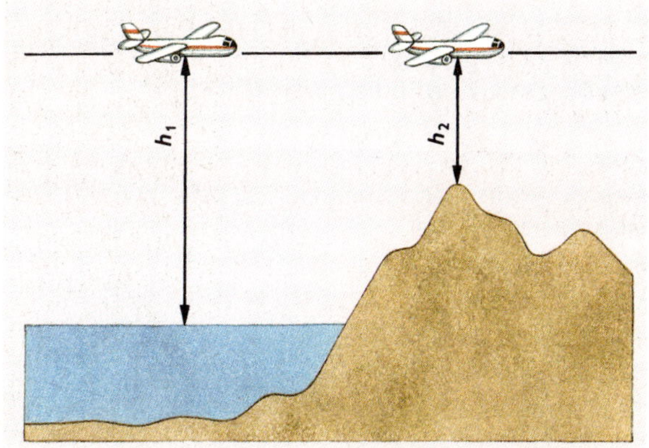

2

Gegenüber dem Meer besitzt das Flugzeug eine größere potenzielle Energie als gegenüber dem Berg.

Gleichung für die potenzielle Energie

Der Körper mit der Masse m in Bild 3 soll den Rammbär darstellen. Er wird um die Höhe h gehoben. Dazu ist eine Hubkraft erforderlich, die gleich seiner Gewichtskraft F_G ist. Die verrichtete Hubarbeit beträgt $W_{Hub} = F_G \cdot h$.
Diese Arbeit ist in Form der potenziellen Energie des Rammbärs gespeichert. Es gilt $E_{pot} = W_{Hub}$ und damit $E_{pot} = F_G \cdot h$.
Mit der Gleichung $F_G = m \cdot g$ ergibt sich $E_{pot} = m \cdot g \cdot h$.

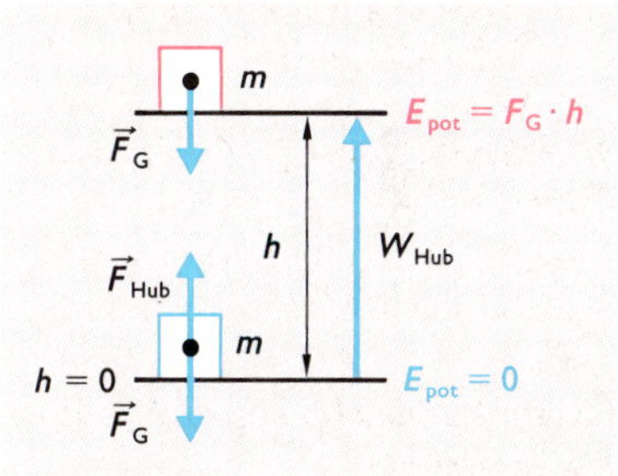

3

Potenzielle Energie $\boldsymbol{E_{pot} = m \cdot g \cdot h}$

Gültigkeitsbedingung: Die Höhe h wird von $h = 0$ aus gemessen.

Beispiel zur Berechnung der potenziellen Energie
Im Pumpspeicherwerk Markersbach beträgt der Höhenunterschied zwischen der Wasseroberfläche im Speicherbecken und den Turbinen im Mittel 300 m. Wie groß ist die potenzielle Energie der $6{,}0 \cdot 10^6$ m³ Wasser im Speicherbecken?

Gesucht: E_{pot} (in J)
Gegeben: $V = 6{,}0 \cdot 10^6\ \text{m}^3$
$h = 300\ \text{m}$
$\varrho_{Wasser} = 1\,000\ \text{kg} \cdot \text{m}^{-3}$
Lösung: $m = \varrho \cdot V$
$m = 1\,000\ \text{kg} \cdot \text{m}^{-3} \cdot 6{,}0 \cdot 10^6\ \text{m}^3$
$m = 6{,}0 \cdot 10^9\ \text{kg}$

$E_{pot} = m \cdot g \cdot h$
$E_{pot} = 6{,}0 \cdot 10^9\ \text{kg} \cdot 9{,}81\ \text{m} \cdot \text{s}^{-2} \cdot 300\ \text{m}$
$E_{pot} = 1{,}75 \cdot 10^{13}\ \text{kg} \cdot \text{m}^2 \cdot \text{s}^{-2}$
$\underline{\underline{E_{pot} = 1{,}75 \cdot 10^{13}\ \text{J}}}$

Ergebnis: Das gespeicherte Wasser hat eine potenzielle Energie von etwa $1{,}8 \cdot 10^{13}$ J. (Diese Energie entspricht dem Bedarf von etwa 500 000 Haushalten an einem Winterabend.)

Beschleunigungsarbeit und kinetische Energie

Zum Einrammen des Pfahls wird der fallende Rammbär durch seine Gewichtskraft beschleunigt. Dabei wird Beschleunigungsarbeit verrichtet. Der Rammbär besitzt gegenüber dem einzurammenden Pfahl kinetische Energie.
Wichtig ist auch hierbei die Angabe des Bezugskörpers.
So hat z. B. ein Fahrgast in einem fahrenden Zug gegenüber dem Bahndamm ebenfalls kinetische Energie (Bild 1). Gegenüber dem Zug ist er dagegen in Ruhe. Er sitzt auf seinem Platz. Bezogen auf den Zug hat er also keine kinetische Energie.

1

Die kinetische Energie eines Körpers hängt vom gewählten Bezugskörper ab.

Gleichung für die kinetische Energie

Am fallenden Rammbär wird durch die Gewichtskraft Beschleunigungsarbeit verrichtet (Bild 2). Ist er um die Strecke s gefallen, so besitzt er die kinetische Energie E_{kin}. Diese ist gleich der verrichteten Beschleunigungsarbeit.
Die verrichtete Beschleunigungsarbeit beträgt
$W_{Beschl.} = F_G \cdot s$.
Diese Arbeit ist in der kinetischen Energie des Rammbärs gespeichert. Es gilt:
$E_{kin} = W_{Beschl.}$ und damit $E_{kin} = F_G \cdot s$.

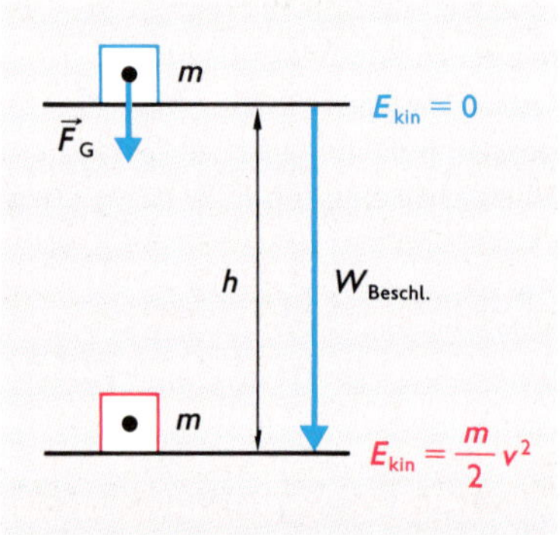

2

Unter Berücksichtigung der Gleichungen

$F_G = m \cdot g$ und $s = \frac{g}{2} \cdot t^2$ erhält man

$E_{kin} = m \cdot g \cdot \frac{g}{2} \cdot t^2$

$E_{kin} = \frac{1}{2} m \cdot (g \cdot t)^2$.

Da $v = g \cdot t$ ist, folgt daraus $E_{kin} = \frac{1}{2} m \cdot v^2$.

Kinetische Energie $\quad E_{kin} = \frac{1}{2} m \cdot v^2$

Die Proportionalität $E_{kin} \sim v^2$ ist u. a. für die Sicherheit im Straßenverkehr von Bedeutung.
Ein Kraftfahrzeug mit doppelter Geschwindigkeit hat eine viermal so große kinetische Energie wie das Vergleichsfahrzeug. Deshalb benötigt es einen viel längeren Bremsweg.
Darauf müssen sowohl Kraftfahrer beim Durchfahren belebter Straßen als auch Fußgänger beim Überqueren der Fahrbahn achten.

Beispiel zur Berechnung der kinetischen Energie

Ein Schnellzug mit einer Masse von 600 t muss seine Geschwindigkeit vor einer Baustelle von 120 km · h^{-1} auf 30 km · h^{-1} verringern. Wie viel kinetische Energie wird beim Bremsen in thermische Energie umgewandelt?

Gesucht: ΔE_{kin} (in J)

Gegeben: $m = 600$ t $\quad v_1 = 120$ km · h^{-1} = 33 m · s^{-1} $\quad v_2 = 30$ km · h^{-1} = 8,3 m · s^{-1}

Lösung: kinetische Energie $E_{kin1} = \frac{1}{2} m \cdot v_1^2$ vor dem Bremsen

kinetische Energie $E_{kin2} = \frac{1}{2} m \cdot v_2^2$ nach dem Bremsen

Energiedifferenz $\Delta E_{kin} = E_{kin1} - E_{kin2}$

$$\Delta E_{kin} = \frac{1}{2} m \cdot v_1^2 - \frac{1}{2} m \cdot v_2^2$$

$$\Delta E_{kin} = \frac{1}{2} \cdot 600\,000 \text{ kg} \cdot (33{,}3 \text{ m} \cdot \text{s}^{-1})^2 - \frac{1}{2} \cdot 600\,000 \text{ kg} \cdot (8{,}3 \text{ m} \cdot \text{s}^{-1})^2$$

$$\Delta E_{kin} = 3{,}33 \cdot 10^8 \text{ kg} \cdot \text{m}^2 \cdot \text{s}^{-2} - 0{,}21 \cdot 10^8 \text{ kg} \cdot \text{m}^2 \cdot \text{s}^{-2}$$

$$\underline{\underline{\Delta E_{kin} = 3{,}12 \cdot 10^8 \text{ J}}}$$

Ergebnis: Beim Bremsen des Zuges muss eine kinetische Energie von etwa 300 MJ in thermische Energie umgewandelt werden.

Diese Energie würde den Energiebedarf einer Familie in einer Drei-Zimmer-Wohnung für etwa 3 Wochen decken. Das Beispiel zeigt, wie notwendig es ist, derartige Geschwindigkeitsänderungen soweit wie möglich zu vermeiden.

Erhaltung der Energie bei mechanischen Vorgängen

1

Sie sollen mit Ihrem Fahrrad eine Schlucht durchqueren. Der Weg verläuft steil bergab, dann ein kurzes Stück horizontal und schließlich wieder bergauf (Bild 1). Sie beginnen Ihre Fahrt aus dem Stand. Beim Abwärtsfahren werden Sie immer schneller. Und wie weit rollt Ihr Rad den Berg wieder hinauf?

Zu Beginn der Fahrt besitzen Ihr Körper und das Rad eine große potenzielle Energie. Diese wird beim Abwärtsfahren immer mehr in kinetische Energie umgewandelt. Im Tal ist das vollständig geschehen. Jetzt besitzen Sie nur noch kinetische Energie. Bergauf nimmt diese allmählich wieder ab, denn sie wird in potenzielle Energie zurückverwandelt. Dieser Vorgang ist genau dann abgeschlossen, wenn Sie wieder Ihre Ausgangshöhe erreicht haben. Damit ist zu jedem Zeitpunkt die Summe aus kinetischer und potenzieller Energie konstant:

$E_{pot} + E_{kin} =$ konstant.

Nun wissen Sie jedoch aus Ihrer Erfahrung, dass Sie – ohne zu treten – doch nicht den gegenüberliegenden Gipfel wieder erreichen. Der Grund dafür sind die Reibung auf der Fahrbahn und der Luftwiderstand. Durch beide wird während der Fahrt mechanische Energie in thermische Energie umgewandelt. Könnten Sie Ihre Bewegung auf einem Luftkissen ausführen, so würde weniger mechanische Energie in thermische Energie umgewandelt. Im Idealfall gilt:

Energieerhaltungssatz bei mechanischen Vorgängen: Potenzielle und kinetische Energie können sich vollständig ineinander umwandeln.

$E_{mech} = E_{pot} + E_{kin}$ **(= konstant)**

Gültigkeitsbedingung: Keine Umwandlung mechanischer Energie in andere Energieformen.

Damit hat der Energieerhaltungssatz eine besonders einfache Form, wenn man ihn auf mechanische Vorgänge beschränken kann. Das ist immer dann möglich, wenn die Reibung vernachlässigbar klein ist. Eine solche ständige Umwandlung von potenzieller und kinetischer Energie können Sie besonders gut bei einem Pendel beobachten (Bild 1). Es bewegt sich immer – wie Sie mit Ihrem Fahrrad – von einem „Berg" durch das „Tal" zum anderen „Berg". Da die Reibung sehr klein ist, wird nur ganz wenig mechanische Energie in thermische Energie umgewandelt. Deshalb kann man den Vorgang der Energieumwandlung sehr oft beobachten. Die Gültigkeitsbedingungen für den Energieerhaltungssatz bei mechanischen Vorgängen sind ziemlich gut erfüllt. Der Pendelkörper erreicht immer wieder fast die gleiche Höhe.

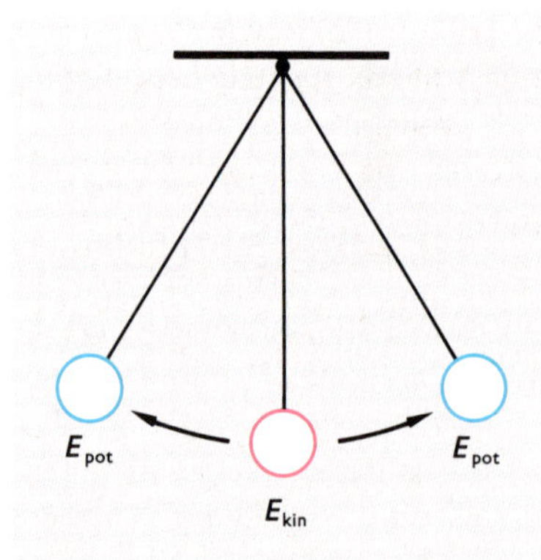

1

Beispiel zum Lösen von Aufgaben mit dem Energieerhaltungssatz bei mechanischen Vorgängen

Wie hoch steigt ein Pfeil, der mit einer Geschwindigkeit von $35\ m \cdot s^{-1}$ vertikal nach oben geschossen wird?

Gesucht: h (in m)

Gegeben: $v = 35\ m \cdot s^{-1}$

Lösung:

Im höchsten Punkt der Bahn des Pfeils hat sich seine gesamte kinetische Energie in potenzielle umgewandelt:

$$E_{pot} = E_{kin}$$
$$E_{pot} = m \cdot g \cdot h$$
$$E_{kin} = \frac{1}{2}\, m \cdot v^2$$
$$m \cdot g \cdot h = \frac{1}{2}\, m \cdot v^2$$
$$h = \frac{v^2}{2g}$$
$$h = \frac{(35\ m \cdot s^{-1})^2}{2 \cdot 9{,}81\ m \cdot s^{-2}}$$
$$h = \frac{1\,225\ m^2 \cdot s^{-2}}{19{,}62\ m \cdot s^{-2}}$$
$$\underline{\underline{h = 62{,}4\ m}}$$

Ergebnis: Der Pfeil erreicht eine Höhe von 62,4 m.

2

Ein Blick in die Technik

Schleuderbrettakrobaten. Im Zirkus können Sie Artisten bewundern, die hohe Sprünge vollführen und dabei sicher und präzise in bestimmten Höhen und an genau festgelegten Stellen ankommen. Sie benutzen dabei eine Wippe als Schleuderbrett. Die beiden Arme der Wippe sind gleich lang. Der erste Artist stellt sich nun ans Ende eines Arms. Der zweite springt auf das Ende des anderen Arms. Dadurch wird der erste Artist hochgeschleudert (Bild 1). Haben beide Artisten die gleiche Masse und springt der zweite aus einer Höhe von 1 m ab, so wird auch der erste ohne zusätzlichen Kraftaufwand auf eine Höhe von 1 m geschleudert.
Soll der erste Artist höher fliegen, so springen gleichzeitig mehrere Artisten auf das Schleuderbrett (Bild 2). Sind es z. B. vier und haben alle Artisten die gleiche Masse, so fliegt der erste Artist viermal so hoch. Nach dem Absprung verwandelt sich die potenzielle Energie der vier Artisten in kinetische. Diese wird durch die Wippe auf den ersten übertragen. Beim Schleudern nach oben wandelt sie sich wieder in potenzielle Energie um. Es gilt:

$$E_{pot} = m \cdot g \cdot h.$$

Da g konstant ist und der Artist nur ein Viertel der Masse der anderen Artisten besitzt, muss er die vierfache Höhe erreichen.
Solche artistischen Leistungen erfordern viel Training und großes Können.
Ganz wesentlich ist dabei jedoch auch das geschickte Anwenden physikalischer Gesetze.

1 Wechselseitige Umwandlung von potenzieller in kinetische Energie beim Springen und Schleudern

2 Die vier Artisten besitzen die vierfache potenzielle Energie gegenüber dem einen springenden Artisten in Bild 1.

Pumpspeicherwerk. Nachts gibt es Zeiten, in denen Industrie und Haushalte wenig elektrische Energie benötigen. Tags treten Spitzenbelastungszeiten auf. Ein Pumpspeicherwerk ermöglicht es elektrische Energie auf dem Umweg über potenzielle Energie von Wasser für solche Zeiten zu speichern, zu denen der Bedarf groß ist (Bild 3). Zu diesem Zweck befördern in der Nacht elektrisch getriebene Pumpen das Wasser von einem Unterbecken in ein Oberbecken (Bild 1, folgende Seite). Dabei wird Hubarbeit verrichtet. Das Wasser erhält potenzielle Energie.
Liegt zeitweilig ein großer Bedarf an elektrischer Energie vor, so lässt man das Wasser wieder aus dem Oberbecken in das Unterbecken hinabströ-

3

men. Dabei wandelt sich seine potenzielle Energie in kinetische um. In den Turbinen gibt das Wasser den größten Teil seiner kinetischen Energie ab und verrichtet damit Arbeit beim Antrieb der Generatoren. Diese können bereits nach wenigen Sekunden elektrische Energie ins Stromnetz einspeisen.
Der Wirkungsgrad eines solchen Pumpspeicherwerks ist sehr groß. Beim Herabströmen des Wassers wird fast die gesamte mechanische Energie, die zum Hinaufpumpen des Wassers benötigt wurde, wieder zurückgewonnen.

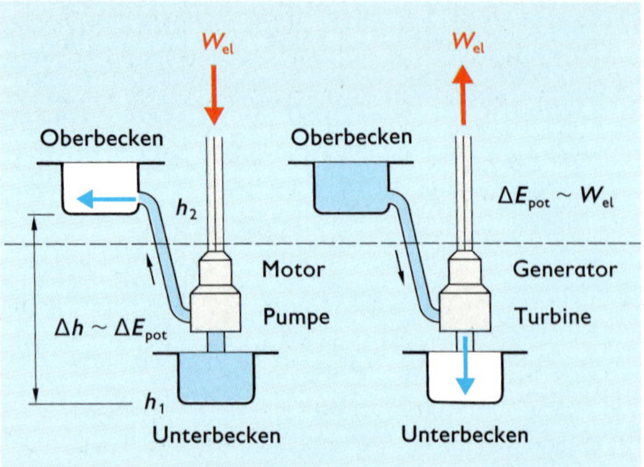

1

Gewusst? Erkannt? Gekonnt?

1. Ordnen Sie folgende Sachverhalte nach dem Betrag der verrichteten Arbeit und tragen Sie diese in die Skale ein (Bild 2)! a) Eine schwere Tasche wird in die 3. Etage getragen. b) Eine schwere Tasche wird in die 1. Etage getragen. c) Eine schwere Tasche wird längere Zeit im Erdgeschoss gehalten. d) Eine leichte Tasche wird in die 1. Etage getragen. e) Eine leichte Tasche wird in die 3. Etage getragen.

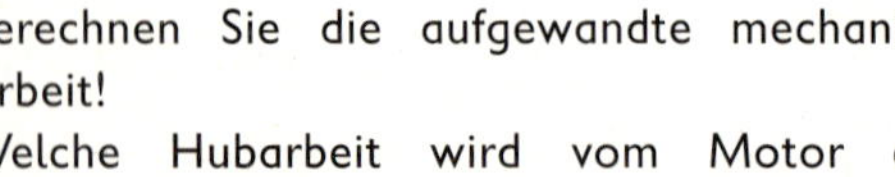

2

2. In einer Gießerei wird mit einem Kran eine Gießpfanne, in der sich 3,0 t flüssiges Eisen befinden, um 5,0 m gehoben. Die Masse der Gießpfanne beträgt 1,5 t.
Berechnen Sie die aufgewandte mechanische Arbeit!
3. Welche Hubarbeit wird vom Motor eines Krans verrichtet, wenn eine Betonplatte mit einer Masse von 2,2 t um 12 m gehoben wird?
Wie groß ist die Leistung, wenn diese Arbeit in 11 s verrichtet wird?
4. Wie ändert sich die kinetische Energie eines Körpers, wenn man seine Geschwindigkeit
a) verdoppelt, b) verdreifacht und c) halbiert?
5. Wie muss man die Geschwindigkeit eines Körpers verändern, wenn seine kinetische Energie a) verdoppelt, b) vervierfacht und c) auf die Hälfte verringert werden soll?
6. Vergleichen Sie die kinetische Energie folgender 3 Körper:
a) Sprinter $m = 75$ kg $v = 10\ \text{m} \cdot \text{s}^{-1}$,
b) Ball $m = 500$ g $v = 80\ \text{km} \cdot \text{h}^{-1}$,
c) Geschoss $m = 10$ g $v = 700\ \text{m} \cdot \text{s}^{-1}$.
7. Wie groß ist die Beschleunigungsarbeit, wenn ein Personenkraftwagen mit einer Masse von 800 kg auf eine Geschwindigkeit von 60 km · h^{-1} aus dem Stand heraus beschleunigt wird?
Bis auf welche Geschwindigkeit kann das Fahrzeug mit der vierfachen Arbeit beschleunigt werden?
(Finden Sie dieses Ergebnis ohne umfangreiche Rechnung!)
8. Ein Fahrzeug mit der Masse von 2,0 t wird mit einer Verzögerung von 2,0 m · s^{-2} auf einem Weg von 100 m abgebremst.
Welche mechanische Arbeit wird dabei verrichtet?
Warum ist es auch energiewirtschaftlich günstig, wenn der Straßenverkehr in „grünen Wellen“ abläuft?
9. Erklären Sie den in Bild 3 dargestellten Vorgang!

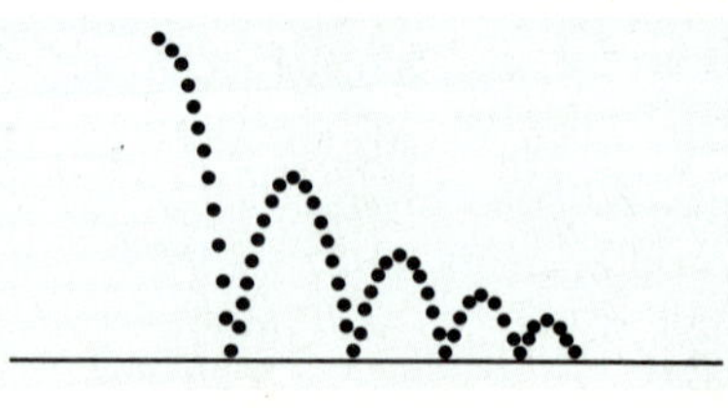
3

10. Beschreiben Sie die Energieumwandlungen an einem schwingenden Pendel! Warum kommt das Pendel allmählich zur Ruhe?
11. Beschreiben und erklären Sie die Vorgänge auf einer Achterbahn!
    Wenden Sie dabei das Gesetz von der Erhaltung der Energie an!
12. Während des Sprungs verringert sich die potenzielle Energie eines Fallschirmspringers ständig. Bei geöffnetem Fallschirm nimmt seine kinetische Energie jedoch nicht zu. Wie ist das zu erklären?
13. Eine Leuchtkugel soll vertikal in eine Höhe von 120 m abgeschossen werden. Wie groß muss die Abschussgeschwindigkeit mindestens sein?
    Warum ist tatsächlich eine größere Geschwindigkeit erforderlich?
14. Ein Rammbär mit der Masse von 450 kg fällt aus 4,2 m Höhe auf einen Pfahl. Er wird in einer Zeit von 0,01 s gleichmäßig abgebremst.
    Mit welcher Kraft drückt er den Pfahl in den Boden?
15. Beschreiben Sie mit den Begriffen Hubarbeit, Beschleunigungsarbeit, potenzielle und kinetische Energie folgende Vorgänge:
    a) Schießen mit Pfeil und Bogen,
    b) Einschlagen eines Pfahls mit einem Rammbär,
    c) Zerschlagen eines Mauerziegels mit einem Hammer,
    d) Schmieden von Eisen!
16. Eine Kugel mit einer Masse von 100 g ist an einem Faden von 80 cm Länge befestigt. Sie wird bis zur horizontalen Lage des Fadens ausgelenkt und dann losgelassen.
    a) Wie groß ist die kinetische Energie der Kugel im tiefsten Punkt der Kreisbahn?
    b) Wie ändert sich die Geschwindigkeit der Kugel im tiefsten Punkt, wenn ihre Masse verdoppelt wird?
    c) Wie groß ist die Geschwindigkeit der Kugel, wenn sie aus gleicher Höhe ohne Aufhängung frei fällt?
17. Welche Maßnahmen kennen Sie, um die mechanische Energie eines Körpers a) zu erhöhen und b) zu verringern?

Kurz und knapp

Beim Heben eines Körpers wird Hubarbeit verrichtet.

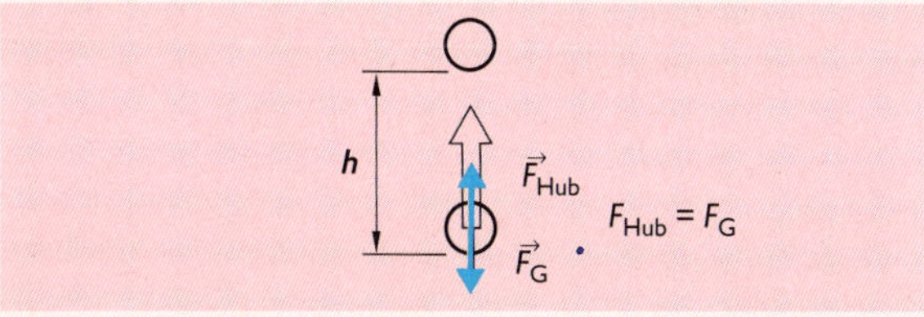

$W_{Hub} = F_G \cdot h$

Dadurch erhält der Körper potenzielle Energie (Lageenergie).

$E_{pot} = m \cdot g \cdot h$

(bezogen auf die Höhe $h = 0$)

Beim Beschleunigen eines Körpers wird Beschleunigungsarbeit verrichtet.

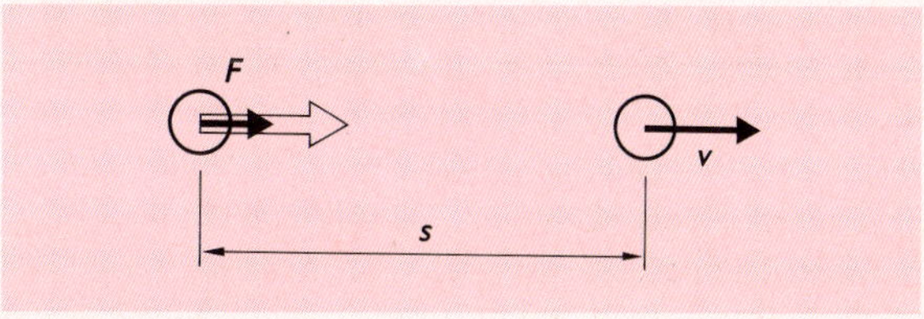

$W_{Beschl.} = F \cdot s$

Dadurch erhält der Körper kinetische Energie (Bewegungsenergie).

$E_{kin} = \frac{1}{2} m \cdot v^2$

(bezogen auf einen Körper mit der Geschwindigkeit $v = 0$)

Energieerhaltungssatz bei mechanischen Vorgängen:
Die mechanische Energie ist konstant: $E_{mech} = E_{pot} + E_{kin}$.
Gültigkeitsbedingung: Keine Umwandlung von mechanischer Energie in andere Energieformen.

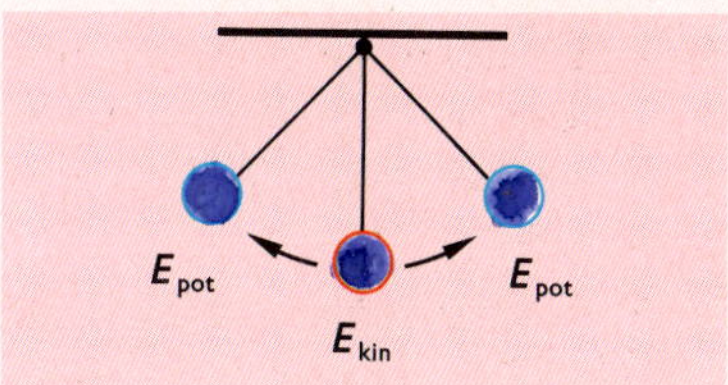

8 Mechanische Schwingungen

Wenn bei einem Moped der Motor hochtourig läuft, vibrieren der Rückspiegel und andere Teile des Mopeds.
Bei heftigem Wind bewegen sich die Wipfel der Bäume hin und her.
Beim Pendel einer Uhr wiederholt sich ständig die Hin- und Herbewegung.
Rückspiegel, Baumwipfel und Uhrenpendel führen Schwingungen aus. Welche Gemeinsamkeiten sind zu erkennen? Wie kann man diese Bewegungen beschreiben?

1

Was versteht man unter einer mechanischen Schwingung?

Bei der Beobachtung und dem Vergleich von verschiedenen schwingenden Körpern kann man folgende Gemeinsamkeiten erkennen:

- Schwingende Körper bewegen sich (zwischen zwei Umkehrpunkten) hin und her (Bild 2).
- Diese Bewegung wiederholt sich ständig, sie ist periodisch. Eine vollständige Hin- und Herbewegung wird als Periode bezeichnet.
- Die Bewegung erfolgt um die Gleichgewichtslage (Ruhelage) des Körpers.

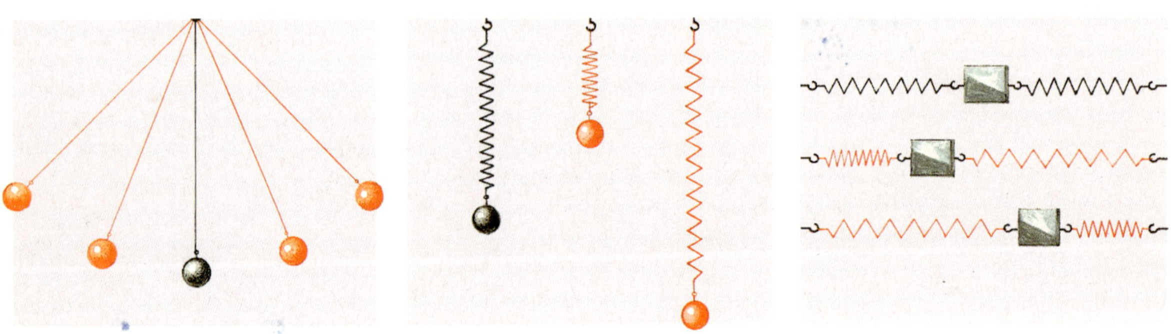

2

Eine mechanische Schwingung ist eine periodische Bewegung eines Körpers um seine Gleichgewichtslage.

Physikalische Größen zur Beschreibung mechanischer Schwingungen

Um mechanische Schwingungen genau beschreiben zu können, werden physikalische Größen eingeführt.
Der jeweilige Abstand des schwingenden Körpers von der Gleichgewichtslage ist die **Auslenkung y**.
Schwingende Körper können sich, je nachdem wie stark sie angestoßen werden, mehr oder weniger weit von der Gleichgewichtslage entfernen. Der maximale Abstand des schwingenden Körpers von der Gleichgewichtslage heißt **Amplitude y_{max}** (Bild 1).

Die Amplitude y_{max} ist der größte Abstand des schwingenden Körpers von der Gleichgewichtslage.

Die Einheit der Auslenkung bzw. der Amplitude ist das Meter.

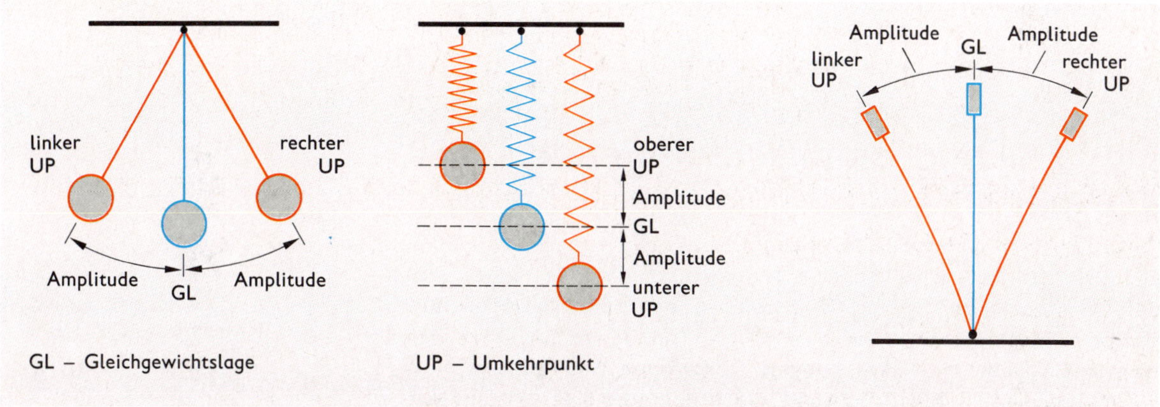

1

Verschiedene schwingende Körper benötigen für eine Periode unterschiedlich lange Zeit. Die **Periodendauer T** ist die Zeit, die ein schwingender Körper für eine Periode benötigt. Mitunter ist die Periodendauer klein und lässt sich mit normalen Stoppuhren nicht sehr genau messen. Um die Genauigkeit der Messung der Periodendauer zu erhöhen, misst man die Zeit t für eine größere Anzahl n von Perioden. Die Periodendauer T wird mithilfe der Gleichung $T = \frac{t}{n}$ berechnet.

Die Periodendauer T ist die Zeit, die ein schwingender Körper für eine Periode benötigt.

Die Einheit der Periodendauer ist die Sekunde.

Die Häufigkeit von Schwingungen wird durch die physikalische Größe **Frequenz f** erfasst.
Die Frequenz f gibt an, wie viel Perioden ein schwingender Körper in einer Sekunde durchläuft.

Die Frequenz *f* gibt an, wie häufig ein Körper schwingt.

Die Frequenz wird nach der Gleichung $f = \frac{n}{t}$ berechnet. Für die Frequenz ergibt sich damit die Einheit $\frac{1}{s}$, wofür der Name Hertz (Hz) eingeführt wurde.

Es gilt: $\frac{1}{s} = 1\ s^{-1} = 1\ Hz$.

Mit der Einheit Hertz wurde der deutsche Physiker *Heinrich Hertz* (1857–1894) geehrt.

Vielfache der Frequenzeinheit sind: 1 kHz = 10^3 Hz, 1 MHz = 10^6 Hz, 1 GHz = 10^9 Hz.

Aus den Gleichungen für die Periodendauer *T* und für die Frequenz *f* ist zu erkennen, dass die Frequenz der reziproke Wert der Periodendauer ist: $\mathbf{f = \frac{1}{T}}$.

In der nebenstehenden Tabelle sind einige in Natur und Technik vorkommende Frequenzen aufgeführt.

Beispiel	Frequenz *f*
Kinderschaukel	etwa 0,5 Hz
Unruh einer Armbanduhr	etwa 2 Hz
Meißel im Drucklufthammer	etwa 5 Hz
Flügel einer Hummel	etwa 200 Hz
Schall-schwingungen (Hörbereich)	16 Hz bis etwa 20 kHz
Ultraschall	20 kHz bis etwa 1 GHz

Das *y-t*-Diagramm schwingender Körper

Bei sehr schnell schwingenden Maschinenteilen, den Saiten von Musikinstrumenten oder Stimmgabeln kann die Periodendauer nicht direkt gemessen werden.

Man kann aber die Schwingungen aufzeichnen und aus der Aufzeichnung die Periodendauer und die Amplitude ablesen. Das zeigen die folgenden Experimente.

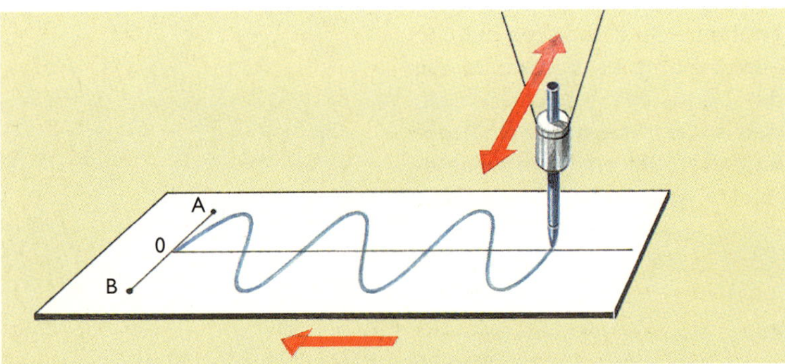

1

Experiment 1
An einem Pendelkörper befestigen wir einen Faserstift und bewegen unter diesem Stift mit konstanter Geschwindigkeit ein Blatt Papier senkrecht zur Schwingungsrichtung (Bild 1). Der Stift zeichnet den Ort des Pendels in Abhängigkeit von der Zeit auf.

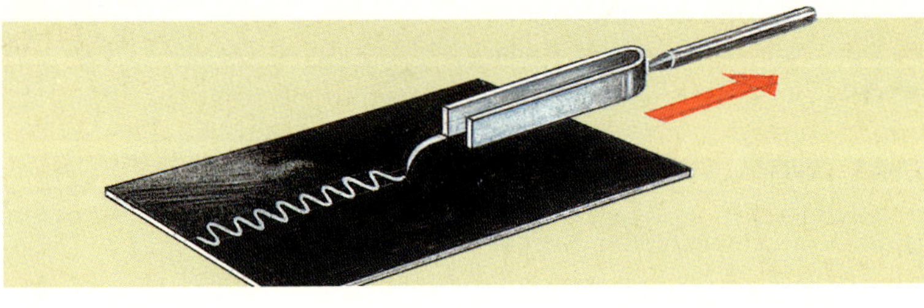
2

Experiment 2
Wir bewegen eine schwingende Stimmgabel mit ihrer Schreibspitze geradlinig gleichförmig über eine berußte Glasplatte (Bild 2).

Die *y*-*t*-Diagramme des schwingenden Pendels und der Stimmgabel zeigen Sinuskurven (Bild 1). Pendel und Stimmgabel führen sinusförmige Schwingungen aus. Aus den *y*-*t*-Diagrammen kann man ablesen, wie groß die Amplituden und die Periodendauern sind.

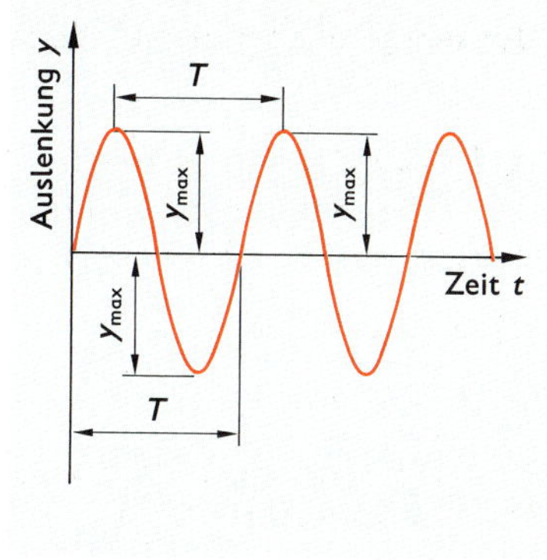

1
y-*t*-Diagramm

Die Entstehung von mechanischen Schwingungen

Bisher wurden Schwingungen nur beschrieben. Jetzt soll erklärt werden, unter welchen physikalischen Bedingungen Schwingungen entstehen. Welche Kräfte sind dazu erforderlich? Mit einem Experiment soll diese Frage beantwortet werden.

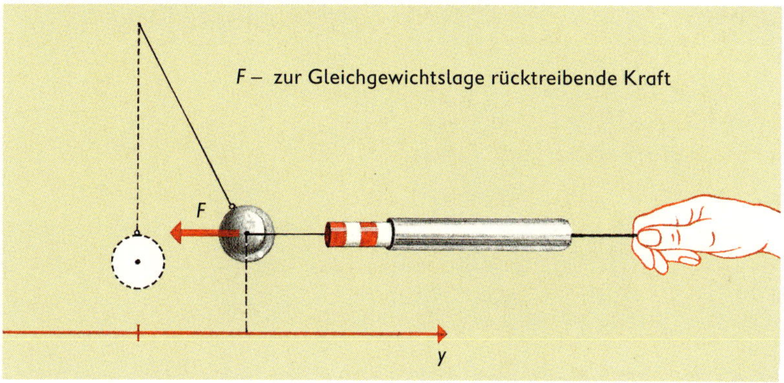

2

Experiment 3
Ein Pendel ruht in der Gleichgewichtslage. Mit einem Federkraftmesser messen wir die Kraft, die auftritt, wenn das Pendel nach rechts oder links aus der Gleichgewichtslage gebracht wird (Bild 2).

Wir beobachten: Es tritt eine zur Gleichgewichtslage rücktreibende Kraft auf. Je größer die Auslenkung *y* ist, umso größer ist auch der Betrag der zur Gleichgewichtslage rücktreibenden Kraft *F*.
Nur wenn eine zur Gleichgewichtslage rücktreibende Kraft auftritt, ist ein Körper in der Lage zu schwingen. Diese Kraft kann z. B. eine Federkraft (Federschwinger, Blattfeder) oder eine Komponente der Gewichtskraft (Pendel) sein. Mit Bild 3 erklären wir den Ablauf einer Periode eines Federschwingers.
Bei der Bewegung vom Umkehrpunkt A zur Gleichgewichtslage wird der Körper durch die rücktreibende Kraft *F* beschleunigt. Beim Durchgang durch die Gleichgewichtslage ist diese Kraft null. Der Körper bewegt sich infolge seiner Trägheit weiter. Dabei wird er durch die rücktreibende Kraft abgebremst, denn diese ist nun entgegengesetzt zur Bewegung gerichtet. Im Umkehrpunkt B hat die zur Gleichgewichtslage rücktreibende Kraft ihren größten Betrag. Hier kehrt der Körper seine Bewegungsrichtung um und schwingt infolge der rücktreibenden Kraft wieder zurück. In den Umkehrpunkten ist die Geschwindigkeit null, beim Durchgang durch die Gleichgewichtslage hat sie ihren größten Betrag.

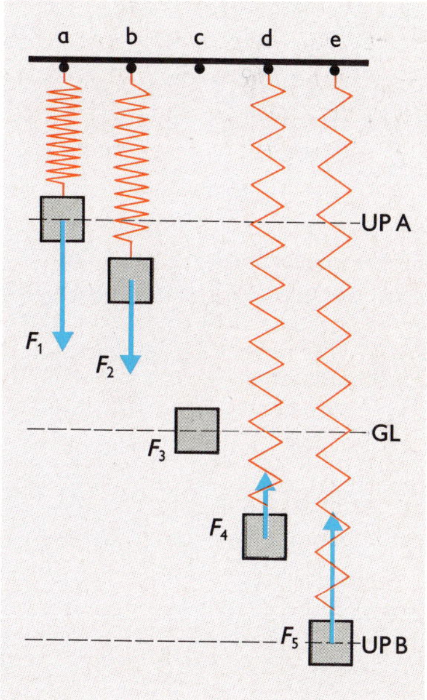

3

Mechanische Schwingungen werden durch eine zur Gleichgewichtslage rücktreibende Kraft und die Trägheit des schwingenden Körpers verursacht.

Gleichung für die Periodendauer von Federschwinger und Fadenpendel

Es ist zu vermuten, dass die Periodendauer eines Federschwingers
- von der Masse des schwingenden Körpers und
- von den Eigenschaften der Feder abhängt.

Das soll mit Experimenten geprüft werden.

Abhängigkeit der Periodendauer eines Federschwingers von der Masse. Welcher Zusammenhang besteht zwischen der Periodendauer und der Masse eines Federschwingers?

Experiment 4
Wir messen die Periodendauer eines Federschwingers bei unterschiedlichen Massen des schwingenden Körpers (Bild 1).

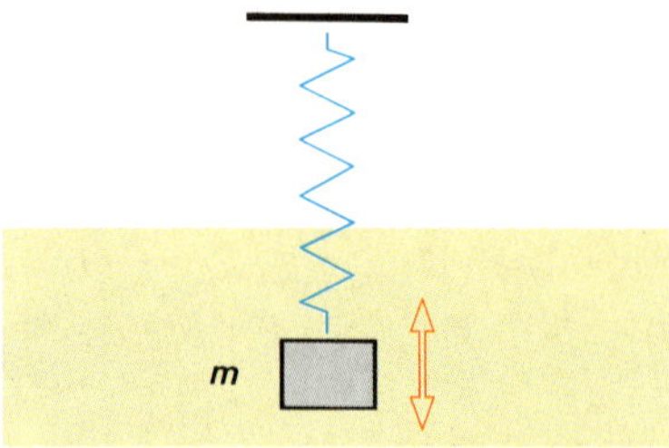

1

Ergebnis: Je größer die Masse des schwingenden Körpers, je träger also der Körper ist, umso größer ist die Periodendauer des Federschwingers. Es gilt $T \sim \sqrt{m}$ (Bild 2).

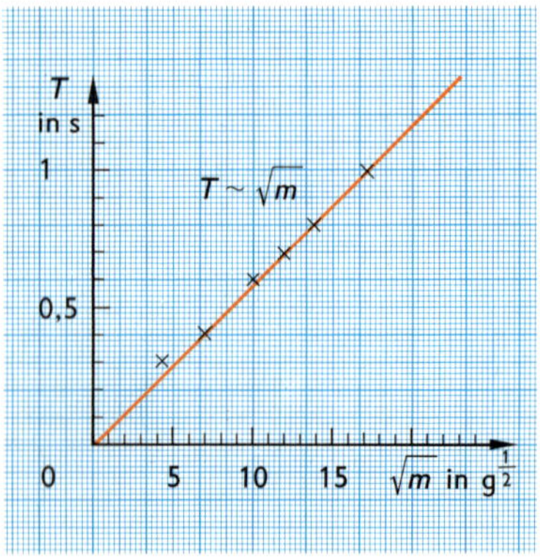

m in g	T in s	$\sqrt{m}$ in $g^{1/2}$	$\frac{T}{\sqrt{m}}$ in $s \cdot g^{-1/2}$
20	0,3	4,5	0,07
50	0,4	7,1	0,06
100	0,6	10,0	0,06
150	0,7	12,2	0,06
200	0,8	14,1	0,06
300	1,0	17,3	0,06

2

Federkonstante. Bei einer Schraubenfeder hängt die zur Gleichgewichtslage rücktreibende Kraft F von der Federdehnung Δl ab.

Experiment 5
Wir ermitteln den Zusammenhang zwischen Federkraft F und Federdehnung Δl bei zwei Schraubenfedern (Bild 3).

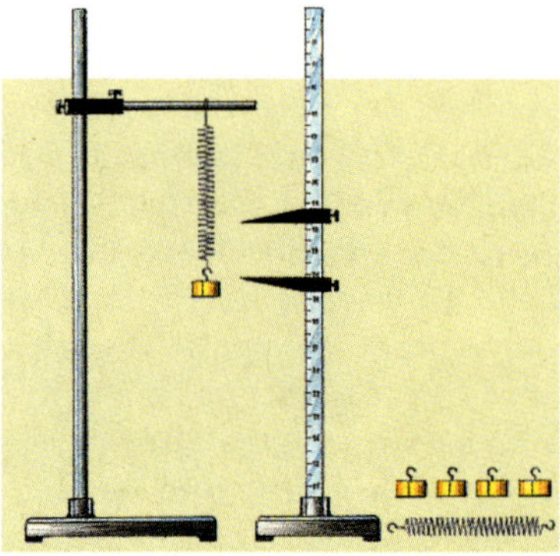
3

Ergebnis: Das Experiment ergibt bei beiden Schraubenfedern $\frac{F}{\Delta l}$ = konstant, d.h., die Federkraft ist der Federdehnung proportional (Bild 1, folgende Seite).

$\boldsymbol{F \sim \Delta l}$

Diesen Zusammenhang nennt man **Hooke'sches Gesetz**.

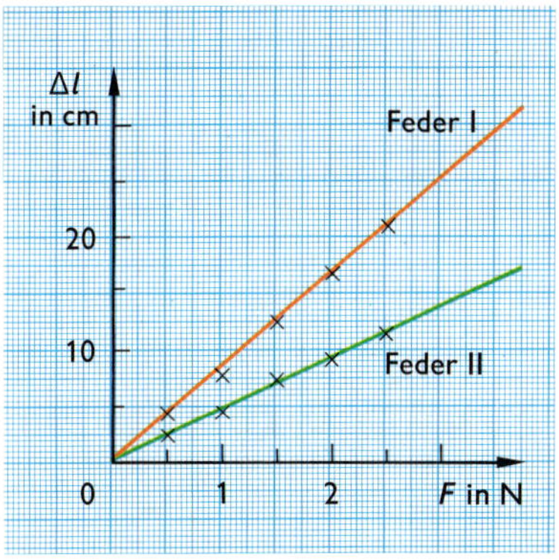

1

F in N	Feder I Δl in cm	Feder I $\frac{F}{\Delta l}$ in $N \cdot cm^{-1}$	Feder II Δl in cm	Feder II $\frac{F}{\Delta l}$ in $N \cdot cm^{-1}$
0,5	4,3	0,12	2,3	0,22
1,0	8,4	0,12	4,6	0,22
1,5	12,8	0,12	6,9	0,22
2,0	16,8	0,12	9,3	0,22
2,5	20,9	0,12	11,6	0,22

Den Diagrammen können wir entnehmen, welche Kraft notwendig ist, um eine Feder um 1 cm zu dehnen. Diese Größe ist für jede Feder charakteristisch und wird **Federkonstante *D*** oder Federhärte genannt. Es gilt die Gleichung:

$$D = \frac{F}{\Delta l}$$

Die Einheit der Federkonstanten ist Newton je Meter ($N \cdot m^{-1}$). Wenn man zum Auseinanderziehen einer Schraubenfeder um 1 cm eine große Kraft benötigt, bezeichnet man die Feder als „hart“, ist eine relativ kleine Kraft nötig, spricht man von einer „weichen“ Feder.

Abhängigkeit der Periodendauer eines Federschwingers von der Federkonstanten. Nun kann der Zusammenhang zwischen der Periodendauer und der Federkonstanten untersucht werden. Dazu führen wir das folgende Experiment durch.

Experiment 6
Wir messen die Periodendauer von mehreren Federschwingern, bei denen die Masse der schwingenden Körper gleich, aber die Federkonstante unterschiedlich ist.

Ergebnis: Je härter die Feder, je kräftiger also der Körper bei gleicher Dehnung der Feder in die Gleichgewichtslage zurückgezogen wird, umso kleiner ist die Periodendauer (Bild 2). Es gilt:

$$T = \frac{1}{\sqrt{D}}.$$

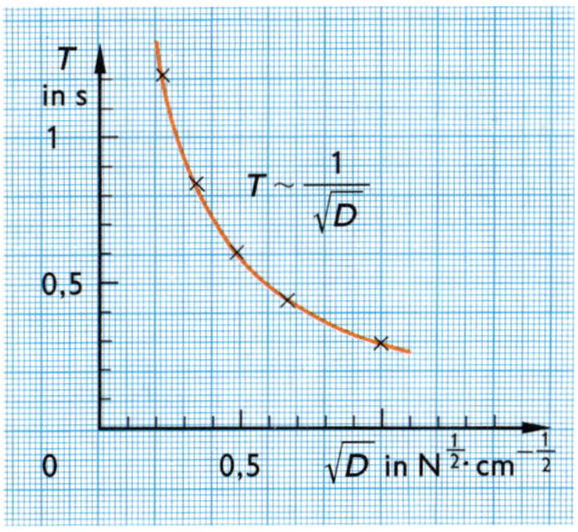

2

D in $N \cdot cm^{-1}$	T in s	$\sqrt{D}$ in $N^{1/2} \cdot cm^{-1/2}$	$T \cdot \sqrt{D}$ in $s \cdot N^{1/2} \cdot cm^{-1/2}$
0,054	1,22	0,23	0,28
0,12	0,84	0,35	0,29
0,22	0,60	0,47	0,28
0,45	0,43	0,67	0,29
1,1	0,3	1,0	0,3

m = 200 g

Gleichung für die Periodendauer eines Federschwingers. Experimentelle und theoretische Untersuchungen ergeben für die

Periodendauer eines Federschwingers $T = 2\pi\sqrt{\frac{m}{D}}$

Gültigkeitsbedingungen: Die Masse der Feder muss gegenüber der Masse des schwingenden Körpers vernachlässigbar klein sein. Die Bewegung muss reibungsfrei und mit kleinen Amplituden erfolgen.

m – Masse des schwingenden Körpers

D – Federkonstante

Gleichung für die Periodendauer eines Fadenpendels. Bei einem Fadenpendel können die Masse des schwingenden Körpers sowie die Fadenlänge des Pendels frei gewählt werden. Wir untersuchen daher mit Experimenten, ob die Periodendauer von diesen Größen abhängt.

Experiment 7

Wir messen die Periodendauer eines Fadenpendels und verändern zunächst die Pendellänge (bei m = konstant) und danach die Masse m des Pendelkörpers (bei l = konstant) (Bild 1).

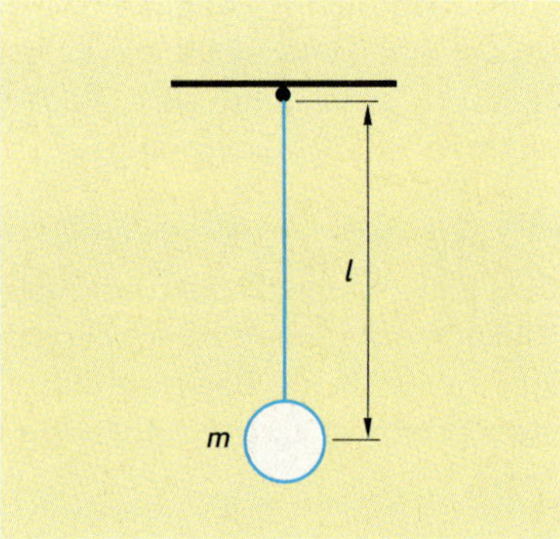

1

Ergebnis: Die Periodendauer eines Fadenpendels hängt nur von der Pendellänge ab. Sie ist umso größer, je größer die Pendellänge ist (Bild 2).

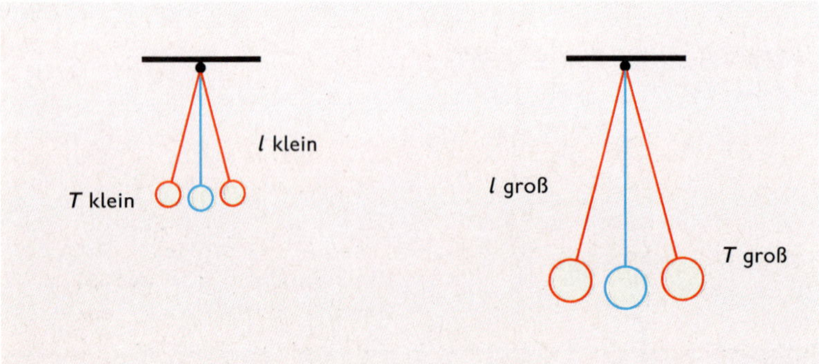

2

Genaue Untersuchungen ergeben für die

Periodendauer eines Fadenpendels $T = 2\pi\sqrt{\frac{l}{g}}$

Gültigkeitsbedingungen: Die Schwingung muss reibungsfrei und mit kleinen Amplituden erfolgen. Die Masse des Fadens muss gegenüber der Masse des Pendelkörpers vernachlässigbar klein sein.

l – Pendellänge

g – Fallbeschleunigung

Gedämpfte und ungedämpfte Schwingungen

In manchen Schulen, Restaurants oder Eisenbahnwaggons gibt es sogenannte Schwingtüren (Bild 1). Beim Öffnen einer Schwingtür wird eine im Türscharnier eingebaute Feder gespannt. Lässt man die Tür los, führt sie einige Schwingungen um die Gleichgewichtslage aus, wobei sich die Amplitude infolge der Luftreibung schnell verkleinert.

1

Schwingungen mit starkem Einfluss der Reibung wollen wir in einem Experiment untersuchen.

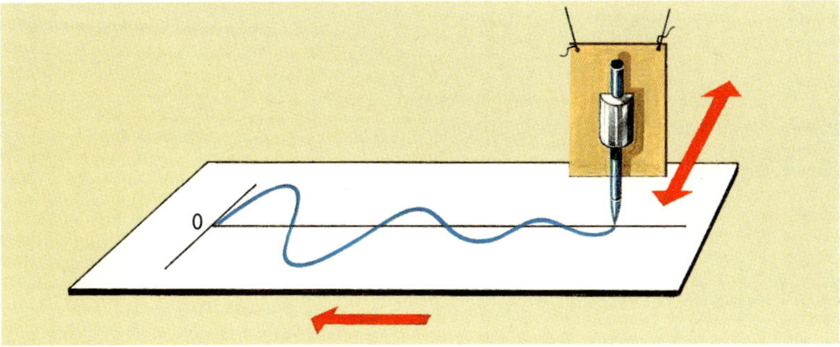

2

Experiment 8
Wir benutzen die Experimentieranordnung aus Experiment 1. Quer zur Schwingungsrichtung des Pendels wird ein Stück Pappe befestigt, um die Luftreibung zu vergrößern. Wir zeichnen den Ort-Zeit-Verlauf der Schwingung auf (Bild 2).

Bild 3 zeigt das Ergebnis:
- Der Körper bewegt sich periodisch um die Gleichgewichtslage.
- Die Dauer jeder Periode ist gleich.
- Die Amplituden nehmen ständig ab.
- Das y-t-Diagramm ähnelt einer Sinuskurve.

Eine Schwingung, deren Amplitude durch Reibung ständig abnimmt, heißt **gedämpfte Schwingung**. Bleibt die Amplitude konstant, heißt sie **ungedämpfte Schwingung**.

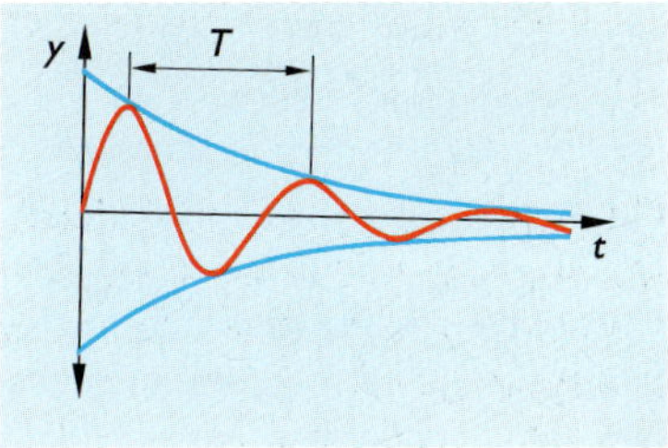

3

Energieumwandlungen bei Schwingungen

Wir denken uns ein reibungsfreies Fadenpendel. Nach Zufuhr von mechanischer Energie durch Anheben des Körpers führt dieser ungedämpfte Schwingungen aus. Nach dem Energieerhaltungssatz bleibt die zugeführte Energie während der Bewegung konstant. Dabei wird ständig potenzielle Energie (Lageenergie) in kinetische Energie (Bewegungsenergie) und umgekehrt umgewandelt. In den Umkehrpunkten erreicht die potenzielle Energie ihr Maximum und die kinetische Energie ist null. Beim Durchgang durch die Gleichgewichtslage hat die kinetische Energie ihren maximalen und die potenzielle Energie ihren minimalen Wert (Bild 1). Es gilt:

Bei einer ungedämpften Schwingung wandelt sich ständig potenzielle Energie in kinetische Energie und umgekehrt kinetische Energie in potenzielle Energie um.
Die Summe aus potenzieller und kinetischer Energie ist konstant.

$E_{pot} + E_{kin} = \text{konst.}$

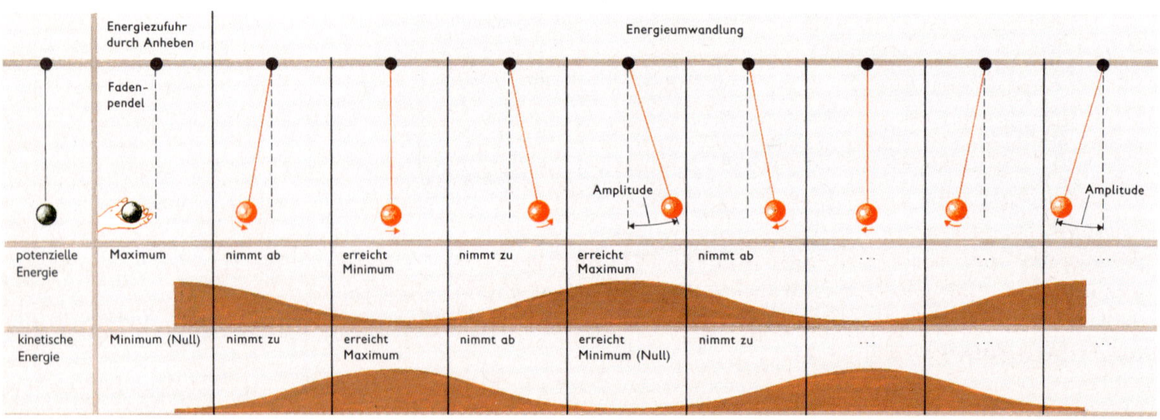

1

In Wirklichkeit wird die Schwingung des Körpers durch Reibung gedämpft. Ein Teil der mechanischen Energie wird bei jeder Schwingung in thermische Energie umgewandelt und es gilt: $E_{mech} \rightarrow E_{therm}$.

Erzwungene Schwingungen

Durch böigen stürmischen Wind wurde im Jahr 1940 eine neuerbaute Autobrücke im US-Staat Washington zu so heftigen Schwingungen angeregt, dass sie zerbrach. Unter welchen physikalischen Bedingungen können derart heftige Schwingungen von Bauwerken auftreten?

2

Eigenschwingungen. Bisher haben wir nur Schwingungen betrachtet, die durch einmaligen Anstoß, d. h. durch einmalige Energiezufuhr, entstehen. Diese Schwingungen heißen Eigenschwingungen. Sie erfolgen stets mit der **Eigenfrequenz f_0**, die nur von den Eigenschaften des schwingenden Systems (z. B. von der Pendellänge beim Fadenpendel) abhängt.

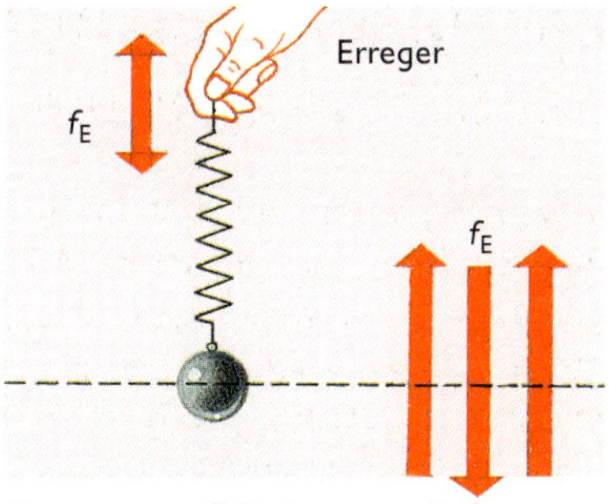

1
Erzwungene Schwingung mit der Erregerfrequenz f_E durch periodische Energiezufuhr

Erzwungene Schwingungen. In Bild 1 wird ein Federschwinger mit der Hand (Erreger) mit der **Erregerfrequenz f_E** auf- und abbewegt. Dem schwingenden Körper wird dabei periodisch Energie zugeführt. Er führt erzwungene Schwingungen mit der Erregerfrequenz f_E aus.
Wenn man die Erregerfrequenz bei konstanter Amplitude des Erregers verändert, kann man bei einer bestimmten Frequenz f_E erreichen, dass der Körper heftige Schwingungen ausführt (Bild 2). Man bezeichnet dieses besonders heftige Mitschwingen eines Körpers als **Resonanz**. Resonanz tritt dann ein, wenn die Erregerfrequenz und die Eigenfrequenz des schwingenden Körpers übereinstimmen. Die Amplitude des schwingenden Körpers erreicht dabei ihren Höchstwert.

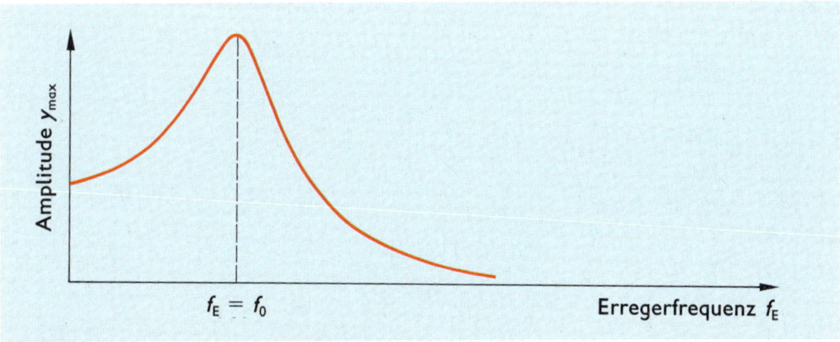

2

Resonanz ist das besonders heftige Mitschwingen eines Körpers bei Übereinstimmung von Erreger- und Eigenfrequenz.
Resonanzbedingung: $f_E = f_0$.

Ein Blick in die Natur

Das Hören beruht auf einem Resonanzvorgang. Durch die Schallwellen wird das Trommelfell im Ohr zu erzwungenen Schwingungen angeregt (keine Resonanz!). Diese werden über die Gehörknöchelchen in das Innenohr und eine zweite Membran auf das Gehörwasser in der Schnecke übertragen (Bild 3). Darin befinden sich etwa 20 000 feine Härchen. Je nach Tonhöhe geraten einige dieser Härchen in Resonanz und erregen den Hörnerv, der diesen Reiz an das Gehirn weiterleitet. Dort entsteht dann die Hörempfindung.

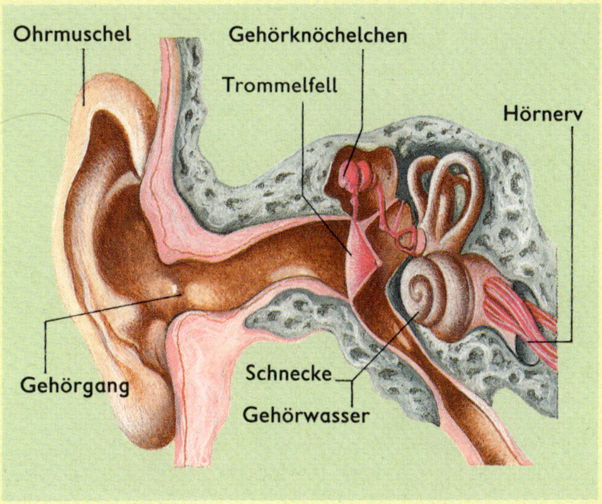

3

Ein Blick in die Geschichte

Während des Gottesdienstes in der Kathedrale von Pisa soll *Galileo Galilei* zwei große hängende Leuchter beobachtet haben, die Schwingungen ausführten. Dabei soll er erkannt haben, dass die Periodendauer eines Pendels von der Masse und der Amplitude unabhängig ist.

Galilei hatte daraufhin die Idee, mit einem Pendel den Gang einer Uhr zu steuern. Weder ihm selbst noch seinem Sohn gelang das. Erst *Christian Huygens* (1629–1695) konstruierte im Jahr 1657 eine Pendeluhr, die eine genaue Zeitmessung gestattete (Bild 1). Diese Uhr konnte selbst hohe Bedürfnisse einer genauen Zeitmessung im Verkehr und in der Astronomie über drei Jahrhunderte befriedigen.

Die drei wesentlichen Bestandteile einer Uhr sind seit *Huygens'* Erfindung:

a) Ein Pendel oder (in späteren Zeiten) eine Unruh, die durch die Eigenschwingungen die Ganggenauigkeit der Uhr steuert.

b) Ein „Uhrengewicht“ oder eine Feder als Energiequelle, damit dem Pendel für ungedämpfte Schwingungen Energie zugeführt werden kann.

c) Eine Steuervorrichtung (Hemmung), die dafür sorgt, dass die Energiezufuhr im richtigen Zeitpunkt erfolgt.

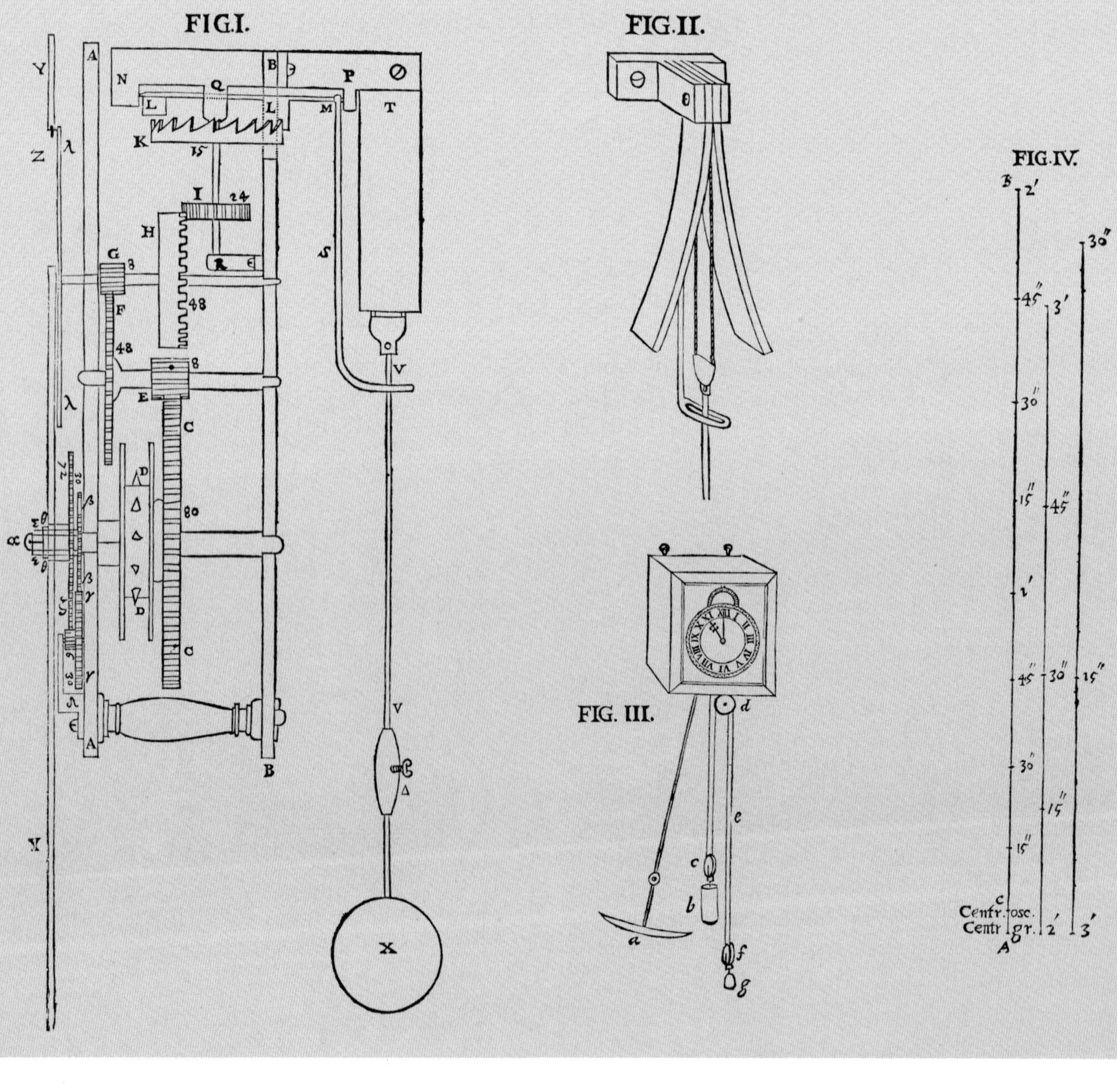

1

Ein Blick in die Technik

Schwingungsdämpfer. An Kraftfahrzeugen sind zwischen den Rädern und der Karosserie starke Federn angebracht, um die Erschütterungen von Fahrzeug und Fahrzeuginsassen auf holpriger Straße klein zu halten. Durch diese Federung gerät das Kraftfahrzeug beim Überfahren von Unebenheiten auf der Fahrbahn in Schwingungen. Das ist für die Fahrsicherheit besonders in Kurven sehr gefährlich. Infolge der Schwingungen ist der „Kraftschluss“ von Rad und Fahrbahn zeitweilig unterbrochen, weil das schwingende Rad von der Fahrbahn abhebt oder nur geringen Kontakt hat. Das Fahrzeug kann ins Rutschen oder gar Schleudern geraten.

Um das zu unterbinden, sind Schwingungsdämpfer (Stoßdämpfer) an jedem gefederten Rad notwendig (Bild 1 links).

In einem Schwingungsdämpfer kann sich ein Kolben in einem mit Spezialöl gefüllten Zylinder bewegen. Dabei strömt das Öl durch enge Kanäle im Kolben und behindert durch die auftretende Reibung die Bewegung des Kolbens. Die Auf- und Abbewegung eines schwingenden Rades kommt dadurch schnell zum Stillstand (Bild 1 rechts).

In speziellen Prüfwerkstätten kann der Zustand der Schwingungsdämpfer untersucht werden (Bild 2). Mit einer Rüttelmaschine wird ein Rad eines Autos in Schwingungen versetzt und ein Schwingungsschreiber zeichnet die Schwingungen auf. Bei einem defekten Schwingungsdämpfer sind die Amplituden unzulässig groß (Bild 3). Am Reifen treten bei einem derartigen Defekt nach einiger Zeit charakteristische Abschleifungen (Auswaschungen) auf (Bild 4).

1

2

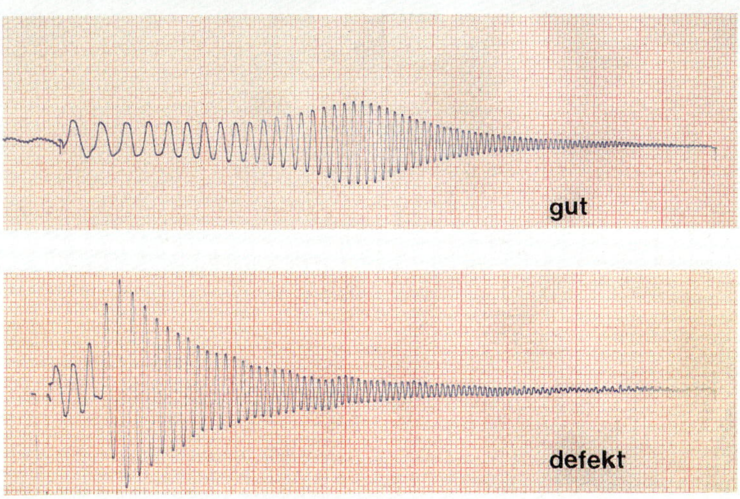

3

4

Gewusst? Erkannt? Gekonnt?

1. Beschreiben Sie die Schwingung eines horizontalen Federschwingers und eines Fadenpendels!
2. Die Amplitude eines Federschwingers wird vergrößert. Wie ändern sich a) der in einer Periode zurückgelegte Weg und b) die Periodendauer?
3. Ein Pendel schwingt nach links durch die Gleichgewichtslage. Nach 0,4 s erreicht es wieder die Gleichgewichtslage. In welcher Richtung schwingt nun das Pendel?
   Wie groß sind die Periodendauer und die Frequenz?
4. Bild 1 zeigt das *y*-*t*-Diagramm einer mechanischen Schwingung. Wie groß sind Amplitude, Periodendauer und Frequenz des schwingenden Körpers?

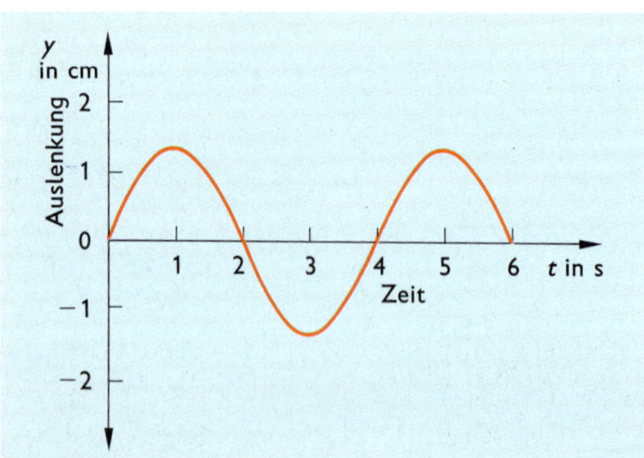

1

5. Erklären Sie das Entstehen der Schwingung eines horizontalen Federschwingers und eines Fadenpendels!
6. Ein Körper (m = 150 g) hängt an einer Schraubenfeder. Er wird durch seine Gewichtskraft 2,5 cm aus seiner Gleichgewichtslage ausgelenkt.
   Wie groß ist die Federkonstante?
   Wie groß ist die Periodendauer dieses Federschwingers?
7. An einer vertikal aufgehängten Schraubenfeder führt ein Körper (m = 500 g) Schwingungen mit der Frequenz f = 3 Hz durch. Wie groß ist die Federkonstante?
8. Zum Nachweis der Erdrotation verwendete *Foucault* 1851 im Pantheon Paris ein Fadenpendel mit einer 28 kg schweren Kupferkugel an einer 67 m langen Aufhängung. Wie groß war die Periodendauer dieses Pendels?
9. Wie muss die Länge eines Fadenpendels verändert werden, damit sich die Frequenz des Pendels verdreifacht?
10. An einem Körper (m = 200 g), der an einer Schraubenfeder befestigt ist, wird ein weiterer Körper mit der Masse m = 100 g gehängt. Dadurch wird die Feder um 2 cm gedehnt.
    Wie groß sind Federkonstante und Frequenz, wenn der Körper zu vertikalen Schwingungen angestoßen wird?
11. Berechnen Sie die Periodendauer und die Frequenz von Fadenpendeln folgender Längen: l_1 = 40 cm, l_2 = 80 cm und l_3 = 120 cm!
    Überprüfen Sie die Ergebnisse durch eigene Messungen!
12. Ein Fadenpendel soll eine Periodendauer von 2 s haben. Man bezeichnet ein solches Pendel als „Sekundenpendel“. Berechnen Sie die Pendellänge!
    Fertigen Sie ein „Sekundenpendel“ an und überprüfen Sie Ihre Berechnung!
13. Warum führen alle schwingenden Körper, denen nur einmal Energie zugeführt wurde, gedämpfte Schwingungen aus?
14. Beschreiben Sie die Bewegung einer Schaukel! Welche Energieumwandlungen treten bei einer Schaukel auf, die nur einmal angestoßen wird?
15. Beschreiben Sie die Energieumwandlungen, die beim Schwingen eines horizontalen Federschwingers auftreten!
16. Wie arbeitet ein Schwingungsdämpfer bei einem Fahrzeug? Wie kann man feststellen, ob dieser defekt ist?
17. Wie bewegt sich ein Motorrad, dessen Schwingungsdämpfer defekt sind, auf welliger Straße?
18. Was versteht man unter Resonanz? Wie kann man verhindern, dass eine Maschine in Resonanz gerät?
19. Erläutern Sie den Unterschied zwischen Eigenschwingungen und erzwungenen Schwingungen!
20. Wovon hängt beim Fadenpendel die Eigenfrequenz f_0 ab?
21. Erklären Sie das Vibrieren von Fahrzeugteilen bei bestimmten Motordrehzahlen!
22. Warum klirren manche Fensterscheiben bei bestimmten Tönen?

Kurz und knapp

Mechanische Schwingung

Eine mechanische Schwingung ist eine periodische Bewegung eines Körpers um seine Gleichgewichtslage.
Eine Periode ist eine vollständige Hin- und Herbewegung des Körpers.

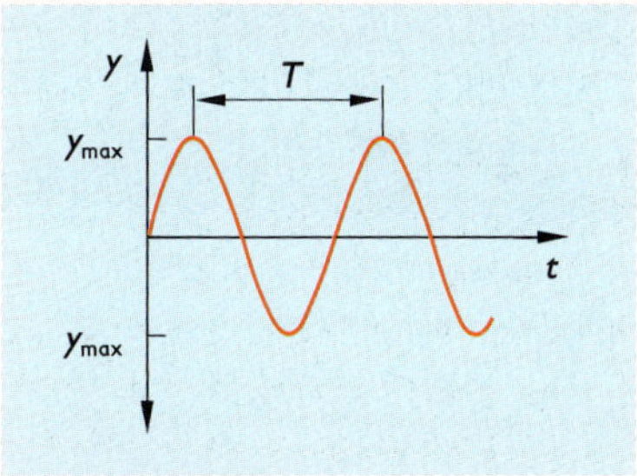

y-t-Diagramm

Physikalische Größen zur Beschreibung von Schwingungen

Physikalische Größe	Bedeutung	Formelzeichen	Einheit	Gleichung
Amplitude	Die Amplitude ist der größte Abstand des Körpers von der Gleichgewichtslage.	y_{max}	m	
Frequenz	Die Frequenz gibt an, wie häufig ein Körper schwingt.	f	Hz	$f = \frac{n}{t}$, $f = \frac{1}{T}$
Periodendauer	Die Periodendauer gibt die Zeit für eine Periode an.	T	s	$T = \frac{t}{n}$, $T = \frac{1}{f}$
	Federschwinger: $T = 2\pi\sqrt{\frac{m}{D}}$		Fadenpendel:	$T = 2\pi\sqrt{\frac{l}{g}}$

Gedämpfte und ungedämpfte Schwingungen

Ungedämpfte Schwingungen	Gedämpfte Schwingungen
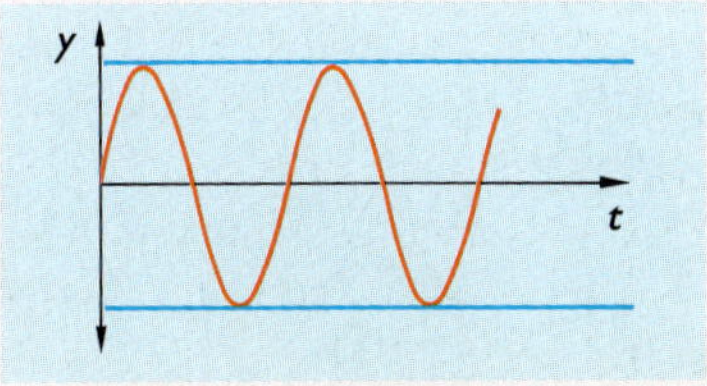	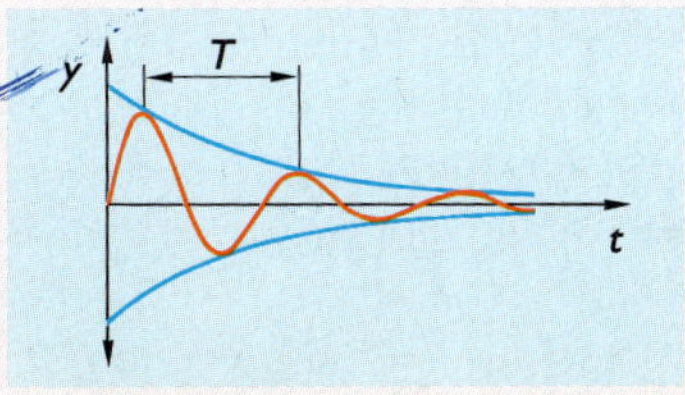
keine Dämpfung durch Reibung $E_{pot} + E_{kin} = \text{konst.}$	Dämpfung durch Reibung $E_{mech} \rightarrow E_{therm}$

Erzwungene Schwingungen

Eigenschwingung tritt nach einmaliger Energiezufuhr auf. Die Schwingung erfolgt mit der Eigenfrequenz f_0.
Erzwungene Schwingung tritt bei periodischer Energiezufuhr auf. Die Schwingung erfolgt mit der Erregerfrequenz f_E.

Im Resonanzfall erreichen die Amplituden ihren Höchstwert.
Resonanzbedingung: $f_E = f_0$

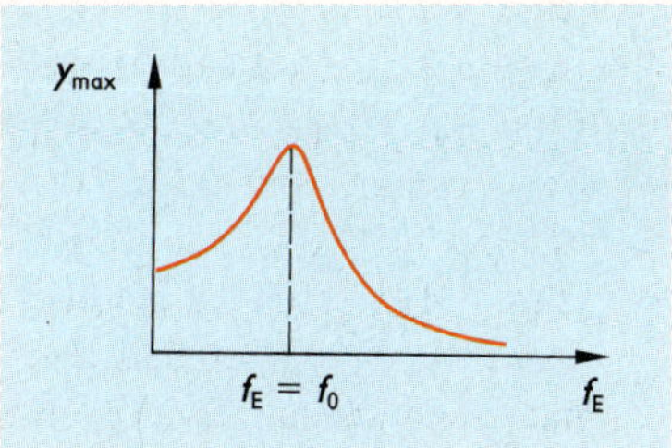

9 Mechanische Wellen

Ein Stein wird ins Wasser geworfen. Von der Eintauchstelle breiten sich kreisförmige Wellenberge und Wellentäler aus.
Bei Windstille ist die Wasseroberfläche eines Sees spiegelglatt. Bei Wind oder gar Sturm laufen Wellen über die Oberfläche des Sees.
Nach dem Schlag auf eine Pauke breitet sich in der Luft eine Schallwelle aus.
Wie entstehen mechanische Wellen? Was kennzeichnet eine mechanische Welle?

1

Entstehung mechanischer Wellen

An Wasseroberflächen kann man gut beobachten, wie Wellen entstehen. Wird ein Stab oder ein Brett in eine ruhende Wasseroberfläche, in der sich die Wasserteilchen im Gleichgewicht befinden, einmal eingetaucht und wieder herausgezogen, dann breitet sich ein kurzer Wellenzug mit nur wenigen Wellenbergen und Wellentälern aus. Wenn der Stab periodisch eingetaucht wird, geht von der Erregungsstelle eine Welle mit vielen Wellenbergen und Wellentälern aus (Bild 2).
Wird mit einem Schlegel auf eine Pauke geschlagen, gerät das Fell der Pauke in Schwingungen, und diese Schwingungen erzeugen eine Druckwelle in der Luft. Gelangt diese an ein Ohr, wird sie über das Trommelfell wahrgenommen.
Der Ursprung der Wellen im Wasser und auch in der Luft ist eine mechanische **Erregung**. Diese Erregung breitet sich als Welle im jeweiligen Stoff (Wasser, Luft) aus.

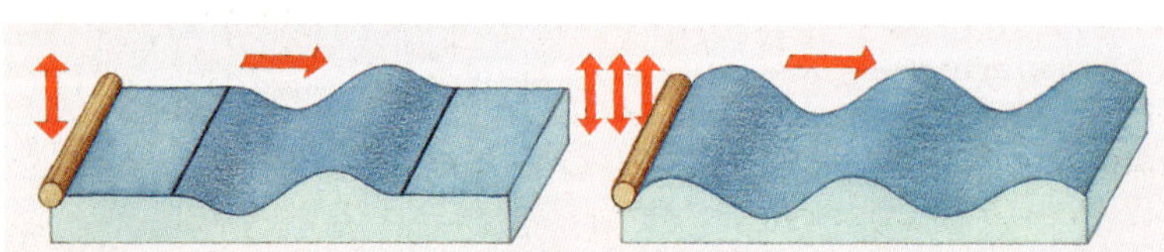

2

Voraussetzung für eine mechanische Welle

Die Wasserteilchen an der Eintauchstelle des Stabes führen Schwingungen (auf und ab) aus. Diese Schwingungen werden auf die benachbarten Teilchen übertragen, denn sie sind durch Anziehungskräfte miteinander gekoppelt.
An einer Wellenmaschine, bestehend aus miteinander gekoppelten Pendeln (Bild 1), kann man die Ausbreitung der Schwingung beobachten und erklären. Wird das erste Pendel angestoßen, so führt es Schwingungen aus. Durch die Kopplungskräfte wird die Schwingung von einem Pendel zum jeweils nächsten übertragen. Bild 2 ist zu entnehmen, dass die Pendel nacheinander mit der Schwingung beginnen und deshalb auch nacheinander ihre Amplitude erreichen.

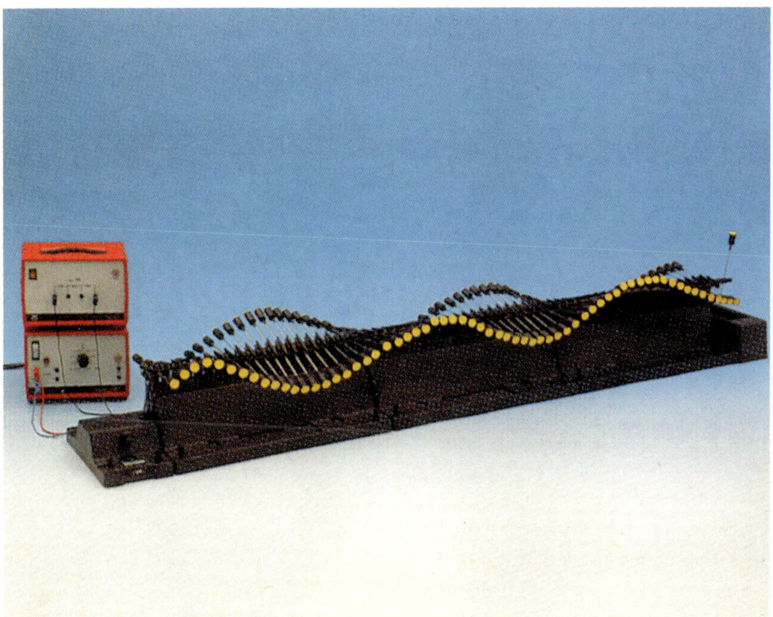
1

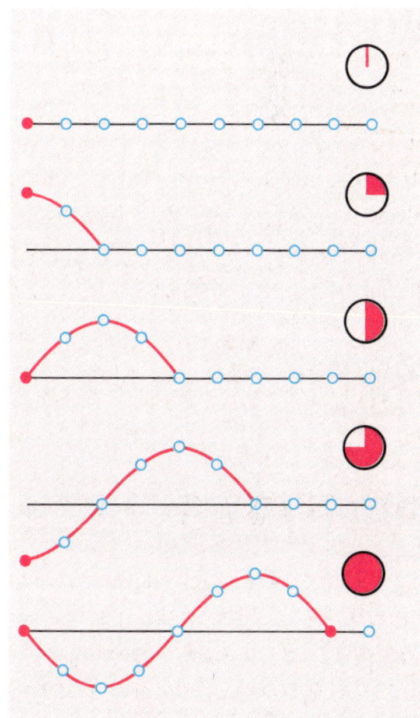
2

Voraussetzung für eine mechanische Welle sind schwingungsfähige Teilchen und Kopplungskräfte zwischen ihnen.

Energieübertragung durch mechanische Wellen

Wellen können an Uferbauten große Schäden anrichten. Hohe Wellen heben mit Leichtigkeit ein tonnenschweres Boot in die Höhe und verrichten dabei Hubarbeit (Bild 3). Wie man daraus erkennt, überträgt eine Welle mechanische Energie. Das Boot wird durch die Welle gehoben und gesenkt, es bewegt sich jedoch nicht in Ausbreitungsrichtung der Welle vorwärts.

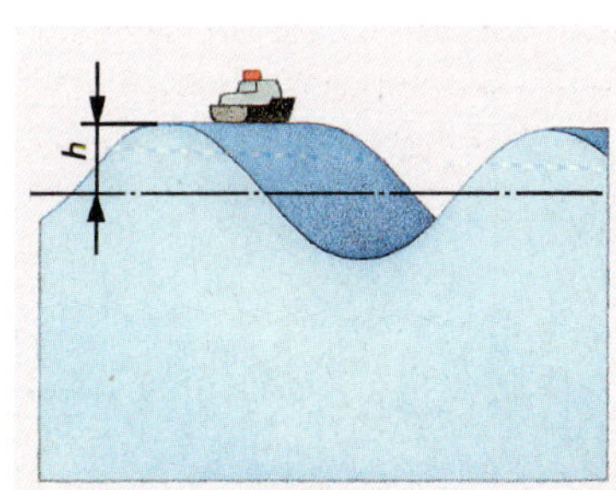

3

Eine Welle transportiert keinen Stoff. Das kann durch ein Experiment leicht überprüft werden.

Experiment 1
Auf eine Wasseroberfläche wird ein Korkstück gelegt. Es wird eine Welle erregt und die Bewegung des Korkstücks beobachtet. Nun können wir beantworten, was eine Welle ist!

Eine mechanische Welle ist die Ausbreitung einer Schwingung im Raum, bei der Energie übertragen, jedoch kein Stoff transportiert wird.

Beschreibung einer Welle durch physikalische Größen

Um mechanische Wellen zu beschreiben, werden weitere physikalische Größen eingeführt. Bei der Betrachtung von Wellen fällt auf, dass die Wellenberge stets den gleichen Abstand voneinander haben. Den Abstand von zwei benachbarten Wellenbergen oder Wellentälern nennt man **Wellenlänge**. Das Formelzeichen für die Wellenlänge ist λ (Bild 1).

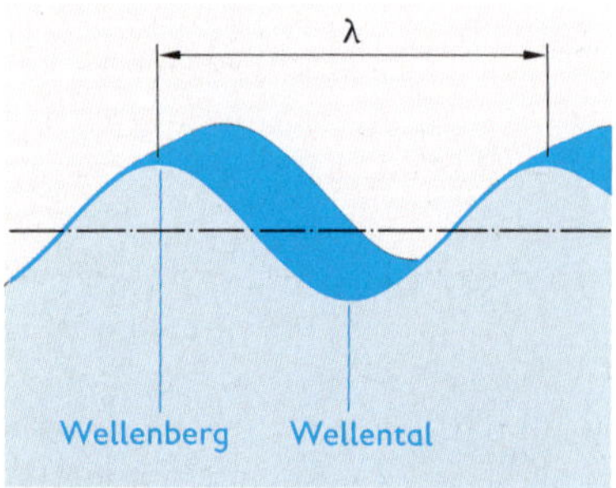

1

Die Wellenlänge λ ist der Abstand zweier benachbarter Wellenberge.

Die Einheit der Wellenlänge ist das Meter.
Bei Wellen, die Regentropfen auf einer Wasserpfütze erzeugen (Bild 2), beträgt die Wellenlänge einige Millimeter.
Im Foto kann man die periodische Anordnung der Wellenberge und Wellentäler in einem bestimmten Zeitpunkt erkennen (Augenblicksbild der Welle). Das ***y*-*s*-Diagramm** (Auslenkung-Weg-Diagramm) einer Welle (Bild 3) gibt diesen Sachverhalt wieder.
Dabei ist *y* die Auslenkung der Welle an der jeweiligen Stelle und *s* ist der Weg, längs dessen die Welle sich ausbreitet.

2

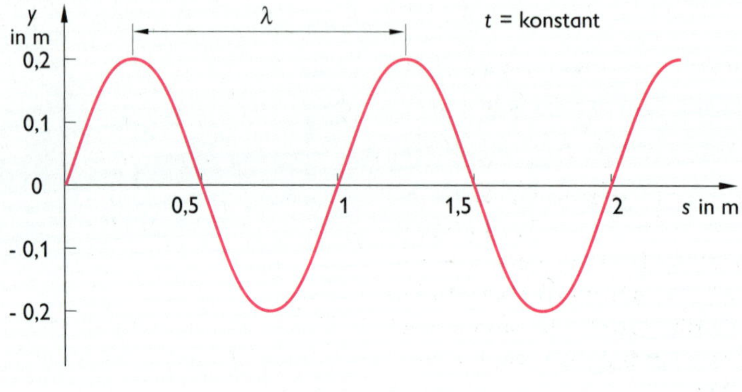

3 *y*-*s*-Diagramm einer Welle zu einem bestimmten Zeitpunkt

Einige in Natur und Technik vorkommende Wellenlängen

Wellenart		Wellenlänge λ
Schallwellen	Luft (f = 1 kHz)	0,3 m
Schallwellen	Stahl (f = 1 kHz)	5 m
Schallwellen	Wasser (f = 1 kHz)	1,5 m
Wasserwellen	Ozean bei Sturm	größer als 10 m
Wasserwellen	flaches Wasser	einige cm

Eine weitere wichtige Größe zur Beschreibung einer Welle ist ihre **Ausbreitungsgeschwindigkeit** v.

Die Ausbreitungsgeschwindigkeit v einer Welle ist die Geschwindigkeit, mit der sich ein Wellenberg in Ausbreitungsrichtung bewegt.

Die Einheit der Ausbreitungsgeschwindigkeit ist Meter je Sekunde ($m \cdot s^{-1}$).

Schallgeschwindigkeit. Beobachtet man aus der Ferne das Einrammen von Pfählen, so hört man das Auftreffen des Rammbärs auf den Pfahl mit einer gewissen Verspätung. Offenbar benötigt der Schall einige Zeit, um von der Ramme bis zum Ohr zu gelangen. Wie groß die Ausbreitungsgeschwindigkeit von Schallwellen ist, wollen wir experimentell ermitteln.

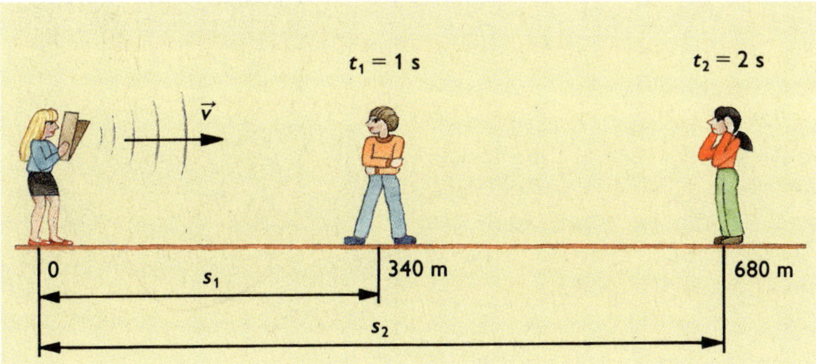

1

Experiment 2
Durch Zusammenschlagen von zwei Brettchen wird ein optisches und zugleich akustisches Signal gegeben (Bild 1). Die Zeiten t_1 bzw. t_2, die der Schall für die Strecken s_1 bzw. s_2 benötigt, werden gemessen.

Die Berechnung der Schallgeschwindigkeit v in Luft mit der Gleichung $v = \frac{s}{t}$ ergibt in beiden Fällen 340 $m \cdot s^{-1}$.

Die experimentelle Bestimmung der Schallgeschwindigkeit im Wasser ergibt einen wesentlich größeren Wert. Die Geschwindigkeit einer mechanischen Welle hängt vom Stoff ab, in dem sich die Welle ausbreitet. Eine Ursache dafür ist die unterschiedlich starke Kopplung der Teilchen, aus denen der Stoff besteht. Je stärker die Kopplung zwischen den Teilchen ist, desto größer ist die Ausbreitungsgeschwindigkeit der mechanischen Welle.

Gleichung für die Ausbreitungs-geschwindigkeit einer Welle

Wenn wir an einem dicken Seil eine Seilwelle erzeugen (Bild 1), können wir Folgendes beobachten: Wenn die Hand, mit der wir die Seilwelle hervorrufen, eine vollständige Auf- und Abbewegung durchführt, bewegt sich die Welle um eine Wellenlänge λ weiter. Die Zeit für eine vollständige Auf- und Abbewegung ist die Periodendauer T. Setzen wir in die Gleichung $v = \frac{s}{t}$ für den zurückgelegten Weg die Wellenlänge λ und für die dazu benötigte Zeit die Periodendauer T ein, so erhalten wir $v = \frac{\lambda}{T}$. Führen wir mit $T = \frac{1}{f}$ die Frequenz ein, mit der das Seilende periodisch bewegt wird, so erhalten wir die Gleichung für die

Ausbreitungsgeschwindigkeit einer Welle $\quad$ $\mathbf{v = \lambda \cdot f}$

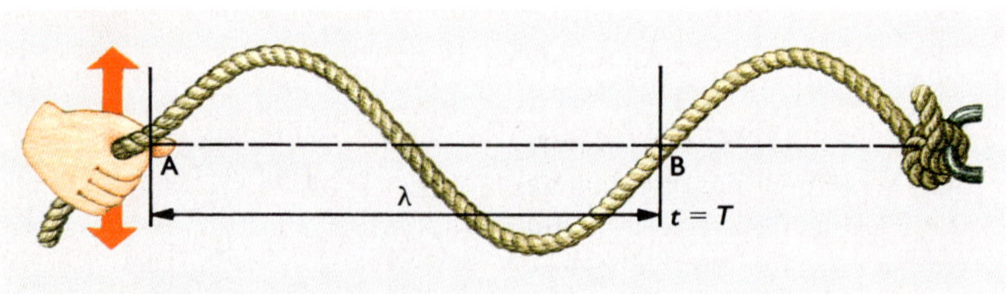

1

Reflexion mechanischer Wellen

Fährt ein Schiff durch einen schmalen Kanal, so bewegt sich seine Bugwelle auf die Uferböschungen zu. Wenn sie dort auftrifft, wird sie zurückgeworfen, sodass sie sich wieder zur Mitte des Kanals ausbreitet (Bild 2). Die Welle wird an einem Hindernis **reflektiert**. Die Reflexion einer Wasserwelle an einer ebenen Wand kann gut in einer Wellenwanne beobachtet werden (Bild 3). Man erkennt dabei, dass Einfallswinkel und Reflexionswinkel gleich groß sind.

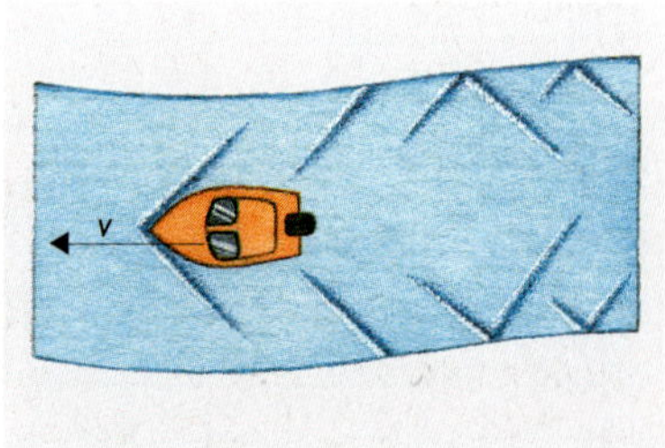

2

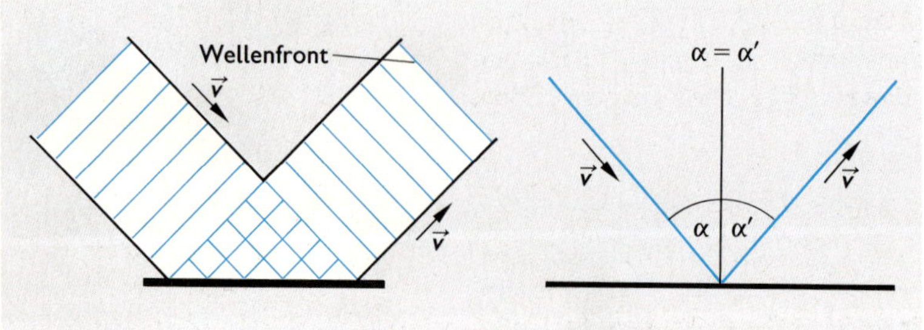

3

Trifft eine mechanische Welle auf ein Hindernis, so wird sie reflektiert. Es gilt das Reflexionsgesetz.

Brechung mechanischer Wellen

Eine Wasserwelle ändert ihre Ausbreitungsrichtung, wenn sie in einen Flachwasserbereich gelangt. Diese Brechung von Wellen ist in der Natur nicht gut zu beobachten. Experimentell geht man so vor: In eine flache Wanne wird eine dicke Glasplatte gelegt und so viel Wasser aufgefüllt, dass die Glasplatte gerade noch von einer dünnen Wasserschicht bedeckt wird. Es entsteht so ein Gebiet mit tiefem Wasser und eines mit flachem Wasser (Bild 1). Wird nun eine Welle schräg auf die Grenzschicht von tiefem und flachem Wasser geleitet, so ändert sich die Ausbreitungsrichtung der Welle. Sie knickt ab (Bild 2).

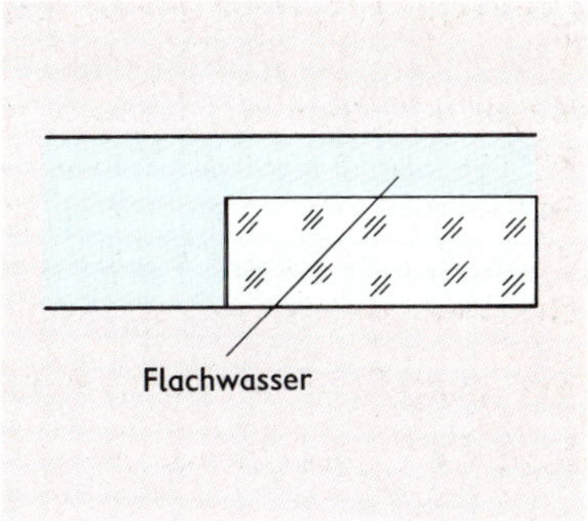

1

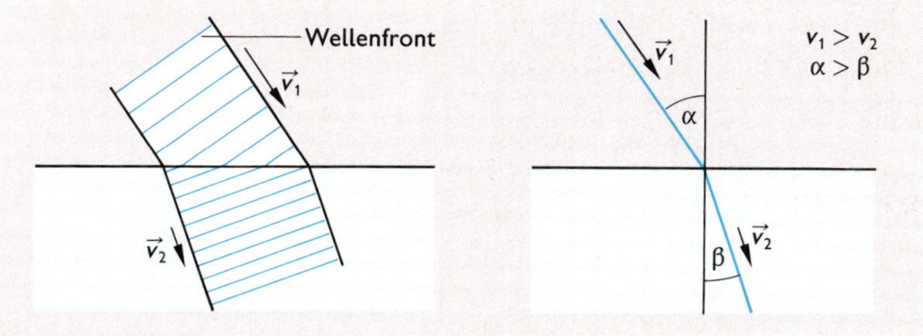

2

Diesen Vorgang nennt man **Brechung**. Die Richtungsänderung hängt von der Ausbreitungsgeschwindigkeit der Welle ab. Im tiefen Wasser ist die Ausbreitungsgeschwindigkeit größer als im flachen Wasser.

Unter Brechung versteht man die Änderung der Ausbreitungsrichtung einer Welle, wenn diese schräg auf eine Grenzschicht trifft, an der sich die Ausbreitungsgeschwindigkeit ändert.

Beugung mechanischer Wellen

Ein Ruf ist um die Ecke eines Hauses zu hören (Bild 3). Wie ist das möglich? Wellen breiten sich doch geradlinig aus! Wie können sich dann Wellen „um die Ecke herum“ ausbreiten?

Die geradlinige Ausbreitung der Wellen wird nur beobachtet, wenn die Wellen auf kein Hindernis treffen. Wie die Ausbreitung der Wellen sich verändert, wenn diese auf ein Hindernis treffen, soll in einem Experiment untersucht werden.

3

4

Experiment 3
In einer flachen Wanne wird eine Wasserwelle erzeugt. In den Weg der Wellen wird ein Hindernis gestellt (Bild 4).

Wir beobachten, dass sich die Welle hinter dem Hindernis nicht nur in der ursprünglichen Richtung ausbreitet. Die Welle dringt auch in den Schattenraum hinter dem Hindernis ein, sie wird gewissermaßen um die Kanten des Hindernisses „herumgebogen“. Man sagt, die Welle wird gebeugt. Die Erscheinung nennt man **Beugung**.

Trifft eine Welle auf ein Hindernis, so dringt sie hinter dem Hindernis teilweise in den Schattenraum ein. Diesen Vorgang nennt man Beugung.

Interferenz von mechanischen Wellen

Beobachtet man bei Regen eine Wasserpfütze, so stellt man fest, dass von jedem auftreffenden Regentropfen eine Welle ausgeht. Was geschieht, wenn die einzelnen Wellen aufeinander treffen? Jede Welle breitet sich weiterhin so aus, als ob die andere nicht vorhanden wäre (Bild 1). Sie durchdringen einander. Die Wellen überlagern sich ungestört. Das ist auch bei Schallwellen so und hat zur Folge, dass man gleichzeitig Musik aus dem Radio hören, ein Gespräch führen und die Geräusche eines fahrenden Autos hören kann.

Wenn sich Wellen überlagern, kann es zu einer merkwürdigen Erscheinung kommen. Diese soll in zwei Experimenten demonstriert werden.

1

Experiment 4

In einer Wellenwanne werden mit zwei punktförmigen Erregern, die im gleichen Takt ins Wasser tauchen, zwei gleichartige Kreiswellen erzeugt. Diese breiten sich mit gleicher Frequenz und gleicher Wellenlänge aus und überlagern sich.

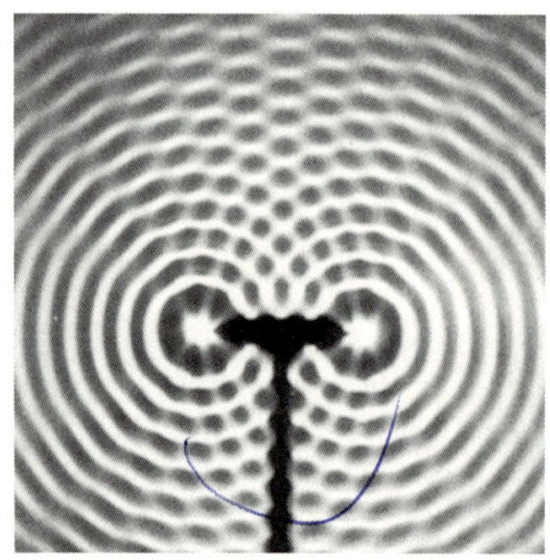

2

Es ist ein **Interferenzbild** zu beobachten. Man erkennt Streifen mit verstärkten Wellenbergen und Wellentälern und auch Streifen mit stark abgeschwächter oder gar ausgelöschter Wellenbewegung (Bild 2).

Experiment 5

Zwei Lautsprecher werden im Abstand von etwa 60 cm aufgestellt und mit einem Schallgenerator (f = 2 kHz) verbunden. Bewegt man sich im Abstand von etwa 2 m parallel zur Verbindungslinie der beiden Schallquellen, hört man deutlich, wie die Lautstärke abwechselnd zu- und abnimmt.

Treffen zwei Wellen aufeinander, so tritt in bestimmten Bereichen eine Verstärkung, in anderen hingegen eine Abschwächung der Wellen auf. Diesen Vorgang nennt man Interferenz.

Ein Blick in die Technik

Wellenkraftwerk. Die von Wasserwellen transportierte mechanische Energie wird in Wellenkraftwerken (Bild 1) in elektrische Energie umgewandelt. Dazu werden im Meer in Küstennähe bewegliche Pontons verankert. Durch eine mechanische Vorrichtung wird die gegenseitige Höhenverschiebung der Pontons zum Antrieb von Elektrogeneratoren ausgenutzt.

1

2

Flüstergewölbe. In alten Kirchen, Schlössern oder Rathäusern findet man sogenannte „Flüstergewölbe". Eine Unterhaltung in einer Nische dieses Flüstergewölbes kann in einer anderen Nische deutlich gehört und verstanden werden, ohne dass Dazwischenstehende diese Unterhaltung hören können (Bild 2).

Echolot. Die von einem Sender (Bild 3) ausgehenden Ultraschallimpulse werden vom Meeresboden oder einem Fischschwarm reflektiert und gelangen zum Empfänger. Aus der gemessenen Laufzeit dieses Echos und der Schallgeschwindigkeit im Wasser ermittelt ein Rechner den Weg des Ultraschallimpulses. Man kann so die Meerestiefe messen oder auf einem angeschlossenen Sichtgerät einen Fischschwarm erkennen.

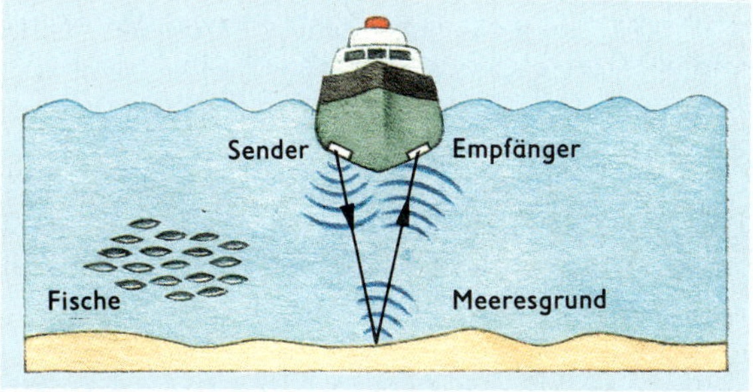

3

Ultraschalldiagnose. Richtet man Ultraschallwellen auf einen menschlichen Körper, so werden sie an Grenzschichten, wie Muskel–Knochen, reflektiert. Aus der Echolaufzeit ermittelt man die Lage der Grenzschicht und zeichnet diese auf einem Bildschirm auf (Bilder 4 und 5). Das gleiche Prinzip wendet man bei der zerstörungsfreien Werkstoffprüfung mit Ultraschall an.

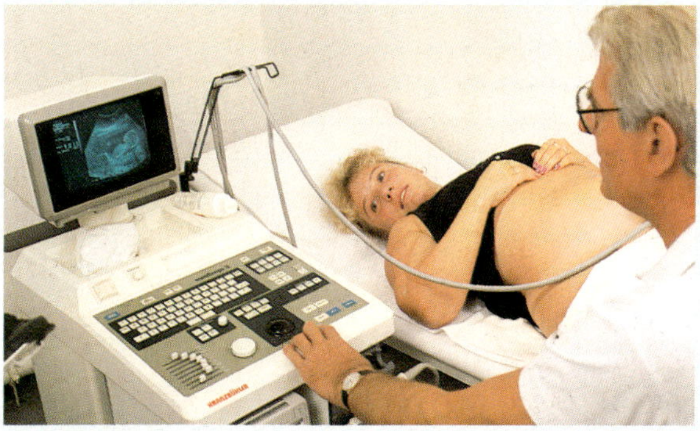
4

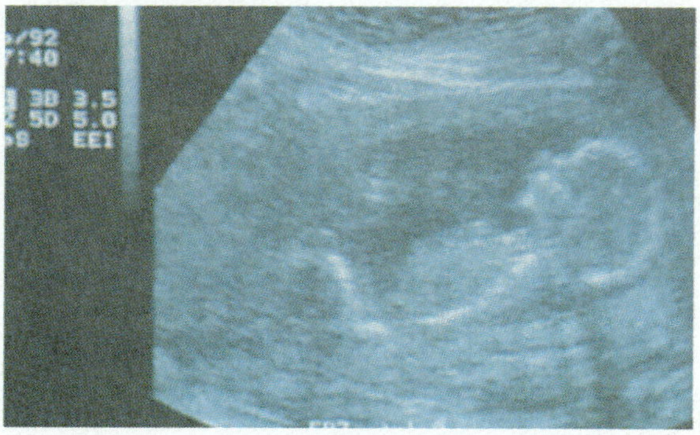
5

Ein Blick in die Natur

Fledermäuse und auch Delfine können Ultraschall-„Schreie“ ausstoßen. Treffen diese Ultraschallwellen auf einen fliegenden bzw. schwimmenden Gegenstand, z. B. ein kleines Beutetier, so werden sie reflektiert. Durch diese reflektierten Signale können Fledermäuse und Delfine auch kleine Gegenstände sehr genau „orten“ (Bild 1).

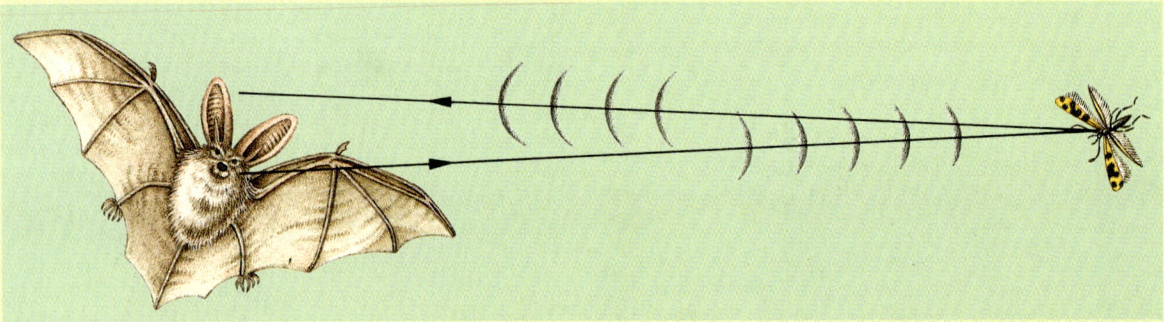

1

Gewusst? Erkannt? Gekonnt?

1. Beschreiben Sie die Vorgänge der Schwingungs- und Energieübertragung bei einer Wellenmaschine mit gekoppelten Pendeln!
2. Wie entstehen mechanische Wellen und wie kann man diese physikalisch beschreiben?
3. Vergleichen Sie eine mechanische Schwingung mit einer mechanischen Welle!
4. Beschreiben Sie ein Experiment, mit dem man nachweisen kann, dass eine mechanische Welle Energie, aber keinen Stoff transportiert!
5. Durch einen Blitz wird eine Schallwelle ausgelöst. Zwischen dem Wahrnehmen des Blitzes und des Donners vergehen 15 Sekunden. Wie weit ist der Blitz entfernt (ϑ = 20 °C)?
6. Bei der Ausbreitung einer Schallwelle mit einer Frequenz von 1 kHz wird a) in Wasserstoff (ϑ = 0 °C) eine Wellenlänge von 1,26 m und b) in gesättigtem Wasserdampf (ϑ = 110 °C) eine Wellenlänge von 0,41 m gemessen. Berechnen Sie die Ausbreitungsgeschwindigkeit der Schallwelle! Vergleichen Sie die berechneten Werte mit der Schallgeschwindigkeit in Luft!
7. Ermitteln Sie die Ausbreitungsgeschwindigkeit einer Wasserwelle! Erzeugen Sie dazu in einem Schwimmbad eine Wasserwelle! Messen Sie die Zeit, die ein Wellenberg zum Durchlaufen einer festgelegten Messstrecke benötigt!
8. Ein Schallimpuls, der von einem Schiff zur Tiefenlotung unterhalb der Meeresoberfläche ausgesendet wurde, erreicht nach einer Laufzeit von t = 0,63 s den Empfänger. Berechnen Sie daraus die Meerestiefe an dieser Stelle ($v = 1\,480\ \text{m} \cdot \text{s}^{-1}$)!
9. Wie kommt ein Echo zustande? Wie weit müssen Sie von einer Felswand entfernt sein, wenn das Echo nach einer Sekunde zu hören sein soll?
10. Legen Sie in einem Hausexperiment auf den Boden eines Thermosgefäßes oder einer hohen Tonvase eine Taschenuhr auf etwas Watte! Bewegen Sie entsprechend Bild 2 ein Küchenbrettchen oder ein Schulbuch über dem Gefäß! Notieren Sie Ihre Beobachtung und erklären Sie diese!

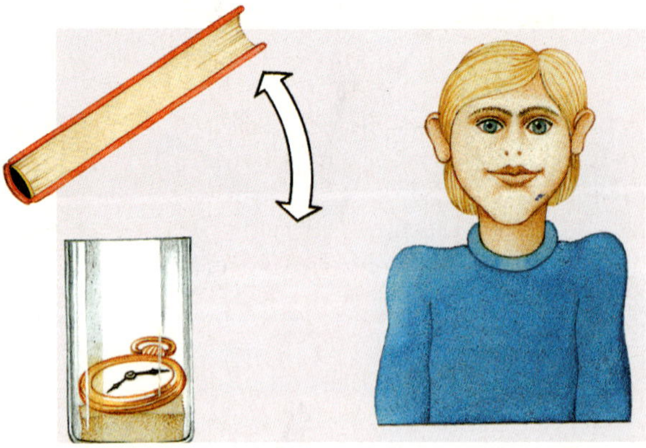

2

11. Zur besseren Verständigung werden z. B. bei Sportveranstaltungen Sprachrohre verwendet (Bild 1). Erklären Sie ihren Zweck und ihre Wirkungsweise!

1

12. Begründen Sie, weshalb im Bild 2, S. 83, die Wellenlänge vor und nach der Brechung unterschiedlich ist! Hinweis: Die Frequenz einer Welle wird vom Wellenerreger bestimmt und ändert sich bei der Brechung nicht!
13. Nennen und erläutern Sie Beispiele für die Reflexion und für die Beugung von Schall bzw. Ultraschall!
14. Erklären Sie, weshalb Schall auch hörbar ist, wenn Sie sich hinter einem Pfeiler befinden und die Schallquelle nicht sehen können!
15. Erklären Sie, weshalb in einem Flüstergewölbe ein Gespräch mitgehört werden kann, das an einem entfernten Ort geführt wird!

Kurz und knapp

Eine mechanische Welle ist die Ausbreitung einer Schwingung im Raum, bei der Energie übertragen, jedoch kein Stoff transportiert wird.
Für die Ausbreitungsgeschwindigkeit gilt die Gleichung
$v = \lambda \cdot f$.
Bei der Ausbreitung von Wellen können Reflexion, Brechung, Beugung und Interferenz auftreten.

Reflexion
Zurückwerfen einer Welle an einem Hindernis

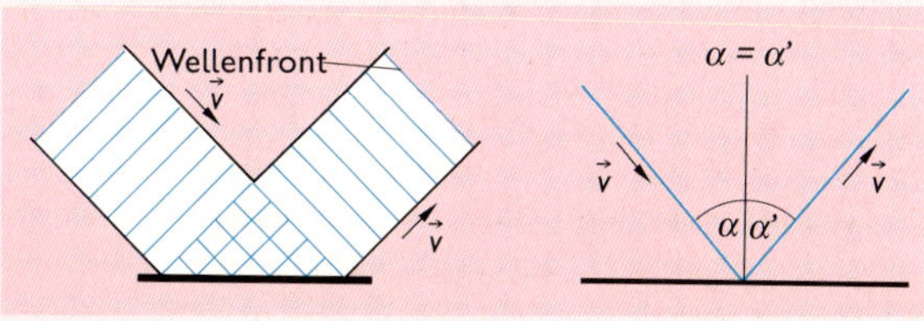

Brechung
Änderung der Ausbreitungsrichtung einer Welle an der Grenzschicht zwischen Stoffen mit unterschiedlicher Ausbreitungsgeschwindigkeit der Welle

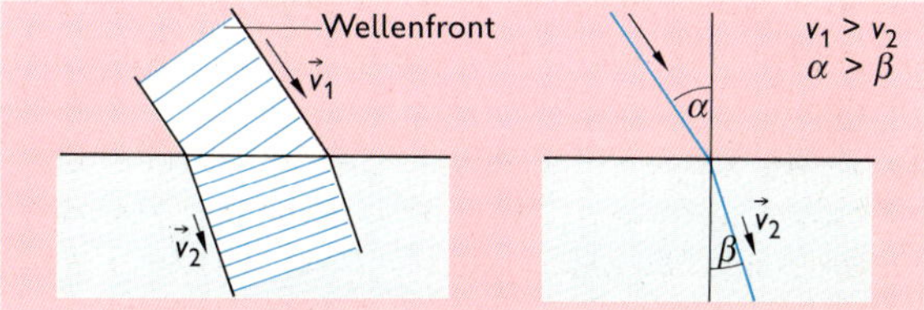

Beugung
Ausbreitung einer Welle im Schattenraum hinter einem Hindernis

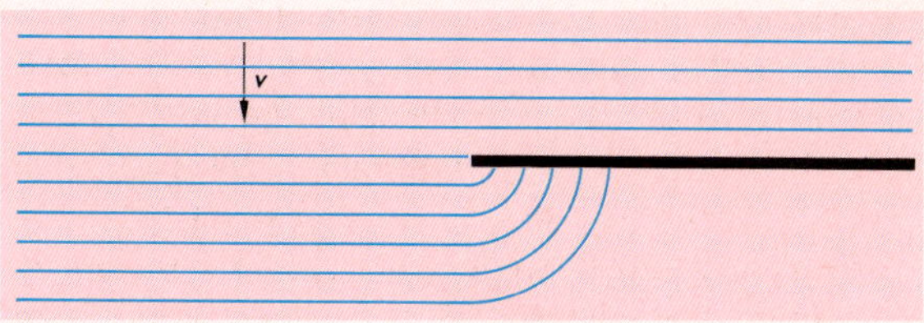

Interferenz
Überlagerung zweier Wellen, die in bestimmten Bereichen zur Verstärkung, in anderen zur Abschwächung der Welle führt.

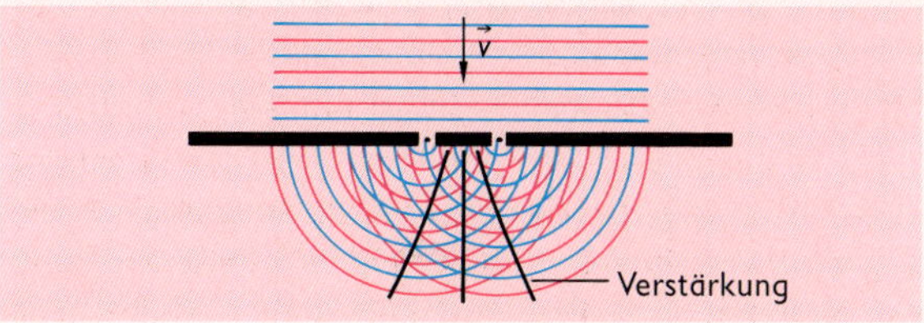

10 Akustik

Musik spielt im Leben aller Menschen eine große Rolle. In einer Musikveranstaltung können Menschen zu Begeisterungsstürmen hingerissen werden. Musik kann aber auch beruhigend wirken. Auf welchen physikalischen Grundlagen beruht die Musik?

1

Schallerzeugung

Wie wir bereits wissen, bezeichnen wir schnelle mechanische Schwingungen auch als Schallschwingungen. Diese können wir im Frequenzbereich zwischen 16 Hz und etwa 20 kHz hören. Wie durch die schnellen Schwingungen eines Körpers Schallwellen erregt werden, soll am Beispiel einer schwingenden Lautsprechermembran erläutert werden.

Wenn sich die Membran eines Lautsprechers nach vorn bewegt, werden die Luftmoleküle vor der Membran etwas zusammengeschoben und es kommt in einem kleinen Raumbereich vor der Membran zu einer Verdichtung der Luftmoleküle, d. h. zu einer Erhöhung des Luftdrucks (Bild 2). Bewegt sich die Membran nach hinten, erniedrigt sich der Luftdruck vor der Membran. Diese schnell aufeinander folgenden Druckänderungen breiten sich mit Schallgeschwindigkeit aus und stellen die **Schallwelle** dar.

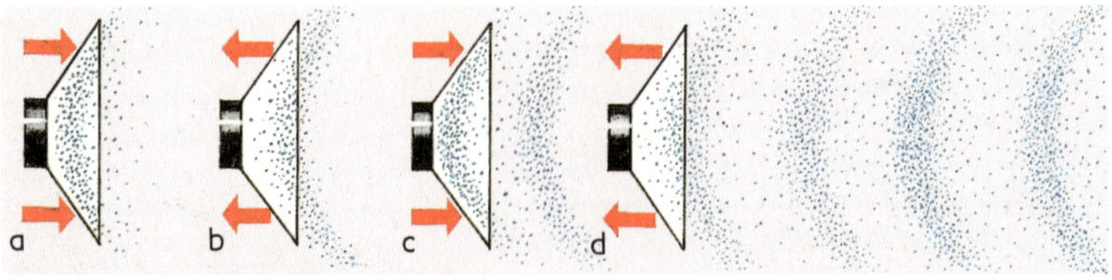

2

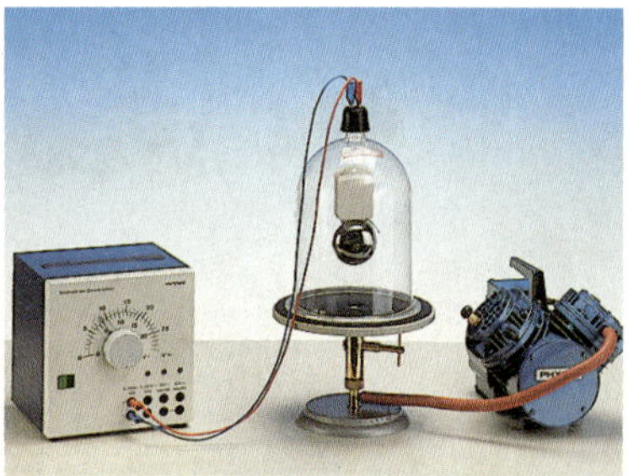

3

Die Luft bildet den Träger der Schallwellen. Im luftleeren Raum kann folglich keine Schallwelle übertragen werden. Davon kann man sich leicht überzeugen, wenn man eine elektrische Klingel unter den Rezipienten einer Luftpumpe legt und evakuiert. Je besser das Vakuum wird, umso leiser ist die Klingel zu hören (Bild 3).

Als Träger von Schallwellen können Gase, aber auch Flüssigkeiten und feste Körper dienen. Die Schallgeschwindigkeit hängt von der Stärke der Kopplung zwischen den Teilchen der Körper ab. Die nebenstehende Tabelle zeigt Beispiele für die Schallgeschwindigkeit bei $\vartheta = 20\ °C$.

Stoff	c in $m \cdot s^{-1}$
Luft	340
Wasser	1 480
Stahl	5 100
Holz (Buche)	3 400

Lautstärke und Tonhöhe. Beim Hören von Musik können wir zwischen lauten und leisen sowie zwischen hohen und tiefen Tönen unterscheiden. Wie hängen diese Wahrnehmungen mit den physikalischen Eigenschaften der Schallwellen zusammen? Das soll in einem Experiment untersucht werden.

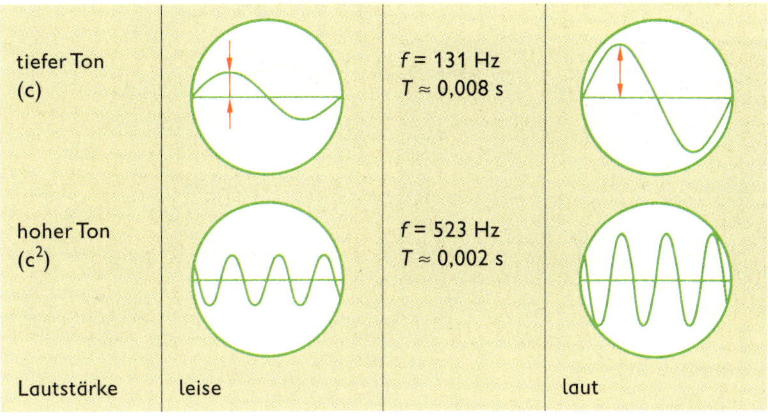

1

Experiment 1
Ein Mikrofon wird mit einem Elektronenstrahloszillographen verbunden. Das *y-t*-Diagramm von Schallwellen wird auf dem Bildschirm aufgezeichnet. Wir erzeugen mit einer Gitarre Töne verschiedener Höhe und Lautstärke (Bild 1).

Wir erkennen:
Je größer die Frequenz von Schallschwingungen ist, desto höher ist der Ton. Je größer die Amplitude der Schallschwingungen ist, desto lauter ist der Ton.

Schallpegel. Die Lautstärke, z. B. von einer Trompete, kann von zwei Menschen unterschiedlich empfunden werden. Zur Messung der **Schallstärke** gibt es daher Schallpegelmesser, die aus einem Mikrofon mit nachgeschaltetem Verstärker und einem Strommesser als Anzeigeinstrument bestehen (Bild 2). Die Einheit der Schallstärke ist das **Dezibel A (dBA)**.

2

Schallpegelübersicht

Schallstärke	Lautstärke	Beispiel
130 dBA 120 dBA 110 dBA	schädlich	Schmerzgrenze Düsentriebwerk Diskothek, Presslufthammer
80 dBA	laut	starker Straßenverkehr
50 dBA	leise	Unterhaltung, Zimmerlautstärke
20 dBA 10 dBA 0	sehr leise	Flüstern, Taschenuhr Atmen Hörgrenze

Erhöht sich die Schallstärke um 10 dBA, empfindet man die doppelte Lautstärke. Zur Verdoppelung der Lautstärke muss sich die Zahl gleichartiger Schallquellen verzehnfachen.

Ton, Klang, Geräusch. Das Ohr ist ein sehr empfindliches Sinnesorgan. Man kann allein durch Hören den Ton einer Stimmgabel, den Klang einer menschlichen Stimme, einer Trompete oder einer Violine erkennen, selbst wenn die Tonhöhe gleich ist. Auch die Unterscheidung unterschiedlicher Geräusche ist möglich. Ein Experiment soll zeigen, wie das physikalisch begründet ist.

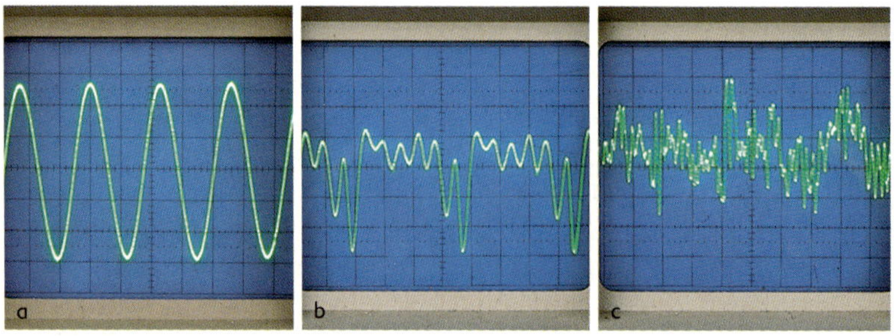

1

Experiment 2
Wir erzeugen auf dem Bildschirm eines Oszillographen (Bild 1) die Schwingungsbilder
a) einer Stimmgabel,
b) einer menschlichen Stimme und
c) von raschelndem Papier.

Wir erhalten als Ergebnis: Eine Stimmgabel erzeugt eine sinusförmige Schwingung. Man nennt das einen **Ton**. Der **Klang** von Musikinstrumenten oder der menschlichen Stimme beruht auf einer periodischen, aber nicht mehr sinusförmigen Schwingung. Das **Geräusch** von raschelndem Papier ist durch eine nichtperiodische Schwingung gekennzeichnet.

Töne und Klänge von Musikinstrumenten

Streich- und Zupfinstrumente. Saiten können durch Streichen mit einem Bogen, durch Zupfen oder Anschlagen zum Schwingen angeregt werden. Je straffer die Saite einer Gitarre gespannt ist, umso höher ist der Ton.

2

Wird die Saite gezupft, dann hört man den **Grundton**. Halbiert man durch einen Griff die Saitenlänge, hört man nach dem Anzupfen einen höheren Ton, die Oktave zum Grundton (Bild 2). Die Frequenz der **Oktave** ist gegenüber dem Grundton verdoppelt. Je kürzer eine Saite ist, umso höher ist der Ton. Hierauf beruhen Musikinstrumente, wie Violine, Gitarre oder Klavier.

3

Blasinstrumente. Bei Blasinstrumenten, wie der Trompete, aber auch bei der Orgel, werden Luftsäulen durch einen Luftstrom zum Schwingen angeregt. Je kürzer die schwingende Luftsäule ist, umso höher ist der Ton (Bild 3).

Ein Blick in die Technik

Lärm und Lärmschutz. Motorengeräusche von Kraftfahrzeugen können sehr lästig sein, wenn man an einer sehr belebten Straße wohnt und bei offenem Fenster lernen oder schlafen möchte. Es stört dann auch, wenn der Nachbar mit einer Bohrmaschine ein Loch in die Wand bohrt oder sein Radio sehr laut eingestellt hat. Störende Geräusche nennt man **Lärm**. Wer ständig an seinem Arbeitsplatz in einer Fabrikhalle mit lauten Maschinen, z. B. in einer Weberei oder Schmiede, als Waldarbeiter mit einer Motorsäge oder auf einem Flugplatz in der Nähe von startenden Flugzeugen zu tun hat und lautem Lärm ausgesetzt ist, erleidet im Laufe der Zeit schwere gesundheitliche Schäden. Er wird nervös, kann sich schlecht konzentrieren und hat erhöhten Blutdruck, weil sich die Blutgefäße verengen. Wer sich sehr lautem Lärm bei Düsentriebwerken, Sägewerken oder auch in Diskotheken mit ungeschützten Ohren für längere Zeit aussetzt, wird schwerhörig. Diese Schwerhörigkeit kann nie wieder behoben werden.

Um solche Gesundheitsschäden zu vermeiden, sind Maßnahmen zum **Lärmschutz** notwendig, die jeder aus eigenem Interesse einhalten sollte. So müssen z. B. Arbeiter mit Presslufthämmern einen **Hörschutz** tragen (Bild 1).

An Umgehungsstraßen von Wohngebieten mit hohem Verkehrsaufkommen werden mitunter **Schallschutzwände** aufgestellt, die den Straßenlärm reflektieren und so vom dahinter liegenden Wohngebiet fernhalten (Bild 2).

Häufig sind die Schallschutzwände mit einem feinporigen Material belegt. Dringt Schall in derartiges Material ein, wird er an den vielen inneren Grenzflächen reflektiert. Bei jeder Reflexion wird ein Teil der mechanischen Energie der Welle in thermische Energie umgewandelt, sodass die Schallwelle schließlich „verschluckt" wird. Man nennt diesen Vorgang **Absorption** von Schall.

Gut schalldämmende Materialien sind z. B. Ziegelwände, dicke Teppiche und Vorhänge, Fenster mit Mehrfachscheiben.

1

2

Um den Motorenlärm zu reduzieren, wurden immer wirksamere **Schalldämpfer** entwickelt und in alle Kraftfahrzeuge eingebaut. Der Schalldämpfer besteht meist aus mehreren Kammern (Bild 3). Die bei der explosionsartigen Verbrennung des Kraftstoffes entstehende knallartige Schallwelle wird in jeder Kammer und der darin befindlichen Glas- oder Stahlwolle vielfach reflektiert und absorbiert. Die Schallwelle wird so stark gedämpft.

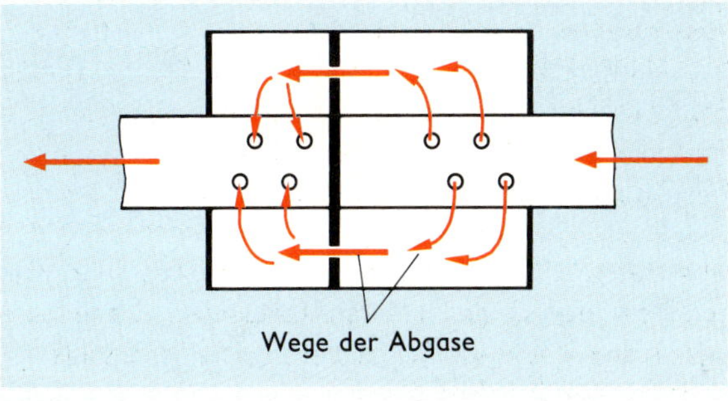

3

Speichern von Schallschwingungen. Der amerikanische Erfinder *Thomas Alva Edison* (1847–1931) konstruierte 1878 einen Apparat (Bild 1), mit dem Schallschwingungen mechanisch auf eine sich drehende Walze aufgezeichnet und wiedergegeben werden konnten.

Dieser **Phonograph** erreichte nur geringe Tonqualität. Nur wenige Jahre später wurden das **Grammofon** und die **Schallplatte** erfunden. Auf einer Schallplatte sind in einer spiralförmigen Rille die Schallschwingungen, ähnlich wie bei der Aufzeichnung einer Schwingung einer Stimmgabel, konserviert (Bild 2).

Bei stereofonischen Aufnahmen sind die Schallschwingungen der beiden Kanäle voneinander getrennt in die linke bzw. rechte Flanke der v-förmigen Rille eingeprägt. Zum Abhören der in der Tonrille gespeicherten Information wird in die Rille der sich drehenden Schallplatte eine Saphir- oder Diamantnadel gesetzt, die sich im Rhythmus der eingeprägten Schwingungen bewegt. Diese Bewegung wird elektronisch verarbeitet und über Lautsprecher hörbar gemacht.

In **Magnettongeräten** werden Schallschwingungen bei der Aufnahme von einem Mikrofon in elektrische Schwingungen umgewandelt und mittels *Tonkopf* auf einem Tonband gespeichert. Bei der Wiedergabe induziert das magnetisierte Tonband eine Spannung im *Wiedergabekopf*, die einem Lautsprecher zugeführt wird. Damit werden die auf einem Tonband gespeicherten Schallschwingungen wieder hörbar (siehe Elektromagnetische Induktion).

Die modernste Form der Schallaufzeichnung ist seit 1982 die **Compactdisc** (CD).

Die Schallschwingungen sind bei diesen Kompaktschallplatten in digitalisierter Form durch einen feinen Laserstrahl auf einer dünnen Platte gespeichert. Bei der Aufnahme werden durch den Laserstrahl auf einer spiralförmigen Bahn winzige Vertiefungen, sogenannte Pits, eingebrannt (Bild 3).

1

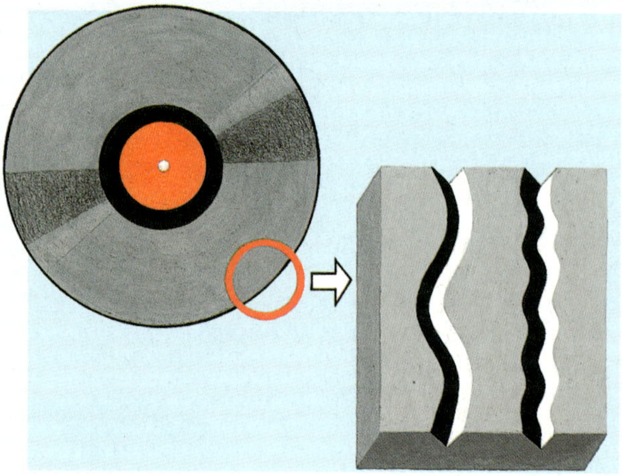
2

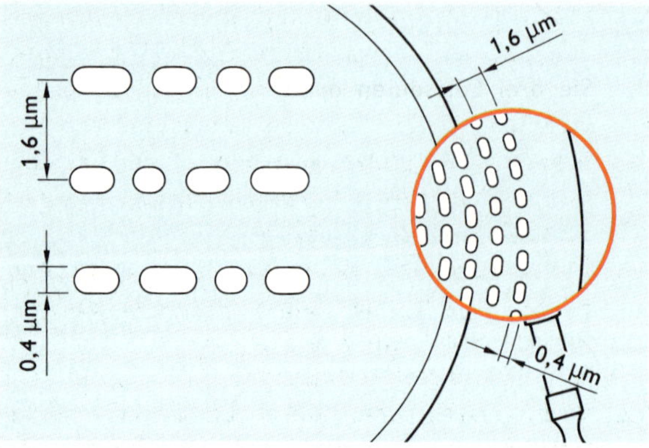

3

Zur Wiedergabe tastet ein Laserstrahl die rotierende CD von innen nach außen ab. Je nach der Reflexion des Laserstrahls an den Pits entstehen Helligkeitsänderungen, die über einen optoelektronischen Empfänger und einen Digital-Analog-Wandler einem Verstärker zugeführt werden. Über Lautsprecher oder Kopfhörer können die Schallschwingungen dann abgehört werden.

CDs besitzen mehrere Vorteile. Sie werden berührungslos abgetastet und verschleißen daher nicht. Die Klangwiedergabe von Musik ist vollkommen. Es treten keine Nebengeräusche, wie Rauschen, Knacken oder Kratzen auf. Sie erfordern dazu aber Verstärker und Lautsprecher von sehr hoher Qualität. Gewicht und Platzbedarf von CDs sind gering. Die Pits sind 0,1 µm tief, 0,5 µm breit und bis 1 µm lang. Auf 1 mm kommen etwa 600 Spuren.

Ein Blick in die Natur

Beim Singen oder Sprechen vibrieren die Stimmbänder im Kehlkopf eines Menschen und erzeugen so Schallwellen. Die Stimmbänder können durch Muskeln mehr oder weniger gespannt werden, wodurch sich die Tonhöhe verändert. Die Stimmbänder werden von einem Luftstrom aus der Lunge zum Schwingen gebracht.

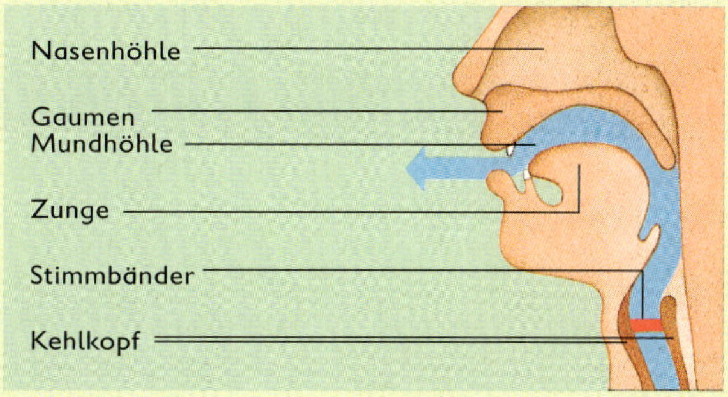

1

Ein Blick in die Geschichte

Die Menschen haben bereits in früher Zeit Instrumente verwendet, um laute Töne zu erzeugen. Zu den ersten Instrumenten gehörten Hörner von Rindern, die am spitzen Ende abgebrochen waren. Bereits in der Bronzezeit wurde als Blasinstrument die etwa 2 m lange Lure hergestellt (Bild 2). Sie hat eine geschweifte Form, ähnlich wie ein Mammutzahn. Damit wurde noch keine Musik im heutigen Sinn gemacht, sondern es wurden zu den kultischen Feiern Töne erzeugt. Luren wurden meist paarweise in gleicher Stimmung, d. h. in gleicher Tonhöhe, gefunden. Daraus ist zu schließen, dass sie paarweise bei Feiern eingesetzt wurden.

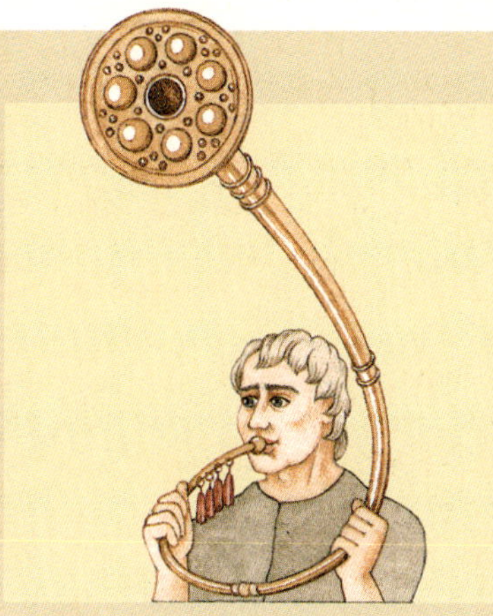
2

Gewusst? Erkannt? Gekonnt?

1. Worin unterscheiden sich die Oszillographenbilder von hohen und tiefen sowie lauten und leisen Tönen?
2. Weshalb können sich Astronauten auf dem Mond nur mit Funkgeräten und nicht mit Mikrofonen und Lautsprechern verständigen?
3. Man kann die Schallwellen hören, die beim Fliegen einer Hummel entstehen. Weshalb hört man nicht die Schallwellen, die beim Flügelschlag eines Schmetterlings entstehen?
4. Überprüfen Sie die Ausbreitung von Schall in einem festen Körper, z. B. einer Tischplatte! Legen sie dazu Ihr Ohr auf den Festkörper und erzeugen Sie an einer entfernten Stelle Klopf- oder Kratzgeräusche! Beschreiben und erklären Sie Ihre Wahrnehmungen!
5. Was versteht man a) unter der Hörgrenze und b) unter der Schmerzgrenze?
6. Berühren Sie mit den Fingern das Gehäuse eines Lautsprechers! Was beobachten Sie, wenn der Lautsprecher Schall mit großer Lautstärke abstrahlt?
7. Erklären Sie, wie eine Schallwelle an einer schwingenden Lautsprechermembran bzw. Stimmgabel entsteht!
8. Was versteht man unter einem Geräusch? Nennen Sie Beispiele für Geräusche!
9. Füllen Sie Glasflaschen unterschiedlich hoch mit Wasser! Bringen Sie durch Anblasen die Luftsäulen in den Flaschen zum Schwingen! Welcher Zusammenhang besteht zwischen Tonhöhe und Länge der Luftsäule? Versuchen Sie drei Luftsäulen auf einen Dreiklang abzustimmen! Wie lang sind die Luftsäulen?
10. Nennen Sie Musikinstrumente bzw. Schallquellen, bei denen schwingende Platten oder Stäbe den Schall erzeugen!
11. Die Schallstärke eines Automotors betrage 80 dBA. Wie viele Autos des gleichen Typs müssen ihre Motoren laufen lassen, damit sich die Lautstärke verdoppelt?
12. Was versteht man unter Lärm? Wie wirkt sich starker Lärm auf die Gesundheit eines Menschen aus?

1 Magnete

Der Stahllöffel bewegt sich unter dem Einfluss des Magneten. Diese Wirkung geht durch andere Stoffe wie Glas hindurch. Die Löffel aus Silber beziehungsweise Aluminium bleiben dagegen liegen. Welche Eigenschaften haben Magnete?

1

Magnete und ihre Wirkungen

Sie wissen bereits: Ein Magnet zieht einen Körper aus Eisen an. Dabei wirken wechselseitig Kräfte auf den Magneten und den Körper. Solche Kräfte treten auch zwischen Magneten und Körpern aus Nickel und Kobalt auf. Das Gleiche gilt für einige Legierungen und chemische Verbindungen von Eisen, Nickel oder Kobalt. Alle diese Stoffe, die sich wie Eisen (lat. ferrum) verhalten, heißen **ferromagnetische Stoffe**.

Zwischen einem Magneten und Körpern aus Eisen, Nickel oder Kobalt treten Anziehungskräfte auf.

Diese Kräfte durchdringen alle Körper, die nicht aus ferromagnetischen Stoffen bestehen (Bild 1). Bringt man jedoch zwischen einen Magneten und einen Eisenkörper ein Gehäuse aus Eisen, Nickel oder Kobalt, so schirmt dieses Gehäuse den Eisenkörper vor der Wirkung des Magneten ab (Bild 2).

Magnete durchdringen mit ihren Wirkungen alle Körper, die nicht aus ferromagnetischen Stoffen bestehen.

Magnete können mit ihren Kräften Körper aus Eisen nicht durchdringen. Welche Wirkungen rufen sie aber in diesen Körpern hervor? Einfache Experimente wie im Bild 3 zeigen:

Körper aus Eisen, Nickel oder Kobalt werden von Magneten magnetisiert.

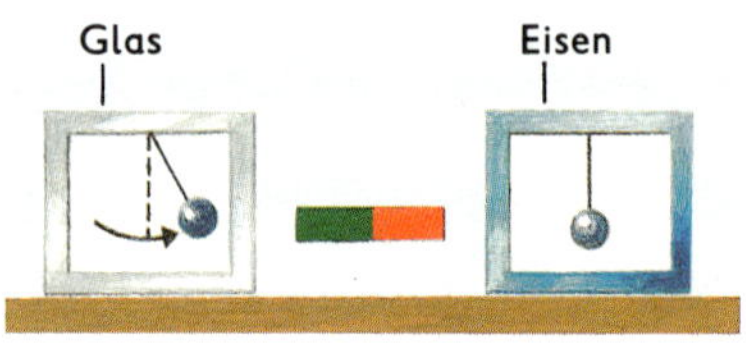

2

Gehäuse aus Eisen, Nickel oder Kobalt schirmen einen Körper vor den Wirkungen eines Magneten ab.

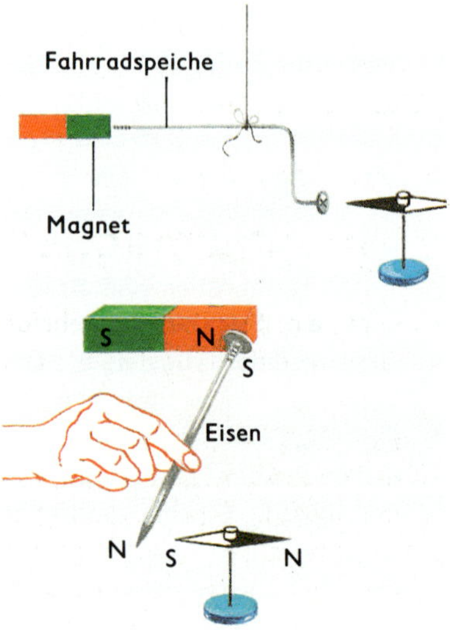

3

Ein Magnet magnetisiert Eisen. Die verbogene Fahrradspeiche wird selbst zum Magneten.

Magnete und ihre Pole

Aus Bild 1 erkennen wir: An den Enden eines Stabmagneten oder eines Hufeisenmagneten sind die gegenseitigen Anziehungskräfte zwischen Magnet und Eisenkörpern besonders groß. Diese Stellen des Magneten heißen **Pole**.

Jeder Magnet hat zwei Pole. An ihnen ist die magnetische Wirkung am größten.

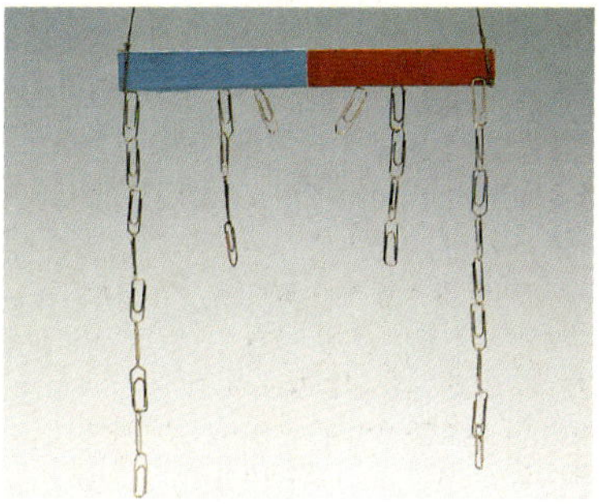

1 Pole eines Magneten

Wie unterscheiden sich diese Pole? Hängt man einen Magneten in der Mitte waagerecht auf (Bild 2), dann dreht er sich immer in die Nord-Süd-Richtung der Erde. Das kennen wir von jeder Magnetnadel und von jedem Kompass. Den Pol, der nach Norden zeigt, nennt man Nordpol. Der andere heißt Südpol.

Ein Magnet hat einen Nordpol und einen Südpol.

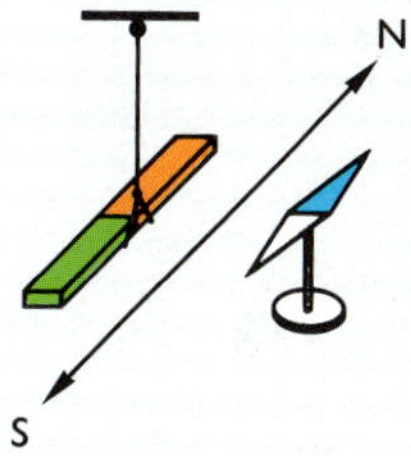

2 Der Nordpol eines beweglichen Magneten zeigt nach Norden.

Bisher haben wir die Wirkung zwischen einem Magneten und einem Körper aus Eisen untersucht. Wie verhalten sich aber zwei Magnete zueinander?

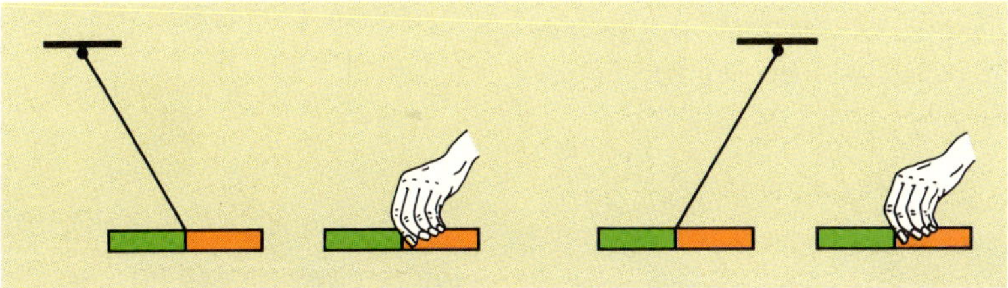

3

Experiment 1
Wir nähern den Polen eines hängenden Magneten zuerst den Nordpol und anschließend den Südpol eines zweiten Magneten (Bild 3).

Aus dem Experiment erkennen wir:

Ungleichnamige Pole ziehen einander an, gleichnamige Pole stoßen einander ab.

Elementarmagnete

Kommt ein Stahlnagel mehrfach mit einem Magneten in Berührung, so wird der Nagel selbst zu einem Magneten.

Experiment 2
Wir streichen mit einem Pol eines starken Magneten mehrmals in gleicher Richtung über einen unmagnetischen Nagel. Anschließend nähern wir den Nagel einer Magnetnadel (Bild 4).

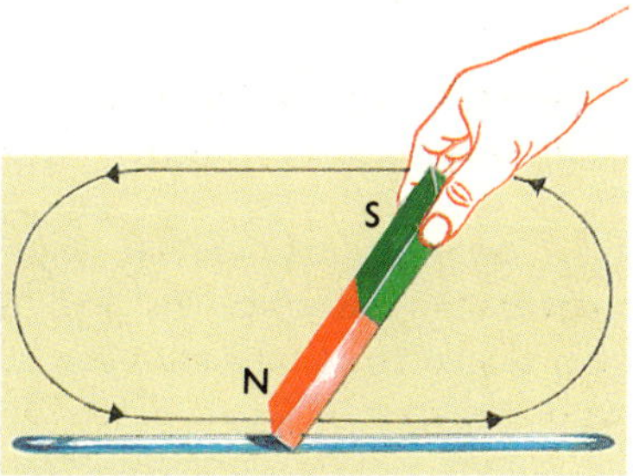

4

Wir erkennen: Der zuvor unmagnetische Nagel ist magnetisiert, er besitzt einen Nord- und einen Südpol.

Was geschieht mit dem Magnetismus des Nagels, wenn wir ihn mit einem Seitenschneider teilen?

Experiment 3
Wir teilen einen magnetisierten Nagel in der Mitte und prüfen jede Hälfte mit einer Magnetnadel.

Wir stellen fest: Beide Teile sind vollständige Magnete mit einem Nord- und einem Südpol. An der Schnittstelle sind ein Nord- und ein Südpol entstanden (Bild 1).

Es gibt keinen einzelnen Nord- oder Südpol. Beim Teilen von Magneten entstehen zwar kleinere, aber stets vollständige Magnete.

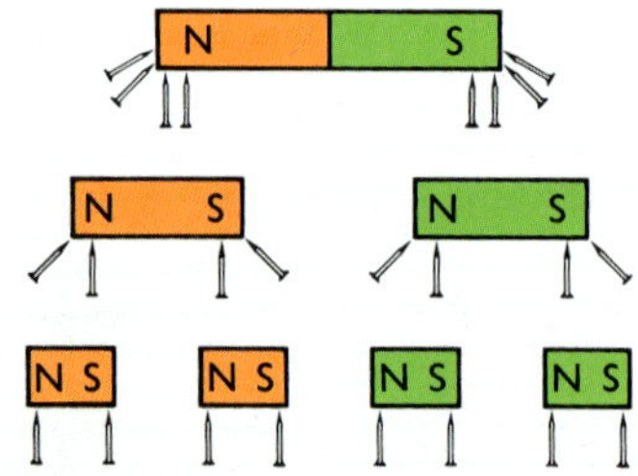

1
Durch fortgesetztes Teilen entstehen stets vollständige Magnete.

Setzt man das Teilen fort, gelangt man schließlich zu sehr kleinen Bereichen, die vollständige Magnete sind. Man bezeichnet diese Bereiche vereinfachend als **Elementarmagnete**.
Damit kann man sich den Aufbau von Magneten so vorstellen: Im unmagnetischen Eisen sind die Elementarmagnete ungeordnet. Sie heben sich in ihren Wirkungen gegenseitig auf (Bild 2).
Durch Einwirken eines äußeren Magneten drehen sich immer mehr Elementarmagnete so, dass sie in die gleiche Richtung zeigen. Die Elementarmagnete wirken dann nach außen wie ein starker Einzelmagnet (Bild 3).

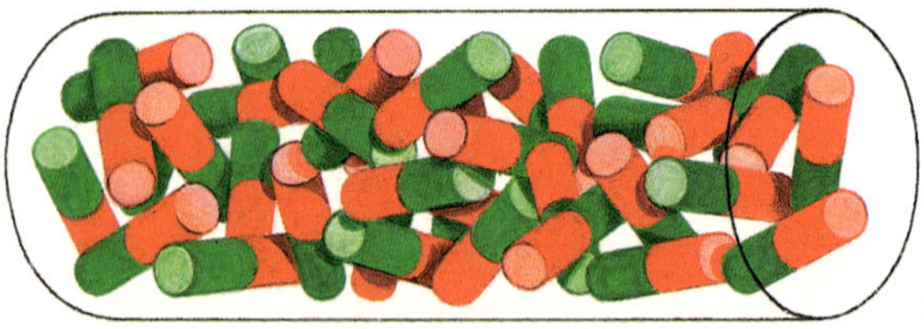
2
Im unmagnetischen Eisen sind die Elementarmagnete ungeordnet.

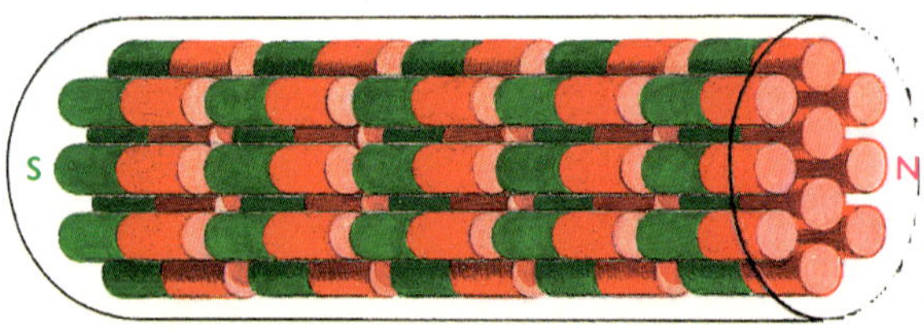

3
Im magnetisierten Eisen sind die Elementarmagnete weitgehend ausgerichtet.

In einem Magneten sind die Elementarmagnete weitgehend geordnet.
Ein Magnet ist umso stärker, je größer seine Eisenmenge ist und je mehr Elementarmagnete ausgerichtet sind.

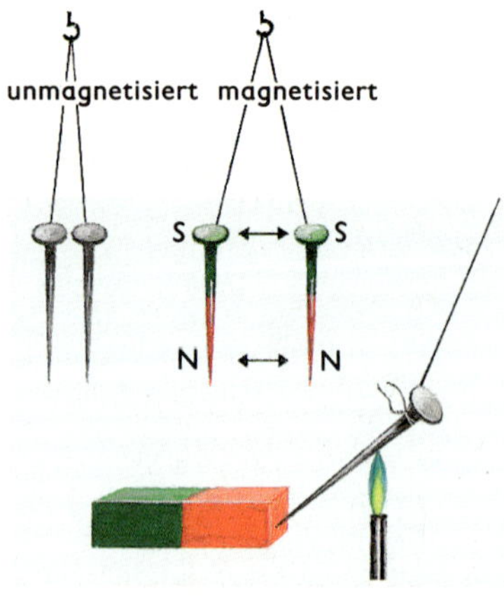

4

Nun kann erklärt werden, weshalb sich zwei magnetisierte Nägel gegenseitig abstoßen. Es wird auch verständlich, warum ein Magnet seinen Magnetismus durch Schläge verliert und weshalb ein magnetisierter Körper durch Erwärmen auf genügend hohe Temperaturen wieder entmagnetisiert wird (Bild 4). Bei sehr hohen Temperaturen wird die einheitliche Ausrichtung der Elementarmagnete durch die Eigenbewegung der Teilchen wieder aufgehoben.

1

Experiment 4
Wir schließen eine Spule an eine elektrische Energiequelle an und stellen die stromdurchflossene Spule auf kleine Nägel. Beim Anheben der Spule bleiben einige Nägel an ihr haften (Bild 1).

Wir beobachten: In der Nähe stromdurchflossener Spulen kann man magnetische Wirkungen feststellen. Da der Draht der Spule nicht aus einem ferromagnetischen Stoff besteht, kann die Ursache dafür nur der elektrische Strom sein. Deshalb spricht man hierbei von **Elektromagnetismus**.
Die magnetische Wirkung einer Spule wird größer, wenn diese einen Eisenkern enthält. Durch die magnetische Wirkung der Spule richten sich die Elementarmagnete im Eisenkern alle einheitlich aus. Dadurch wird der Eisenkern selbst zu einem starken Magneten.

Eine stromdurchflossene Spule mit Eisenkern heißt Elektromagnet. Auch dieser besitzt einen Nordpol und einen Südpol.

Ein Elektromagnet (Bild 2) hat gegenüber einem Stabmagneten drei Besonderheiten. Ein Elektromagnet kann ein- und ausgeschaltet werden. Die Stärke eines Elektromagneten kann durch die Änderung der Stromstärke und durch die Änderung der Anzahl der Windungen der Spule vergrößert oder verkleinert werden. Schließlich kann ein Elektromagnet durch Änderung der Stromrichtung umgepolt werden.

2

Ein Elektromagnet besteht aus Spule und Eisenkern.

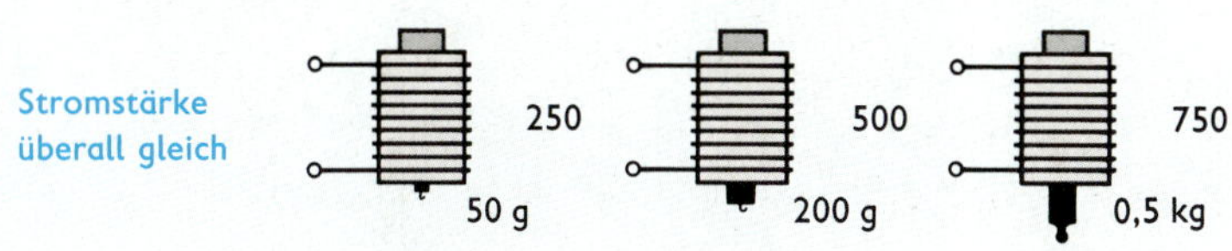

3 Bei gleicher Stromstärke ist ein Elektromagnet umso stärker, je größer die Anzahl der Windungen ist.

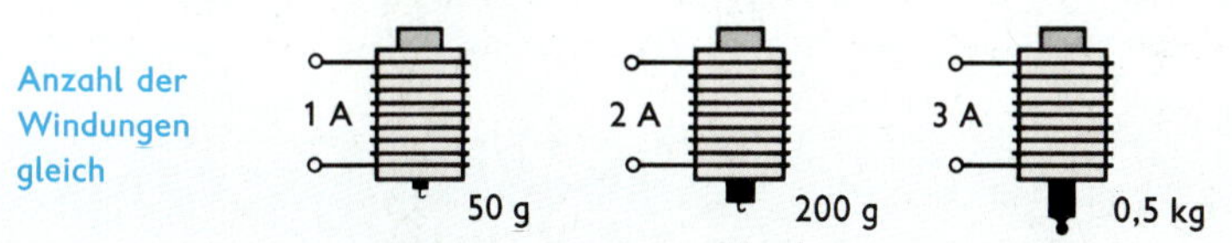

4 Bei gleicher Anzahl der Windungen ist ein Elektromagnet umso stärker, je größer die Stromstärke ist.

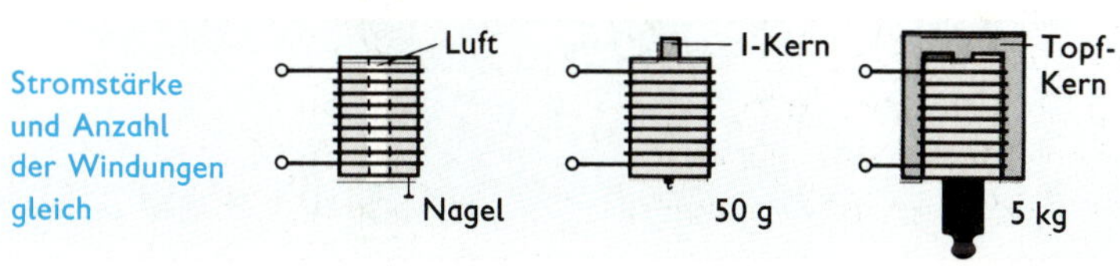

5 Bei gleicher Stromstärke und gleicher Anzahl der Windungen ist ein Elektromagnet umso stärker, je größer der Eisenkern ist.

Ein Blick in die Technik

Magnetische Werkstoffe. Für viele technische Geräte benötigt man Magnete. Sie unterscheiden sich in der Stärke und in der Dauerhaftigkeit des Magnetismus sowie in der äußeren Form (Bild 1). Diese Magnete stellt man aus Legierungen oder aus chemischen Verbindungen von Eisen mit anderen Metallen her. Diese Legierungen und Verbindungen nennt man magnetische Werkstoffe.
Gemische aus Eisenoxid und Oxiden anderer Metalle heißen **Ferrite** (nach ihrem Hauptbestandteil Eisen, lat. ferrum). Sie werden ähnlich wie Porzellan zu verschiedenen Formen gebrannt. Ferrite sind **magnetisch harte Werkstoffe**. Mit „magnetisch hart" meint man die „Haltbarkeit" des Magnetismus. Die aus Ferriten hergestellten Dauermagnete verwendet man zum Beispiel im Fahrraddynamo und in kleinen Gleichstrommotoren. Ferritmagnete sind spröde und daher leicht zerbrechlich. Man kann aus Ferriten durch Zusatz von Gummi auch verformbare Magnete herstellen (Bild 2). Trägt man das Oxidgemisch auf eine filmähnliche Unterlage auf, entstehen Magnettonbänder.

Magnetisch weiche Stoffe (wie Eisen-Nickel-Legierungen) können durch einen anderen Magneten leicht magnetisiert werden. Beim Entfernen des anderen Magneten verliert dieser magnetisch weiche Stoff (auch Weicheisen genannt) seinen Magnetismus sehr schnell und kann auch in anderer Richtung ummagnetisiert werden. Solche magnetischen Werkstoffe benötigt man für die Herstellung der Eisenkerne von Elektromagneten.

Anwendung von Elektromagneten. In einem Stahlwerk und auf Schrottplätzen werden häufig **Lasthebemagneten** eingesetzt. Sie hängen am Haken eines Kranes (Bild 3) und heißen nach der Form des Eisenkerns auch Topfmagneten.

1

2

Gummimagnete kann man zerschneiden.

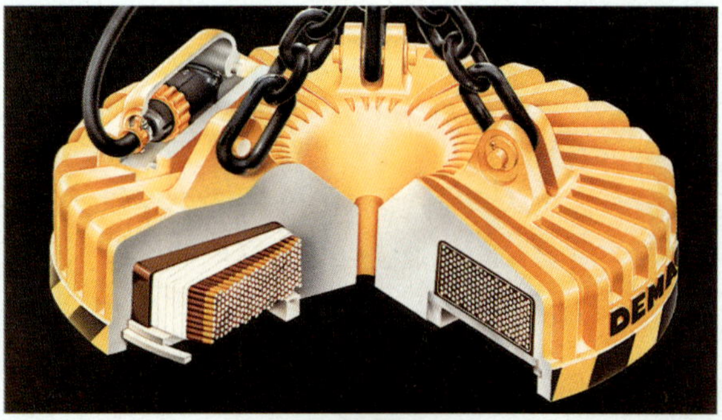

3

In vielen elektrischen Anlagen gibt es fernbediente elektromagnetische Schalter, die **Relais** heißen (Bild 1).
Es gibt einfache Relais, die mit einem Steuerstromkreis nur einen Arbeitsstromkreis ein- und ausschalten (Bild 2). Der Elektromagnet zieht beim Schließen des Steuerstromkreises den Eisenanker an. Dadurch öffnen sich die Kontakte im Arbeitsstromkreis.
Die meisten Relais schalten gleichzeitig mehrere Arbeitsstromkreise (Bild 3). Wenn kein Steuerstrom fließt, befindet sich die mittlere Kontaktfeder in Stellung A. Der Arbeitsstromkreis 1 ist geschlossen, der Arbeitsstromkreis 2 ist geöffnet. Fließt ein Steuerstrom, wird der mittlere Federkontakt durch den Anker und den Hebel in die Stellung B umgelegt. Dabei wird der Arbeitsstromkreis 1 geöffnet und der Arbeitsstromkreis 2 geschlossen. Der Vorteil solcher Schaltungen ist folgender: Im Arbeitsstromkreis fließen meist Ströme mit großen Stromstärken, sie erfordern dicke Kabel. Durch die Fernschaltung mit dem Relais können die dicken Kabel zwischen der elektrischen Energiequelle und den Energieabnehmern (Motoren, Elektroöfen u. a.) sehr kurz sein.

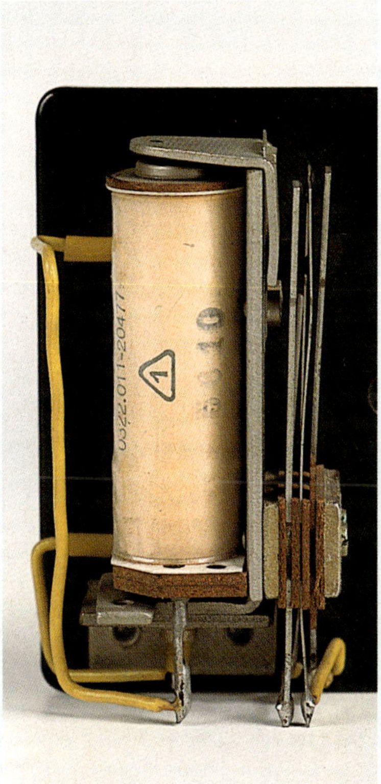
1

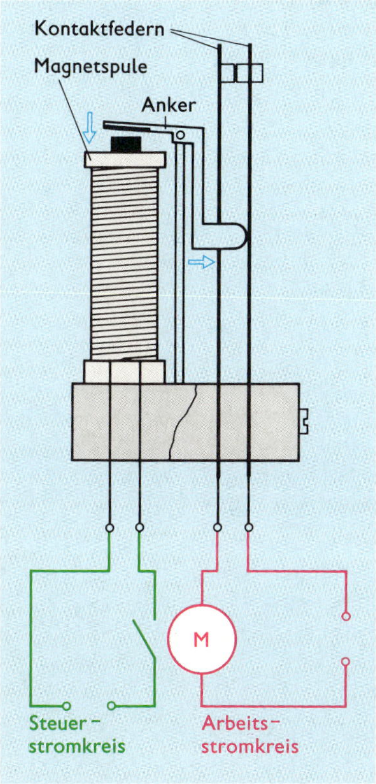

2

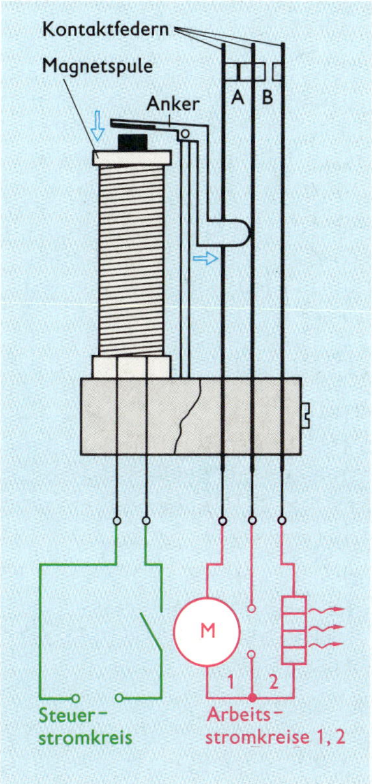

3

Vielfach wendet man Elektromagnete in einer Schaltung an, die nach ihrem Erfinder **Wagner'scher Hammer** heißt. Der Wagner'sche Hammer ist ein Selbstunterbrecher. Am bekanntesten ist er in einer elektrischen Klingel (Bild 4). Schließt man durch Drücken des „Klingelknopfes" den Stromkreis, zieht der Elektromagnet den Anker mit der Blattfeder an. Dabei öffnet sich der Stromkreis an der Kontaktschraube. Der Elektromagnet gibt den Anker frei und die Blattfeder zieht ihn zurück. Dabei schließt sich der Stromkreis und alles beginnt von neuem. Das wiederholt sich so lange, bis man den Klingelknopf frei gibt und den Stromkreis endgültig unterbricht.

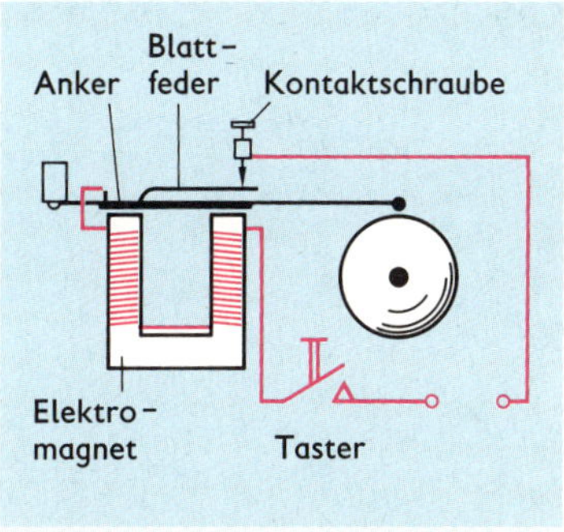

4

Ein Blick in die Geschichte

Wie hängt der Magnetismus mit der Elektrizität zusammen? Mit dieser Frage beschäftigten sich die Physiker, seit sie beobachtet hatten, dass ein Blitz die Magnetnadel in einem Kompass entmagnetisieren oder sogar ummagnetisieren konnte. Dadurch gerieten Schiffe in Seenot, denn sie konnten ihren Kurs nicht mehr sicher bestimmen. Versuche des amerikanischen Physikers *Benjamin Franklin* (1706–1790), die gleiche Wirkung mit Funken aus Elektrisiermaschinen zu erzielen, schlugen fehl. Auch andere Physiker konnten zunächst den Zusammenhang zwischen Elektrizität und Magnetismus nicht entdecken.

Dem dänischen Physiker *Hans Christian Oersted* (1777–1851) gelang es als Erstem, die magnetische Wirkung des elektrischen Stroms nachzuweisen (Bild 1). Am 21. Juli 1820 führte er einen Draht parallel über eine Magnetnadel, die in Ruhestellung die Nord-Süd-Richtung einnahm. Immer wenn *Oersted* durch den Draht einen starken elektrischen Strom fließen ließ, schlug die Nadel aus. Die Richtung des Ausschlages hing von der Richtung des Stromes ab.

Oersted wollte auch genau wissen, in welcher Form sich die magnetische Wirkung des elektrischen Stroms äußert. Als er den Draht zur Abwechslung einmal senkrecht anordnete und wieder einen Strom durch ihn fließen ließ, bemerkte er besonders deutlich, dass die Magnetnadel niemals vom Draht selbst angezogen wurde, wie das bei einem gewöhnlichen Magneten der Fall war. Es zeigte sich etwas ganz Neues: Die Ursache des Elektromagnetismus, der stromdurchflossene Draht, wirkte weder anziehend noch abstoßend auf andere Magnete. Die magnetische Kraft wirkte vielmehr im Kreise um den Draht herum (Bild 2). Diese Entdeckung bildete die Grundlage der Lehre vom Elektromagnetismus und damit der gesamten Elektrotechnik.

1

Oersted führt seine Entdeckung vor.

Bald wiederholten andere Physiker das Experiment von *Oersted*. Dabei entdeckten sie, dass sich die Ablenkung der Magnetnadel verstärkte, wenn man statt eines einzelnen Drahtes viele Drahtwindungen um die Magnetnadel legte. Dazu isolierte man die Drähte mit Seide und Wachs. Mit dieser Anordnung konnten erstmals schwache Ströme nachgewiesen und bezüglich ihrer Stromstärke verglichen werden.

Oersted gelang noch eine weitere Entdeckung. Er hängte eine stromdurchflossene Drahtschleife (Spule) in einen Hufeisenmagneten (Bild 3). Ließ er durch die Spule einen elektrischen Strom fließen, so bewegte sich die Spule. Die Erklärung war einfach: Die stromdurchflossene Spule war selbst zum Magneten mit einem Nord- und Südpol geworden. Die Entdeckungen von *Oersted* führten andere Physiker, vor allem *André Marie Ampère* (1775–1836), weiter. Diese Forschungen waren die Grundlage für die Erfindung des Elektromagneten, des Elektromotors und verschiedener Strommessgeräte.

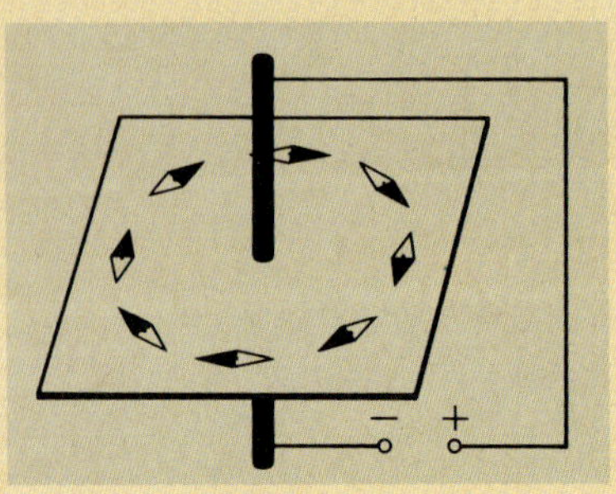

2

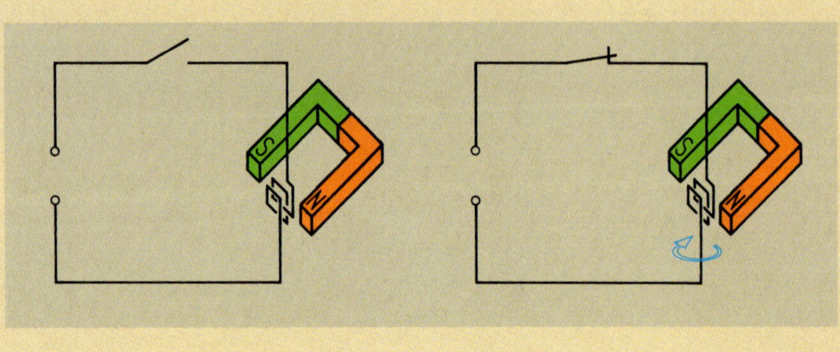

3

Gewusst? Erkannt? Gekonnt?

1. In welchen Haushaltgegenständen sind Magnete eingebaut? Wozu dienen sie?
2. Welche Münzen werden von Magneten angezogen? Wozu kann man das nutzen?
3. Wie kann man mit der Experimentieranordnung im Bild 1 die Abstoßungskräfte zwischen Magneten bei verschiedenen Entfernungen bestimmen?

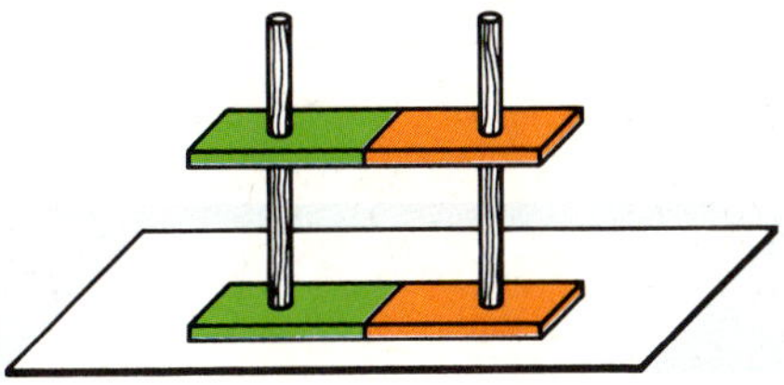

1

4. Für Experimente gibt es auch Stativstäbe aus Aluminium. Warum wohl?
5. Von zwei Stricknadeln ist eine magnetisiert. Wie kann man herausfinden, welche von beiden der Magnet ist?
6. Auf welcher Seite des Nagels im Bild 2 entsteht ein Nord- und auf welcher ein Südpol?
7. Ein Magnet zieht eine Büroklammer an und hält sie fest. Die Büroklammer zieht eine zweite an und hält sie. Wie ist das zu erklären?
8. Warum werden Dauermagnete mit der Zeit schwächer?
   Welche Fehler kann man bei ihrer Lagerung machen?
9. Wie können Sie prüfen, ob die Gummidichtung an der Tür eines Kühlschrankes aus Magnetgummi besteht?
10. Warum können für den Kern eines Elektromagneten nur bestimmte Stoffe verwendet werden?
11. Kann man einen Lasthebemagneten auch mit Wechselstrom betreiben?
12. Erklären Sie, warum beim Teilen eines Magneten stets wieder vollständige Magnete entstehen!

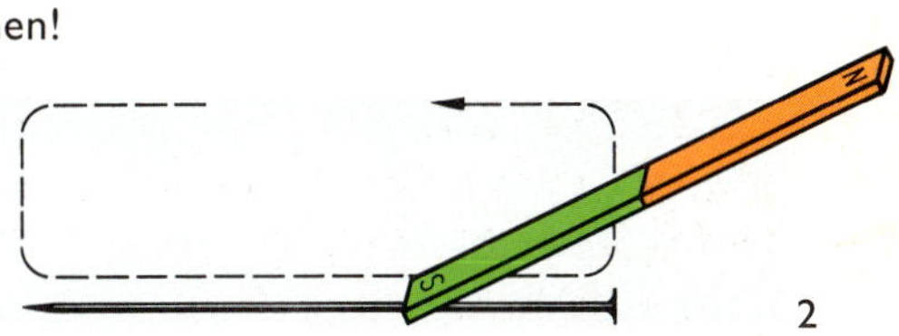

2

Kurz und knapp

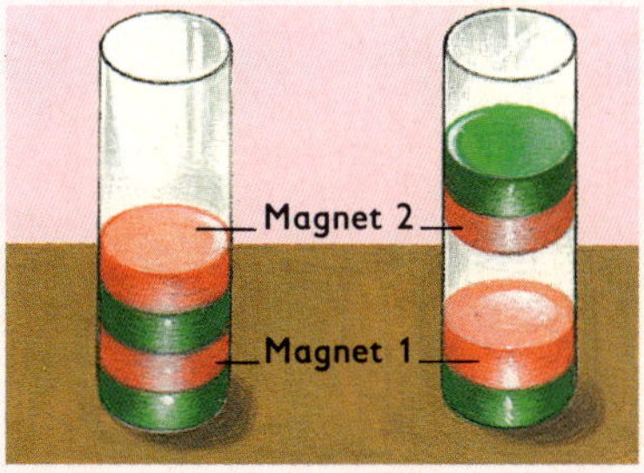

Jeder Magnet hat einen Nord- und einen Südpol. An den Polen ist die magnetische Wirkung am größten. Der Nordpol eines frei beweglichen Magneten zeigt nach Norden.
Ungleichnamige Pole zweier Magneten ziehen einander an, gleichnamige Pole stoßen einander ab.
Zwischen Magneten und Körpern aus Eisen, Nickel oder Kobalt treten gegenseitige Anziehungskräfte auf. Magnete durchdringen mit ihren Wirkungen alle Stoffe außer Eisen, Nickel oder Kobalt.
Körper aus Eisen, Nickel oder Kobalt werden von Magneten magnetisiert. Körper aus diesen Stoffen bestehen im Innern aus kleinen Bereichen, die magnetisch sind. Diese nennt man Elementarmagnete.

Im unmagnetischen Eisen sind die Elementarmagnete ungeordnet. Sie heben sich in ihren Wirkungen auf.

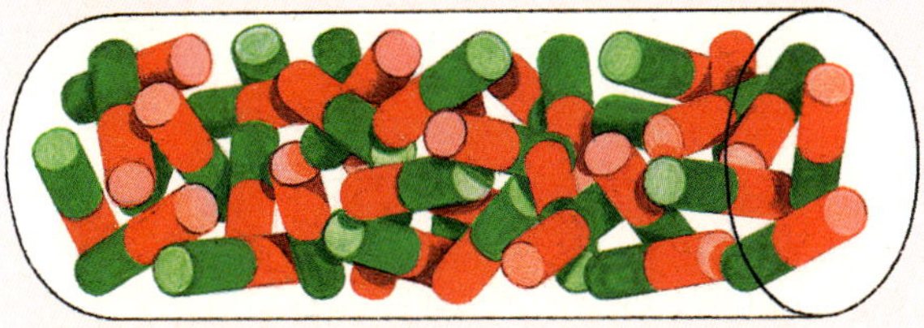

Im magnetisierten Eisen sind die Elementarmagnete weitgehend geordnet. Sie verstärken sich in ihrer Wirkung.

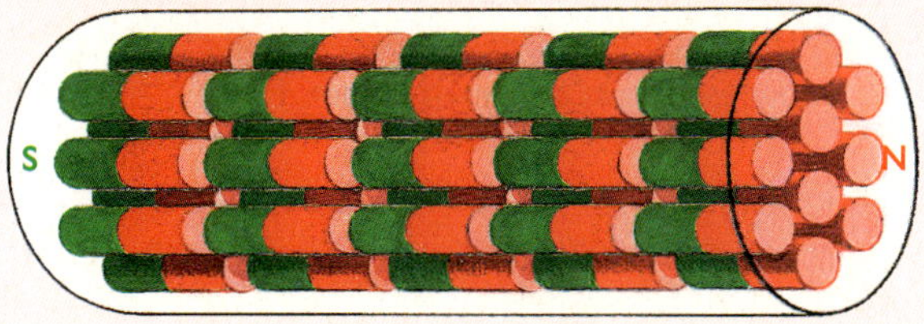

2 Magnetfeld

Im 12. Jahrhundert kam die Kunde nach Europa, dass die Chinesen mit einer in einer Wasserschale schwimmenden Magnetnadel die Himmelsrichtung bestimmen können. Später setzte man die Nadel auf eine Spitze und umgab sie mit einer Windrose. Es entstanden immer kunstvoller gearbeitete Kompasse.

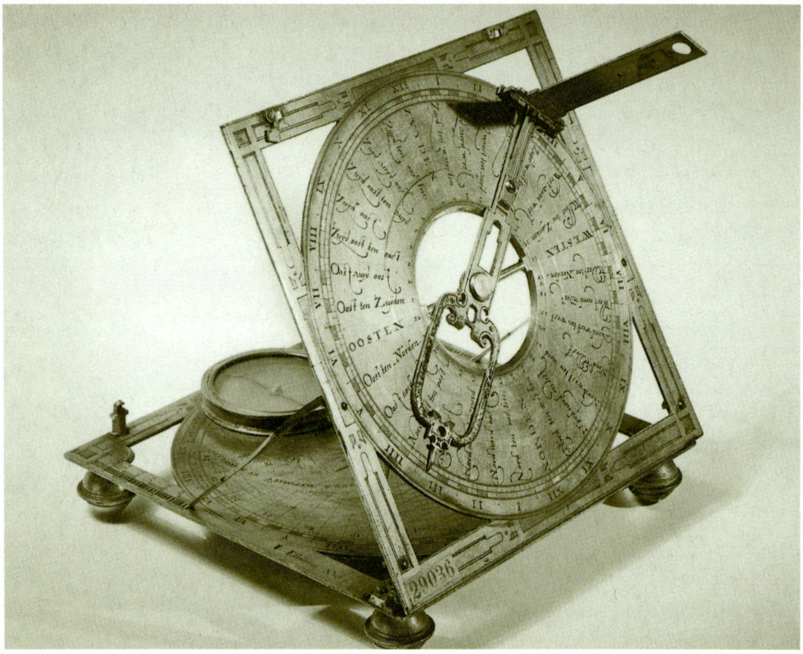

1

Magnetische Felder und Feldlinien

Der englische Physiker und Chemiker *Michael Faraday* (1791–1867) experimentierte mehr als 30 Jahre unermüdlich mit Magneten und Elektromagneten. Dabei entdeckte er, dass sich Eisenfeilspäne auf einem Blatt Papier, unter dem ein Magnet liegt, zu symmetrischen Bildern ordnen. Die Kurven verlaufen von einem Pol des Magneten in weiten Bögen zum anderen Pol.

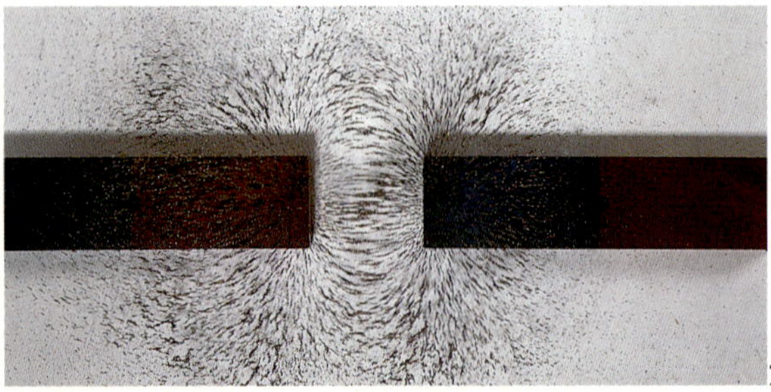

2 Bild der Eisenfeilspäne bei zwei ungleichnamigen Polen

3 Bild der Eisenfeilspäne bei zwei gleichnamigen Polen

Faraday stellte die Theorie auf, dass der ganze den Magneten umgebende Raum in einen besonderen Zustand versetzt ist, in dem magnetische Kräfte wirken. Diesen magnetisierten Zustand des Raumes nannte *Faraday* **magnetisches Feld**.

Ein Magnet versetzt den ihn umgebenden Raum in einen besonderen Zustand. Diesen nennt man magnetisches Feld.

Magnetfelder kann man mit Magnetnadeln oder Eisenfeilspänen nachweisen (Bild 1).
In einem Magnetfeld wirken an verschiedenen Orten im Allgemeinen verschieden große Kräfte. Auch die Richtung der Kräfte unterscheidet sich von Ort zu Ort. Stärke und Richtung der magnetischen Kräfte kann man anschaulich darstellen. Dazu wählt man aus der Anordnung der Eisenfeilspäne (Bild 2) einige geeignete Ketten aus (Bild 3) und ersetzt diese durch Linien, die man Feldlinien nennt (Bild 4). Das so entstehende **Feldlinienbild** ist ein Modell des magnetischen Feldes.

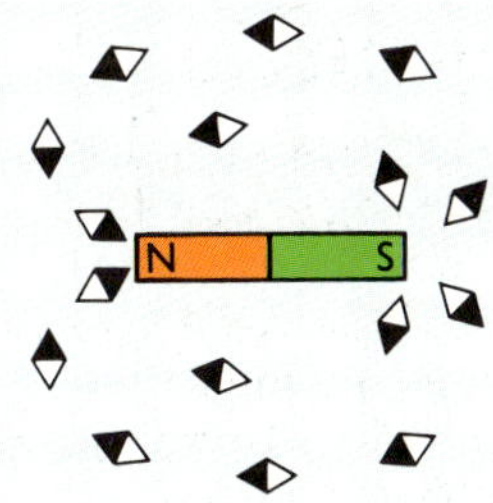

1

Ausrichten von Magnetnadeln im Magnetfeld eines Stabmagneten

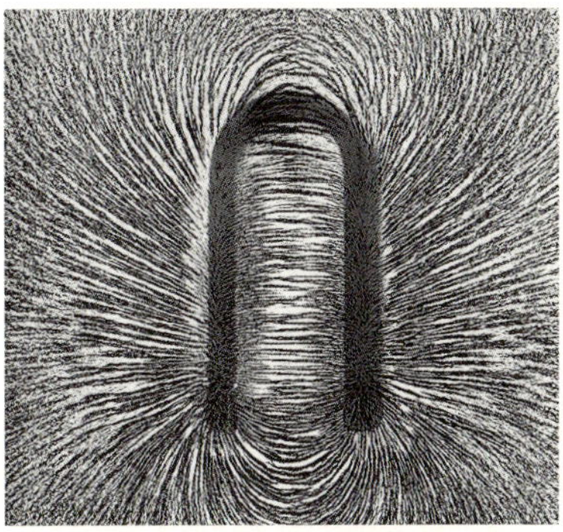
2

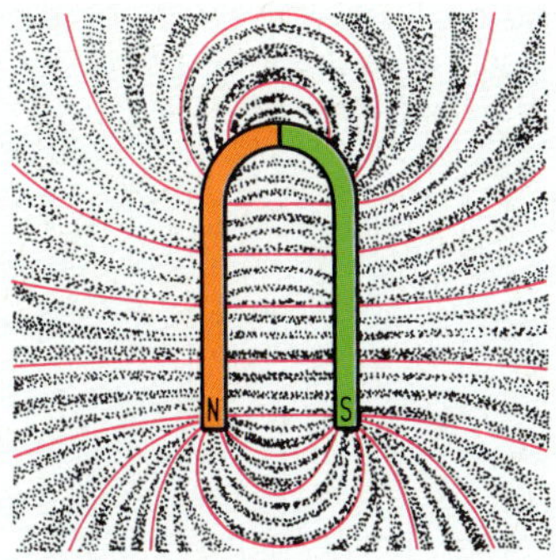

3

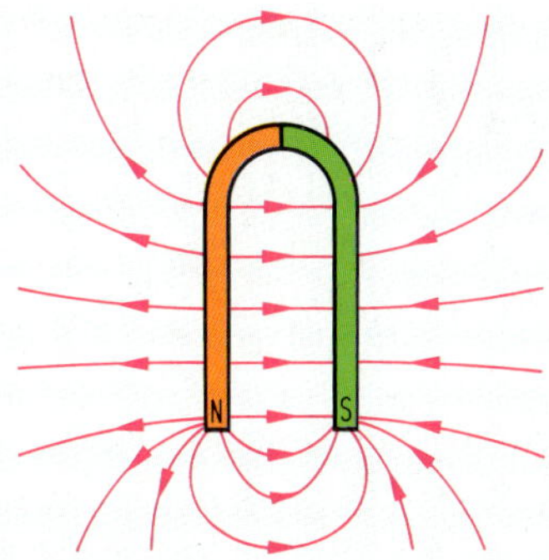

4

Entwicklung des Feldlinienbildes eines Hufeisenmagneten
Anordnung der Eisenfeilspäne — Auswahl einiger Ketten — Feldlinienbild

Aus diesem Modell gewinnt man Informationen über den Betrag und die Richtung der magnetischen Kräfte. Dazu verabredet man:

Die Anzahl (Dichte) der Feldlinien in einem Gebiet ist ein Maß für die Stärke der dort wirkenden Kräfte.
Als Richtung der Feldlinien wird die Richtung festgelegt, in die der Nordpol einer an diese Stelle gebrachten Magnetnadel zeigt.

Auf diese Weise erhält man räumliche und ebene Feldlinienbilder (Bilder 5 bis 7).

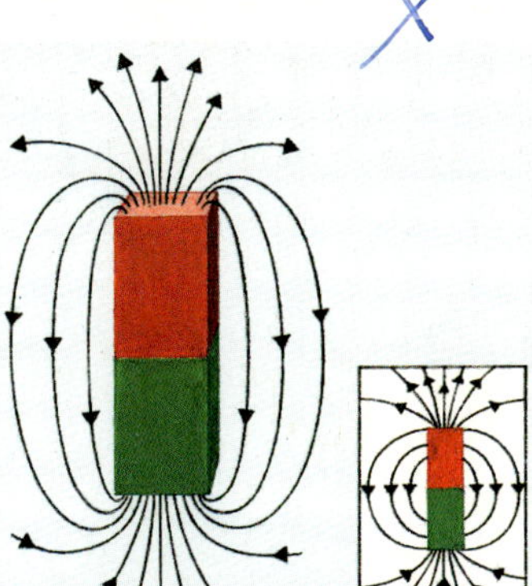
5

Feldlinienbild eines Stabmagneten

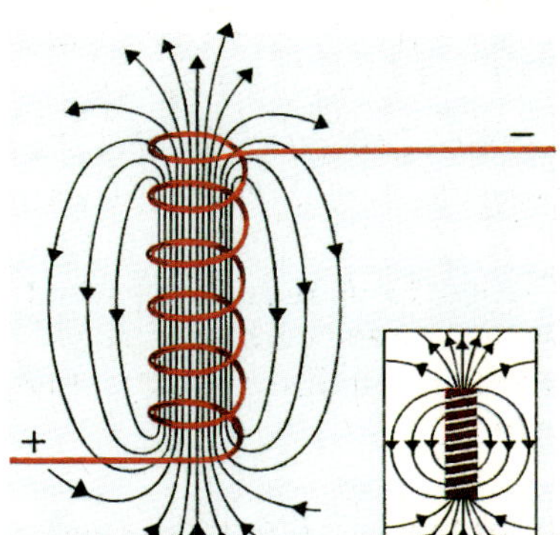

6

Feldlinienbild einer stromdurchflossenen Spule

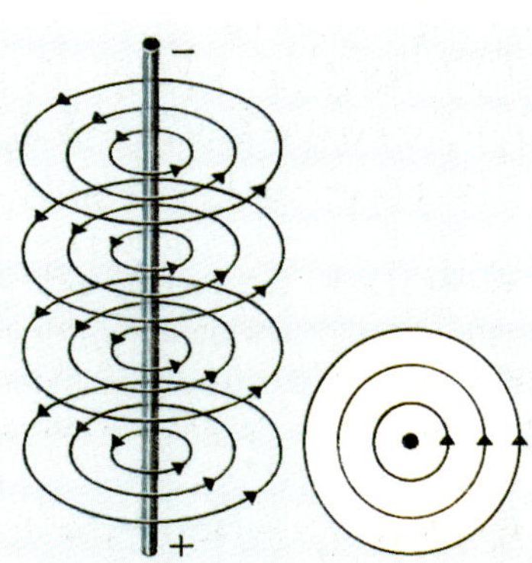

7

Feldlinienbild eines stromdurchflossenen geraden Leiters

Verlaufen die Feldlinien parallel, spricht man von einem **homogenen Magnetfeld**. Ist dies nicht der Fall, so nennt man das Feld **inhomogen**.
Legt man an die Spule des Elektromagneten im Bild 1 statt einer Gleichspannung eine Wechselspannung an, so ändern sich regelmäßig der Verlauf und die Richtung der Feldlinien. Man spricht von einem **magnetischen Wechselfeld**.

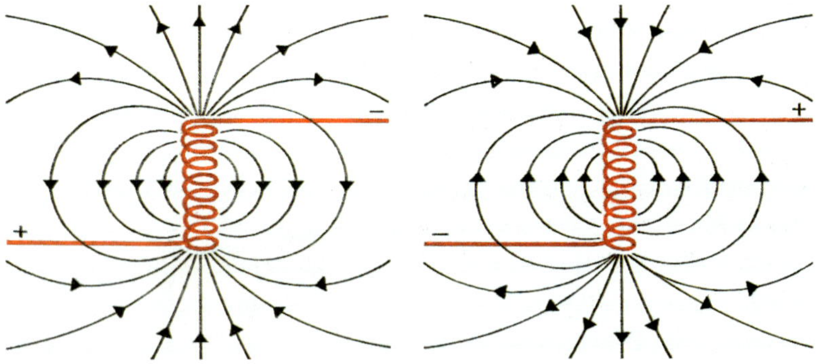

1 Magnetisches Wechselfeld einer von Wechselstrom durchflossenen Spule

Magnetische Felder benötigen zu ihrer Ausbreitung im Raum keinen Stoff. Sie breiten sich auch im Vakuum aus. Dies bestätigt das Experiment im Bild 2. Pumpt man aus der Glashaube die Luft heraus und nähert anschließend einen Magneten, so bewegt sich das Eisenstück im Vakuum auf den Magneten zu. Das Magnetfeld besteht auch im Vakuum.

2

Magnetische Felder sind an keinen stofflichen Träger gebunden.

Beim Anziehen des Eisenstückes im Bild 2 verrichtet das Magnetfeld des Stabmagneten an dem Eisenkörper eine mechanische Arbeit. Woher kommt die Energie dafür? Die Energie stammt aus dem Magnetfeld.

Ein Magnetfeld besitzt Energie.

Kräfte auf stromführende Leiter im Magnetfeld

Bringen wir einen Kupferdraht in ein Magnetfeld, können wir keine magnetischen Kraftwirkungen beobachten. Auf Kupfer wirkt ein Magnetfeld nicht. Bleibt das auch so, wenn wir durch den Kupferdraht einen elektrischen Strom fließen lassen?

Experiment 1
Wir hängen zwischen die Pole eines Hufeisenmagneten eine Leiterschaukel aus Kupfer. Durch sie lassen wir einen Gleichstrom fließen (Bild 3).

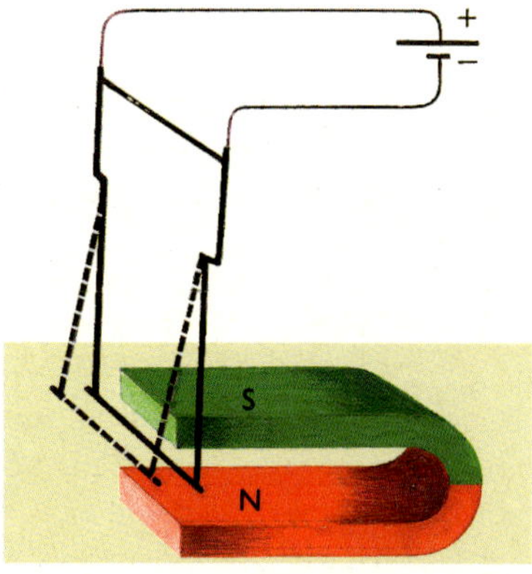

3

Wir beobachten: Die Schaukel bewegt sich. Es muss also eine Kraft wirken. Erst nach Abschalten des Stromes verschwindet diese Kraft. Wiederholen wir das Experiment und kehren dabei die Richtung des Stromes oder die Lage des Magneten um, kehrt sich auch die Richtung der Bewegung um.

Ein stromdurchflossener Leiter erfährt in einem Magnetfeld eine Kraft. Sie wirkt senkrecht zum Leiter und senkrecht zum Magnetfeld.

Zur Angabe der Richtung der Kraft benutzt man eine einfache Regel. Man benutzt Daumen, Zeigefinger und Mittelfinger der rechten Hand, die senkrecht zueinander gespreizt sind (Bild 1). Zeigt der Daumen in Richtung des Stromes, der Zeigefinger in Richtung der magnetischen Feldlinien, so gibt der Mittelfinger die Richtung der Kraft als Wirkung an.

3-Finger-Regel der rechten Hand
Weist der Daumen in die technische Stromrichtung, der Zeigefinger in Richtung der Feldlinien, so zeigt der Mittelfinger in Kraftrichtung.

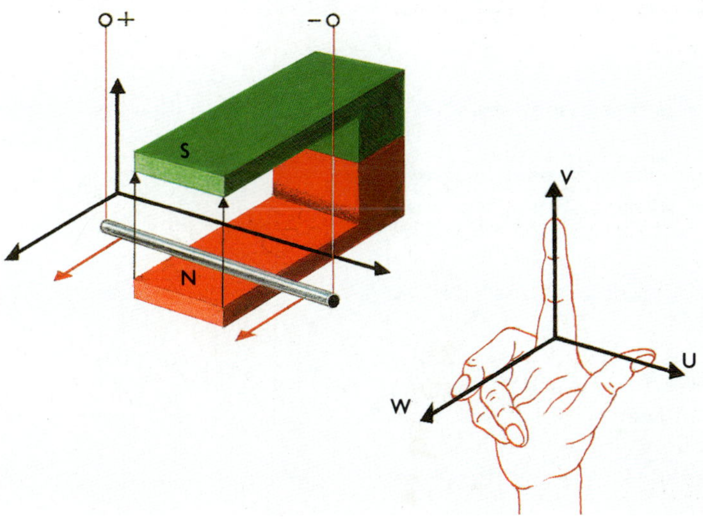

1 3-Finger-Regel der rechten Hand
Diese Regel bezeichnet man nach den Anfangsbuchstaben der Worte Ursache, „Vermittlung“ und Wirkung als **UVW-Regel**.
Ursache: Stromfluss (in technischer Stromrichtung)
Vermittlung: Richtung des Magnetfeldes
Wirkung: Richtung der Kraft auf den stromdurchflossenen Leiter

Auch eine stromdurchflossene Spule erfährt im Magnetfeld eine Kraft. Darauf beruhen der Aufbau und die Wirkungsweise eines **Drehspulmessgerätes** (Bild 2). Zwischen den Polen eines Hufeisenmagneten befindet sich eine drehbar gelagerte Spule mit Eisenkern. Über die zwei Spiralfedern fließt der zu messende Gleichstrom durch die Drehspule. Nach der 3-Finger-Regel der rechten Hand wirken auf die stromdurchflossenen Drähte der Spule die eingezeichneten Kräfte. Infolge dieser Kräfte drehen sich die Spule und der mit ihr verbundene Zeiger. Die zwei Spiralfedern sorgen mit ihrer rücktreibenden Kraft dafür, dass der Drehwinkel der Spule der Stromstärke proportional ist.

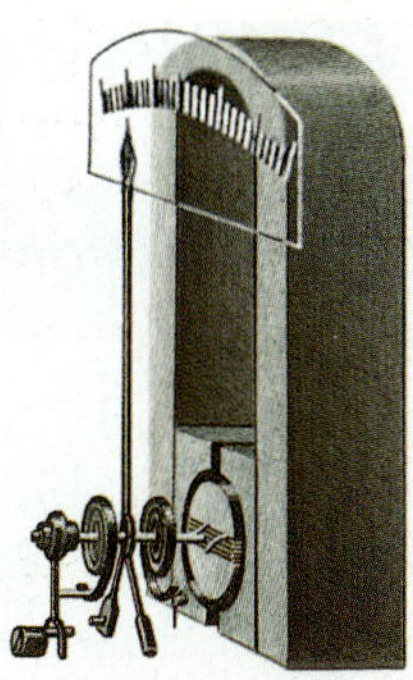

2

Definition der Stromstärkeeinheit 1 A. Jeder stromdurchflossene elektrische Leiter ist von einem Magnetfeld umgeben. Bringen wird in dieses Magnetfeld einen zweiten stromdurchflossenen Leiter, so wirkt das Magnetfeld des Leiters 1 auf den Leiter 2 mit einer Kraft F_1. Nach der 3-Finger-Regel ist diese Kraft F_1 bei gleicher Richtung der Ströme auf den Leiter 1 gerichtet (Bild 1).

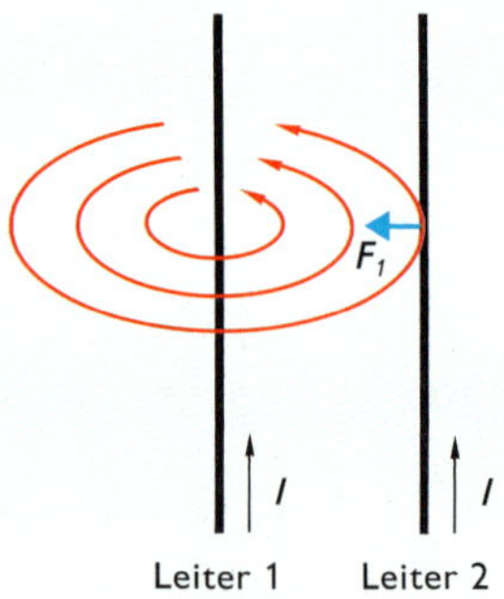

1

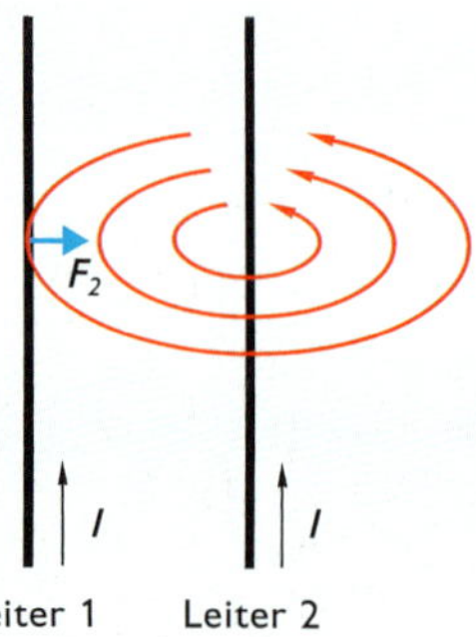

2

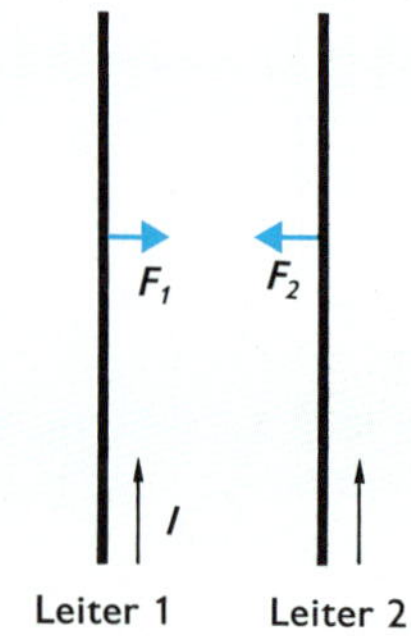

3

Der Leiter 2 seinerseits hat aber auch ein Magnetfeld und dieses wirkt bei gleicher Stromrichtung mit der Kraft F_2 auf den Leiter 1 (Bild 2).
Lässt man die zwei parallel aufgespannten Drähte in gleicher Richtung von Strömen durchfließen, führen diese zwei Kräfte zur gegenseitigen Anziehung der Drähte (Bild 3).
Diesen Zusammenhang nutzt man zur Definition der Einheit für die elektrische Stromstärke:

Die Stromstärke in zwei parallelen Leitern beträgt 1 Ampere, wenn diese Ströme zwischen zwei Leitern, die im Vakuum im Abstand von 1 m angeordnet sind, je 1 Meter Leiterlänge eine Kraft von 0,000 000 2 N ($2 \cdot 10^{-7}$ N) hervorrufen.

Die Bedeutung dieser Definition liegt in der Verbindung der elektrischen Einheit mit den mechanischen Einheiten. Messtechnisch ist diese Definition weitgehend bedeutungslos.

Kräfte auf bewegte Ladungsträger

In einem Magnetfeld wirkt auf einen elektrischen Leiter nur dann eine Kraft, wenn der Leiter von einem Strom durchflossen wird. Da der elektrische Strom ein Transport von elektrischen Ladungen ist, liegt die Vermutung nahe: Die Ursache für die Kraft eines Magnetfeldes auf einen stromdurchflossenen Leiter entsteht durch Kräfte des Magnetfeldes auf bewegte Ladungsträger.
Diese Vermutung wollen wir an Elektronen überprüfen, die sich nicht in einem Leiter, sondern in einem Vakuum durch ein Magnetfeld bewegen. Dazu benutzen wir eine Elektronenstrahlröhre.

(Ihren genauen Aufbau lernen Sie auf Seite 160 kennen.) Eine Elektronenstrahlröhre erzeugt einen unsichtbaren Strahl von Elektronen. In der Röhre befinden sich trotz des weitgehenden Vakuums dennoch viele Gasatome. Diese werden durch den Zusammenstoß mit Elektronen zum Leuchten angeregt. So zeigt uns die Leuchtspur der Gasatome den Weg des unsichtbaren Elektronenstrahls. An der Vorderseite der Elektronenstrahlröhre ist eine Leuchtschicht aufgetragen. Dort, wo die Elektronen auftreffen, leuchtet die Schicht auf (Bild 1).

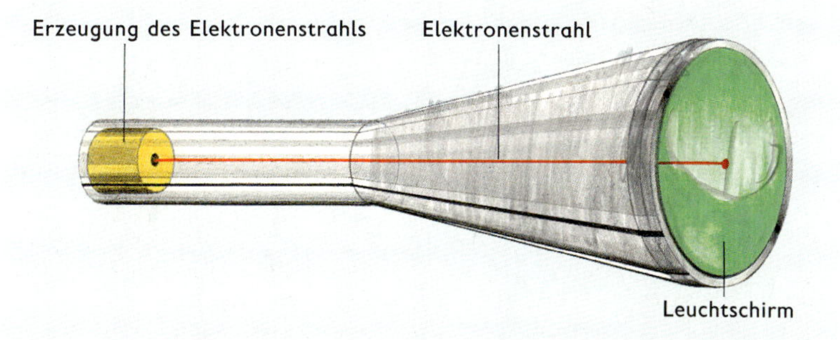

1

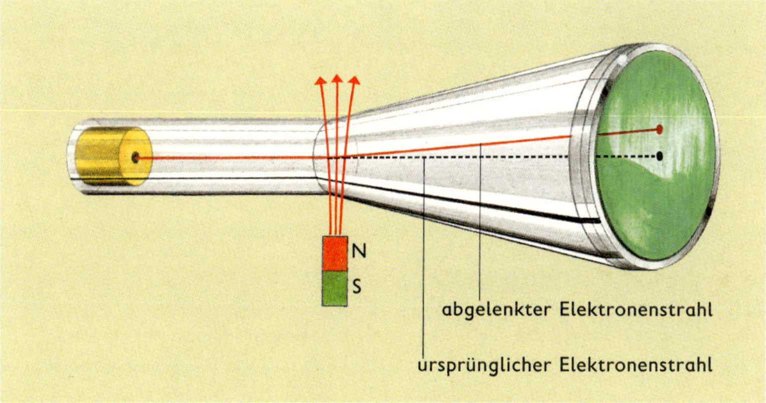

2

Experiment 2
In der eingeschalteten Elektronenstrahlröhre bewegen sich die Elektronen nach rechts und rufen einen Leuchtfleck hervor. Nähern wir der Elektronenstrahlröhre von oben, von unten oder von der Seite einen Stabmagneten, so ändert sich jeweils die Bahn des Elektronenstrahls (Bild 2).

Wir schließen daraus.: Auf bewegte Elektronen wirkt ein Magnetfeld mit einer Kraft. Diese Kraft wird nach ihrem Entdecker *Hendrik Antoon Lorentz* benannt.

Auf bewegte Elektronen wirkt im Magnetfeld die Lorentzkraft.

Die Richtung der Lorentzkraft können wir auch nach der 3-Finger-Regel ermitteln. Wir müssen nur die frühere Festsetzung beachten, wonach die technische Stromrichtung der Richtung der Elektronenbewegung entgegengesetzt ist.

Experiment 3
Wir nähern den Magneten genau vcn vorn dem Leuchtfleck der Elektronenstrahlröhre. Dabei beobachten wir keine Ablenkung des Elektronenstrahls.

Wir schließen daraus: Wenn sich die Elektronen parallel zu den Magnetfeldlinien bewegen, tritt keine Lorentzkraft auf.

Bewegen sich Elektronen parallel zum Magnetfeld, dann tritt keine Lorentzkraft auf. In allen anderen Fällen tritt eine solche Kraft auf. Die Lorentzkraft ist am größten, wenn sich die Elektronen senkrecht zur Feldrichtung bewegen.

Lorentzkräfte ruft man in der Technik vor allem mit Elektromagneten hervor. Solche Elektromagneten nennt man nach ihrem Verwendungszweck **Ablenkspulen** (Bild 1).

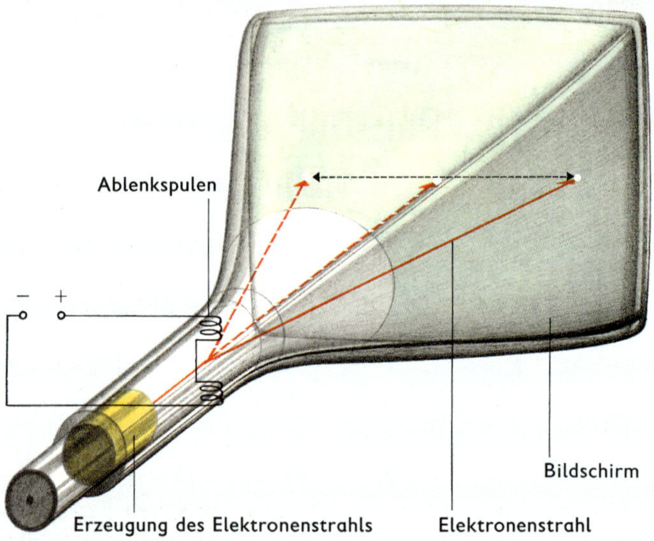

1 Ablenkspulen für eine horizontale Ablenkung des Elektronenstrahls

Ein Blick in die Technik

Elektrischer Universalmotor. Ein elektrischer Universalmotor besteht aus einem Ständer, einem Läufer und einer Stromzufuhr (Bild 1, S. 109). Durch die Ständerspulen fließt ein Gleichstrom. Dadurch wird ein Magnetfeld erzeugt. Die Feldlinien schließen sich über den Ständer (Bild 2, S. 109). Auch dem Läufer wird über Kohlebürsten Gleichstrom zugeführt (Bild 4, S. 109).

Die Wicklung des Läufers besteht bei leistungsstarken Motoren aus einzelnen Kupferstäben. Die Stäbe und die Lamellen für die Stromabnahme sind so ausgeführt und geschaltet, dass der Strom in einem Stab stets nach hinten fließt, wenn sich der Stab in einer der Stellungen 1 bis 3 befindet (Bild 3, S. 109). Erreicht der Stab die Stellungen 4 bis 6, fließt der Strom nach vorn. Im Magnetfeld des Ständers wirkt auf jeden Strom führenden Stab eine Kraft. Die Richtung dieser Kräfte kann nach der 3-Finger-Regel der rechten Hand bestimmt werden. Diese Kräfte versetzen den Läufer in eine Drehbewegung (Bild 4, S. 109). Dieser Elektromotor kann auch mit Wechselstrom betrieben werden. Da sich die Richtung des Feldes und die Stromrichtung jeweils gleichzeitig ändern, bleibt die Richtung der Kräfte erhalten.

In Elektromotoren mit kleiner Leistung ersetzt man die Spulen im Ständer durch Dauermagnete. Solche Motoren können deshalb nicht mit Wechselstrom betrieben werden.

1

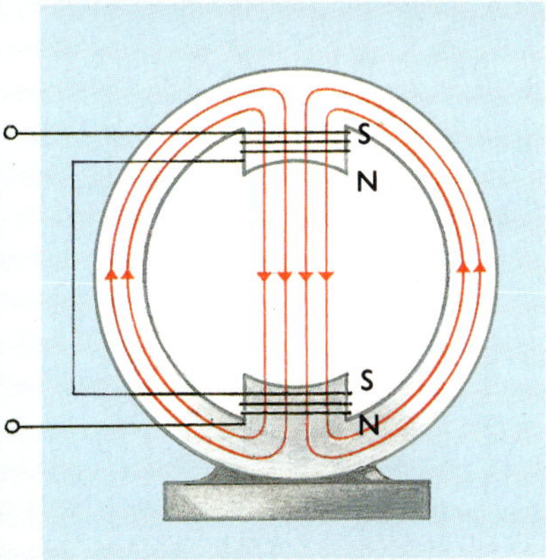

2

Im Ständer wird ein Magnetfeld erzeugt.

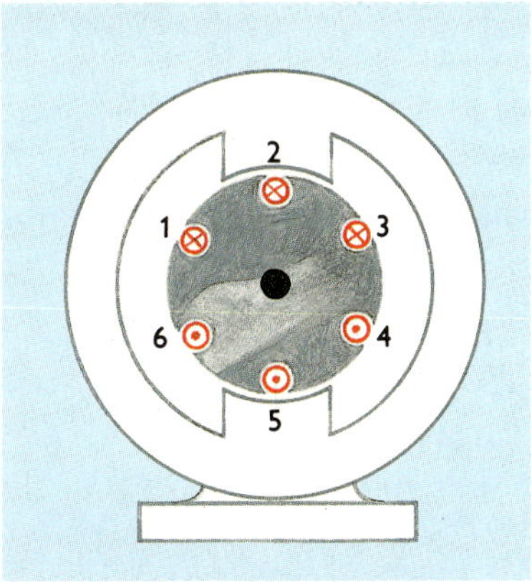

3

In den Stellungen 1 bis 3 fließt der Strom im Stab nach hinten. Bei 4 bis 6 fließt der Strom nach vorn.

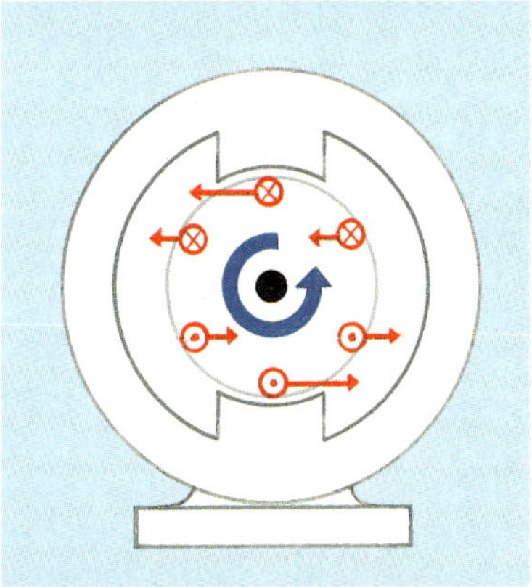

4

Im Magnetfeld des Ständers wirken auf die stromdurchflossenen Stäbe des Läufers Kräfte.

Bilderzeugung beim Schwarz-Weiß-Fernsehen. Bild 5 zeigt stark vereinfacht den Aufbau eines Fernseh-Empfängers. Dieser besteht aus einem System zur Erzeugung eines Elektronenstrahls, zwei Ablenkspulen H für die horizontale Ablenkung und zwei Ablenkspulen V für die vertikale Ablenkung des Elektronenstrahls sowie einem Leuchtschirm.

In der **Aufnahmekamera** wird das vom Objektiv der Kamera erzeugte Bild punktweise durch ein elektrisches System abgetastet. Dabei wird das Bild in 625 Zeilen zu je 800 Punkten eingeteilt. Alle Punkte des Bildes werden in $^{1}/_{25}$ s abgetastet.

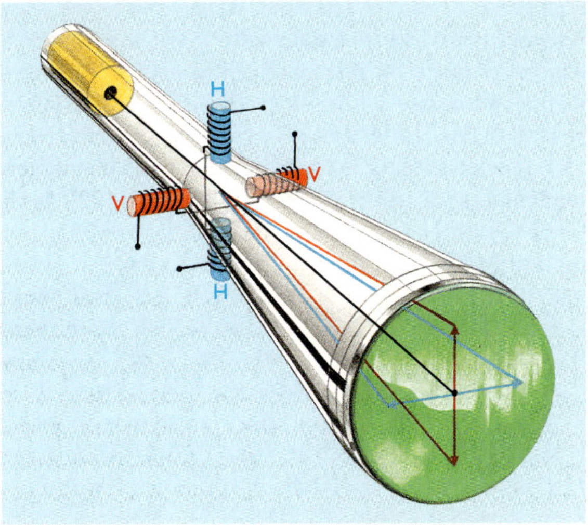

5

Durch das Zusammenspiel der zwei Spulensysteme kann der Elektronenstahl zu jedem Punkt des Leuchtschirms abgelenkt werden.

Ein heller Punkt im Bild der Aufnahmekamera erzeugt ein intensives elektrisches Signal, ein dunkler Punkt erzeugt nur ein schwaches Signal. Diese Signale werden über den Sender zum Empfänger gesandt. In der **Fernseh-Bildröhre des Empfängers** entsteht wiederum in $^1/_{25}$ s zeilenweise ein vollständiges Bild. Ein intensives Signal erzeugt einen starken Elektronenstrahl, der einen sehr hellen Leuchtpunkt ergibt, ein schwaches Signal ergibt nur einen schwachen Elektronenstrahl.

Das Auge kann die einzelnen Leuchtpunkte nicht mehr getrennt wahrnehmen, es nimmt nur das vollständige Bild wahr. Im Auge entsteht aber nur dann ein ruhiges, flimmerfreies Bild, wenn der Elektronenstrahl zum Überstreichen des gesamten Bildschirms nicht mehr Zeit als eine fünfzigstel Sekunde benötigt. Daher unterteilt man das Bild in zwei Teilbilder. In der ersten fünfzigstel Sekunde werden die ungeraden Zeilen 1, 3, ... 625 gezeichnet, in der zweiten fünfzigstel Sekunde die geraden Zeilen 2, 4, ... 624 (Bild 1). Das Auge setzt diese zwei Teilbilder zu einem flimmerfreien Gesamtbild zusammen.

Bilderzeugung beim Farbfernsehen. Beim Aufnehmen des Bildes wird jeder Farbpunkt des Bildes in der Kamera in die drei Farbanteile Rot, Grün und Blau zerlegt. Für jeden Punkt werden entsprechend der Intensität der drei Farbanteile drei verschiedene elektrische Signale erzeugt.

Der **Farbfernseh-Empfänger** enthält drei Systeme zur Erzeugung von Elektronenstrahlen (Bild 2). Sie treffen durch die Löcher einer Lochmaske auf den Leuchtschirm. Dieser hat eine Beschichtung mit roten, grünen und blauen Leuchtstoffstreifen. Der Elektronenstrahl, dessen Intensität vom roten Farbanteil in der Kamera gesteuert wird, trifft immer auf roten Leuchtstoff, und Entsprechendes gilt für die anderen zwei Elektronenstrahlen. Da die Elektronenstrahlen in ihrer Intensität den Signalen aus der Kamera entsprechen, leuchten auch die Leuchtstoffstreifen auf dem Bildschirm im gleichen Farbmuster wie das ursprüngliche, in der Kamera aufgenommene Bild.

Für das Auge entsteht die Farbe auf dem Bildschirm durch Mischen der Lichtsignale. Blau und Rot ergeben Magentarot, Rot und Grün ergeben Gelb, Grün und Blau ergeben Cyanblau und alle Farben zusammen ergeben Weiß (Bild 3).

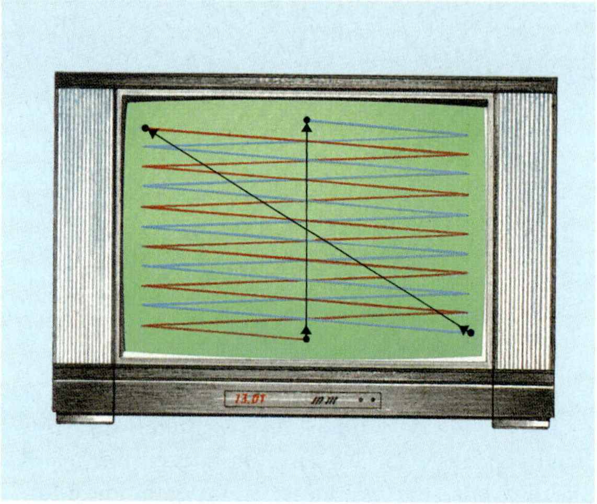

1

Ein Fernsehbild setzt sich in $^1/_{25}$ s aus zwei Teilbildern zusammen (rot: 1. Teilbild, blau: 2. Teilbild)

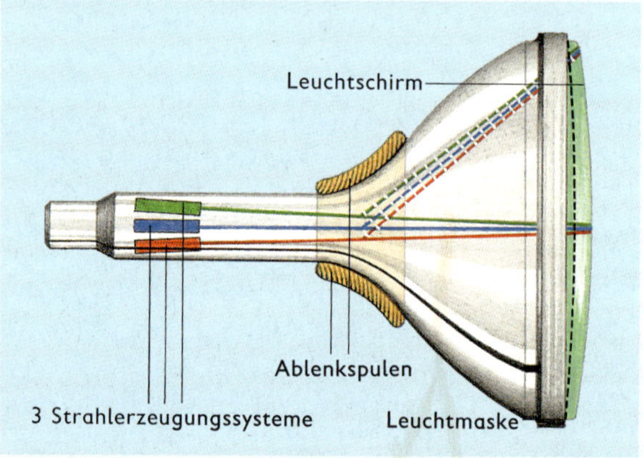

2

Vereinfachter Aufbau eines Farbfernseh-Empfängers. Die Elektronenstrahlen sind unsichtbar, die eingezeichneten Farben symbolisieren nur, durch welchen Farbanteil der Strahl gesteuert wird.

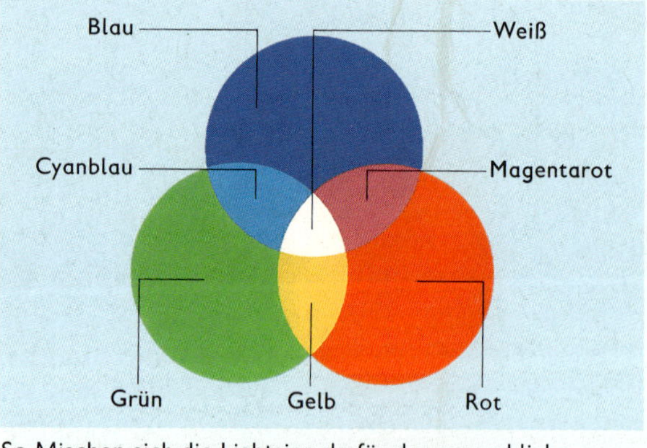

3

So Mischen sich die Lichtsignale für das menschliche Auge.

Ein Blick in die Natur

Das Magnetfeld der Erde. Das Einstellen der Kompassnadel auf die Nord-Süd-Richtung der Erde zeigt uns, dass die Erde selbst ein Magnet ist. Das Magnetfeld der Erde ist dem eines Stabmagneten ähnlich. Im Norden liegt ihr magnetischer Südpol, er zieht die Nordspitze der Kompassnadel an. Der magnetische Nordpol der Erde liegt im Süden, er zieht die Südspitze der Magnetnadel an.

Um den Verlauf des Magnetfeldes der Erde zu ermitteln, hat man an möglichst vielen Orten der Erde mit Magnetnadeln die Richtung der Feldlinien festgestellt. Diese Messungen haben ein Feldlinienbild ergeben, das etwa dem im Bild 1 entspricht. **Die Magnetpole der Erde fallen nicht mit den geografischen Polen zusammen.** Sie liegen rund 2 000 km von diesen entfernt. Deshalb weicht die Kompasseinstellung an den meisten Orten von der geografischen Nordrichtung ab. Diesen Abweichungswinkel nennt man **Deklinationswinkel** (lat.: abweichen) oder Missweisung (Bild 2). Der Deklinationswinkel verändert sich im Laufe der Zeit. Er beträgt gegenwärtig etwa 10° W im Westen und 5° W im Osten von Deutschland.

Die Feldlinien sind gegen die Erdoberfläche geneigt. Sie treten schon vor den Magnetpolen in die Erdoberfläche ein. Der Abweichungswinkel gegenüber der Erdoberfläche heißt **Inklinationswinkel** (lat.: neigen). Er beträgt in Deutschland gegenwärtig 63° im Süden und 69° im Norden.

Seit man mit Satelliten magnetische Messungen weit oberhalb der Erde durchführen kann, haben sich die Kenntnisse vom Verlauf des Magnetfeldes erweitert. Das Magnetfeld der Erde reicht weit in den Raum hinaus. Er hat dort aber nicht die Form wie im Bild 1. Das Magnetfeld der Erde wird in diesen Entfernungen durch den „Sonnenwind" (bestehend aus elektrisch geladenen Teilchen) verformt (Bild 3).

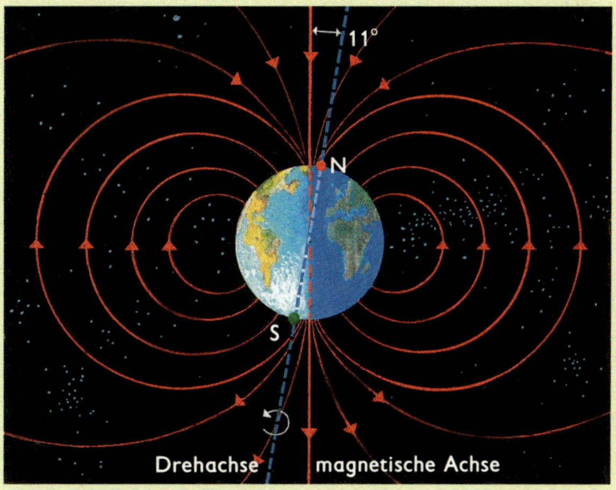

1
Magnetfeld der Erde im erdnahen Raum

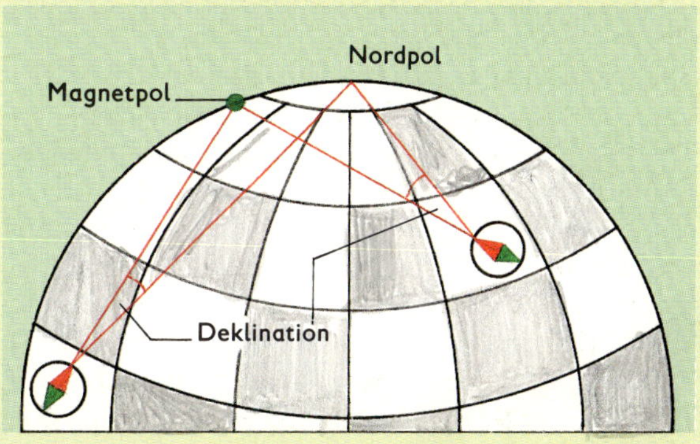

2

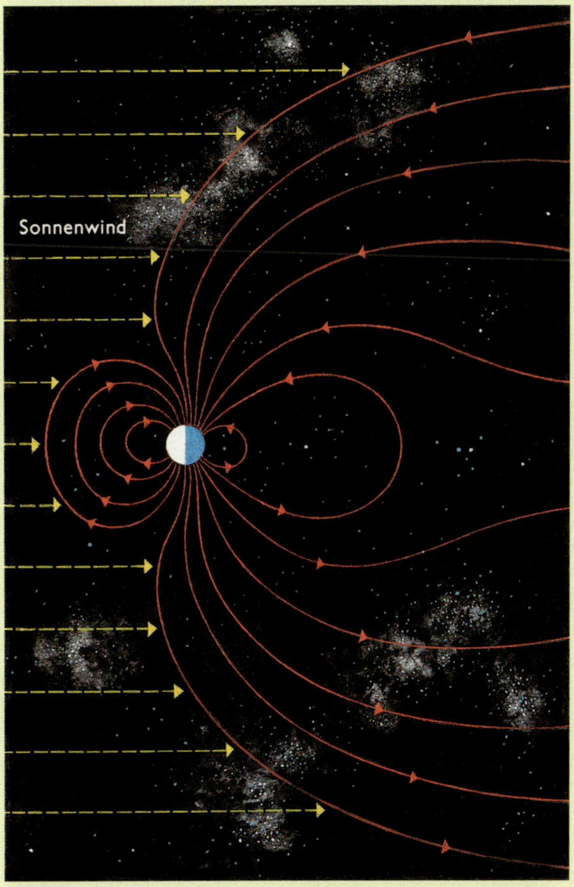

3
Das Magnetfeld der Erde erstreckt sich weit in den Raum hinaus.

Das Magnetfeld der Erde schützt uns vor dem Auftreffen des Sonnenwindes auf die Erdoberfläche. Durch das Magnetfeld der Erde werden diese Teilchen aus ihrer Richtung abgelenkt. Nur in der Nähe der Pole dringt ein Teil von ihnen in die Erdatmosphäre ein. Dort verursachen sie das **Nordlicht** (Bild 1).

Die Entstehung des Magnetfeldes der Erde ist noch nicht geklärt. Sicher nachweisen kann man nur die Wanderung der Magnetpole in der Erde. So ist der magnetische Südpol in diesem Jahrhundert rund 600 km von Boothia Felix nach Prince-of-Wales-Land gewandert.

Diese Polwanderungen lassen sich nachweisen, wenn man die Richtung der Magnetfelder in eisenhaltigem Eruptivgestein bestimmt. Auch in diesem Gestein gibt es wie in Eisen magnetische Bezirke (Elementarmagnete). Die magnetischen Bezirke des erstarrten Gesteins sind parallel zu den zum Zeitpunkt des Erstarrens vorhandenen Feldlinien ausgerichtet. Solche Messungen sicherten die Erkenntnisse über die Verschiebung von Kontinenten auf der Erdkugel. Damit haben magnetische Messungen entscheidend mitgeholfen unser Bild von der Erde zu gestalten.

1

Das Magnetfeld eines Blitzes. Der Blitz ist ein großer Schadenverursacher in Wohnungen. Nicht, weil er sie in Brand setzt, davor schützen Blitzschutzanlagen. Es ist sein Magnetfeld. Der Blitz stellt einen elektrischen Strom zwischen Wolke und Erde dar, der ebenfalls von einem Magnetfeld umgeben ist (Bild 3). Dieses Magnetfeld zerstört Teile der in Wohnungen installierten Heimelektronik bis hin zu den Magnetspeichern in Computern. Deshalb werden in Firmen EDV-Räume vor dem Eindringen der Magnetfelder von Blitzen geschützt. Dazu werden diese EDV-Räume durch einen dicken Eisenkäfig sowie durch stählerne Tür- und Fensterrahmen gesichert (Bild 2). Die Elektronik wird noch einmal zusätzlich durch ein Stahlgehäuse geschützt.

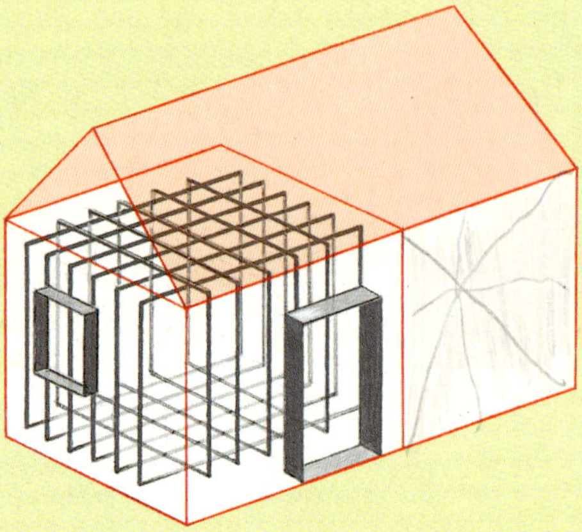

2

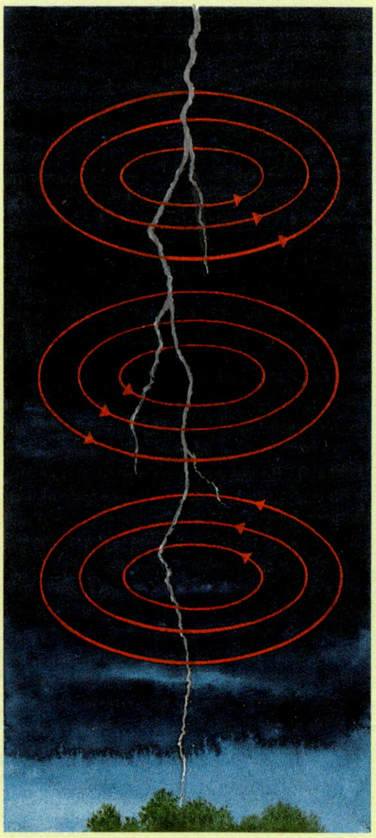

3

Gewusst? Erkannt? Gekonnt?

1. An welchen Stellen sind die magnetischen Felder in den Bildern 2 bis 7 auf S. 103 am stärksten?
2. Versuchen Sie, zu dem Scheibenmagnet im Bild 1 das räumliche magnetische Feldlinienbild zu zeichnen!

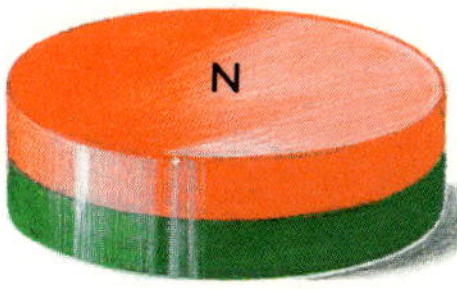

1

3. Die magnetische Nadel im Korken (Bild 2) hat oben ihren Nordpol. Skizzieren Sie den Weg, auf dem sie sich bewegen wird!

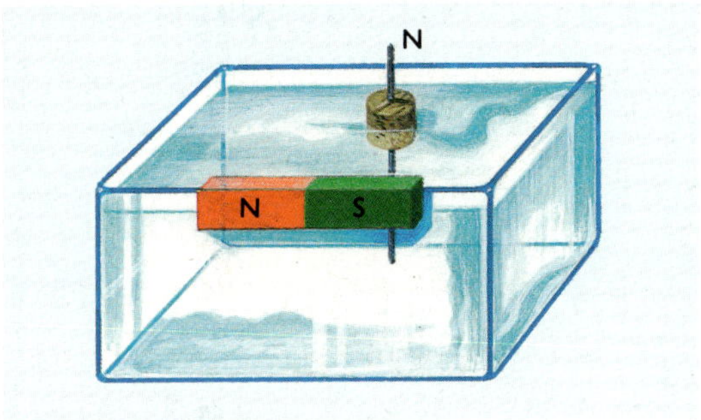

2

4. Wie können Sie beweisen, dass die Kräfte im Magnetfeld der Erde nichts mit der Erdanziehungskraft zu tun haben?
5. Bild 3 zeigt das Bild des Magnetfeldes des stromdurchflossenen Drahtes 1. In das Feld bringen wir den Draht 2. Durch ihn lassen wir einen Strom in gleicher Richtung fließen wie im Draht 1. Beide Drähte sind beweglich.
   a) Geben Sie anhand der 3-Finger-Regel der rechten Hand eine Voraussage über die Bewegung des Drahtes 2!
   b) Warum wird sich auch Draht 1 bewegen?
   c) Was erwarten Sie, wenn der Strom im Draht 2 in entgegengesetzter Richtung zum Strom im Draht 1 fließt?

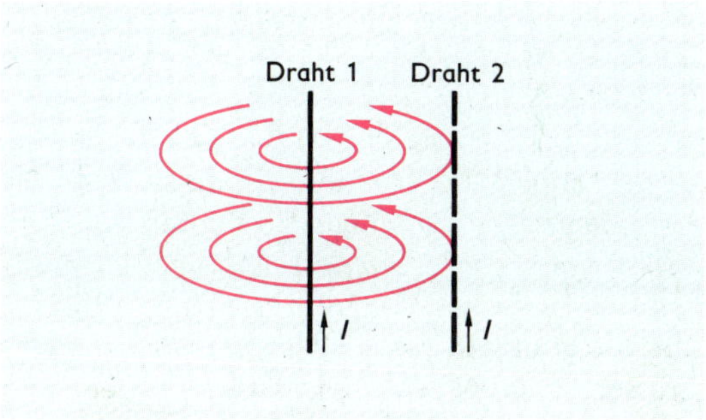

3

Kurz und knapp

Der Raum um einen Magneten befindet sich in einem besonderen Zustand. Diesen nennt man magnetisches Feld.

Magnetische Feldlinienbilder sind Modelle. Sie geben ein anschauliches Bild von Betrag und Richtung der magnetischen Kräfte im Raum.
Die Anzahl der Feldlinien in einem Gebiet ist ein Maß für den Betrag der dort wirkenden Kräfte.
Als Richtung der Feldlinien wird die Richtung festgelegt, in die der Nordpol einer an diese Stelle gebrachten Magnetnadel zeigt.

Magnetische Felder sind an keinen stofflichen Träger gebunden.
Magnetfelder besitzen Energie.

Auf einen stromdurchflossenen Leiter wirkt in einem Magnetfeld eine Kraft. Sie steht senkrecht zum Leiter und senkrecht zum Magnetfeld.

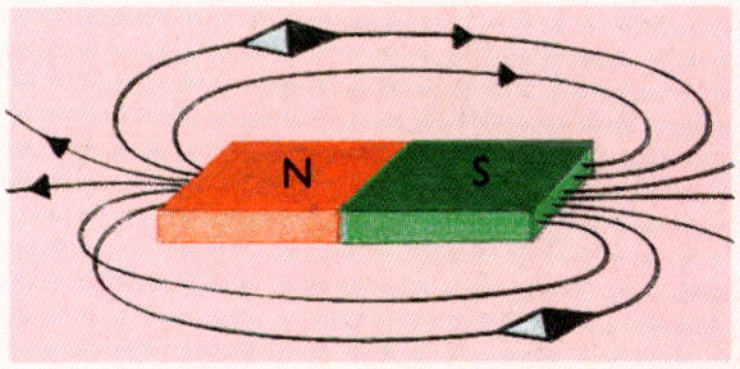

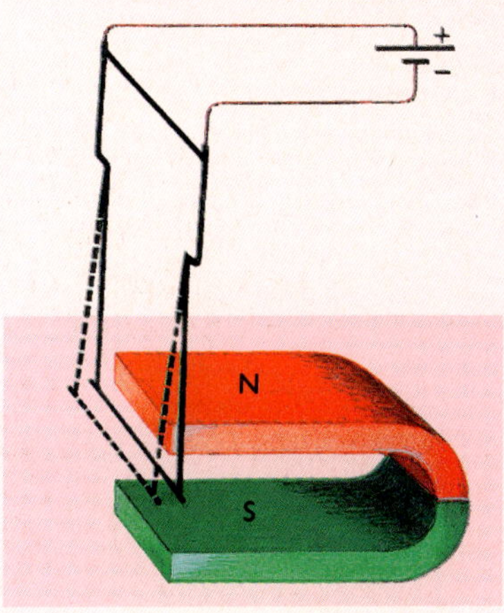

3 Elektromagnetische Induktion

Eine Fahrradlichtmaschine liefert die elektrische Energie für die Fahrradbeleuchtung. Sie besteht aus einem drehbaren zylindrischen Magneten mit mehreren Polpaaren und einer Spule. Wie funktioniert sie?

1

Bedingungen für die elektromagnetische Induktion

Die Lampen eines Fahrrades leuchten nur, wenn die Fahrradlichtmaschine angetrieben wird, d. h., wenn der mit dem Antriebsrad verbundene Magnet in der Spule gedreht wird. Dann entsteht an den Enden der Spule eine Spannung und durch die angeschlossenen Lampen fließt der Strom.
Wir wollen untersuchen, ob bei beliebigen Bewegungen zwischen einer Spule und einem Magneten an den Enden der Spule eine Spannung entsteht.

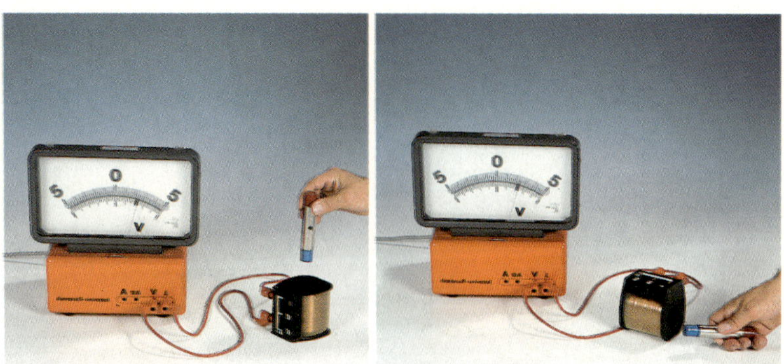

2

Experiment 1
Wir schließen an eine Spule einen Spannungsmesser an und bewegen einen Magneten
a) in die Spule hinein und wieder heraus (Bild 2 a),
b) an der Spule vorbei (Bild 2 b).

In beiden Fällen beobachten wir am Spannungsmesser einen Zeigerausschlag, wenn der Magnet bewegt wird.
Wir wandeln das Experiment ab. Der Magnet wird festgehalten und die Spule wird bewegt: auf den Magneten zu – von ihm weg – an ihm vorbei. Wieder beobachten wir einen Zeigerausschlag am Messgerät. Es ist also gleichgültig, ob die Spule bewegt wird oder der Magnet bewegt wird. Es kommt nur auf die **Relativbewegung** beider an.
Gleiche Ergebnisse erhalten wir, wenn wir anstelle eines Dauermagneten einen Elektromagneten verwenden (Bild 1).
Führt jede Relativbewegung von Spule und Magnet zu einer Spannung an den Enden der Spule?

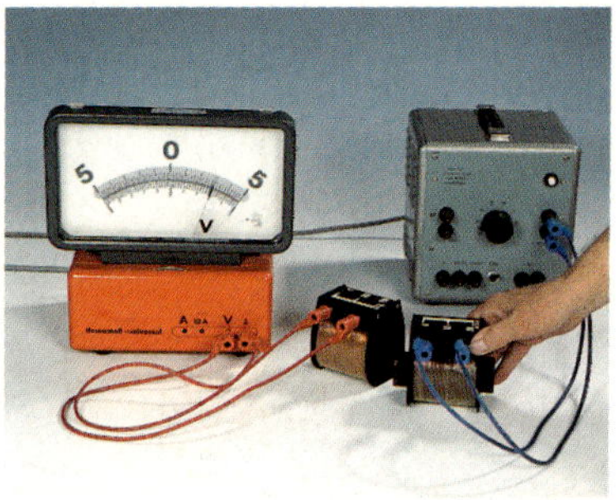

1

Relativbewegung von Spule und Elektromagnet

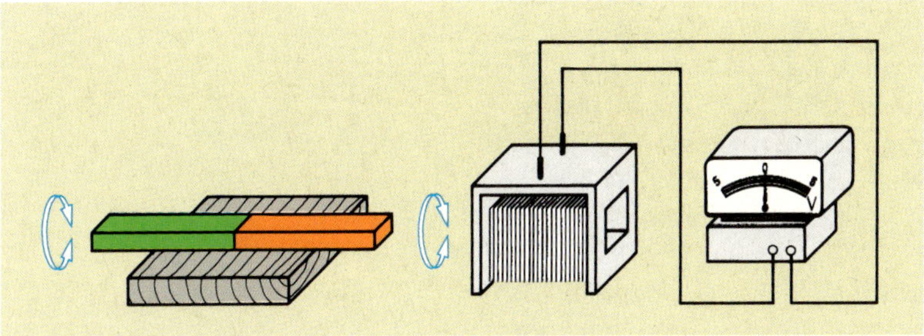

2

Experiment 2
Ein Stabmagnet befindet sich vor einer Spule und wird um seine Längsachse gedreht. Anschließend wird die Spule um ihre Längsachse gedreht. In beiden Fällen zeigt das Messgerät keine Spannung an.

Um herauszufinden, warum nur bei bestimmten Bewegungen eine Spannung entsteht, betrachten wir die Feldliniendarstellungen (Bild 3).

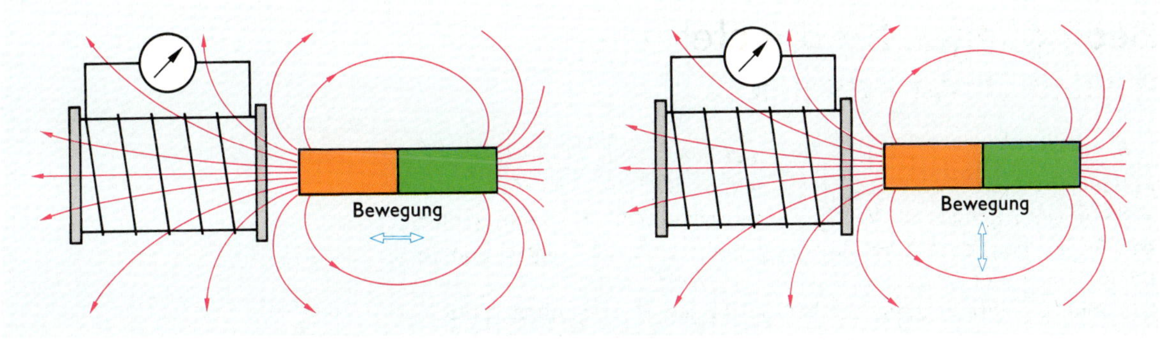

3

Wir erkennen, dass beim Nähern und Entfernen des Magneten mehr oder weniger Feldlinien von der Spule umfasst werden. Das von der Spule umfasste Magnetfeld ändert sich. Beim Drehen des Magneten um seine Längsachse bleibt das von der Spule umfasste Magnetfeld konstant.
Man bezeichnet Spannungen, die durch Ändern eines Magnetfeldes in einer Spule entstehen, als Induktionsspannungen. Der Vorgang heißt **elektromagnetische Induktion** (lat. inducere: hineinführen).

Bei der Relativbewegung von Spule und Magnet wird eine Spannung induziert, wenn sich dabei das von der Spule umfasste Magnetfeld ändert.

Wird an die Spule ein Bauelement, z. B. eine Lampe, angeschlossen, dann fließt im geschlossenen Stromkreis ein Induktionsstrom.

Experiment 3
Zwischen den Polen eines Hufeisenmagneten hängt eine Leiterschaukel. Die Enden sind an ein Drehspulmessgerät angeschlossen (Bild 1). Wir bewegen die Leiterschaukel und beobachten während der Bewegung einen Zeigerausschlag am Messgerät.

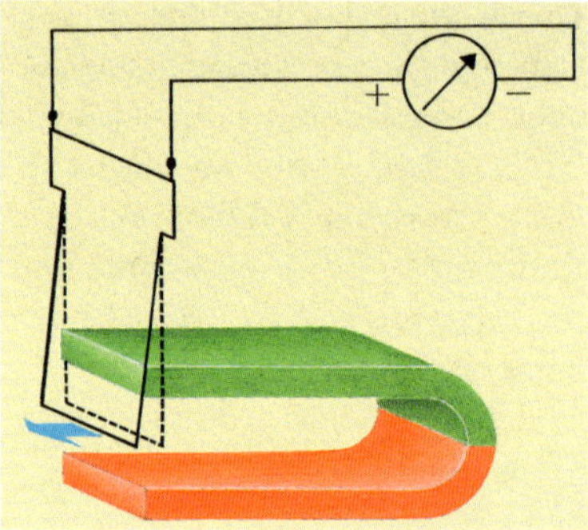

1

Es wird – wie bei der Relativbewegung von Spule und Magnet – eine Spannung induziert, durch das Messgerät fließt ein Strom. Die Leiterschaukel wirkt wie eine Spule mit einer Windung. Wir wissen, dass auf einen stromdurchflossenen Leiter im Magnetfeld eine Kraft wirkt, die den Leiter bewegt (vgl. S. 105). Experiment 3 stellt die Umkehrung dar. Der Leiter wird im Magnetfeld bewegt, es entsteht eine Spannung, durch den Leiter fließt ein elektrischer Strom.

Ändern wir im Experiment 3 die Bewegungsrichtung oder die Richtung des Magnetfeldes, so ändert sich die Richtung des Induktionsstromes.

Zur Angabe der Richtungen benutzt man wie bei den Kräften auf stromdurchflossene Leiter im Magnetfeld die 3-Finger-Regel der rechten Hand (vgl. S. 105). Daumen, Zeigefinger und Mittelfinger sind senkrecht zueinander gespreizt (Bild 2).

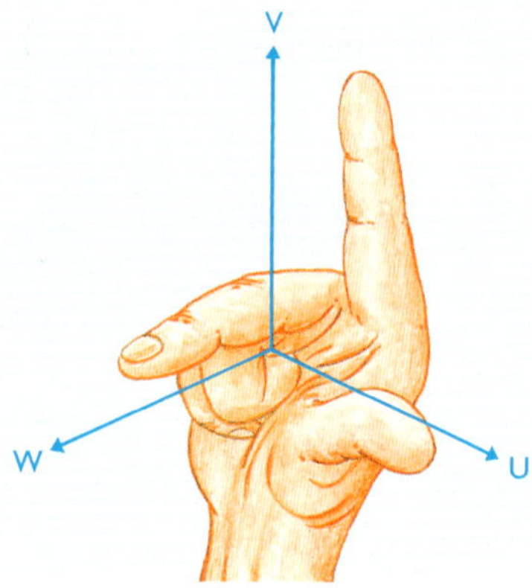

2

3-Finger-Regel der rechten Hand:
Weist der Daumen in Richtung der Bewegung des Leiters (Ursache), der Zeigefinger in Richtung der magnetischen Feldlinien („Vermittlung"), so gibt der Mittelfinger die Richtung des Induktionsstromes im Leiter (Wirkung) an.

Als Richtung des Induktionsstromes wird die technische Stromrichtung vom positiven zum negativen Pol gewählt.

Bei allen bisherigen Experimenten entstanden Spannungen in Spulen oder schaukelförmigen Leitern durch Relativbewegung von Leitern und Magneten.

Kann man auch ohne Bewegung der Spule oder des Magneten eine Induktionsspannung erzeugen?

Bei Elektromagneten kann das Magnetfeld durch Ändern der Stromstärke mit einem stellbaren Widerstand geändert werden.

Experiment 4
Eine zweite Spule wird als Induktionsspule so in die Nähe des Elektromagneten gebracht, dass sein Feld von der Induktionsspule umfasst wird (Bild 3). Wir vergrößern oder verkleinern die Stromstärke des Elektromagneten.

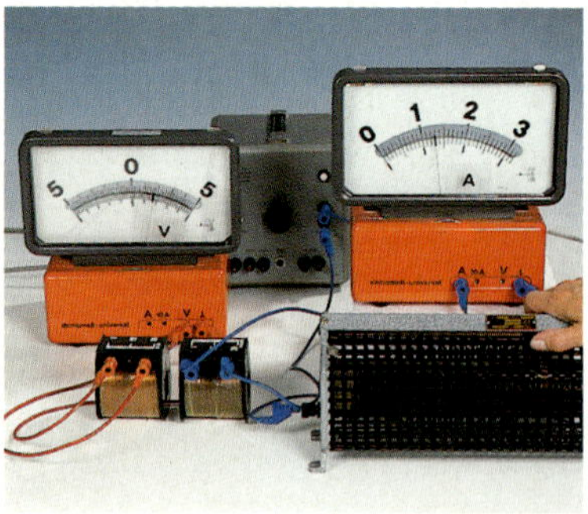

3

Durch das Ändern der Stromstärke des Elektromagneten ändert sich die Stärke des Magnetfeldes. An den Enden der Induktionsspule wird eine Spannung induziert. Das kann man im Feldlinienbild veranschaulichen. Beim Vergrößern der Stromstärke nimmt die Dichte der Feldlinien zu. Die von der Induktionsspule umfasste Anzahl der Feldlinien nimmt auch zu. Beim Verkleinern der Stromstärke nimmt die Anzahl der von der Induktionsspule umfassten Feldlinien ab.

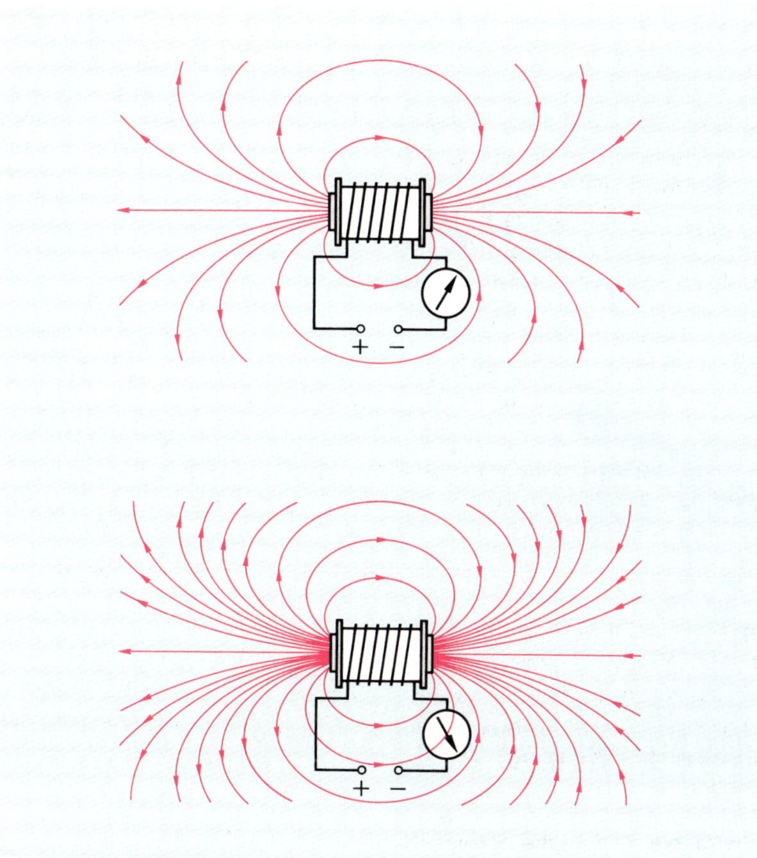

1

Auch beim Ein- und Ausschalten des Elektromagneten wird an den Enden der Induktionsspule eine Spannung induziert. Die Richtung der Zeigerausschläge ist beim Ein- und Ausschalten unterschiedlich.

Legt man an den Elektromagneten eine Wechselspannung, so ändern sich ständig Stärke und Richtung des Magnetfeldes. In der Induktionsspule wird eine Spannung induziert, deren Betrag und Richtung sich ändern. Es wird eine Wechselspannung induziert.

Die Ergebnisse der durchgeführten Untersuchungen zeigen uns, unter welchen Bedingungen eine Induktionsspannung entsteht:

An den Enden einer Spule wird eine Spannung induziert, solange sich das von der Spule umfasste Magnetfeld ändert.

Betrag der Induktionsspannung

Spulen können unterschiedliche Windungszahlen, Querschnitte und Längen haben. Magnete können unterschiedlich stark sein und mit unterschiedlicher Geschwindigkeit bewegt werden.
Wie beeinflussen diese Größen die induzierte Spannung?
Verwendet man bei Experimenten Induktionsspulen mit doppelter oder dreifacher Windungszahl, so erhält man bei der gleichen Änderung des magnetischen Feldes in der gleichen Zeit die doppelte bzw. dreifache Induktionsspannung (Bild 1).

1

Eine höhere Induktionsspannung erhält man auch, wenn das Magnetfeld in einer kürzeren Zeit, z. B. durch eine schnellere Bewegung des Magneten, geändert wird.

Experiment 5
Wir ändern die Stärke des Magnetfeldes beim Experiment 4 in der gleichen Zeit um unterschiedliche Beträge. Dazu ändern wir die Stromstärke in einem Elektromagneten um 0,1 A, 0,2 A und 0,3 A. Die Zeigerausschläge am Spannungsmesser verhalten sich wie 1 : 2 : 3. Wir wiederholen das Experiment, stecken aber einen Eisenkern in die Induktionsspule. Die Zeigerausschläge am Messgerät sind erheblich größer.

Weiterhin kann man zeigen, dass die Induktionsspannung mit Vergrößerung des Querschnittes der Spule wächst.
Die Länge der Spule hat keinen Einfluss auf die Induktionsspannung.

Die Induktionsspannung an den Enden einer Spule ist umso größer, je größer die Änderung des Magnetfeldes ist und je schneller sie erfolgt.
Durch Vergrößern von Windungszahl und Querschnitt der Induktionsspule und einen Eisenkern entsteht eine höhere Induktionsspannung.

Energieumwandlung bei der elektromagnetischen Induktion

Beim Fahrradfahren mit eingeschaltetem Licht muss man kräftiger in die Pedale treten. Wie ist das zu erklären?

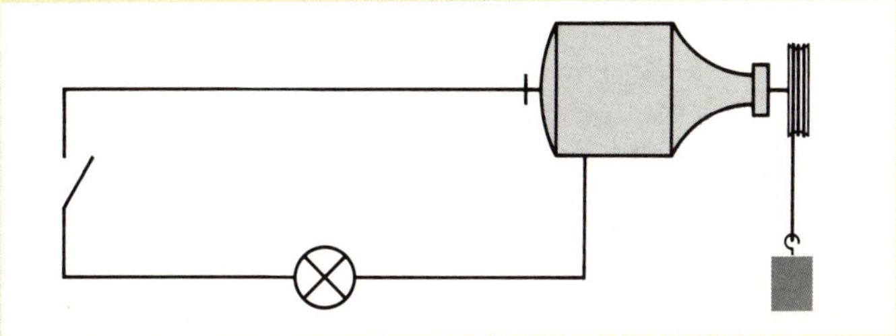

1

Experiment 6
An einer Fahrradlichtmaschine wird das Antriebsrad durch eine Rolle ersetzt. Auf die Rolle wird ein Faden gewickelt, an dem ein Hakenkörper hängt.

Sind keine Lampen an die Lichtmaschine angeschlossen, so bewegt sich der Körper beschleunigt nach unten. Beim Anschluss von Lampen wird die Bewegung des Hakenkörpers gebremst, er bewegt sich annähernd gleichförmig.

Wie können wir die Beobachtung erklären? Betrachten wir die Energieumwandlungen. Die potenzielle Energie des Antriebskörpers wandelt sich in Bewegungsenergie des Magneten der Fahrradlichtmaschine und in Reibungsarbeit um. Beim Einschalten der Lampen fließt ein Induktionsstrom. Die mechanische Energie des Antriebskörpers wird zum Teil in elektrische Energie umgewandelt. Der Antriebskörper sinkt deshalb langsamer nach unten.
Beim Fahrradfahren mit eingeschaltetem Licht muss der Fahrer wegen der Umwandlung von mechanischer Energie in elektrische Energie kräftiger in die Pedale treten.
Treten auch bei anderen Induktionsvorgängen solche Energieumwandlungen auf?

Experiment 7
Ein Stabmagnet schwingt an einer Feder und taucht dabei in eine Spule ein. Verbindet man die Enden der Spule mit einem Leiter, so hört der Magnet bald auf zu schwingen. Bei offenen Anschlüssen schwingt der Magnet länger.

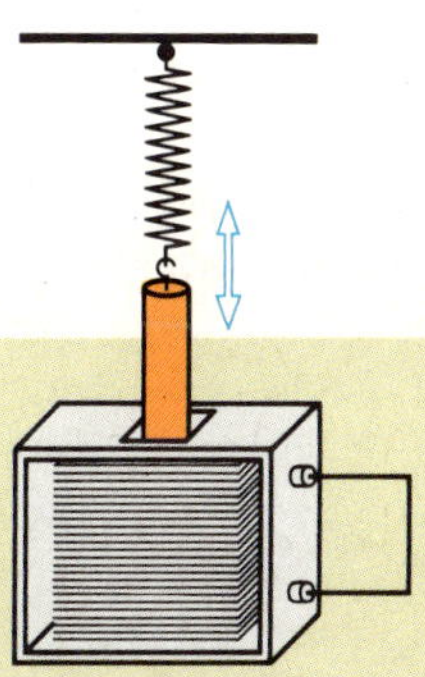

2

Warum wird die Bewegung des Magneten bei kurzgeschlossener Spule gebremst? Durch die Bewegung des Magneten wird in der Spule eine Spannung induziert. Verbindet man die Anschlüsse der Spule miteinander, so fließt ein Induktionsstrom. Die Spule wird zum Elektromagneten.
Die Magnetfelder des Stabmagneten und der Spule sind jeweils so gerichtet, dass sie die Bewegung behindern. Beim Eintauchen eines Nordpols in die Spule entsteht am oberen Spulenende auch ein Nordpol. Das Eintauchen des Nordpols wird gebremst. Beim Herausschwingen des Nordpols hat sich die Richtung des Induktionsstromes geändert. Am oberen Spulenende entsteht jetzt ein Südpol, das Herausschwingen des Nordpols wird gebremst.

Der russische Physiker *Heinrich Friedrich Emil Lenz* (1804–1865) hat für die Richtung des Induktionsstromes folgende Regel formuliert:

Der Induktionsstrom ist stets so gerichtet, dass er der Ursache seiner Entstehung entgegenwirkt.

Die Dämpfung der Bewegung des schwingenden Magneten folgt aus dem Energieerhaltungssatz: Die mechanische Energie des schwingenden Magneten muss abnehmen, weil im Spulenstromkreis durch Induktion elektrische Energie erzeugt wurde. Die mechanische Energie des schwingenden Magneten wird in elektrische Energie umgewandelt. Die Lenz'sche Regel ist gleichbedeutend mit der Anwendung des Energieerhaltungssatzes auf die elektromagnetische Induktion.

Selbstinduktion

Wir wissen: In einer Spule wird eine Spannung induziert, solange sich das von der Spule umfasste Magnetfeld ändert. Auch in der Spule eines Elektromagneten ändert sich beim Ein- und Ausschalten das Magnetfeld. Welche Wirkung hat das?

Experiment 8
Wir beobachten das Verhalten der beiden Lampen in der Schaltung nach Bild 1. Beim Einschalten des Stromes leuchtet die Lampe L_2 im Spulenstromkreis später auf.

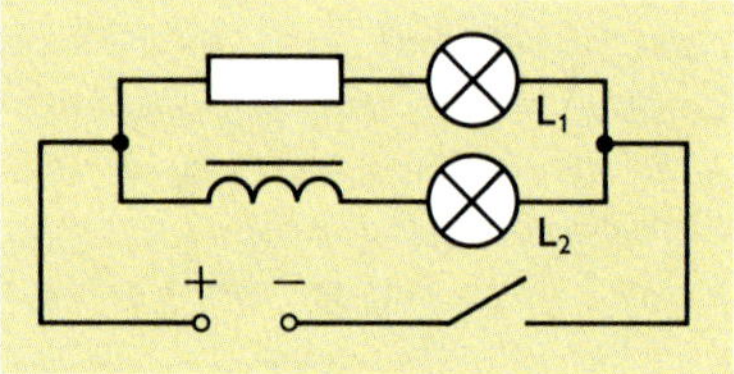

1

Die Stärke des Magnetfeldes wächst beim Einschalten von null bis zum endgültigen Wert. Dieses sich ändernde Magnetfeld induziert in der felderzeugenden Spule selbst eine Spannung. Diesen Vorgang nennt man **Selbstinduktion**. Der im geschlossenen Stromkreis entstehende Induktionsstrom wirkt nach der Lenz'schen Regel seiner Ursache entgegen. Das ist hier die Änderung der Stromstärke. Das Anwachsen der Stromstärke wird somit verzögert. Hat der Spulenstrom seinen endgültigen Wert, dann ändert sich das Magnetfeld nicht mehr und es wird keine Spannung induziert. Im Stromkreis ohne Spule erreicht die Stromstärke praktisch sofort ihren Höchstwert, die Lampe L_1 leuchtet sehr schnell auf.

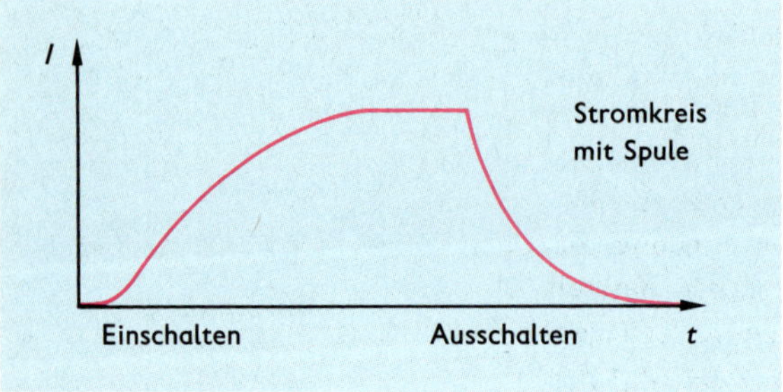

2

I-*t*-Diagramm (Spule)

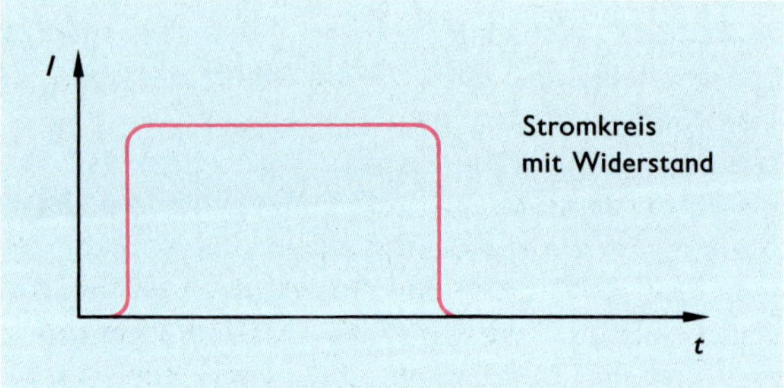

3

I-*t*-Diagramm (Widerstand)

Auch beim Ausschalten eines Stromkreises mit einer Spule tritt Selbstinduktion auf. Das Magnetfeld wird abgebaut. Es wird eine Spannung induziert, die das Absinken des Stromes verzögert.
Die Selbstinduktionsspannung beim Ausschalten von Stromkreisen kann hohe Werte erreichen.
Parallel zu einer Spule mit geschlossenem Eisenkern wird eine Glimmlampe geschaltet (Bild 1). Diese zündet erst bei einer Spannung von etwa 100 V. An die Spule wird eine Spannung von ca. 4 V gelegt. Beim Öffnen des Schalters leuchtet die Glimmlampe kurz auf.
Die hohe Spannung ist auf die schnelle Änderung des Magnetfeldes beim Ausschalten und den Einfluss des Eisenkerns zurückzuführen.
Die Eigenschaft einer Spule, das Anwachsen oder Absinken der Stromstärke durch Selbstinduktion mehr oder weniger stark zu behindern, nennt man **Induktivität**. Die Induktivität hängt vom Bau der Spule ab. Spulen mit höherer Windungszahl haben eine höhere Induktivität. Ein Eisenkern in einer Spule vergrößert deren Induktivität erheblich.

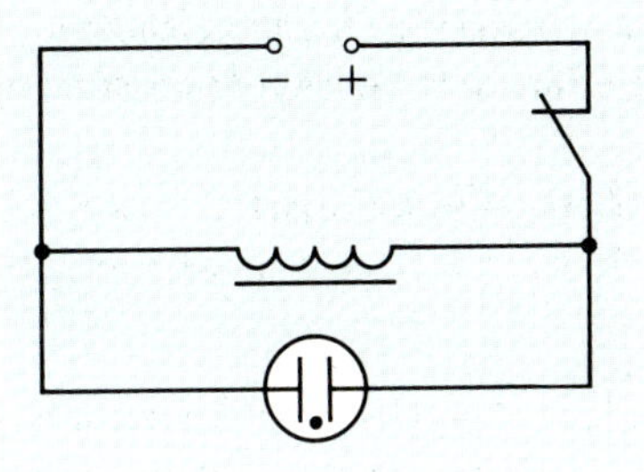

1

Einheit der Induktivität. Bei der Festlegung der Einheit der Induktivität nutzt man die Kenntnisse über die Abhängigkeit der Induktiosspannung von der Änderung der Stromstärke und der Zeit der Änderung. Die Einheit der Induktivität ist **ein Henry** (1 H) (so benannt zu Ehren von *Joseph Henry*, 1797–1878, amerikanischer Physiker). Eine Spule hat eine Induktivität von 1 Henry, wenn bei einer Änderung der Stromstärke von 1 A in der Zeit 1 s eine Selbstinduktionsspannung von 1 V induziert wird.

$$1\ \mathrm{H} = \frac{1\ \mathrm{V}}{1\frac{\mathrm{A}}{\mathrm{s}}} = 1\frac{\mathrm{V \cdot s}}{\mathrm{A}}$$

Spule im Wechselstromkreis. Im Gleichstromkreis behindert eine Spule die Änderung der Stromstärke durch Selbstinduktion. Wie wirkt eine Spule im Wechselstromkreis?

Experiment 9
Eine Spule mit Eisenkern wird in Reihe mit einer Glühlampe
a) an eine Gleichspannung,
b) an eine gleich große Wechselspannung
angeschlossen (Bild 2). Die Lampe leuchtet im Gleichstromkreis hell, im Wechselstromkreis viel schwächer. Entfernt man den Eisenkern, so leuchtet die Lampe auch im Wechselstromkreis heller.

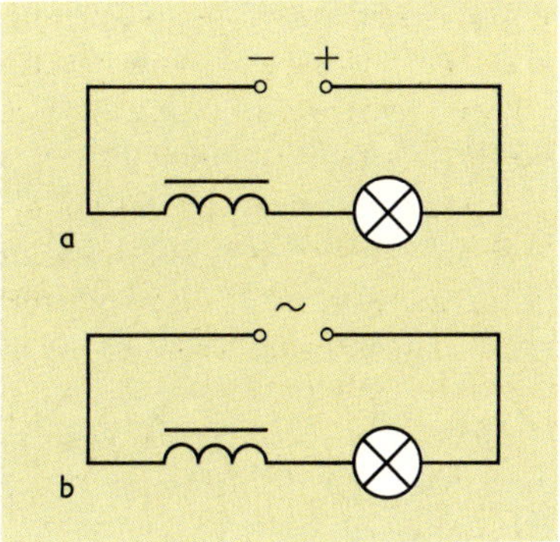

2

Im Wechselstromkreis ändert sich die Stromstärke ständig. Es wird immer eine Selbstinduktionsspannung induziert, die der anliegenden entgegenwirkt. Dadurch ist die Stromstärke im Wechselstromkreis kleiner als im Gleichstromkreis. Entfernt man den Eisenkern, verringert sich die Induktivität der Spule und damit die Gegenspannung, die Stromstärke wächst.

Ein Blick in die Technik

Dynamisches Mikrofon. An der Membran des Mikrofons ist eine Spule befestigt, die in den Spalt eines Dauermagneten eintaucht (Bild 1). Treffen Schallwellen auf die Membran, so bewegt sich diese. Mit ihr bewegt sich die Spule relativ zum Magnetfeld des Dauermagneten. Dadurch wird in der Spule im Rhythmus der Bewegung eine Spannung induziert.

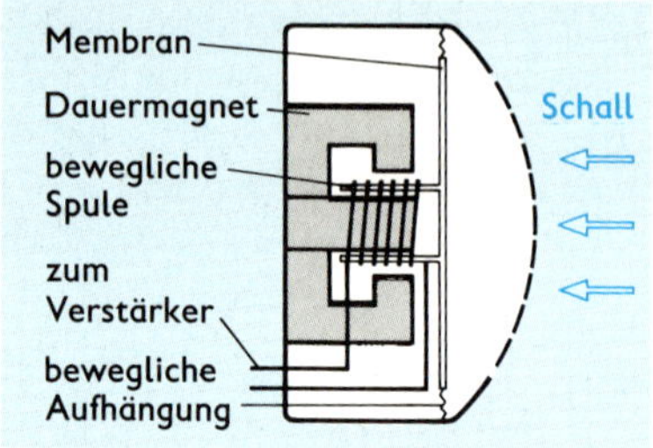

1

Tonbandgerät. Im Tonbandgerät wird ein Kunststoffband, das mit magnetisierbarem Material beschichtet ist, das Tonband, gleichmäßig an einem Elektromagneten, dem Tonkopf, vorbeigeführt. Bei der Aufnahme (Bild 2 a) fließt durch den Tonkopf der Spule der Wechselstrom des Mikrofons. Dadurch entstehen im Tonband im Rhythmus des Sprechwechselstroms magnetische Pole. Bei der Wiedergabe (Bild 2 b) wird das Band am Tonkopf vorbeigeführt. Die wechselnden magnetischen Pole des Tonbandes induzieren dabei in der Spule des Tonkopfes einen Wechselstrom, der nach Verstärkung vom Lautsprecher in Schall umgewandelt wird.

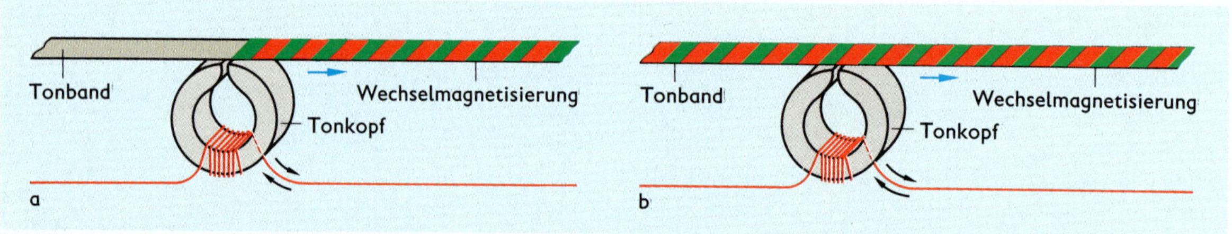

2

Leuchtstofflampen. Sie benötigen zur Erzeugung der gleichen Lichtmenge weniger elektrische Energie als Glühlampen. In der Leuchtstofflampe fließt elektrischer Strom durch ein Gas. Leuchtstofflampen erfordern eine Spule als Vorschaltgerät (Bild 3). Diese begrenzt die Stromstärke beim Betrieb der Lampe.
Die Spule ist auch zum Zünden der Lampe erforderlich. Dafür muss kurzzeitig eine Spannung von über 300 V an der Lampe liegen. Beim Einschalten einer Leuchtstofflampe fließt ein Strom durch die Spule und den Starter. Im Starter wird ein Bimetallstreifen erwärmt. Dadurch wird im Starter der Stromkreis unterbrochen. Dabei entsteht durch Selbstinduktion an der Spule die zum Zünden der Leuchtstofflampe erforderliche hohe Spannung.

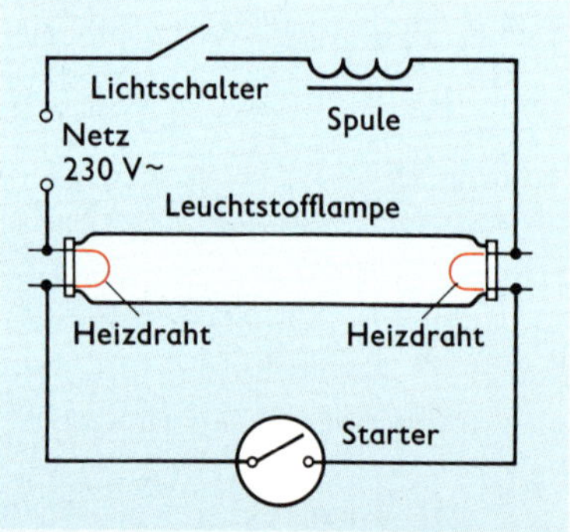

3

Disketten. In Computern werden zum Speichern von Daten Disketten genutzt (Bild 4). In einer Schutzhülle befindet sich eine Folie mit einer dünnen magnetisierbaren Schicht. Im Computer rotiert die Diskette. Über der Diskette kann ein Schreib-Lesekopf radial verschoben werden. Er enthält einen kleinen Elektromagneten. Beim Schreibvorgang wird die Schicht der Diskette im Rhythmus der Datenimpulse magnetisiert. Beim Lesevorgang induziert die magnetische Beschichtung der rotierenden Diskette im Lesekopf Spannungen, die der Computer als Daten weiterverarbeitet. Die Daten sind auf Spuren in Form von konzentrischen Kreisen, die in Sektoren unterteilt sind, gespeichert.
Auf einer Diskette kann man den Inhalt von einigen Hundert Schreibmaschinenseiten speichern.

4

Ein Blick in die Geschichte

1

Michael Faraday

1831 entdeckte *Michael Faraday* die elektromagnetische Induktion. Wer war *Faraday*, wie gelangte er zu seiner Entdeckung?
Michael Faraday (1791–1867) konnte als Sohn eines englischen Grobschmiedes nur eine Elementarschule besuchen und erlernte kaum mehr als Lesen und Schreiben. Mit 13 Jahren begann er eine Lehre als Buchbinder. Er band die Bücher nicht nur, sondern las auch viele davon. Besonders interessierten ihn Chemie- und Physikbücher. Darüber hinaus besuchte er naturwissenschaftliche Abendvorlesungen. Zu Hause arbeitete er die Mitschriften sorgfältig aus und begann, einfache Experimente durchzuführen. Dabei erwachte der Wunsch, selbst wissenschaftlich zu arbeiten. Er wandte sich an den berühmten Chemiker *Sir Humphry Davy* (1778–1829), zeigte ihm einige Mitschriften seiner Vorlesungen und bat ihn um eine Anstellung im Labor. 1813 wurde *Faraday* Assistent bei *Davy*. Er arbeitete und forschte unermüdlich weiter und wurde 1824 zum Mitglied der Königlichen Akademie gewählt.
Faraday war ein hervorragender Experimentator. In seinen Tagebüchern sind mit großer Gewissenhaftigkeit über 16 000 Versuche verzeichnet. *Faradays* Entdeckungen berührten fast alle Gebiete der Physik. Mit genialer Einfühlung in die Naturzusammenhänge prägte er den Feldbegriff und begründete die Modellvorstellung der elektrischen und magnetischen Feldlinien.
Die Entdeckung des dänischen Physikers *Hans Christian Oersted* (1777–1851), dass ein stromdurchflossener Leiter magnetische Wirkungen zeigt, veranlasste *Faraday* zur Suche nach der Umkehrung, der Erzeugung von elektrischem Strom durch Magnetismus. Nach fast 10 Jahren gelang ihm 1831 der entscheidende Versuch.

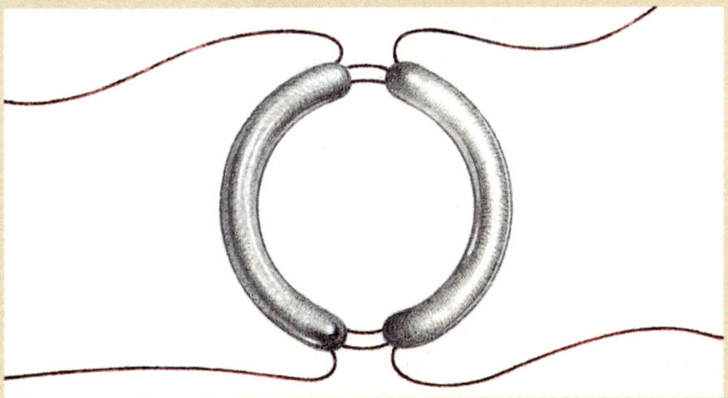

2

Die von *Faraday* benutzte Spule

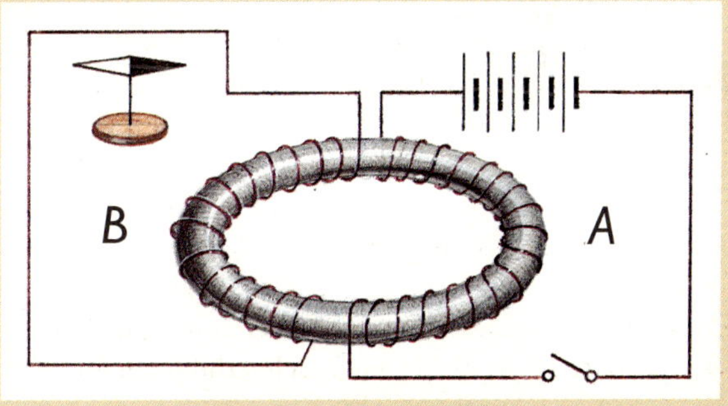

3

Schema des ersten Induktionsversuchs von *Faraday*

Auf einen Eisenkern waren zwei Spulen gewickelt. *Faraday* verband eine Spule (A) mit einer Batterie, die Enden der zweiten Spule (B) verband er mit einem Kupferdraht, der über eine Magnetnadel führte. Beim Anschließen der Batterie an die Spule A und beim Öffnen des Stromkreises zeigte die Magnetnadel einen Strom in der Spule B an. *Faraday* erkannte, dass nur bei der Änderung des Magnetfeldes der Spule A beim Ein- und Ausschalten in der Spule B ein Induktionsstrom fließt.

Gewusst? Erkannt? Gekonnt?

1. Eine Spule wird
   a) in einem homogenen Magnetfeld verschoben (Bild 1a),
   b) aus einem homogenen Magnetfeld herausbewegt (Bild 1b),
   c) in ein homogenes Magnetfeld hineinbewegt (Bild 1c),
   d) innerhalb des Feldes senkrecht zu den Feldlinien verschoben.

   Geben Sie an, bei welchen Bewegungen eine Spannung induziert wird! Begründen Sie!

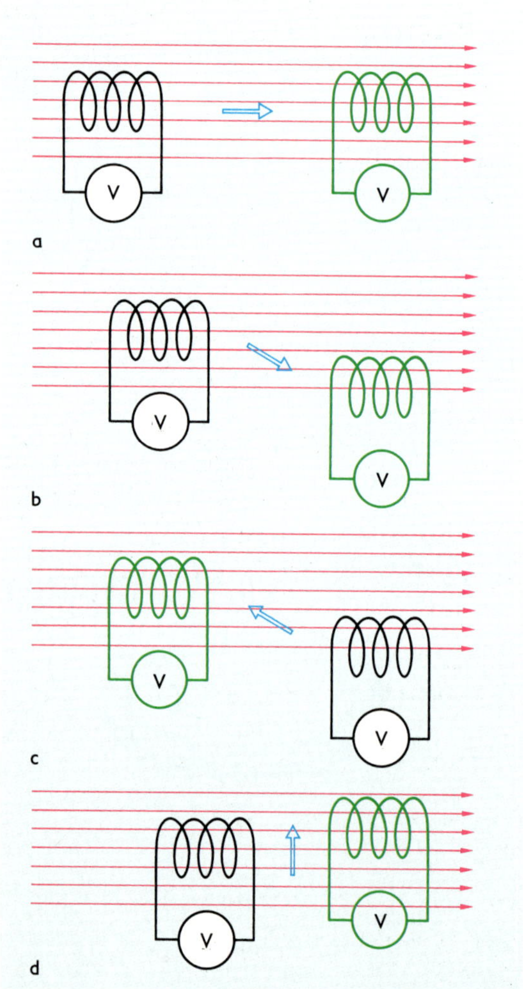

1

2. Schließt man an eine Taschenlampenbatterie (4,5 V) eine elektrische Klingel an, so erhält man beim Berühren der Spulenanschlüsse einen elektrischen Schlag. Erklären Sie diese Erscheinung!

3. Eine Spule befindet sich neben einem Elektromagneten (Bild 2). In welchen Fällen wird in der Spule eine Spannung induziert? Begründen Sie!
   a) Der Stromkreis des Elektromagneten wird geschlossen.
   b) Im Stromkreis fließt ein konstanter Strom.
   c) Die Stromstärke wird geändert.
   d) Der Stromkreis des Elektromagneten wird geöffnet.

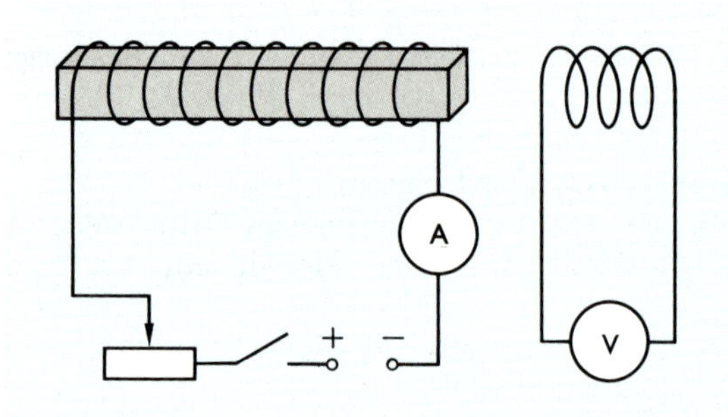

2

4. Zur Erzeugung von Induktionsspannungen werden ein, zwei oder drei Stabmagnete mit jeweils gleicher Geschwindigkeit in Spulen unterschiedlicher Windungszahl und gleicher Querschnitte eingeführt. Ordnen Sie die entstehenden Induktionsspannungen nach ihren Beträgen!

Anzahl der Stabmagnete	Windungszahl	Induktionsspannung
1	1 000	U_1
2	1 000	U_2
3	1 000	U_3
1	500	U_4
1	200	U_5

5. In der Experimentieranordnung (Bild 2) werden am Elektromagneten Stromstärken von 1 A, 2 A, 3 A eingestellt. Vergleichen Sie die Induktionsspannungen, die beim Ausschalten des Elektromagneten in der Induktionsspule entstehen!
6. Beschreiben Sie die Vorgänge beim Aufzeichnen und bei der Wiedergabe von Schall beim Tonbandgerät!

Kurz und knapp

Bedingungen für die elektromagnetische Induktion
An den Enden einer Spule wird eine Spannung induziert, solange sich das von der Spule umfasste Magnetfeld ändert.

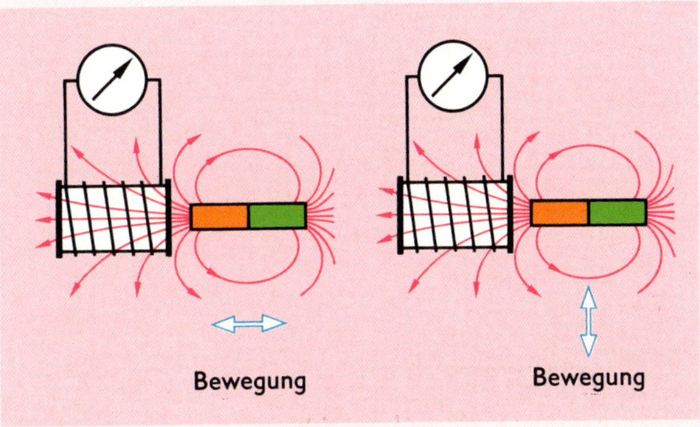

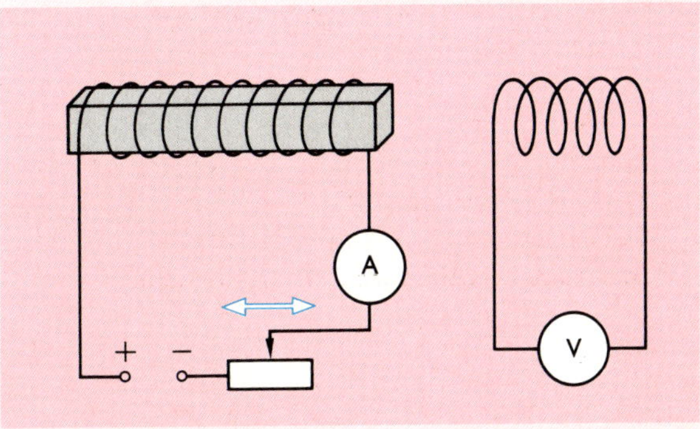

Betrag der Induktionsspannung
Die Induktionsspannung an den Enden einer Spule ist umso größer, je größer die Änderung des Magnetfeldes ist und je schneller sie erfolgt.

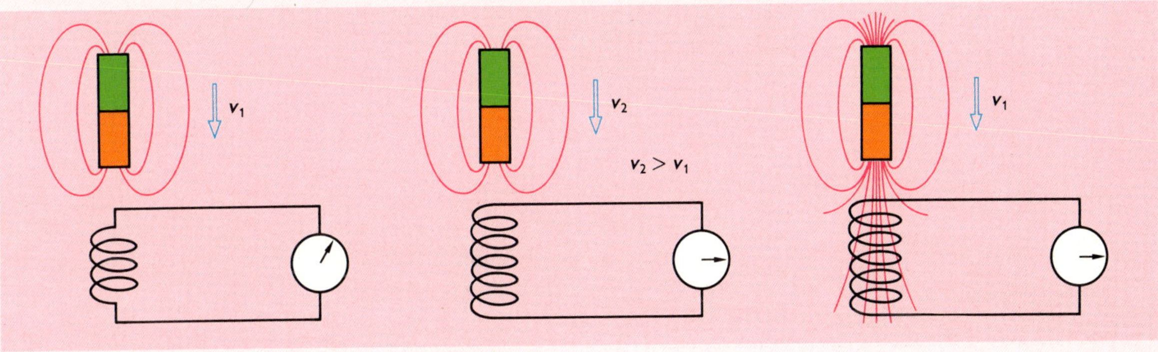

Durch Vergrößern von Windungszahl und Querschnitt der Induktionsspule und einen Eisenkern entsteht eine höhere Induktionsspannung.

Energieumwandlungen
Der Induktionsstrom ist stets so gerichtet, dass er der Ursache seiner Entstehung entgegenwirkt.

Selbstinduktion
Beim Ändern der Stromstärke in einer Spule wird eine Selbstinduktionsspannung induziert, die das Anwachsen oder Absinken der Stromstärke verzögert. Die Induktivität einer Spule kennzeichnet die Eigenschaft, die Änderung der Stromstärke zu behindern. Die Einheit der Induktivität ist 1 Henry.

$$1\,\mathrm{H} = 1\,\frac{\mathrm{V \cdot s}}{\mathrm{A}}$$

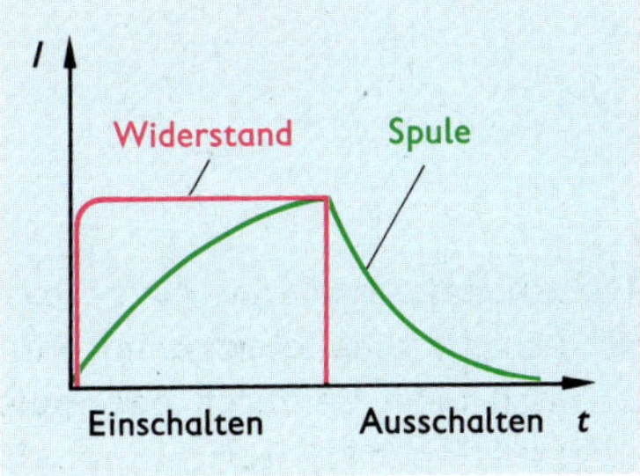

4 Wechselstrom-generator

Aus der Steckdose können wir elektrische Energie entnehmen und in andere Energieformen, z. B. in thermische Energie, Lichtenergie oder mechanische Energie, umwandeln. Die in der Steckdose bereitgestellte elektrische Energie kommt über Leitungen aus Kraftwerken. In diesen Kraftwerken stehen Generatoren, die meist durch Dampf- oder Wasserturbinen angetrieben werden. In Generatoren wird durch elektromagnetische Induktion Wechselstrom erzeugt. Wie arbeitet ein Wechselstromgenerator?

1

Erzeugen von Wechselspannungen

Sie wissen, dass beim Drehen eines Magneten vor einer Spule eine Spannung induziert wird. Was für eine Spannung entsteht, wenn der Magnet gleichmäßig gedreht wird?

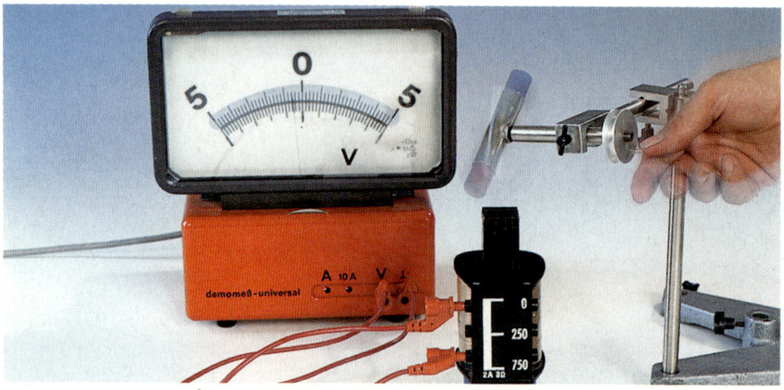

2

Experiment 1
Ein Magnet wird vor einer Spule gedreht (Bild 2). Wir beobachten, dass der Zeiger des angeschlossenen Spannungsmessers abwechselnd nach beiden Seiten ausschlägt.

Die Induktionsspannung ändert ständig ihre Richtung. Man nennt eine solche Spannung **Wechselspannung**.
Zur genaueren Untersuchung der Wechselspannung betrachten wir die Feldlinienbilder für verschiedene Stellungen des Magneten.

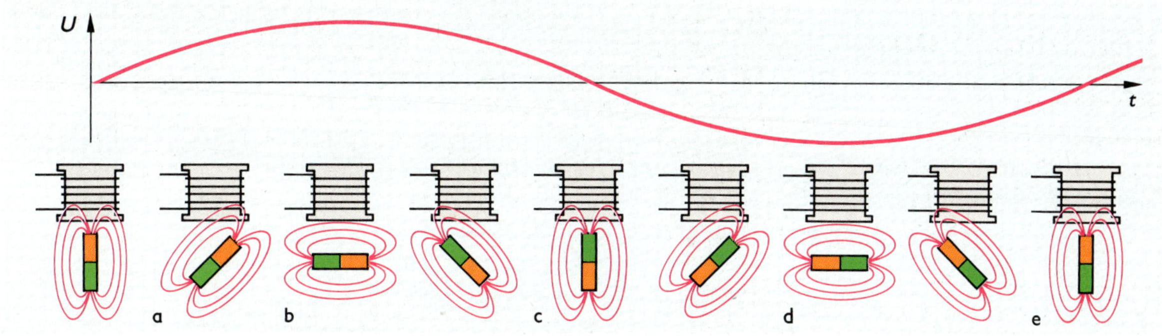

1

Beim Drehen des Magneten ändert sich ständig das von der Spule umfasste Magnetfeld. Im Bild 1 ist das daran erkennbar, dass die Spule bei verschiedenen Stellungen des Magneten eine unterschiedliche Anzahl von Feldlinien umschließt.
Beim Entfernen des Nordpols nimmt die Zahl der von der Spule umfassten Feldlinien ab (Bild 1a). Die größte Änderung tritt bei der im Bild 1b gezeichneten Stellung des Magneten auf. Folglich wird die größte Spannung induziert. Beim Weiterdrehen nähert sich der Südpol der Spule, die Anzahl der Feldlinien nimmt zu bis zu der im Bild 1c gezeichneten Stellung. Beim Weiterdrehen nimmt das Magnetfeld wieder ab. Das ist gleichbedeutend mit einer Änderung der Richtung der Induktionsspannung. Die Induktionsspannung nimmt wieder zu und erreicht im Bild 1d ihren negativen Höchstwert. Im Bild 1e ist der Ausgangszustand wieder erreicht.

Frequenz der Wechselspannung

Wechselspannungen, wie sie in einer Spule beim Drehen eines Magneten entstehen, liegen auch an den Polen der Steckdose oder eines Stromversorgungsgerätes. Mit einem Oszillographen kann man den zeitlichen Verlauf sichtbar machen (Bild 2).

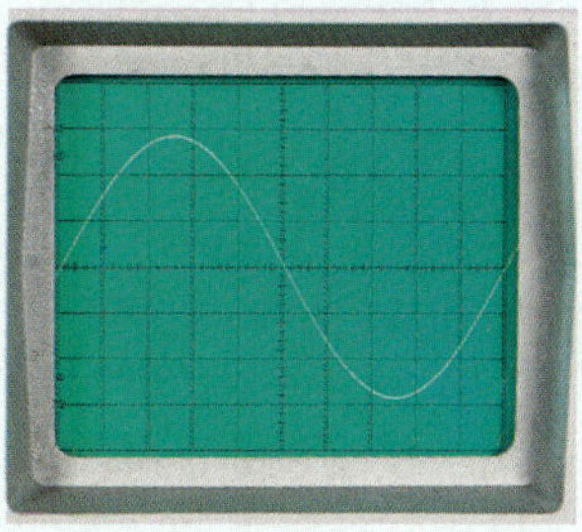
2

Die Spannung wächst bis zu einem Scheitelwert U_S und sinkt dann wieder auf den Wert null. Die Richtung ändert sich. Die Spannung sinkt bis zum negativen Scheitelwert und steigt danach wieder auf den Betrag null an. Die Wechselspannung unseres Stromnetzes erreicht in einer Sekunde 50-mal ihren positiven und ihren negativen Scheitelwert. Man sagt, die Wechselspannung hat eine Frequenz f von 50 Hz.

Effektivwerte von Wechselspannung und Wechselströmen

Schließt man an eine Steckdose einen Tauchsieder an, so wird er von Wechselstrom durchflossen. Dabei ändern sich Stromstärke und Spannung ständig. Die Scheitelwerte werden immer nur kurzzeitig erreicht. Würde man mit diesen Werten die übertragene Energie berechnen, so erhielte man einen zu großen Wert. Deshalb gibt man bei Wechselspannungen und Wechselströmen die kleineren Effektivwerte an (Bild 1).

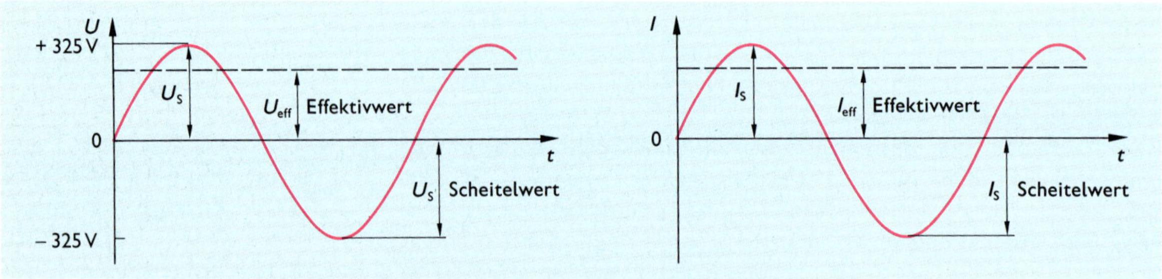

1

Effektivwerte einer Wechselspannung und eines Wechselstromes entsprechen den Werten eines Gleichstromes, der an einem Widerstand in der gleichen Zeit die gleiche Wärmewirkung hervorruft.

Wechselspannungs- und Wechselstrommessgeräte zeigen Effektivwerte an. Diese werden mit U und I bezeichnet.
Zwischen Effektivwert und Scheitelwert besteht die Beziehung:

$$U_S = U \cdot \sqrt{2}$$
$$I_S = I \cdot \sqrt{2}$$

Der Effektivwert der Spannung am Tauchsieder beträgt 230 V. Sie hat einen Scheitelwert von U_S = 325 V.

Bau und Wirkungsweise von Wechselstromgeneratoren

Moderne Fahrradlichtmaschinen bestehen aus einem drehbaren keramischen Magneten und feststehenden Spulen. Die meisten technischen Wechselstromgeneratoren sind ähnlich gebaut. Statt des Dauermagneten rotiert ein Elektromagnet. Man nennt solche Generatoren **Innenpolmaschinen** (Bild 2).
Bei technischen Generatoren werden Spannungen von 20 kV induziert und es fließen Ströme von 10 000 A. Diese Ströme werden bei Innenpolmaschinen von den feststehenden Induktionsspulen ohne Schleifringe abgenommen. Über Schleifringe werden nur die viel kleineren Ströme für die Elektromagneten zugeführt.

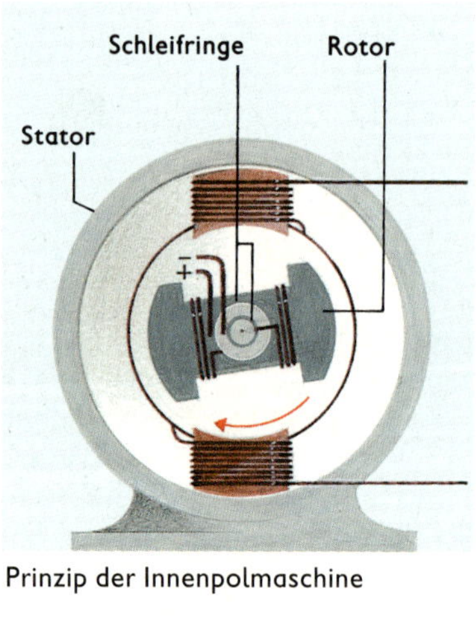

2
Prinzip der Innenpolmaschine

Befinden sich die Magnetpole außen im Stator und rotiert die Induktionsspule, so liegt eine **Außenpolmaschine** vor. Sie wissen bereits, dass bei der Fahrradlichtmaschine mechanische Energie in elektrische Energie umgewandelt wird. In Kraftwerken sind Wechselstromgeneratoren mit Turbinen gekoppelt (Bild 2). Turbinen wandeln thermische Energie in Bewegungsenergie um. Diese wird im Wechselstromgenerator in elektrische Energie umgewandelt.

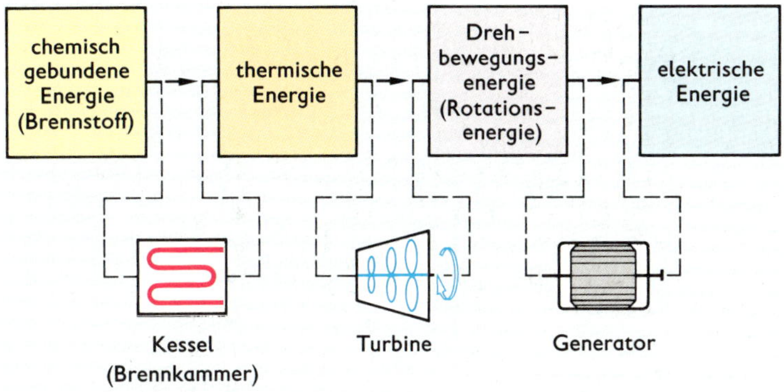

1 Umwandlungsketten im Kraftwerk

2 Blick in eine Turbinenhalle

Im Wechselstromgenerator wird mechanische Energie in elektrische Energie umgewandelt.

Ein Blick in die Geschichte

Der erste Generator wurde bereits 1832 von dem Franzosen *Pixii* gebaut. Ein Hufeisenmagnet rotierte vor zwei hintereinander geschalteten Spulen (Bild 3). Das von den Spulen umfasste Magnetfeld änderte sich, es wurde eine Wechselspannung induziert.
Für die Anwendungen des elektrischen Stromes war man damals aber nicht an Wechselstrom interessiert. Deshalb baute man einen rotierenden Umschalter (Kommutator) ein, der aus dem Wechselstrom einen pulsierenden Gleichstrom machte (Bild 4).
Die Enden der Induktionsspule waren mit zwei Halbringen verbunden, an denen Schleifkontakte angebracht waren. Wenn sich die Richtung der Induktionsspannung an der Induktionsspule ändert, wechseln auch die Halbringe die Schleifkontakte. An den Schleifkontakten ändert sich deshalb die Polung der Spannung nicht.
In den Jahren nach 1854 wurden verschiedene Generatoren gebaut, die u. a. die elektrische Energie für Bogenlampen in Leuchttürmen bereitstellten.

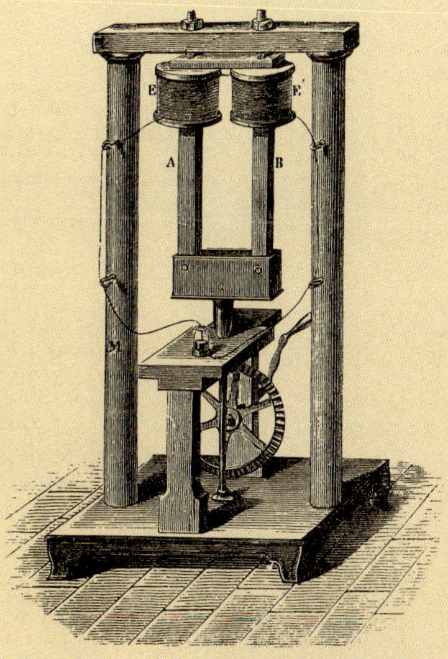

3 Generator von *Pixii*

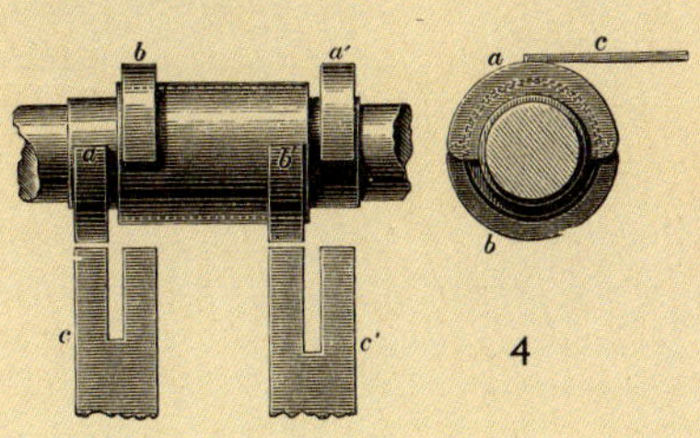

4 Kommutator

Diese Maschinen nutzten zur Erzeugung des Magnetfeldes Stahlmagnete (Bild 1).
Ihr Magnetismus war relativ schwach und nahm im Laufe der Zeit noch ab. Für die Erzeugung von größeren Spannungen und größeren Stromstärken brauchte man Elektromagnete. Für den Strom durch die Spulen des Elektromagneten waren teure Batterien oder ein zweiter Generator erforderlich.
1866 gelang *Werner von Siemens* eine entscheidende Entdeckung: Er nutzte einen Teil des im Generator erzeugten Stromes zur Erregung des Magnetfeldes. Jeder Eisenkern eines Magneten behält einen Restmagnetismus. Wird nun die Generatorspule im schwachen Restmagnetfeld gedreht, so wird eine kleine Spannung induziert. Diese Spannung wird an die Spule des Elektromagneten angeschlossen. Der Strom fließt durch den Magneten, das Magnetfeld wird stärker. Dadurch wird eine größere Spannung induziert, die wiederum einen größeren Strom durch den Elektromagneten bewirkt. Das setzt sich fort, bis der Generator die vorgesehene Spannung liefert. Man nennt Generatoren, die ihr Magnetfeld selbst erregen, **Dynamomaschinen** (Bild 2).

1
Alliance Maschine

2
Dynamomaschine von *Werner von Siemens*

Die Erfindung von *Siemens* ermöglichte in den folgenden Jahren den Bau leistungsfähiger Generatoren. In den USA entstand 1882 das erste Elektrizitätswerk mit sechs Dynamomaschinen. Jede stellte eine Leistung von ca. 90 kW bereit. 1884 wurde in Berlin im Keller des Hauses Friedrichstraße 55 das erste Elektrizitätswerk Europas für die Beleuchtung von zwei Gaststätten in Betrieb genommen (Bild 3).

3
Das erste Kraftwerk Europas im Keller eines Hauses der Berliner Friedrichstraße

Gewusst? Erkannt? Gekonnt?

1. Beschreiben Sie den Aufbau eines Wechselstromgenerators und erklären Sie seine Wirkungsweise!
2. Begründen Sie, warum in der Technik Innenpolmaschinen verwendet werden!
3. Geben Sie die beim Wechselstromgenerator auftretenden Energieumwandlungen an!
   Vergleichen Sie sie mit den Energieumwandlungen beim Elektromotor!
4. Beim Bremsen von Straßenbahnen kann man den Motor von der Oberleitung trennen und mit einem Widerstand verbinden. Der Motor arbeitet dann als Generator.
   Erklären Sie die Bremswirkung!
5. Eine Fahrradlichtmaschine wird an das Vorderrad angekoppelt. Die Zuleitung zu den Lampen ist abgeklemmt. Das Vorderrad wird gedreht. Nach einigen Umdrehungen bleibt das Rad stehen. Der Vorgang wird mit angeschlossenen Lampen wiederholt.
   Erklären Sie, warum das Rad jetzt früher stehen bleibt!
6. Ein Bauaufzug wurde erfunden (Bild 1). Das Aufzugsseil läuft über die Antriebsrolle eines Wechselstromgenerators. Dieser ist an einem Elektromotor angeschlossen, der das Seil mit der Last nach oben zieht.
   Arbeitet der Aufzug nach einem einmaligen Anwerfen des Generators?

1

Kurz und knapp

Beim Drehen eines Magneten vor einer Spule ändert sich ständig das von der Spule umfasste Magnetfeld. An den Enden der Spule wird eine Wechselspannung induziert.

Der Wechselstromgenerator wandelt mechanische Energie in elektrische Energie um.

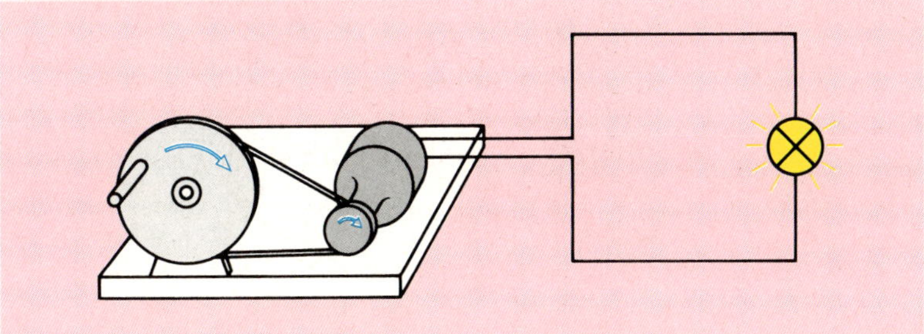

5 Transformator

Ein Walkman benötigt für den Betrieb eine Spannung von etwa 6 V. Man kann einen Walkman aber auch über ein Netzteil mit der Netzwechselspannung betreiben. In diesem Netzteil befindet sich ein Transformator, der die Netzspannung in die erforderliche Spannung umwandelt. Wie funktioniert ein Transformator?

1

Aufbau und Wirkungsweise eines Transformators

Der Transformator ist ein Gerät, mit dem man Spannungen und Ströme wandeln kann. Er besteht aus einem geschlossenen Eisenkern, auf dem sich zwei Spulen, die **Primärspule** (Feldspule) und die **Sekundärspule** (Induktionsspule), befinden (Bild 2). Zwischen beiden Spulen besteht keine elektrisch leitende Verbindung. Bild 3 zeigt das Schaltzeichen eines Transformators.

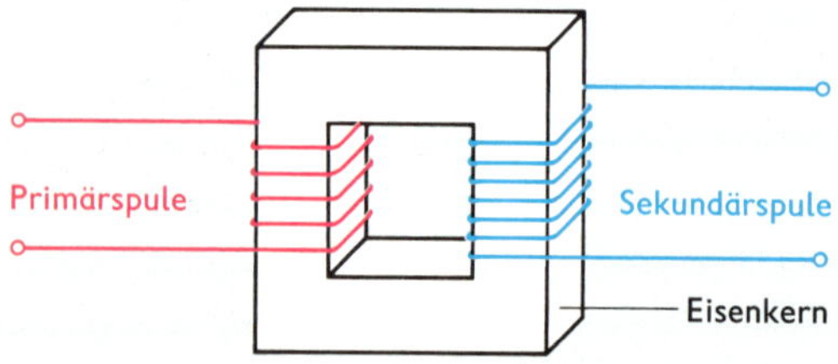

2

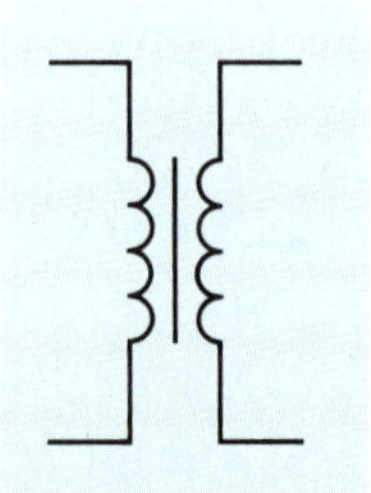

3

Auf welche Weise entsteht in der Sekundärspule eine Spannung?

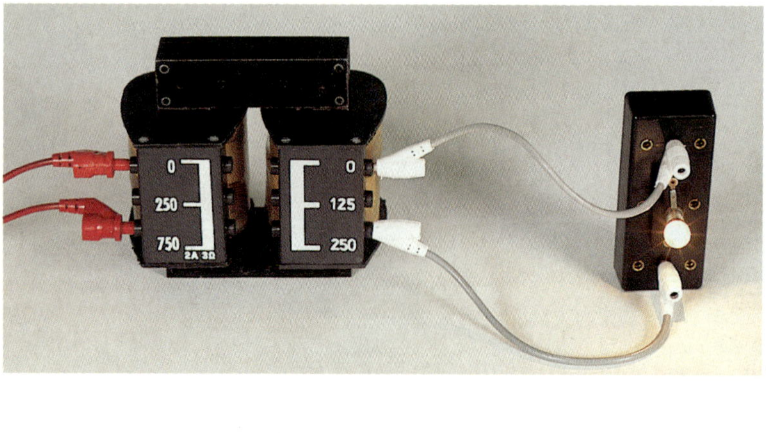

4

Experiment 1
An die Primärspule eines Transformators legen wir eine Wechselspannung von 18 V, an die Sekundärspule schließen wir eine Lampe für 6 V an. Die Lampe leuchtet, obwohl zwischen Primärspule und Sekundärspule keine elektrisch leitende Verbindung besteht (Bild 4).

Wir wissen bereits, dass man durch Ändern der Stromstärke in einem Elektromagneten eine Spannung an den Enden einer Induktionsspule induzieren kann. Die Induktionsspule muss dazu das sich ändernde Magnetfeld umfassen.
Das ist bei unserem Experiment der Fall. Beim Anlegen einer Wechselspannung an die Primärspule fließt durch diese ein Wechselstrom. Dieser ruft ein Magnetfeld hervor, das sich ständig ändert. Bei geschlossenem Eisenkern wird fast das gesamte Magnetfeld von der Sekundärspule umfasst, in ihr wird eine Wechselspannung induziert. Ein an die Sekundärspule angeschlossener Oszillograph zeigt eine Wechselspannungskurve (Bild 1).

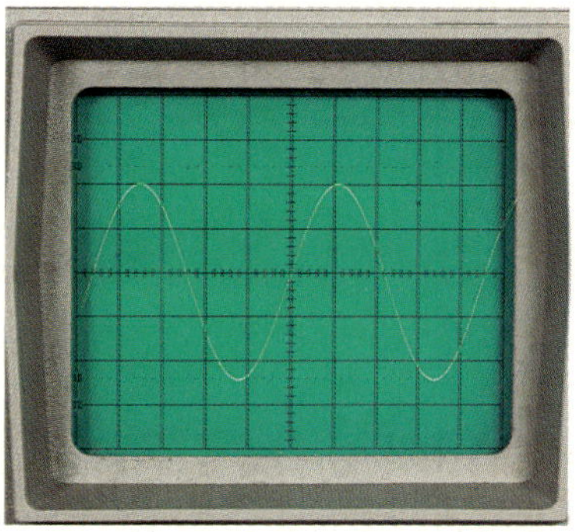
1

Transformator als Spannungswandler

In unserem Experiment verwendeten wir einen Transformator mit unterschiedlichen Windungszahlen für Primär- und Sekundärspule. Es gelang uns, eine Primärspannung von 18 V in eine Sekundärspannung von ca. 6 V zu wandeln. Welchen Einfluss haben die Windungszahlen auf die Spannungen?
Wie wir wissen, wächst die Induktionsspannung mit größerer Windungszahl der Induktionsspule. Auch die Windungszahl der Primärspule beeinflusst die Induktionsspannung. Hohe Windungszahlen bewirken stärkere Magnetfelder und damit bei sonst gleichen Bedingungen höhere Induktionsspannungen.
Welche Beziehung besteht zwischen Primär- und Sekundärspannung und den entsprechenden Windungszahlen eines Transformators?

Experiment 2
Wir verwenden einen Transformator mit unterschiedlichen Windungszahlen für Primär- und Sekundärspule. Nacheinander werden verschiedene Primärspannungen angelegt und gemessen. An die Sekundärseite ist außer dem Spannungsmesser kein Gerät angeschlossen. Der Transformator ist unbelastet (Bild 2). Dabei erhalten wir z. B. folgende Messwerte:

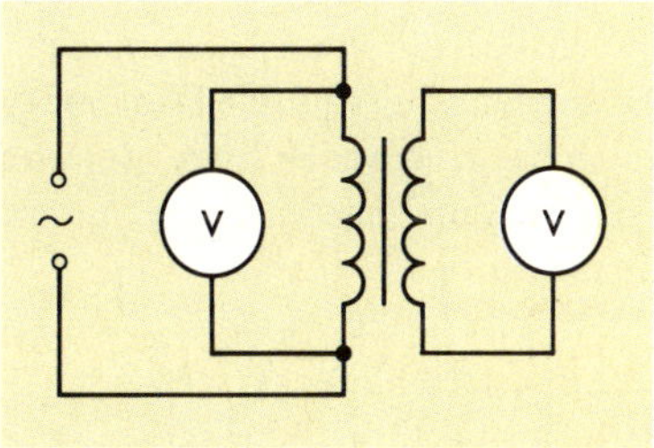

2

Primärkreis N_1	U_1 in V	Sekundärkreis N_2	U_2 in V
1 500	11,0	1 500	10,8
		750	5,4
		500	3,7
1 500	21,0	1 500	20,5
		750	10,0
		500	6,6
250	11,0	250	10,9
		500	21,5
		750	32,8

Aus den Messwerten können wir entnehmen:
Am unbelasteten Transformator wird die Sekundärspannung beim Vergrößern der Primärspannung größer.

Beim unbelasteten Transformator verhalten sich die Spannungen wie die Windungszahlen der zugehörigen Spulen.

$$\frac{U_1}{U_2} = \frac{N_1}{N_2}$$

Transformator als Stromwandler

Wird an die Sekundärseite eines Transformators ein elektrischer Widerstand angeschlossen, so fließt im Sekundärstromkreis ein Strom, der Transformator wird belastet.

Experiment 3
Wir messen Primär- und Sekundärstromstärke eines Transformators (Bild 1). Die Primärstromstärke ist beim belasteten Transformator größer als beim unbelasteten. Beim Vergrößern der Sekundärstromstärke durch Verkleinern des Stellwiderstandes steigt auch die Primärstromstärke an. Der Sekundärstromkreis wirkt auf den Primärstromkreis zurück.
Wie ist das zu erklären?

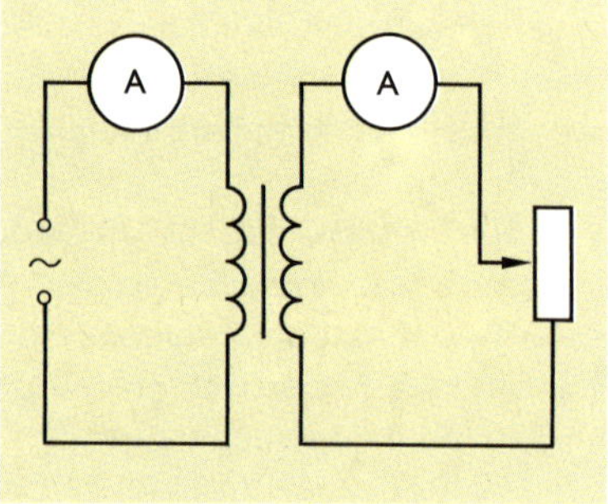

1

Beim unbelasteten Transformator fließt durch die Primärspule ein Wechselstrom. Im Eisenkern entsteht ein sich änderndes Magnetfeld. Dieses induziert in der Primärspule eine Selbstinduktionsspannung, die nach der Lenz'schen Regel der angelegten Spannung entgegengerichtet ist. Dadurch ist nur eine geringe Spannung wirksam, die Primärstromstärke ist klein.
Beim belasteten Transformator fließt im Sekundärstromkreis ein Induktionsstrom. Dieser erzeugt im Eisenkern ein zusätzliches Magnetfeld, das nach der Lenz'schen Regel dem ursprünglichen Feld entgegengerichtet ist, es also schwächt. Dadurch wird im Primärstromkreis die Selbstinduktionsspannung kleiner und die Primärstromstärke größer. Über das zusätzliche Magnetfeld wirkt der Sekundärstromkreis auf den Primärstromkreis zurück.
Wie verhalten sich Primärstromstärke und Sekundärstromstärke bei verschiedenen Windungszahlen?

Experiment 4
Wir verwenden einen Transformator, dessen Sekundärkreis stark belastet ist. Die höchste Belastung wird erreicht, wenn die Sekundärspule kurzgeschlossen ist. In den Sekundärstromkreis ist deshalb nur ein Strommesser geschaltet. Wir verwenden nacheinander unterschiedliche Windungszahlen für die Primär- und die Sekundärspule und messen jeweils Primär- und Sekundärstromstärke (Bild 2). Dabei erhalten wir z. B. folgende Messwerte:

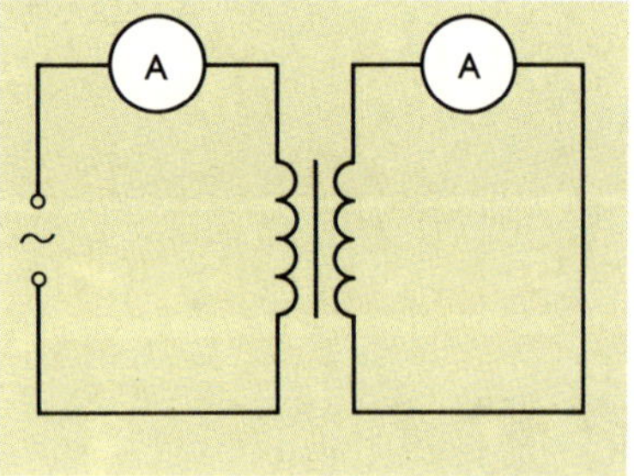

2

Primärkreis N_1	I_1 in mA	Sekundärkreis N_2	I_2 in mA
1 500	78	1500	70
	78	1000	115
	78	750	155
	78	500	225
250	900	250	840
	900	500	430
	900	750	275

Aus den Messergebnissen ergibt sich:

Beim belasteten Transformator verhalten sich die Stromstärken umgekehrt wie die Windungszahlen.

$$\frac{I_1}{I_2} = \frac{N_2}{N_1}$$

Das Gesetz ist umso besser erfüllt, je stärker die Belastung ist.

Energieumwandlungen am Transformator

Bei allen Transformatoren ist die dem Primärkreis zugeführte elektrische Energie nicht vollständig im Sekundärkreis nutzbar. Ein Teil der elektrischen Energie wird in thermische Energie in den Spulen und im Eisenkern durch ständiges Ummagnetisieren und Wirbelströme umgewandelt. Ferner verläuft das vom Primärstrom erzeugte Magnetfeld nicht vollständig im Eisenkern und kann deshalb nicht voll für den Induktionsvorgang wirksam werden. Trotz dieser unerwünschten Energieumwandlung ist der Wirkungsgrad von Transformatoren hoch. Er erreicht Werte von über 95 %.

Beispiel zur Berechnung der Sekundärspannung
Die Primärspule eines Transformators hat 750 Windungen, die Sekundärspule 125 Windungen. Welche Sekundärspannung wird bei einer Primärspannung von 24 V im Leerlauf höchstens gemessen?

Analyse

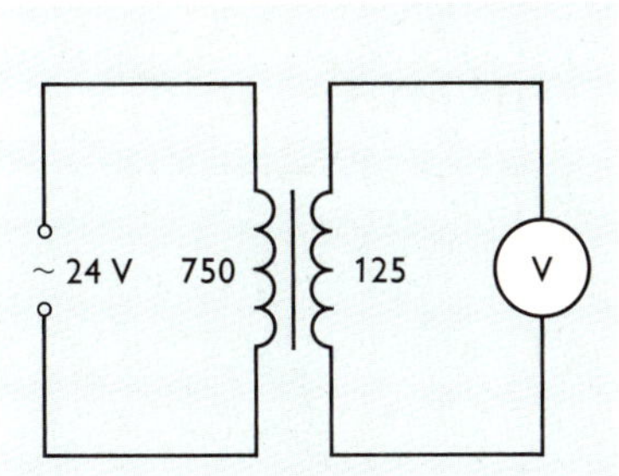

1

Gesucht: U_2
Gegeben: $N_1 = 750$
$N_2 = 125$
$U_1 = 24\ \text{V}$

Plan zur Lösung:

Die Sekundärspannung wird nach der Gleichung $\frac{U_1}{U_2} = \frac{N_1}{N_2}$ berechnet.

Lösung: $\frac{U_1}{U_2} = \frac{N_1}{N_2}$

$U_2 = U_1 \cdot \frac{N_2}{N_1}$

$U_2 = 24\text{ V} \cdot \frac{125}{750}$

$\underline{\underline{U_2 = 4\text{ V}}}$

Ergebnis: Bei einer Primärspannung von 24 V wird an der Sekundärspule höchstens eine Spannung von 4 V gemessen.

Beispiel zur Berechnung der Sekundärstromstärke
Die Primärspule eines Transformators hat 750 Windungen und wird an die Netzwechselspannung von 230 V angeschlossen. Im Primärstromkreis wird eine Stromstärke von 3,5 A gemessen. Die Sekundärspule mit 10 Windungen ist durch einen Nagel kurzgeschlossen (Bild 1). Wie groß ist die Sekundärstromstärke bei verlustfreier Energieumwandlung?

Analyse

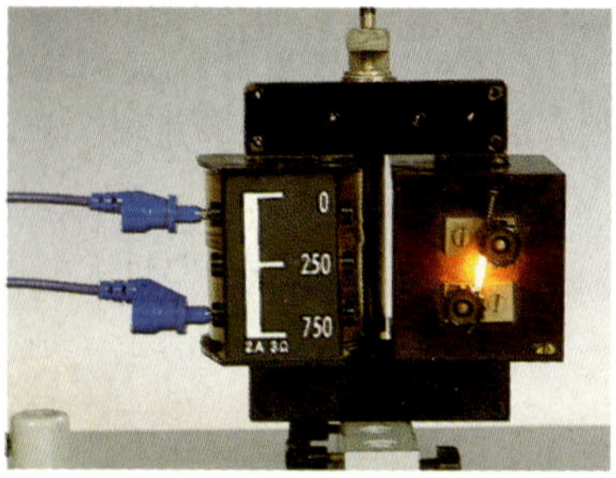
1

Gesucht: I_2
Gegeben: $N_1 = 750$
$N_2 = 10$
$I_1 = 3{,}5\text{ A}$
$U_1 = 230\text{ V}$

Plan zur Lösung:

Die Sekundärstromstärke wird nach der Gleichung $\frac{I_1}{I_2} = \frac{N_2}{N_1}$ berechnet.

Die Sekundärspule des Transformators ist kurzgeschlossen. Der Transformator ist stark belastet, die Gültigkeitsbedingung für diese Gleichung ist erfüllt.

Lösung: $I_2 = I_1 \cdot \frac{N_1}{N_2}$

$I_2 = 3{,}5\text{ A} \cdot \frac{750}{10}$

$\underline{\underline{I_2 = 225\text{ A}}}$

Ergebnis: Bei verlustfreier Energieumwandlung fließt durch den Nagel ein Strom mit einer Stromstärke von 225 A. Diese hohe Stromstärke führt zur starken Erwärmung des Nagels.

Wirbelströme

Die Eisenkerne von Transformatoren bestehen aus gegeneinander isolierten Blechen, sie sind geblättert. Warum verwendet man solche in der Herstellung aufwendigen Kerne?

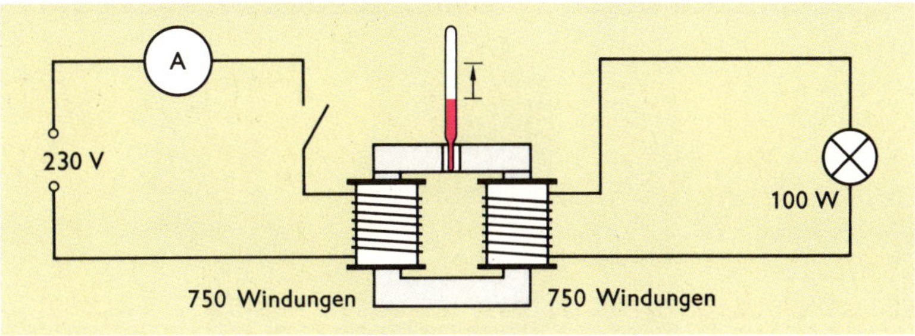

1

Experiment 4
Eine Glühlampe wird über einen Transformator an die Netzwechselspannung angeschlossen (Bild 1). Als Transformatorenkern wird a) ein geblätterter Kern, b) ein Volleisenkern verwendet.

Beim geblätterten Kern leuchtet die Lampe hell, beim Volleisenkern schwächer. Der Volleisenkern erwärmt sich stark. Wie kommt es dazu?
Die Kerne der Transformatoren werden vom veränderlichen Magnetfeld der Primärspule durchsetzt. Ähnlich wie in den Windungen einer kurzgeschlossenen Spule entstehen dadurch im Volleisenkern Induktionsströme. Diese nennt man wegen ihres Verlaufs **Wirbelströme** (Bild 2a). Durch die Wirbelströme erwärmt sich der Kern. Elektrische Energie wird in thermische Energie umgewandelt. Die Wirbelströme bewirken auch die geringere Sekundärspannung und das damit verbundene schwächere Leuchten der Lampe.
Verwendet man einen geblätterten Kern, bei dem die einzelnen Bleche voneinander isoliert sind, so werden Wirbelströme weitgehend vermieden (Bild 2b).
Für bestimmte Zwecke werden Wirbelströme technisch genutzt. Beim Induktionshärten befindet sich ein Werkstück in einer Spule (Bild 3). Fließt durch die Spule ein Wechselstrom, so werden im Werkstück Wirbelströme induziert, die es zum Glühen bringen. Beim anschließenden Abkühlen durch Wasser wird das Werkstück gehärtet.

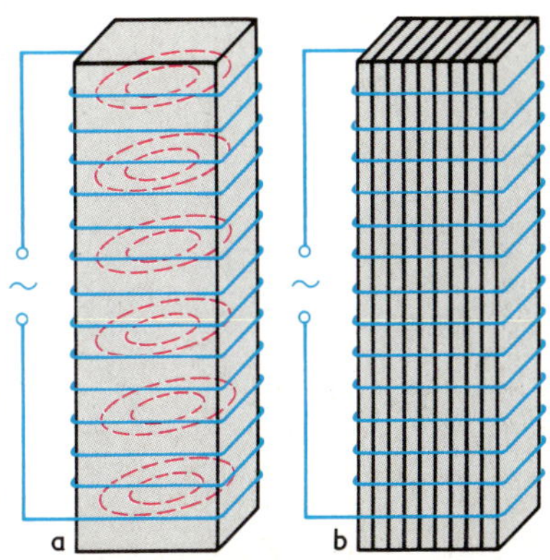
a Wirbelströme im Eisenkern eines Transformators
b Geblätterter Kern
2

3 Induktionshärten

Ein Blick in die Technik

Hochstromtransformator. Zum Elektroschweißen (Bild 1) benötigt man kleine Spannungen, aber Stromstärken von einigen Hundert Ampere.
Das Schweißgerät enthält einen Transformator, dessen Sekundärspule aus wenigen Windungen dicken Drahtes besteht. Beim Schweißen wird ein Ende der Sekundärspule mit dem Metallgegenstand verbunden, an den etwas angeschweißt werden soll. Das andere Ende der Sekundärspule ist mit einer Schweißelektrode verbunden, die man an einem Griff halten kann. Beim Schweißen berührt man die Schweißstelle mit der Elektrode. Der Sekundärkreis des Transformators ist dadurch geschlossen. Die Stromstärke ist so groß, dass das Metall an der Berührungsstelle glüht. Beim Abheben der Schweißelektrode entsteht ein Lichtbogen. Das Metall der Schweißelektrode wird flüssig und tropft auf die zu verbindenden Teile. Beim Entfernen der Schweißelektrode wird der Stromkreis wieder unterbrochen.

1

Elektroschweißen

Hochspannungstransformator. Beim Ottomotor wird das Benzin-Luft-Gemisch durch Funken gezündet. Zum Funkenüberschlag muss an den Zündkerzen eine hohe Spannung liegen. Diese hohe Spannung wird durch eine Zündspule erzeugt, die als Hochspannungstransformator arbeitet (Bild 2). Die Primärspule mit geringer Windungszahl ist über einen Unterbrecher an die Batterie angeschlossen, die Sekundärspule an die Zündkerze. Durch den Unterbrecher wird der Primärkreis laufend ein- und ausgeschaltet. Beim Ausschalten ändert sich das Magnetfeld stark und in der Sekundärspule wird die zum Zünden benötigte Spannung induziert.

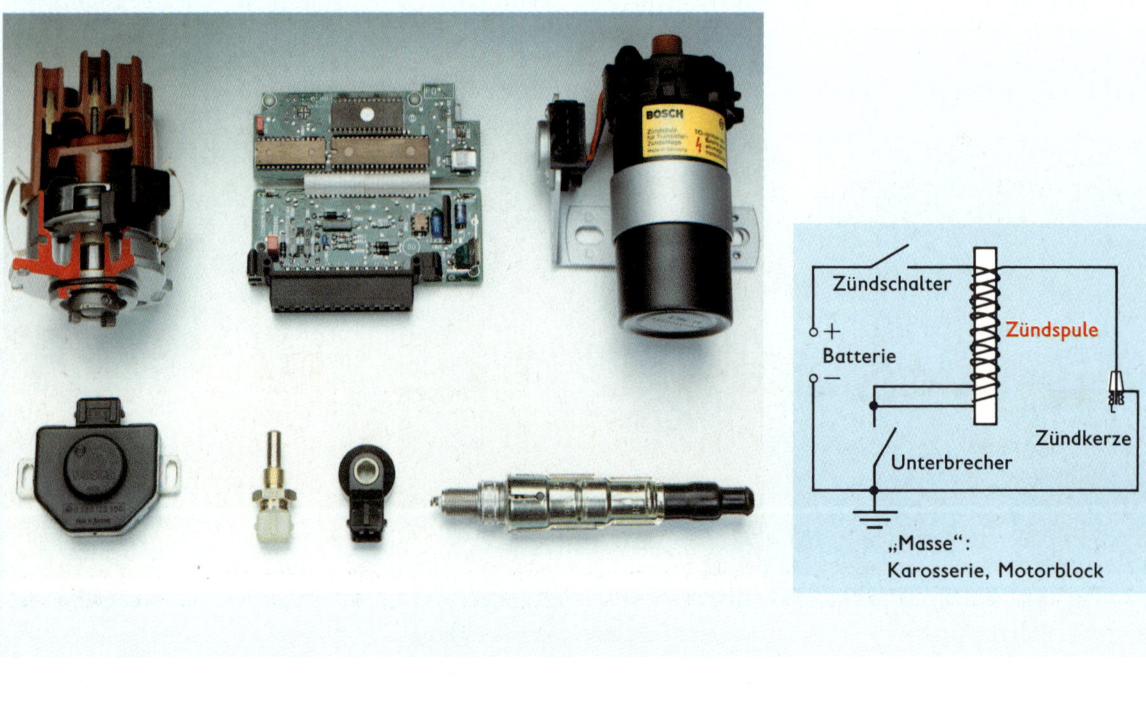

2

Fernleitung elektrischer Energie. In Kraftwerken wandeln Generatoren mechanische Energie in elektrische Energie um. Die Generatoren liefern Spannungen von z. B. 20 kV. Durch Transformatoren werden diese Spannungen auf 220 kV oder 380 kV hochtransformiert und durch Freileitungen über große Entfernungen transportiert. Warum transportiert man elektrische Energie über große Entfernungen mittels hoher Spannungen? Freileitungen sind oft Hunderte Kilometer lang. Die Drähte elektrischer Freileitungen haben wie alle elektrischen Leitungen einen elektrischen Widerstand. Dieser ist umso größer, je länger die Leitungen sind. Am Leitungswiderstand wird elektrische Energie in thermische Energie umgewandelt und die umgebende Luft erwärmt. Diese Energieverluste hängen vom Leitungswiderstand ab. Um die Verluste zu verringern, könnte man den Widerstand durch Vergrößern des Querschnitts der Leitungen verkleinern. Das erfordert viel Material und ist teuer. Damit nicht so große Verluste entstehen, muss die Stromstärke herabgesetzt werden. Um die gleiche Leistung zu übertragen, muss die Spannung erhöht werden. Dies geschieht durch Transformatoren.

Mittels Hochspannung kann elektrische Energie mit geringen Verlusten über große Entfernungen transportiert werden. Hohe Spannungen sind sehr gefährlich. Sie können nicht zur Versorgung in Haushalten und Fabriken verwendet werden. Daher werden in der Nähe von Städten oder von Industrieanlagen die hohen Spannungen stufenweise in Umspannwerken über 110 kV, 20 kV bis 380/230 V heruntertransformiert.

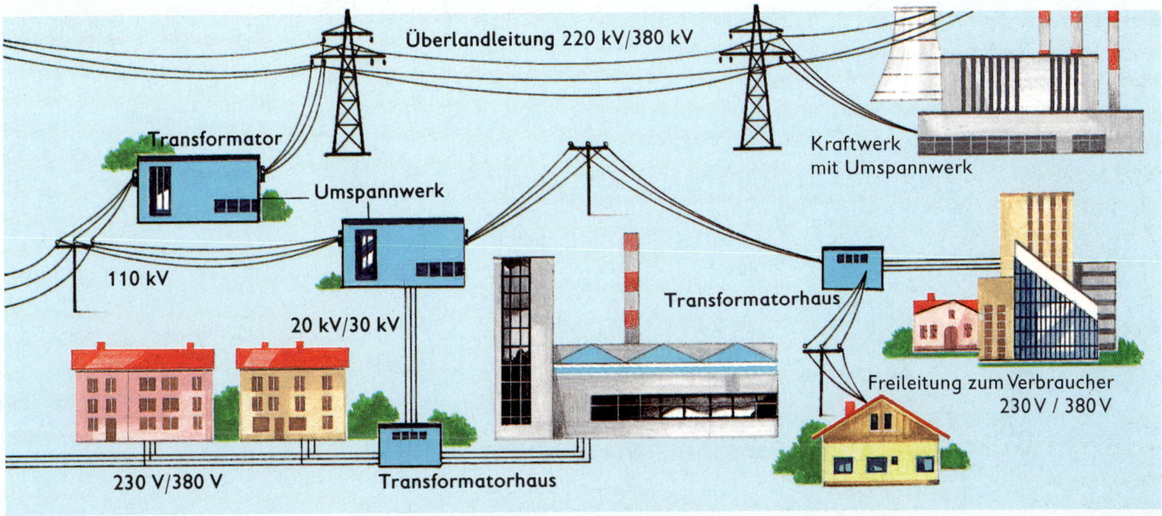

1

2

Umspannwerk. Im Umspannwerk wird die Spannung durch Transformatoren auf 220 kV oder 380 kV hochtransformiert.

3

Transformatorhäuschen. Dieser Transformator wandelt die Spannung von 20 kV in die im Haushalt verwendete Spannung von 230 V um.

Ein Blick in die Geschichte

Die ersten Kraftwerke wurden in Häuserblocks gebaut und versorgten die unmittelbare Umgebung mit elektrischer Energie für Beleuchtungszwecke. Sie mussten auf teurem Bauland im Zentrum der Städte errichtet werden. Dampfmaschinen trieben Gleichstromgeneratoren an.
Bereits vor 1900 wurden auch Wechselstromgeneratoren und Transformatoren verwendet. Rom z. B. nutzte 26 km entfernte Wasserfälle für den Antrieb von drei Wechselstromgeneratoren. Diese lieferten je eine Spannung von 5 000 V und einen Strom von 42 A. In Rom war die Spannung durch „Leitungsverluste" auf 4 000 V gesunken. Mit Transformatoren wurde sie auf 2 000 V und erst in unmittelbarer Nähe der Abnehmer auf 100 V heruntertransformiert.
Großes Aufsehen erregte 1891 die Übertragung elektrischer Energie über eine Strecke von 175 km von Lauffen am Neckar nach Frankfurt am Main. In Lauffen wurden drei Turbinen von je 220 kW durch das Wasser des Neckars angetrieben. Sie waren jeweils mit einem speziellen Wechselstromgenerator gekoppelt, der eine Spannung von 55 V lieferte. Diese Spannung wurde durch Transformatoren auf 8 500 V transformiert. Die Stromstärke in der Hochspannungsleitung betrug dadurch nur etwa 1/150 des Betrages bei 55 V. In Frankfurt wurde die Spannung auf 65 V heruntertransformiert.
Auf einer Ausstellung in Frankfurt wurden damit 1 000 Glühlampen betrieben. Elektromotoren (Bild 1) pumpten Wasser für einen künstlichen Wasserfall mehr als 10 m hoch.
Der Wirkungsgrad dieser Anlage war hoch. Über 70 % der in Lauffen bereitgestellten Elektroenergie konnte in Frankfurt genutzt werden.

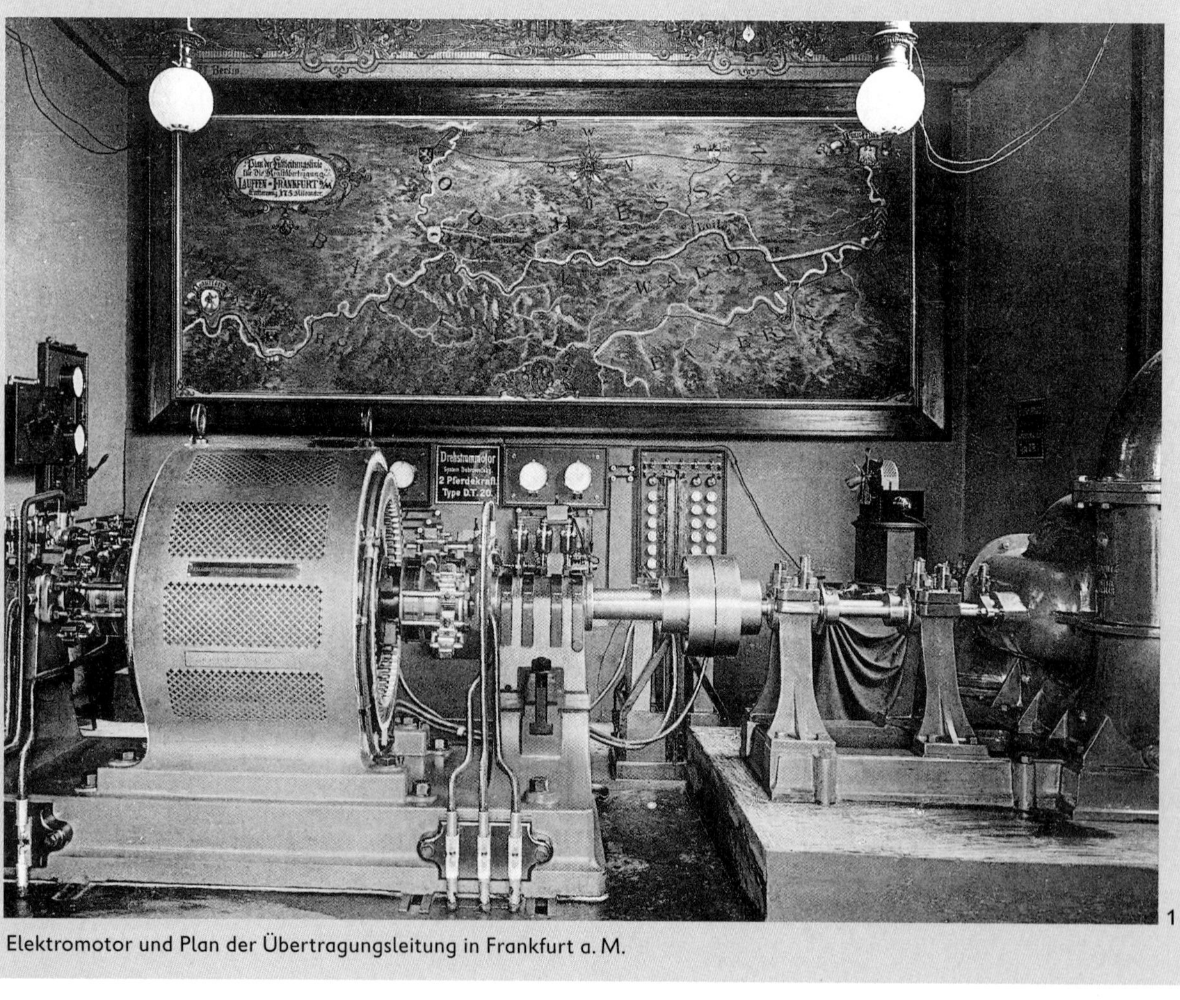

1

Elektromotor und Plan der Übertragungsleitung in Frankfurt a. M.

Gewusst? Erkannt? Gekonnt?

1. Bei gleich bleibender Primärspannung eines Transformators wird die Windungszahl der Sekundärspule verdoppelt. Wie ändert sich die Sekundärspannung?
2. Bei einem Transformator wird die Primärspannung verdoppelt. Wie ändert sich die Sekundärspannung?
3. Der Transformator für den Betrieb einer Kohlebogenlampe gibt eine Spannung von 44 V ab. Bei einer Netzspannung von 230 V fließt ein Sekundärstrom mit einer Stromstärke von 10 A. Welche Stromstärke ist in der Primärspule im Idealfall zu erwarten? Wird diese Stromstärke in einem realen Transformator größer oder kleiner sein?
4. An einem Transformator werden im Leerlauf eine Primärspannung von 230 V und eine Sekundärspannung von 8,8 V gemessen. Bei Kurzschluss beträgt die Primärstromstärke 0,1 A. Wie groß sind das Verhältnis der Windungszahlen und die Kurzschlussstromstärke im Sekundärkreis?
5. Mit einem Transformator soll eine Wechselspannung von 230 V auf etwa 36 V transformiert werden. Für seinen Aufbau stehen ein Eisenkern und Spulen mit $N = 250$ (600, 750, 1 000, 3 000) zur Verfügung. Geben Sie mehrere Möglichkeiten an, mit welchen Spulen dieser Transformator aufgebaut werden kann! Begründen Sie Ihre Entscheidung!
6. Ist es möglich, mit einem Transformator eine Gleichspannung von 12 V auf eine Gleichspannung von 6 V zu transformieren? Begründen Sie Ihre Antwort!
7. Nennen Sie Beispiele für nutzbringende und störende Einflüsse von Wirbelströmen!
8. Weshalb werden bei der Fernleitung elektrischer Energie Transformatoren eingesetzt?

Kurz und knapp

Aufbau eines Transformators

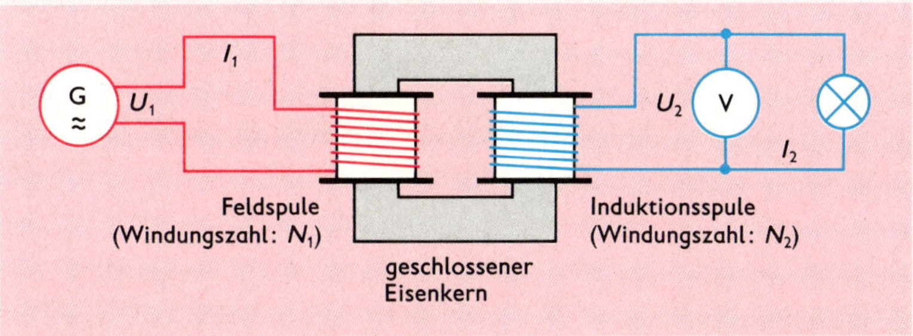

Wirkungsweise eines Transformators

Wechselstrom in der Primärspule erzeugt im geschlossenen Eisenkern ein veränderliches Magnetfeld. Dieses wird von der Sekundärspule umfasst und induziert in dieser eine Wechselspannung.

Der Transformator als	Spannungswandler	Stromwandler
Gleichung	$\frac{U_1}{U_2} = \frac{N_1}{N_2}$	$\frac{I_1}{I_2} = \frac{N_2}{N_1}$
Gültigkeitsbedingung	Leerlauf, Sekundärkreis unbelastet	Sekundärkreis stark belastet

6 Elektrisches Feld

Diese „Frisur“ ist das Ergebnis der elektrischen Aufladung. Die Lehrerin steht auf einem Isolierschemel und berührt mit einer Hand den Bandgenerator.

1

Elektrische Ladung

Aus vielen Vorgängen im täglichen Leben wissen wir, dass sich Körper elektrisch aufladen können. Folgende Eigenschaften elektrischer Ladungen sind uns schon bekannt (Bilder 2 bis 4):

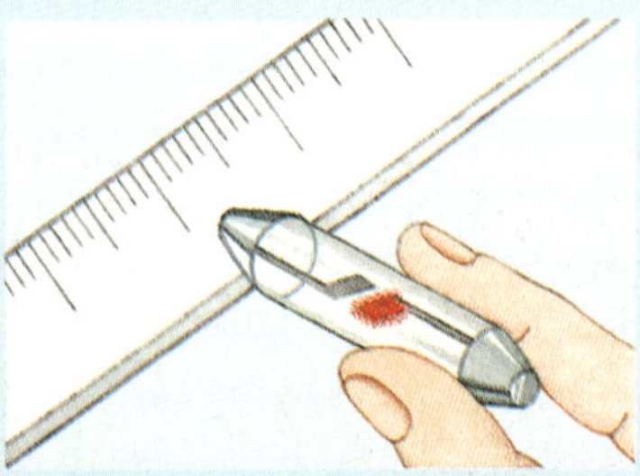

2

Lädt man ein Lineal aus Kunststoff durch Reiben mit einem Tuch auf, so vermag die Energie der getrennten elektrischen Ladungen eine Glimmlampe zum Leuchten zu bringen.

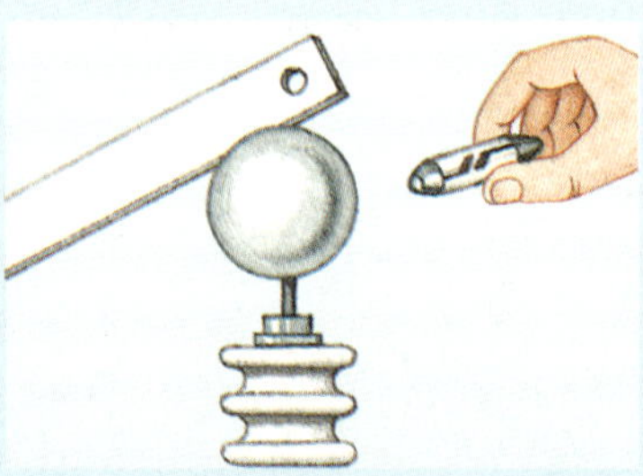

3

Einen Teil der elektrischen Ladung eines geriebenen Lineals aus Kunststoff kann man auf eine Metallkugel abstreifen. Daher leuchtet die Glimmlampe auf, wenn man sie der Kugel nähert.

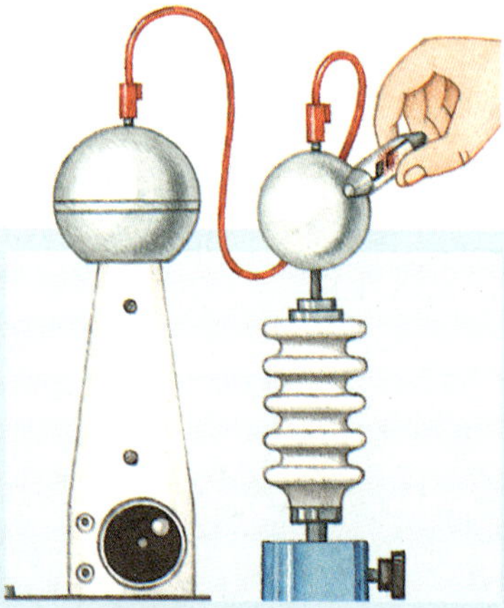

4

Verbindet man die geladene große Kugel eines Bandgenerators mit einem Kabel, so gelangt die Ladung auch bis zum anderen Ende des Kabels. Berührt man dort das Kabel mit einer Glimmlampe, leuchtet sie auf.

Elektrisch geladene Körper besitzen elektrische Energie.
Elektrische Ladungen lassen sich übertragen und teilen.
Elektrische Ladungen fließen durch elektrische Leiter.

Zwischen zwei elektrisch geladenen Körpern wirken Kräfte (Bild 1). Die unterschiedlichen Kraftwirkungen werden durch zwei Arten von elektrischen Ladungen hervorgerufen.
Man bezeichnet sie als **positive elektrische Ladung** und als **negative elektrische Ladung**.

Gleichnamig elektrisch geladene Körper stoßen einander ab, ungleichnamig elektrisch geladene Körper ziehen einander an.

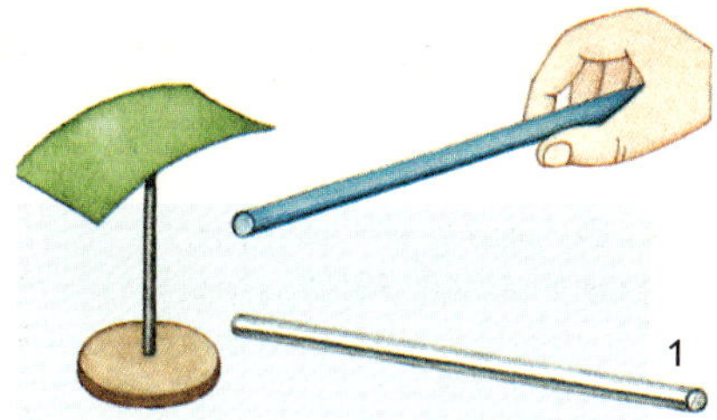

1

Eine elektrisch geladene Platte aus Kunststoff wird von einem elektrisch geladenen Stab aus Kunststoff abgestoßen und von einem elektrisch geladenen Glasstab angezogen.

Mithilfe des Atommodells können wir uns die Unterschiede zwischen einem elektrisch positiv und einem elektrisch negativ geladenen Körper so erklären:

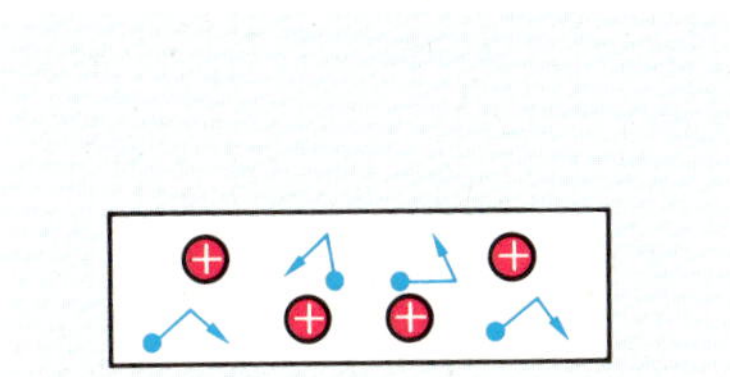

2

In einem elektrisch neutralen Körper ist die Anzahl der Elektronen genauso groß wie die Anzahl der positiven Ladungen.

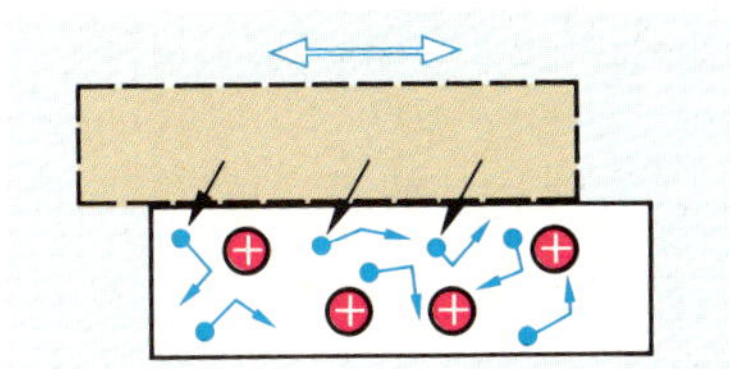

3

In einem elektrisch negativ geladenen Körper besteht ein Elektronenüberschuss.

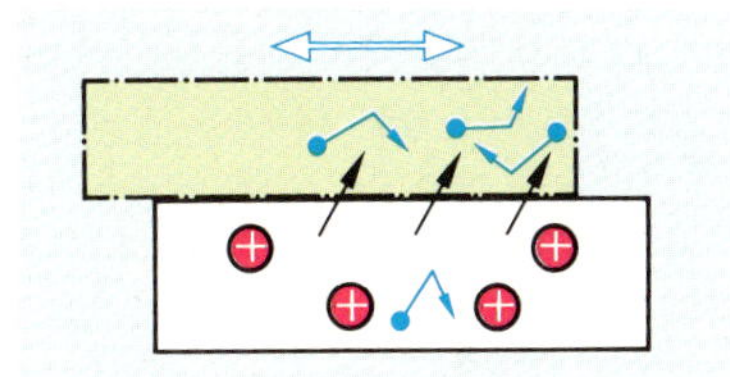

4

In einem elektrisch positiv geladenen Körper besteht ein Elektronenmangel.

Die in den Bildern dargestellten Experimente zeigen, dass Körper unterschiedlich große elektrische Ladungen besitzen können. Um die physikalischen Gesetze für elektrische Ladungen erkennen zu können, muss man sie messen können. Dafür versieht man Elektroskope mit einer Skale. Das so entstandene Messgerät heißt **Elektrometer** (Bild 5). Zum Messen der elektrischen Ladung nutzt man die Abstoßungskräfte zwischen dem Metallträger und der elektrisch gleichnamig geladenen Metallzunge.

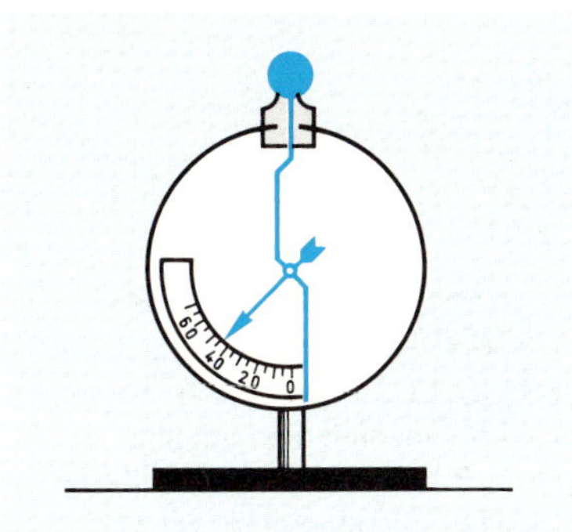

5 Elektrometer

6

Charles Augustin de Coulomb

Die elektrische Ladung misst man in der Einheit **Coulomb (C)**. Damit wird der französische Physiker *Charles Augustin de Coulomb* (1736–1805) (Bild 6) geehrt. Er hat als Erster die Kräfte zwischen elektrischen Ladungen gemessen. Das Formelzeichen für die elektrische Ladung ist **Q** (nach dem Anfangsbuchstaben des englischen Wortes quantity of electricity für Ladungsmenge).

Elementarladung

Die kleinste in der Natur vorkommende elektrische Ladung besitzen Elektronen und Protonen. Diese Ladung wird als **Elementarladung e** bezeichnet.
Der Physiker *Millikan* (Bild 1) hat mit seinen zwischen 1910 und 1916 ausgeführten Experimenten diese Ladung bestimmt:

1
Robert Andrews Millikan (1868–1953)

Die Elementarladung e beträgt $1{,}6 \cdot 10^{-19}$ C.
Die Ladung des Elektrons ist negativ.
Die Ladung des Protons ist positiv.

Natürlich ist es nicht möglich, Elektronen zu zählen. Ansonsten könnte man mithilfe der Elementarladung e für jeden elektrisch geladenen Körper dessen elektrische Ladung Q berechnen. Man brauchte nur die Anzahl n der überschüssigen bzw. der fehlenden Elektronen mit der Elementarladung e jedes einzelnen Elektrons zu multiplizieren und erhielte die elektrische Ladung $Q = n \cdot e$.
Umgekehrt kann man aber aus der bekannten elektrischen Ladung Q eines Körpers und der Elementarladung e berechnen, wie groß der Elektronenmangel bzw. der -überschuss ist. Hierfür gilt:
$n = Q : e$.
Ein Körper hat eine negative elektrische Ladung $Q = -1$ C, wenn auf ihm ein Elektronenüberschuss von $6{,}25 \cdot 10^{18}$ Elektronen besteht. Er hat eine positive Ladung von $Q = +1$ C, wenn auf ihm ein Elektronenmangel von $6{,}25 \cdot 10^{18}$ Elektronen besteht.

Die elektrische Ladung Q eines Körpers berechnet sich aus der Anzahl n der fehlenden bzw. überschüssigen Elektronen und der Elementarladung e nach der Gleichung: $\mathbf{Q = n \cdot e}$.

Ladung und Stromstärke

Die elektrische Ladung auf einem geladenen Körper kann man mithilfe eines Elektrometers (Bild 5, S.143) messen. Wie können wir aber die elektrische Ladung Q bestimmen, die von einem elektrischen Strom in der Zeit t durch den Querschnitt eines Leiters transportiert wird?

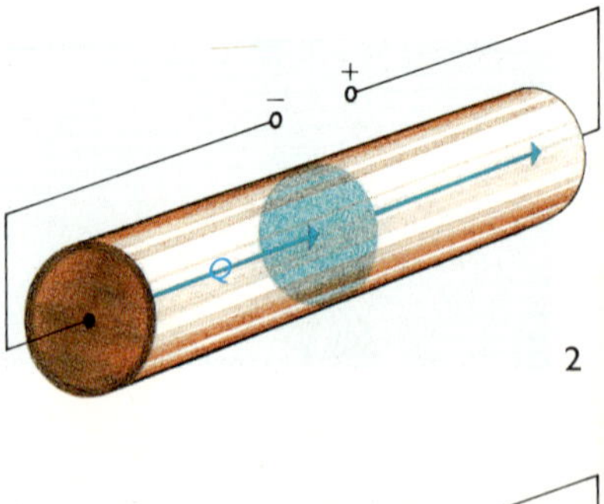

2

Der elektrische Strom ist die Bewegung von elektrischen Ladungen (Bild 2). Die vom Strom transportierte Ladung Q können wir aus der Stromstärke I und aus der Zeitdauer t des Stromflusses berechnen.
Als elektrische Stromstärke I hatten wir definiert: Die elektrische Stromstärke gibt an, wie viel elektrische Ladung Q in einer Sekunde durch den Querschnitt des Leiters fließt. Diese Aussage können wir auch als Gleichung schreiben:

$$\text{elektrische Stromstärke } I = \frac{\text{gesamte transportierte Ladung } Q}{\text{Zeitdauer } t}$$

oder kürzer $I = \frac{Q}{t}$.

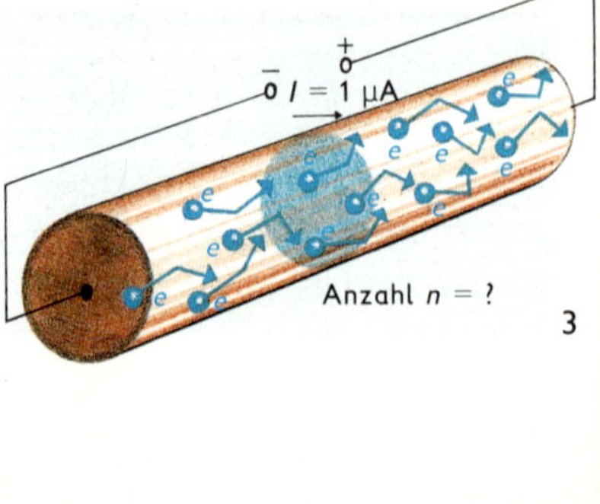

3

Da die Stromstärke I und die Zeit t gemessen werden können, ist es möglich, die vom Strom transportierte Ladung Q zu berechnen. Dazu stellt man die Gleichung nach Q um:

Die elektrische Ladung Q, die in der Zeit t durch einen Leiterquerschnitt fließt, kann aus der Stromstärke I und der Zeit t berechnet werden: $Q = I \cdot t$.

Gültigkeitsbedingung: I = konstant.

Setzt man für die Stromstärke die Einheit Ampere (A) und für die Zeit die Einheit Sekunde (s) ein, so erhält man für die elektrische Ladung die Einheit Amperesekunde (A · s). Hierfür wurde international der Name **Coulomb (C)** festgelegt (vgl. S. 143).
Es gilt: 1 A · s = 1 C.

Speichern von elektrischen Ladungen

Bei einer einmaligen Ladungstrennung durch Reibung entsteht meist nur eine kleine elektrische Ladung. Will man für Experimente oder technische Anwendungen große elektrische Ladungen haben, muss man die elektrischen Ladungen aus vielen einzelnen Ladungstrennungen (Bild 1) oder aus einer fortwährenden Ladungstrennung (Bild 2) sammeln. Dazu dienen Kondensatoren. (Diese Bezeichnung kommt von dem lateinischen Wort condensare für dicht zusammendrängen). In solchen Kondensatoren können elektrische Ladungen über längere Zeit gespeichert werden. Da elektrische Ladungen elektrische Energie besitzen, speichern Kondensatoren zusammen mit den elektrischen Ladungen auch elektrische Energie.

Kondensatoren speichern elektrische Ladungen und damit elektrische Energie.

Kondensatoren bestehen aus zwei Platten, die durch einen dazwischen befindlichen isolierenden Stoff voneinander getrennt sind (Bild 3). Dies kann auch Luft sein.
Verbindet man die zwei Anschlüsse eines geladenen Kondensators durch einen Leiter, fließt ein Entladestrom. Diesen Entladestrom kann man mit einer Glühlampe nachweisen und mit einem Strommesser messen. Wie beim Auslaufen des Wassers aus einem Wasserfass wird auch der Entladestrom eines Kondensators mit der Zeit schwächer und hört schließlich ganz auf.

Kapazität C eines Kondensators. Kondensatoren können unterschiedlich viel elektrische Ladung speichern. Zur zahlenmäßigen Angabe dieser Eigenschaft nutzt man die physikalische Größe **Kapazität C**.

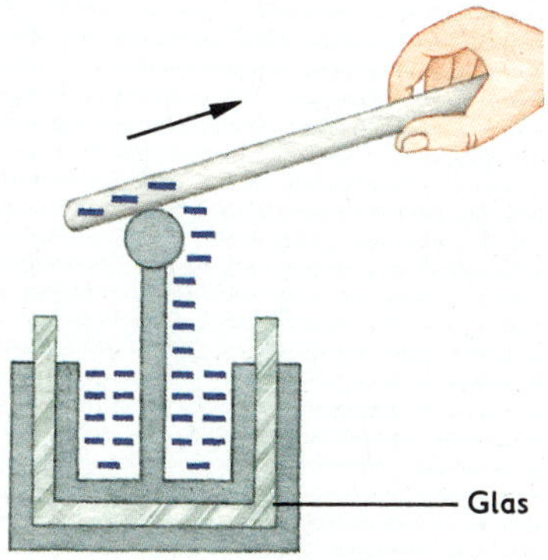

1

Durch wiederholtes Abstreifen der elektrischen Ladungen an der Metallkugel sammeln sich die Ladungen von jeder Ladungstrennung auf dem inneren Metallbelag dieses „Flaschenkondensators“.

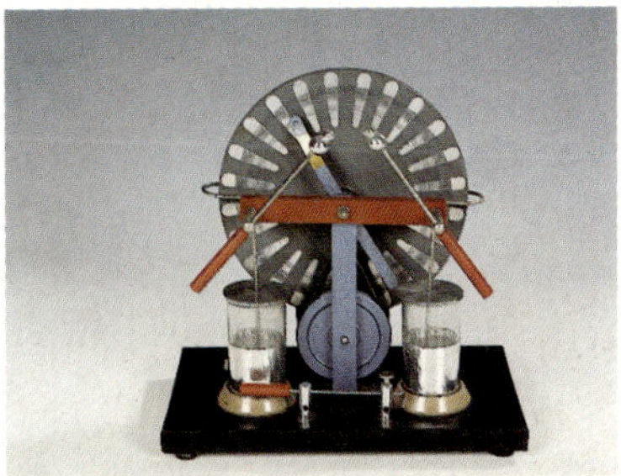

2

Die Kondensatoren der Influenzmaschine dienen zum Sammeln der elektrischen Ladungen.

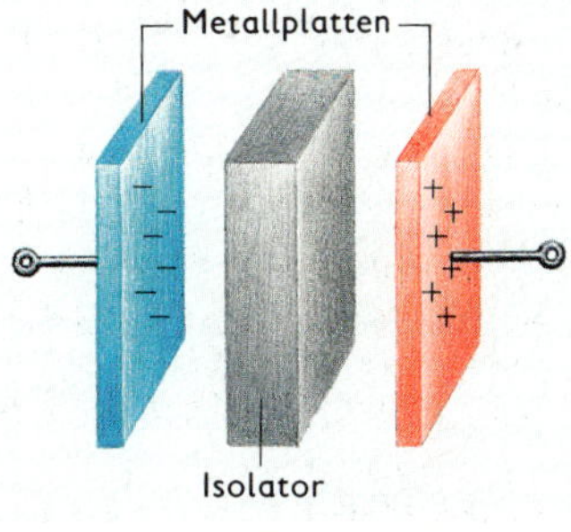

3

Aufbau eines Kondensators

Die Kapazität *C* eines Kondensators gibt dessen Speicherfähigkeit für elektrische Ladungen an.

Die Kapazität eines Kondensators ist allein durch dessen Bau bestimmt. Zum Beispiel ist sie umso größer, je größer die Plattenfläche ist und je kleiner der Abstand der Flächen ist.
Außerdem wird die Kapazität durch die Eigenschaften des Isolators bestimmt.
Wie viel elektrische Ladung in einem Kondensator gespeichert werden kann, hängt nicht nur von der Kapazität des Kondensators sondern auch von der elektrischen Spannung ab, bei welcher der Kondensator geladen wird.
In einem Experiment soll untersucht werden, wie die von einem Kondensator gespeicherte elektrische Ladung Q von der elektrischen Ladespannung U abhängt.

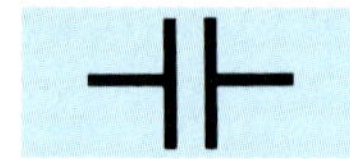

1
Schaltzeichen eines Kondensators

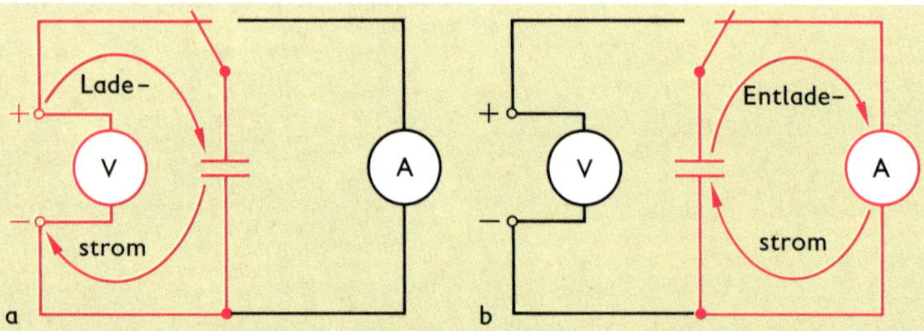

Aufladen des Kondensators bei der Ladespannung U.
Entladen des Kondensators
2

Experiment 1
Ein Kondensator wird an eine Gleichspannungsquelle angeschlossen. Zunächst wird der Kondensator bei einer kleinen Spannung aufgeladen (Bild 2a) und dann durch Umlegen des Schalters über den Strommesser entladen (Bild 2b). Der Strommesser zeigt kurzzeitig einen Stromstoß an. Diesen betrachten wir als Maß für den Entladestrom und damit für die gespeicherte Ladung Q.

Wiederholen wir das Experiment mit der doppelten bzw. der dreifachen Ladespannung U, zeigt der Strommesser einen doppelt bzw. dreimal so großen Stromstoß an.
Auch Messungen mit anderen Kondensatoren zeigen immer wieder:

Die in einem Kondensator gespeicherte elektrische Ladung *Q* ist der Ladespannung *U* proportional.

$$Q \sim U$$

Wiederholen wir das Experiment mit anderen Kondensatoren, erhält man wiederum diese Proportionalität, nur der Quotient $\frac{Q}{U}$ ist für jeden Kondensator unterschiedlich. Ist die Kapazität des Kondensators größer, ist auch dieser Quotient größer. Daher nutzt man diesen Quotienten als Maß für die Kapazität C eines Kondensators.

Maß für die Kapazität *C* eines Kondensators:

$$C = \frac{Q}{U}$$

Für die Kapazität ergeben sich damit die Einheiten $\frac{\mathrm{C}}{\mathrm{V}}$ bzw. $\frac{\mathrm{A \cdot s}}{\mathrm{V}}$.

Hierfür wurde international der Name **Farad (F)** festgelegt.

Es gilt: $1 \frac{C}{V} = 1 \frac{A \cdot s}{V} = 1\ F$.

Mit der Einheit Farad wird der englische Physiker *Michael Faraday* (Bild 1, S.123) geehrt.
1 Farad ist eine sehr große Einheit. Die meisten Kondensatoren haben Kapazitäten zwischen 1 µF und 1 pF (Picofarad).

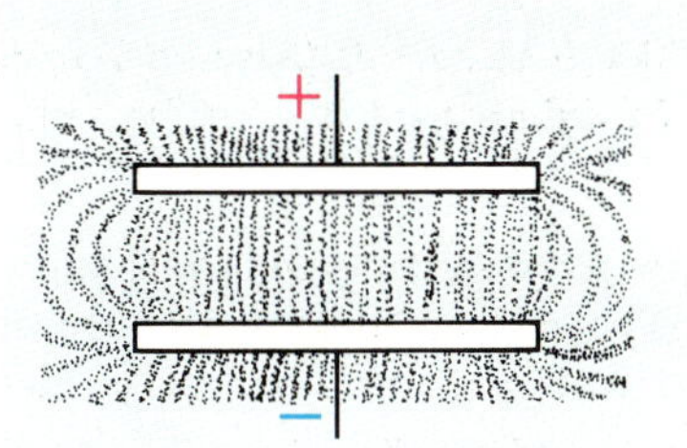

1
Die in Öl schwimmenden Grießkörnchen richten sich im elektrischen Feld zwischen zwei entgegengesetzt geladenen Platten zu linienförmigen Ketten aus.

Elektrisches Feld und Feldlinien

Die Bilder 1 und 2 zeigen, dass elektrische Ladungen den ganzen sie umgebenden Raum in einen besonderen Zustand versetzen. Diesen besonderen Zustand des Raums nennt man **elektrisches Feld**. Solche Felder kann man mit Grieß, Papierstreifen, Wollfäden oder Haaren nachweisen.

Elektrische Ladungen versetzen den sie umgebenden Raum in einen besonderen Zustand. Diesen nennt man elektrisches Feld.
Ein elektrisches Feld erkennt man an den Kräften auf elektrisch geladene Körper.

Die Beträge und die Richtungen der Kräfte unterscheiden sich in einem elektrischen Feld von Ort zu Ort. Die Stärke und die Richtung der Kräfte eines elektrischen Feldes stellt man ebenso wie in einem Magnetfeld durch Feldlinien dar. Dazu verabredet man:

Die Anzahl der Feldlinien in einem Gebiet ist ein Maß für die Stärke der dort wirkenden Kräfte.
Die Richtung der Feldlinien stimmt mit der Richtung der Kraft auf einen elektrisch positiv geladenen Körper überein.

2
Die Papierstreifen richten sich strahlenförmig um die elektrisch geladene große Kugel des Bandgenerators aus.

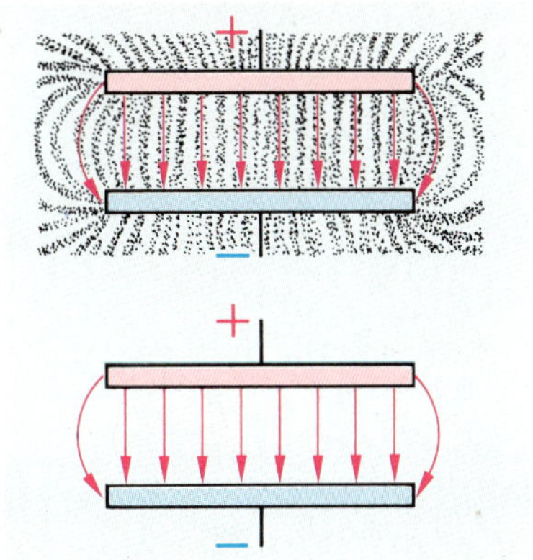

3
Entstehung des Feldlinienbildes des elektrischen Feldes zwischen zwei elektrisch entgegengesetzt geladenen Platten.

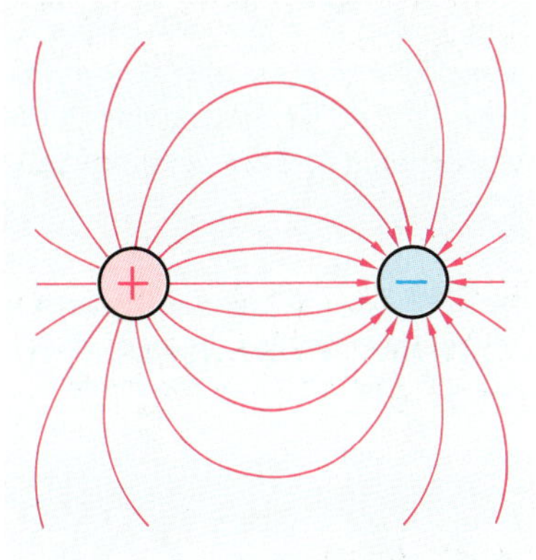

4
Feldlinienbild des elektrischen Feldes zwischen zwei elektrisch entgegengesetzt geladenen Kugeln.

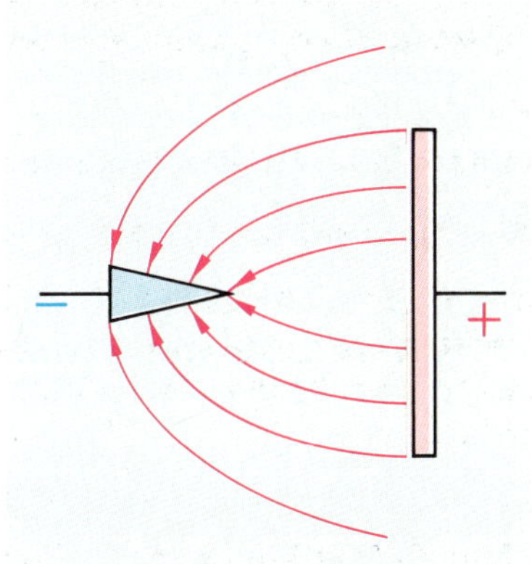

5
Feldlinienbild des elektrischen Feldes zwischen einer Spitze und einer elektrisch entgegengesetzt geladenen Platte.

Elektrisches Feld und elektrischer Strom

Zwischen allen elektrisch geladenen Körpern bestehen elektrische Felder. Verbinden wir die zwei Pole einer elektrischen Energiequelle durch einen Leiter, verlaufen alle Feldlinien innerhalb des Leiters. Sie folgen allen Krümmungen des Leiters (Bild 1).
In dem metallischen Leiter befinden sich wanderungsfähige Elektronen. Auf ihre negative Ladung wirkt das elektrische Feld mit Kräften. Sie bewegen die Elektronen in die Richtung zum Pluspol der Energiequelle. Da sich das elektrische Feld mit einer Geschwindigkeit von 300 000 km · s^{-1} ausbreitet, beginnt der Stromfluss in allen Teilen des Leiters gleichzeitig.

1

Influenz

Ein elektrisches Feld übt auch Kräfte auf elektrisch neutrale Körper aus. Das zeigt das Experiment im Bild 2. Wie kommt diese Kraft zustande?

Experiment 1
Neben einen Bandgenerator hängen wir eine versilberte, aber elektrisch neutrale Kugel auf. Sobald wir die große Kugel des Bandgenerators aufladen, wirkt auf die elektrisch neutrale Kugel eine Kraft.

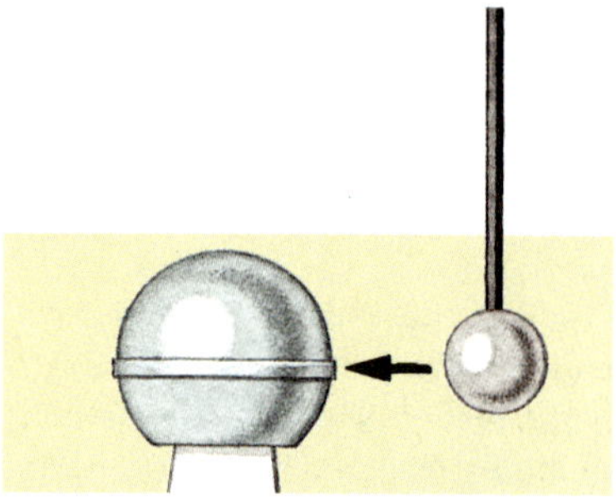
2

In der versilberten Oberfläche befinden sich wanderungsfähige Elektronen. Diese werden durch das elektrische Feld wegen ihrer negativen Ladung in Richtung der positiven Ladung des Bandgenerators bewegt. So entsteht auf der dem Bandgenerator zugewandten Seite ein Elektronenüberschuss (negative Ladung) und auf der abgewandten Seite ein Elektronenmangel (positive Ladung). Im elektrischen Feld des Bandgenerators ist die Anziehungskraft auf die „negative Halbkugel" größer als die Abstoßungskraft auf die „positive Halbkugel". So beeinflusst ein elektrisches Feld die Verteilung der elektrischen Ladung in einem neutralen Körper (Bild 3). Diesen Vorgang nennt man **elektrische Influenz** (nach dem lateinischen Wort influere für sich einschleichen).

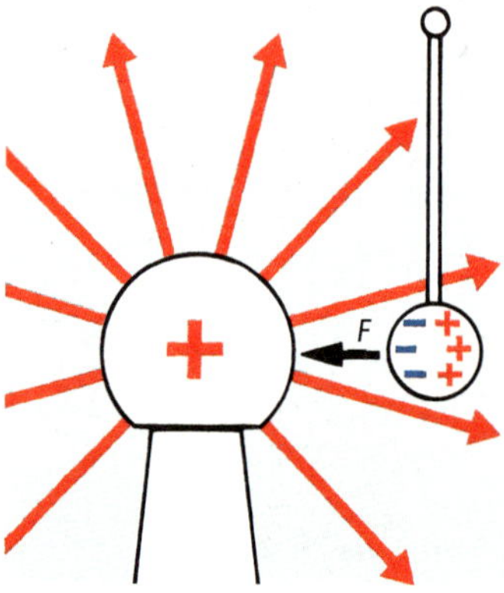

3

Influenz heißt die Trennung der elektrischen Ladungen auf der Oberfläche von leitenden Körpern. Dabei bleibt der Körper als Ganzes elektrisch neutral.

Davon zu unterscheiden sind die Wirkungen eines elektrischen Feldes auf Isolatoren. Hier führt das elektrische Feld zu einer Verschiebung der elektrischen Ladungen in den Molekülen. Dadurch erhalten die Moleküle einen Plus- und einen Minuspol. Diesen Vorgang nennt man **Polarisation**. Darauf beruht die Anziehungskraft eines geriebenen Kunststoffstabs auf Papierschnitzel (Bild 4).

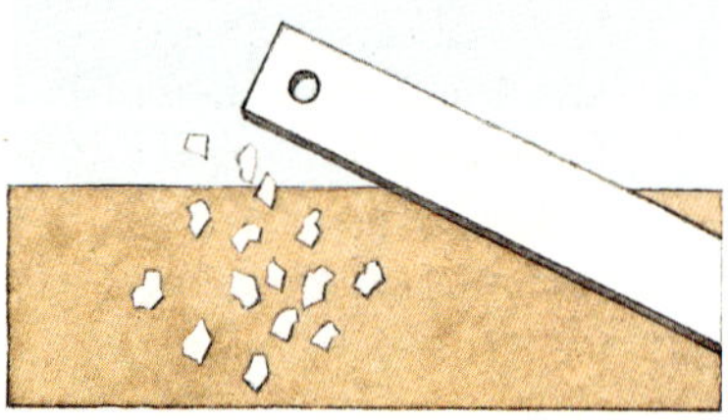
4

Ein Blick in die Technik

Zum Abschirmen eines Raumes vor elektrischen Feldern dient ein **Faraday-Käfig**. So nennt man einen Raum, der vollständig von einem Leiter (zum Beispiel Blech oder engstehenden Gitterstäben oder einem Drahtnetz) umgeben ist. In einen solchen Faraday-Käfig kann kein elektrisches Feld dringen. Die Feldlinien verlaufen nur im Innern des Bleches, der Gitterstäbe oder des Drahtnetzes. Solch einen Faraday-Käfig kann auch kein Blitz durchdringen. Die Karosserie eines Pkw ist trotz der Öffnungen für die Fensterscheiben auch ein Faraday-Käfig (Bild 1). Sie schützt die Versuchsperson im Pkw vor dem Eindringen des Blitzes in den Fahrgastraum.

1

Gewusst? Erkannt? Gekonnt?

1. Warum fliegt ein Wattebällchen mehrmals zwischen zwei elektrisch entgegengesetzt aufgeladenen Kugeln hin und her?
   Warum fliegt es nicht auf kürzestem, geradem Weg (Bild 2)?

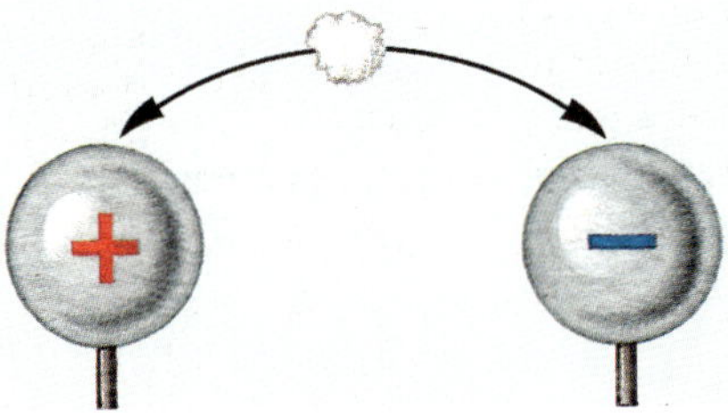

2

2. An welchen Stellen in den Bildern 3 bis 5, S. 147, befinden sich homogene bzw. inhomogene elektrische Felder? An welchen Stellen sind die Feldkräfte am größten?
3. Als Durchschnittswert für die Wanderungsgeschwindigkeit der Elektronen in einem Stromkreis gilt etwa 0,1 mm $\cdot$ s^{-1} bis etwa 1 mm $\cdot$ s^{-1}. Warum leuchtet eine Lampe mit einem 2 m langen Kabel dennoch sofort mit dem Einschalten auf?
4. Warum schlägt ein Elektroskop schon aus, wenn der elektrisch geladene Körper das Elektroskop noch gar nicht berührt hat?
5. Wir laden ein Lineal aus Kunststoff auf und nähern ihm eine Glimmlampe. Warum leuchtet diese schon vor der Berührung des Lineals auf?
6. Mit einem Antistatiktuch trägt man eine Flüssigkeit auf die geriebene Fläche auf. Warum vermindert sich dadurch die elektrische Aufladung durch Reibung?
7. Was ändert sich in dem Experiment nach Bild 2, S. 148, wenn wir die versilberte Kugel auf der anderen Seite des Bandgenerators aufhängen?
8. Kann ein Blitz für ein Boot mit Kajüte gefährlich werden, wenn das Boot a) aus Kunststoff, b) aus Holz, c) aus Stahl oder d) aus einer Kombination aller dieser Materialien gebaut ist?
9. Wie kann man die Empfindlichkeit eines Elektroskops vergrößern?
10. Wie kann man mit einer Glimmlampe unterscheiden, welche Ladung ein Körper hat?

7 Elektrische Leitung in Festkörpern und Flüssigkeiten

Robert möchte Leistungssport betreiben. Dazu werden einige medizinische Untersuchungen durchgeführt. Unter anderem wird von ihm ein Elektrokardiogramm (EKG) unter Belastung angefertigt. Nach der Auswertung dieses EKGs durch einen Arzt erhält Robert die medizinische Erlaubnis zum Leistungssport.
Das EKG ist eine Aufzeichnung von elektrischen Impulsen, die vom Herzen ausgehen. Die Spannungen sind sehr klein und betragen etwa 0,3 V. Sie müssen durch den Körper mit seinem sehr unterschiedlichen Aufbau, durch die Haut und schließlich durch Kabel an das Registriergerät abgeleitet werden. Damit ihr Übergang erleichtert wird, werden feuchte Tücher dazwischengelegt.
Gewebe, Flüssigkeiten, Zellen und Metalldraht sind die Stoffe, durch die bei der Aufnahme eines EKGs Strom fließen muss. Welche Vorgänge vollziehen sich dabei?

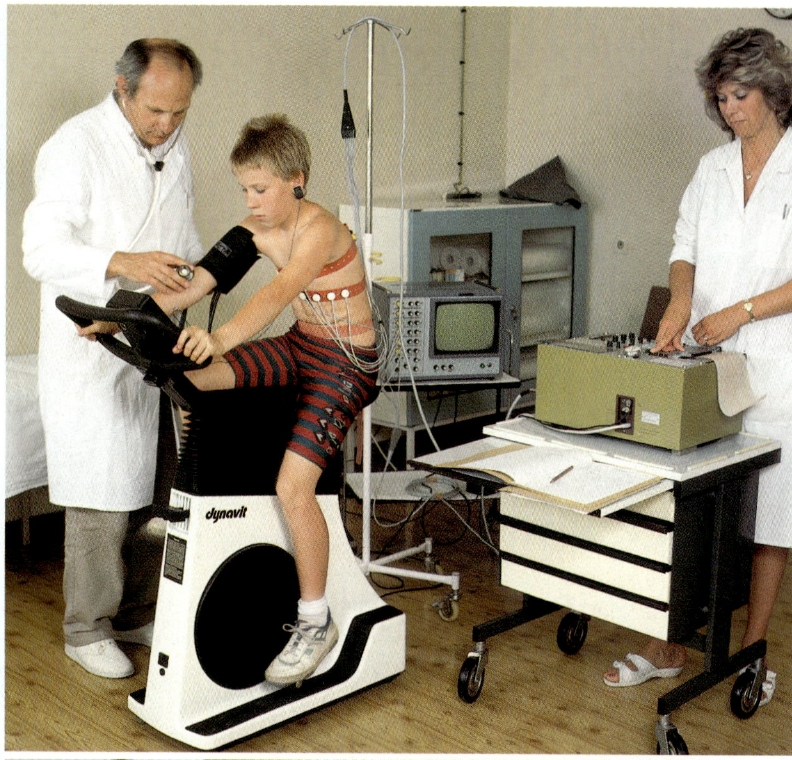

1

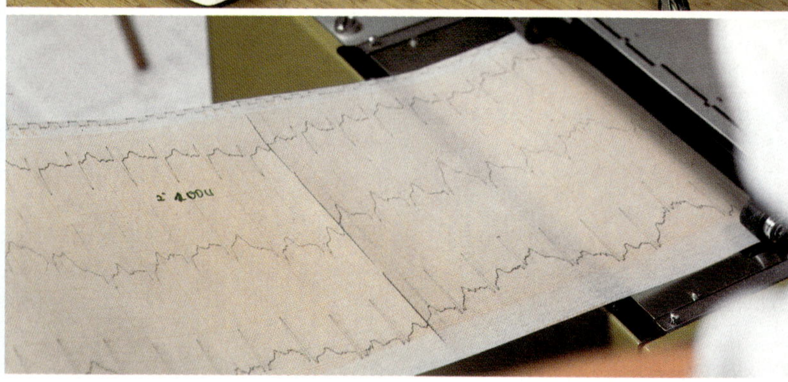

2

Elektrische Leitungsvorgänge in Metallen

Sie wissen bereits: Damit ein elektrischer Strom fließen kann, müssen eine Spannung und wanderungsfähige Ladungsträger vorhanden sein.
Desweiteren ist bekannt, dass die Stoffe den elektrischen Strom unterschiedlich gut leiten. Metalle leiten den elektrischen Strom sehr gut. Isolatoren leiten ihn schlecht oder fast gar nicht.
Wie erfolgt der Leitungsvorgang in Metallen?
In vielen festen Körpern sind die Atome regelmäßig angeordnet. Man sagt, sie bilden ein Kristallgitter. Bild 1 auf der folgenden Seite zeigt das Modell eines NaCl-Kristalls. Auch die Metalle bestehen aus solchen Gittern. Jedoch hat jedes Metallatom je ein Elektron in

den Metallverband abgegeben. Diese Elektronen bilden das sogenannte Elektronengas. Es kann sich fast frei zwischen den Metallionen bewegen. Nach außen ist das Metall neutral. Ionen und Elektronen befinden sich in dauernder unregelmäßiger Bewegung, deren Heftigkeit mit zunehmender Temperatur steigt. Die Ionen schwingen, die Elektronen sind frei beweglich.
Beim Anlegen einer Spannung an ein Metall wirken auf die geladenen Teilchen Kräfte. Die wanderungsfähigen Elektronen bewegen sich in der Richtung zum Pluspol der elektrischen Energiequelle (Bild 2). Es fließt ein Strom.
Die Wanderungsgeschwindigkeit der Elektronen in Metallen ist etwa 1 mm · s^{-1}. Dennoch fließt beim Einschalten der Spannung sofort der Strom im ganzen Stromkreis, da die elektrische Kraft auf alle Elektronen gleichzeitig wirkt.
Die Bewegung der Elektronen wird durch die Metallatome und -ionen behindert. Hierauf beruht der elektrische Widerstand, der mit zunehmender Temperatur steigt. Das ist leicht durch die heftigere Bewegung der Atome und Ionen und die damit verbundene größere Behinderung der Elektronen zu erklären.
Unser Modell vom Aufbau fester Stoffe erklärt auch, warum in Isolatoren kein Strom fließen kann: Es sind nicht genügend wanderungsfähige Ladungsträger vorhanden (Bild 3).

1
Modell eines NaCl-Kristalls

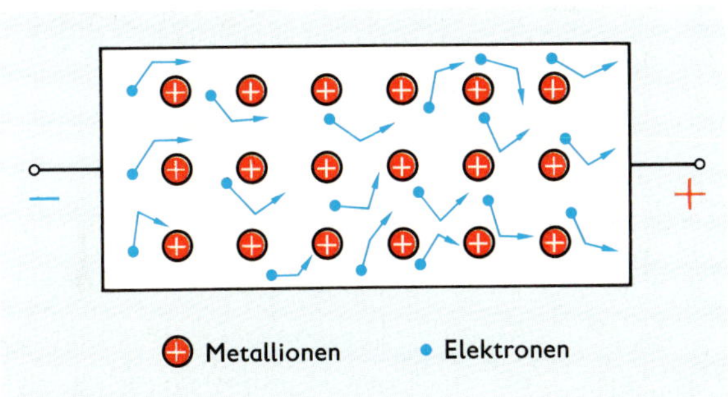

2
Leitung in Metallen

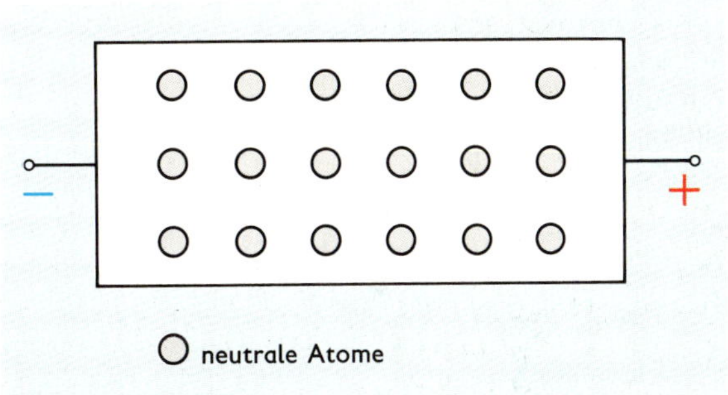

3
Aufbau von Isolatoren

Das Vorhandensein wanderungsfähiger Elektronen ermöglicht in Metallen den Stromfluss. Isolatoren leiten den elektrischen Strom nicht, da sie keine wanderungsfähigen Ladungsträger enthalten.

Elektrische Leitungsvorgänge in Flüssigkeiten

Wegen der Gefahr eines tödlichen elektrischen Schlages ist es verboten, in der Badewanne die Haare mit der Luftdusche zu trocknen. Leitet Wasser den elektrischen Strom?
Die elektrische Leitfähigkeit von Flüssigkeiten soll experimentell untersucht werden. Ausgeschlossen sind flüssige Metalle, die den Strom wie feste Metalle leiten.

Experiment 1
In den Glasbehälter tauchen zwei Elektroden ein, die sich nicht berühren (Bild 1). Wir füllen destilliertes Wasser in den Behälter und legen die Spannung an. Es fließt kein Strom. Den gleichen Effekt erzielen wir, wenn wir Spiritus, Öl oder Ether untersuchen. Geben wir etwas Salz in das Wasser, fließt ein Strom. Die Stromstärke ist umso größer, je mehr Salz gelöst wurde. Die gleiche Beobachtung machen wir, wenn wir eine Säure oder eine Lauge unter das Wasser mischen.

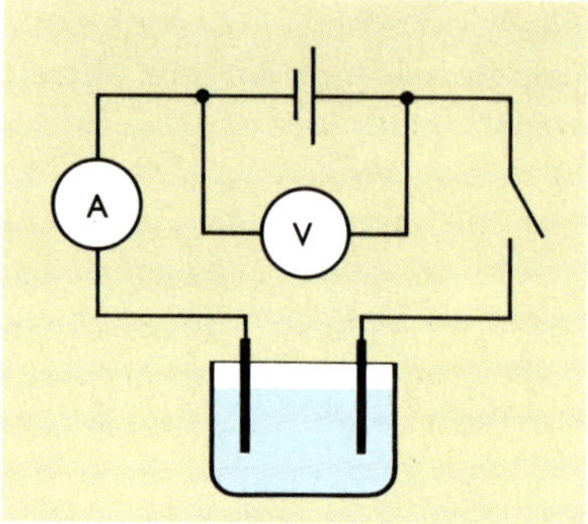

1

Destilliertes Wasser ist ein Isolator. Wässrige Lösungen von Salzen, Säuren und Laugen leiten den Strom in Abhängigkeit von der Konzentration.

Destilliertes Wasser besteht aus elektrisch neutralen Molekülen. Es enthält keine wanderungsfähigen Ladungsträger, also ist es ein Isolator. Gibt man Salz, Säure oder Lauge in das Wasser, so dissoziieren deren Moleküle in Ionen. Aus NaCl wird $Na^+ + Cl^-$, H_2SO_4 wird zu $2\ H^+ + SO_4^{-\ -}$. Solche dissoziationsfähigen Stoffe heißen **Elektrolyte**. Die Ionen sind Ladungsträger und wanderungsfähig. Beim Anlegen einer Spannung an eine wässrige Lösung von Elektrolyten fließt ein Strom. Die positiven Ionen bewegen sich zum negativen Pol und die negativen Ionen zum positiven Pol (Bild 2).
Bei der elektrischen Leitung in Flüssigkeiten findet nicht nur eine Wanderung der Ladungen statt, sondern auch ein Stofftransport. Die viel kleinere Anzahl wanderungsfähiger Ladungsträger und ihre geringe Beweglichkeit erklären den größeren elektrischen Widerstand der Flüssigkeiten gegenüber Metallen.

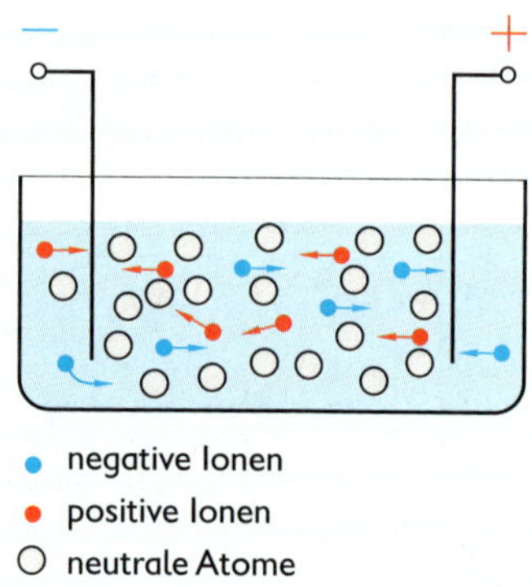

2

Bewegung der Ionen

Galvanische Spannungsquellen

Experiment 2
In eine Apfelsine, Zitrone oder einen Apfel werden ein Eisennagel und ein dicker Kupferdraht gesteckt. Beide Pole werden über Drähte an einen Spannungsmesser angeschlossen (Bild 3).
Man beobachtet einen Zeigerausschlag am Messinstrument. Hängt man die beiden Elektroden in verdünnte Schwefelsäure und schließt eine Glühlampe kleiner Leistung in den Kreis, leuchtet diese.

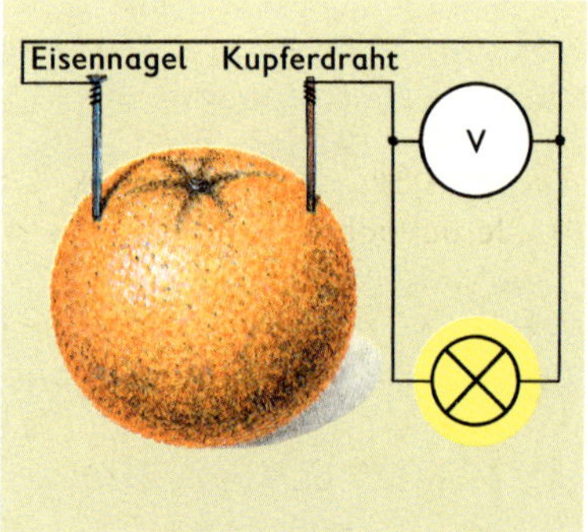

3

Ergebnis: Durch Leitungsvorgänge in den Metallen und Flüssigkeiten ist elektrische Energie erzeugt worden.
Eine solche Vorrichtung aus 2 verschiedenen Leitern und einer leitenden Flüssigkeit nennt man galvanische Spannungsquelle oder galvanisches Element.

Die technische Anwendung einer solchen Vorrichtung ist Ihnen längst bekannt. Batterien befinden sich z. B. in Uhren, Taschenlampen und Radios (Bild 1).
Es gibt nichtaufladbare Elemente (galvanische Elemente) und aufladbare Elemente (Akkumulatoren).

1

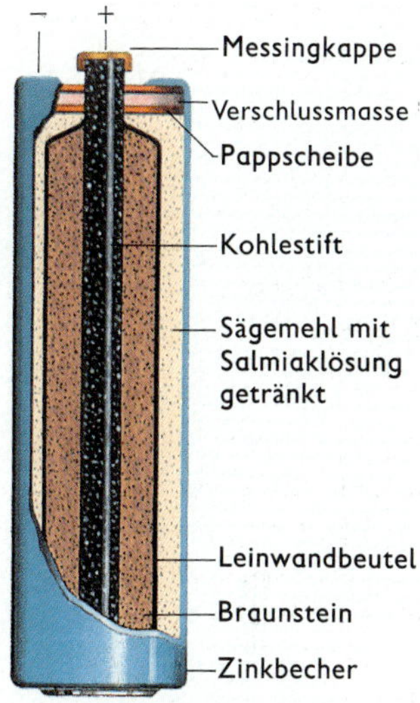

2

Nichtaufladbare Elemente. Kohle-Zink-Elemente liefern eine Spannung von 1,5 V (Bild 2). Der Zink-Becher ist gleichzeitig Gefäß und negative Elektrode. Der von einer Braunsteinschicht umgebene Kohlestab ist die positive Elektrode. Die Salmiaklösung als Elektrolyt ist durch Füllkörper verdickt, damit sie nicht auslaufen kann.
Wirkungsweise: Kohle und Zink sind mit dem Elektrolyten in Verbindung. Eine Spannung entsteht dadurch, dass positive Zinkionen in den Elektrolyten übertreten. Dadurch entsteht im Zink ein Elektronenüberschuss. Die positiven Zinkionen reagieren mit negativen OH-Ionen des Elektrolyten. Bei dieser Reaktion wird chemische Energie in elektrische Energie umgewandelt und es entsteht Zinkhydroxid. Verbindet man äußerlich die beiden Elektroden, fließt ein Strom. Dies ist so lange möglich, bis kein metallisches Zink mehr vorhanden ist.

3

Akkumulatoren. Der große Vorteil eines Akkumulators ist seine Wiederaufladbarkeit. Allerdings ist seine Herstellung teurer und man braucht ein Ladegerät.
Der bekannteste Akkumulator ist die Starterbatterie im Auto. Hier werden fast ausschließlich Bleibatterien verwendet (Bild 3).
Wirkungsweise: Eine Bleibatterie besteht aus einem Satz Blei- und einem Satz Bleioxidplatten, die in Schwefelsäure tauchen (Bild 4a). Die Spannung beträgt 2,1 V. Schließt man den Stromkreis, bildet sich an beiden Elektroden Bleisulfat. Dabei wird chemische Energie in elektrische Energie umgewandelt, es fließt ein elektrischer Strom. Dieser Strom kann so lange fließen, bis die Platten völlig mit Bleisulfat bedeckt sind (Bild 4b). Dann kann durch Zufuhr elektrischer Energie der ursprüngliche Zustand wieder hergestellt werden.

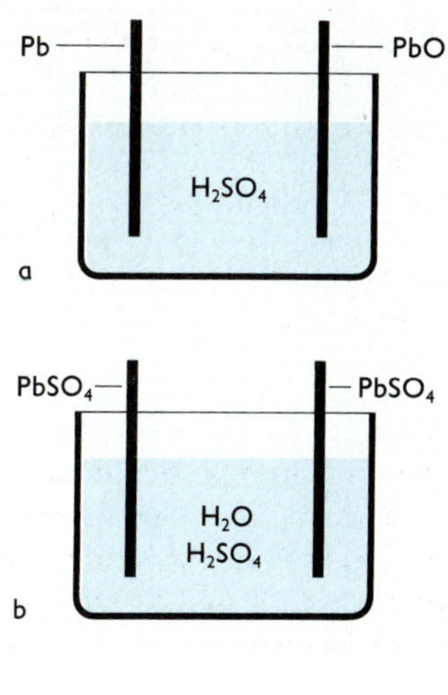

4

Elektrofahrzeuge mit Akkumulatoren als Energiequelle sind sehr umweltfreundlich. Gabelstapler (Bild 1) und Transportfahrzeuge in Betrieben belegen dieses. An der Entwicklung von Pkw mit Elektroantrieb (Bild 2) wird intensiv gearbeitet. Zurzeit sind solche Pkw noch unwirtschaftlich.

1

2

Ein Blick in die Technik

Wasserschäden durch geplatzte oder abgerissene Schläuche, überlaufende Waschmaschinen oder Badewannen können sehr kostspielig werden. Solchen Schäden kann man mit einem **Leckwassermelder** zuvorkommen (Bild 3). Dieser kann bereits bei einer Wasserhöhe von 0,5 mm ein Alarmsignal auslösen und die Wasserzufuhr unterbrechen. Auch die Stromzufuhr wird dadurch unterbrochen.

Der Leckwassermelder wird so montiert, dass sich zwei Metallstifte (Fühler) direkt über dem Fußboden befinden. Sollte Wasser austreten, dann ist ein geschlossener Stromkreis vorhanden und es fließt ein elektrischer Strom. Dadurch wird die Alarmanlage in Betrieb gesetzt.

3

Ein Blick in die Natur

Es gibt Fische, die ihre Beute mit einem elektrischen Schlag betäuben. Der Zitterrochen (Bild 1) hat zu beiden Seiten seines Vorderkörpers elektrische Organe, die Spannungen bis zu 300 V erzeugen können. Diese Organe geben Stromstöße, die eine Leistung bis zu 2 kW haben, in kurzer Folge ab. Der Rochen muss seine Beutetiere nicht berühren, um sie mit seinen elektrischen Impulsen zu erreichen. Das ist nur möglich, wenn die elektrische Energie durch das Wasser übertragen wird, das Wasser also elektrisch leitfähig ist.

1

Gewusst? Erkannt? Gekonnt?

1. Wie kann man nachweisen, dass in einem Stromkreis ein elektrischer Strom fließt? Erläutern Sie zwei Möglichkeiten!
2. Wie ist der elektrische Widerstand metallischer Leiter anhand des Aufbaus der Kristalle zu erklären?
3. Wieso leuchtet eine Glühlampe beim Betätigen des Schalters sofort auf, obwohl die Elektronen in Metallen eine kleine Wanderungsgeschwindigkeit haben?
4. Wie bewegen sich die Elektronen in einem metallischen Leiter, wenn eine Wechselspannung angelegt wird?
5. In welche Ionen dissoziieren folgende Stoffe in wässriger Lösung: KCl, HNO_3, $Ca(OH)_2$, $CuSO_4$?

Kurz und knapp

Beim Anlegen einer Spannung an einen Leiter fließt ein elektrischer Strom. Träger des elektrischen Stroms in einem Metall sind wanderungsfähige Elektronen.

Wässrige Lösungen von Elektrolyten leiten den elektrischen Strom. Ihre neutralen Moleküle dissoziieren beim Lösen in Wasser in positive und negative Ionen. Diese Ionen sind die wanderungsfähigen Ladungsträger.

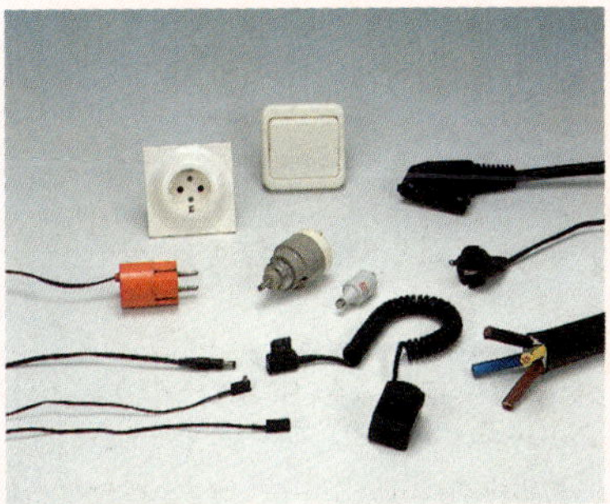

	Stoff	Stromfluss	Ladungsträger
feste Körper	Metalle	ja	Elektronen
	Isolatoren	nein	–
Flüssigkeiten	wässrige Lösungen von Elektrolyten	ja	Ionen
	nichtdissoziierende Flüssigkeiten	nein	–

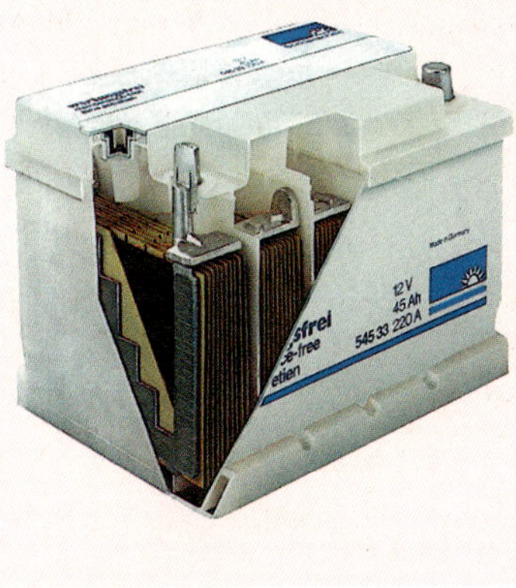

8 Elektrische Leitung in Gasen und im Vakuum

Wieso fließt bei einem Lichtbogen elektrischer Strom durch die Luft? Jede Steckdose ist der Beleg dafür, dass Luft ein guter Isolator ist. Zwischen den offen liegenden Anschlussbuchsen würde dauernd ein Strom fließen, wenn Luft elektrisch leitfähig wäre. Sind Gase elektrisch leitfähig oder nicht? Wie ist das beim Vakuum?

1

Elektrische Leitungsvorgänge in Gasen

Zwei Experimente sollen deutlich machen, unter welchen Bedingungen Gase elektrisch leitfähig werden können.

Experiment 1
An 2 Isolatoren werden Metallplatten so angebracht, dass sie sich gegenüber stehen und sich nicht berühren. Zwischen ihnen befindet sich Luft. Entsprechend Bild 2 werden sie in einen Stromkreis eingebaut. Legt man die Spannung an, so fließt kein Strom. Das ist nicht verwunderlich, da zwischen den Platten der Stromkreis unterbrochen ist. Die Luft verhält sich so, wie wir es gewohnt sind, nämlich wie ein Isolator. Bringen wir jedoch in den Raum zwischen den Platten eine Kerzenflamme, so ist ein Stromfluss zu beobachten. Dieser hört sofort auf, wenn wir die Flamme entfernen. Das Gleiche geschieht, wenn wir die Luft zwischen den Platten einer Röntgen- oder radioaktiven Strahlung aussetzen.

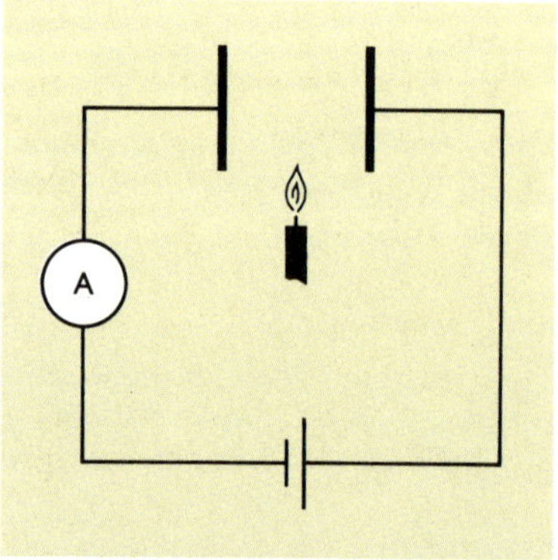

2

Wir erkennen: Unter Normalbedingungen ist Luft ein Isolator. Durch äußere Einflüsse kann sie jedoch leitfähig werden.

Experiment 2
Ein Glasrohr, an dessen beiden Enden Elektroden eingeschmolzen sind, wird auf eine Vakuumpumpe aufgesetzt (Bild 3). Die Elektroden werden an die Pole eines Hochspannungsgerätes angeklemmt. Beim Einschalten der Spannung fließt erwartungsgemäß kein Strom.
Anschließend wird die Vakuumpumpe in Betrieb gesetzt. Die Luft wird aus der Röhre gesaugt, der Luftdruck sinkt.

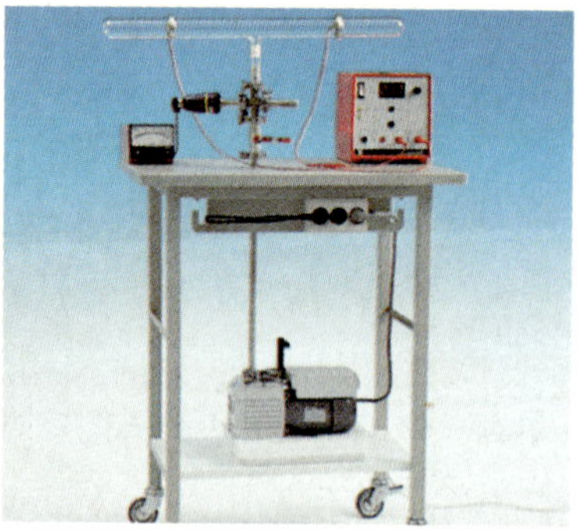
3

Nach einiger Zeit, etwa bei einem Druck von 10 hPa, beobachtet man in der Röhre Leuchterscheinungen (Bild 1). Diese verändern beim weiteren Pumpen sowohl ihre Form als auch ihre Farbe. Farben von Rosa bis Violett, dünne schlauchförmige und scheibenförmige Lichtbänder sind zu beobachten. Diese eindrucksvolle Erscheinung beruht darauf, dass ein elektrischer Strom durch das Gas fließt. Füllen wir die Röhre zu Beginn mit einem anderen Gas und wiederholen das Experiment, so beobachten wir andere Farben und Formen.

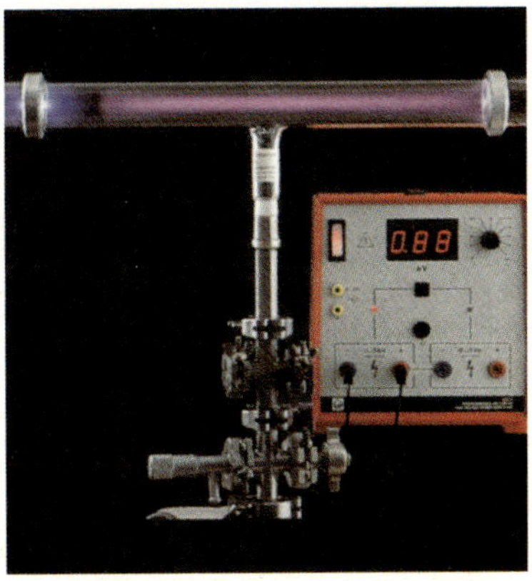

1

Leuchterscheinungen bei selbstständiger Entladung im Rohr

Gase können durch Erwärmung, Bestrahlung und Druckverminderung elektrisch leitfähig werden.

Die Atome und Moleküle von Gasen sind innerhalb des ihnen zur Verfügung stehenden Raumes frei beweglich. Gase sind elektrisch neutral und es gibt nur ganz wenige Ladungsträger, es fließt kein Strom. Ein Stromfluss in Gasen ist nur möglich, wenn genügend Ladungsträger erzeugt werden. Dazu gibt es, wie wir in den beiden Experimenten gesehen haben, zwei Möglichkeiten:

1. Durch Flammen oder Strahlung wird dem Gas Energie zugeführt, sodass Ionen erzeugt werden (Bild 2). Diese Ionen bewegen sich gerichtet unter dem Einfluss der Spannung. Es fließt ein Strom, der sofort aufhört, wenn die Ursache der Isonisierung nicht mehr wirkt.
2. Einzelne Ladungsträger sind in jedem Gas vorhanden. Durch die angelegte Spannung werden sie beschleunigt und stoßen dabei mit Gasmolekülen zusammen. Das hat zunächst keine Folgen. Wird aber der Druck in dem Gas verringert, vergrößert sich der Abstand zwischen den Gasteilchen. Die wenigen vorhandenen Ladungsträger können dadurch zwischen zwei Zusammenstößen im elektrischen Feld so viel Energie aufnehmen, dass sie neutrale Teilchen ionisieren. Diesen Vorgang nennt man **Stoßionisation** (Bild 3). Die neu gebildeten Ionen werden ebenfalls beschleunigt und erzeugen weitere Ionen. Lawinenartig wächst die Anzahl der Ladungsträger, wir können einen elektrischen Strom nachweisen.

Die im Experiment 2 beobachteten Leuchterscheinungen entstehen durch die bei den Zusammenstößen übertragene Energie.

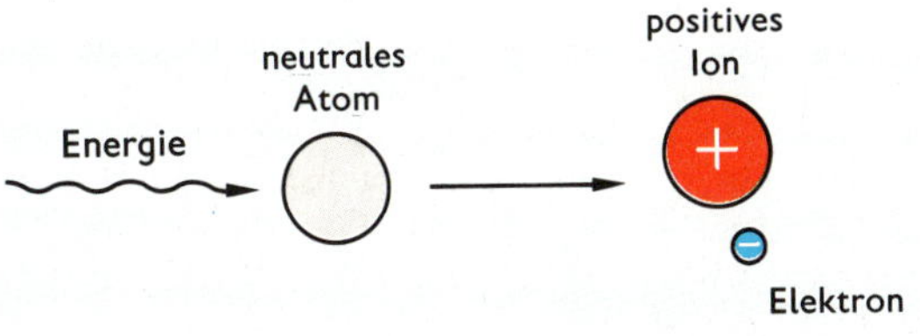

2

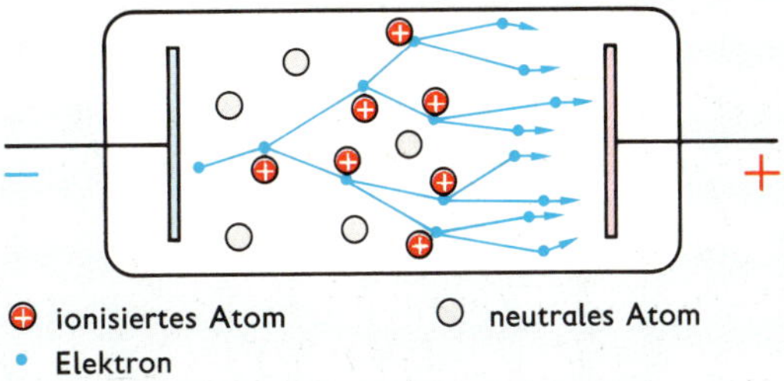

3

Gase werden elektrisch leitfähig, wenn in ihnen Ionen erzeugt werden.

Elektrische Leitungsvorgänge im Vakuum

Bei Arbeiten an der von ihm erfundenen Glühlampe beobachtete *Edison* an der Innenwand des Glaskolbens einen dunklen Niederschlag, der aus Kohleteilchen bestand. Zur genaueren Untersuchung brachte er gegenüber dem der Lichterzeugung dienenden Kohlefaden ein Metallplättchen an. Diese Zusatzelektrode legte er an den positiven Pol der Spannungsquelle. Zu seiner Verwunderung zeigte ein Messgerät einen Strom durch das Vakuum der Lampe an (Bild 1).

Ein Stromfluss ist aber auch im Vakuum nur beim Vorhandensein einer elektrischen Spannung und wanderungsfähiger Ladungsträger möglich.

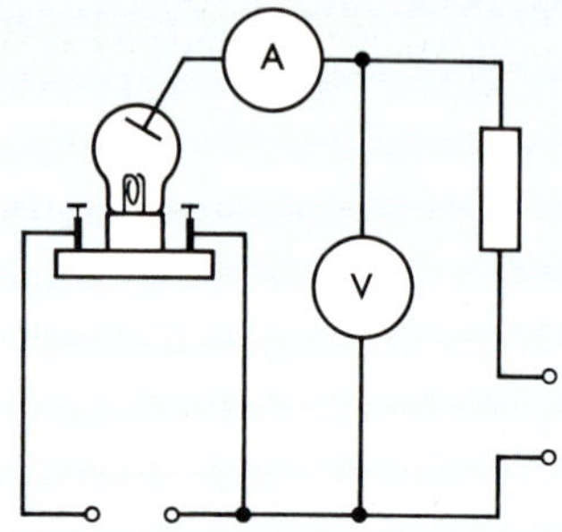

1

Glühemission. Bringt man ein Metall auf eine hohe Temperatur (etwa 1 400 K), so erhalten die in ihm enthaltenen wanderungsfähigen Elektronen eine so hohe Energie, dass sie aus der Oberfläche austreten können. Den Nachweis führen wir mit einem Experiment.

Experiment 3
In einer geschlossenen Glasröhre, aus der die Luft herausgepumpt wurde, befinden sich 2 Metallelektroden. Legt man eine Spannung an, so fließt kein Strom. Wird jedoch eine Elektrode durch elektrischen Strom erhitzt, so kann man einen elektrischen Strom im Vakuum messen, wenn der negative Pol der Spannungsquelle an der geheizten Elektrode liegt (Bild 2).

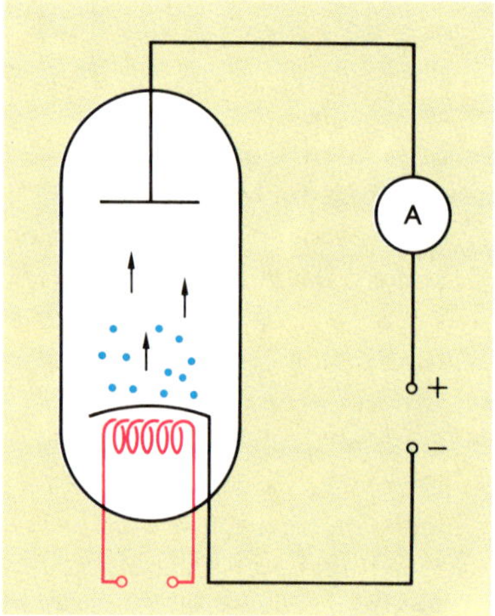

2

Dieser Strom kann nur fließen, weil ständig Elektronen aus der glühenden Katode austreten und durch die anliegende Spannung in Richtung Anode beschleunigt werden. Im Vakuum werden diese Elektronen nicht behindert.

Die 1882 von *Edison* entdeckte **Glühemission** bildete die Grundlage für die Elektronenröhre (Bild 3). In den Elektronenröhren wurden keine Kohlefäden mehr verwendet, sodass auch kein schwarzer Niederschlag mehr auftrat.

Elektronenröhren finden nur noch für spezielle Zwecke Anwendung. Halbleiterbauelemente sind meist vorteilhafter, da sie weniger Energie verbrauchen, kleiner und langlebiger sind.

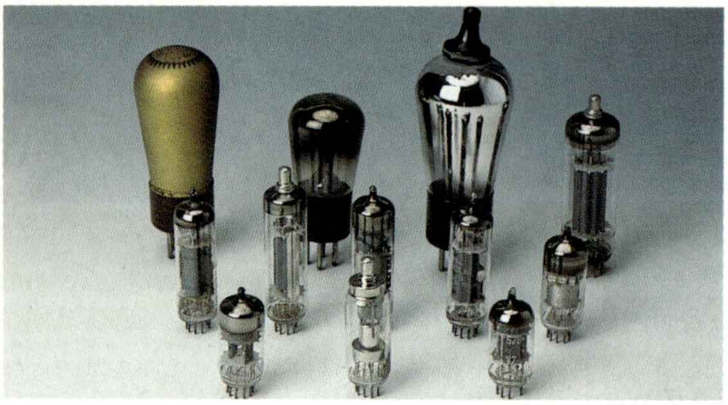
3

4

Fotoemission. Auch durch Licht können Elektronen aus einem festen Körper herausgelöst werden. Das wollen wir mithilfe eines Experiments nachweisen.

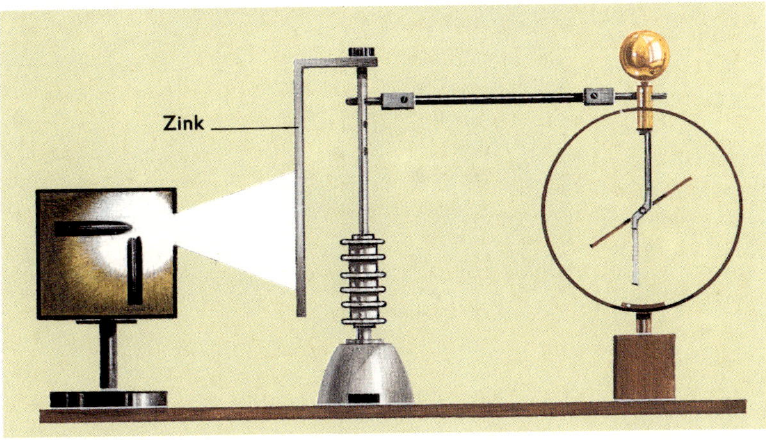

1

Experiment 4
Eine isoliert aufgestellte Zinkplatte ist mit einem Elektrometer verbunden (Bild 1). Die Anordnung wird elektrisch aufgeladen und durch eine Bogenlampe bestrahlt. Ist die aufgebrachte Ladung negativ, geht der Ausschlag am Elektrometer sehr schnell zurück. Ist die Anordnung positiv geladen, beobachtet man bei Bestrahlung keine Änderung am Elektrometer.

Eine Erklärung der Beobachtungen ist nur unter der Annahme möglich, dass durch UV-Strahlung Elektronen aus der Metalloberfläche herausgeschlagen wurden. Diesen Vorgang nennt man **Fotoemission**.
In der **Fotozelle** (Bild 2) wird das Herausschlagen von Elektronen durch Licht aus einer Oberfläche ausgenutzt. Sie besteht aus einem evakuierten Glaskolben, in dem sich zwei Elektroden befinden. Eine Elektrode, die Fotokatode, besteht aus einem Material, das bei einfallendem Licht Elektronen emittiert. Ein Strom fließt, wenn die Fotokatode beleuchtet wird und an ihr der negative Pol der elektrischen Energiequelle anliegt (Bild 3). Ist die Fotozelle nicht beleuchtet, werden keine Elektronen emittiert, es kann kein Strom fließen. In Fotozellen wird Licht in elektrische Signale umgesetzt.

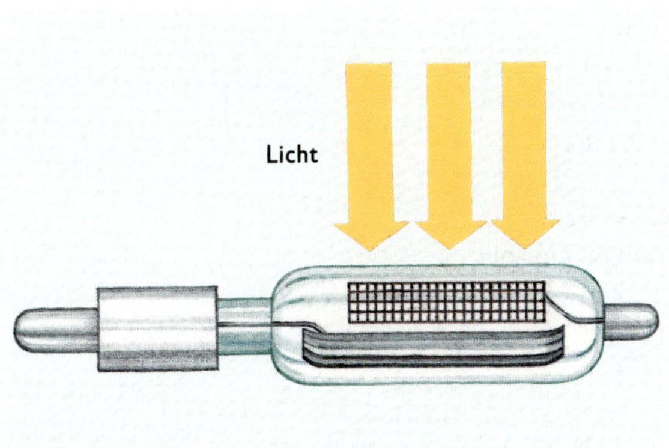

2

Fotozelle

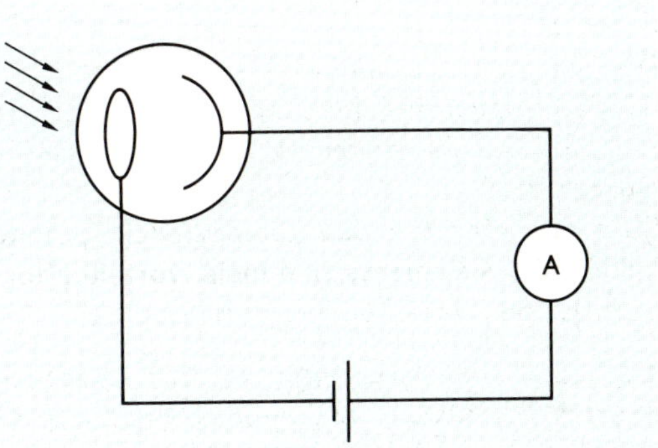

3

Fotozelle im Stromkreis

Vakuum ist elektrisch leitfähig, wenn Ladungsträger hineingebracht werden.
Glühemission und Fotoemission sind dazu geeignete Vorgänge.

Ein Blick in die Technik

Leuchtstofflampen. Sie verbrauchen etwa 1/5 der Elektroenergie, um die gleiche Menge Licht auszusenden wie Glühlampen. Neben stabförmigen Lampen gibt es kleine Leuchtstofflampen, die in jede Fassung für eine Spannung von 230 V passen. Beim Einschalten fließt ein elektrischer Strom. Das ist am ausgesendeten Licht zu erkennen. Es entsteht in einem Leuchtstoff, der sich an der inneren Glaswand befindet. Durch Strahlung, die beim Stromfluss im Gas entsteht, wird der Leuchtstoff zur Aussendung von Licht angeregt.

1
Kompakte Leuchtstofflampe

Elektronenstrahlröhre. In ihr werden durch Glühemission Elektronen ins Vakuum gebracht und zu einem fadenförmigen Strahl gebündelt. Sie wird in Fernsehgeräten, Computermonitoren, Radargeräten und Oszillographen eingesetzt. Wesentliche Bestandteile (Bild 2):

- Strahlerzeugungssystem: Glühkatode, Wehneltzylinder und Anode.
- Ablenksystem: Zwei Plattenpaare, die um 90 Grad gegeneinander versetzt sind.
- Leuchtschirm besteht aus einer Schicht, die beim Auftreffen von Elektronen aufleuchtet.
- Im Glasgefäß herrscht Hochvakuum; Elektronen können sich ungehindert bewegen.

Bei der Elektronenstrahlröhre liegt zwischen Katode und Anode eine Gleichspannung. Aus der Katode tritt ein schmaler Elektronenstrahl aus, der auf den Leuchtschirm trifft. Größe, Schärfe und Helligkeit des Leuchtpunktes können über das Strahlerzeugungssystem gesteuert werden. Der Wehneltzylinder besteht aus Metallblech und umschließt die Katode fast vollständig. Durch ein Loch in der Stirnseite tritt der Elektronenstrahl hindurch. Legt man an den Zylinder eine gegenüber der Katode negative Spannung, wird ein Teil der Elektronen am Passieren gehindert. Die Helligkeit des Leuchtpunktes nimmt ab. Wird diese Spannung vergrößert, wird er noch dunkler. Durch Spannungen, die an die Ablenkplatten gelegt werden, wird der Strahlenverlauf beeinflusst: Eine Spannung an den waagerechten Platten bewirkt eine Ablenkung in senkrechter Richtung (Bild 3), Spannung an den senkrechten Platten bewirkt eine Ablenkung zur Seite. Mit dem Oszillograph kann man den zeitlichen Verlauf der verschiedensten Spannungen analysieren (Bild 4).

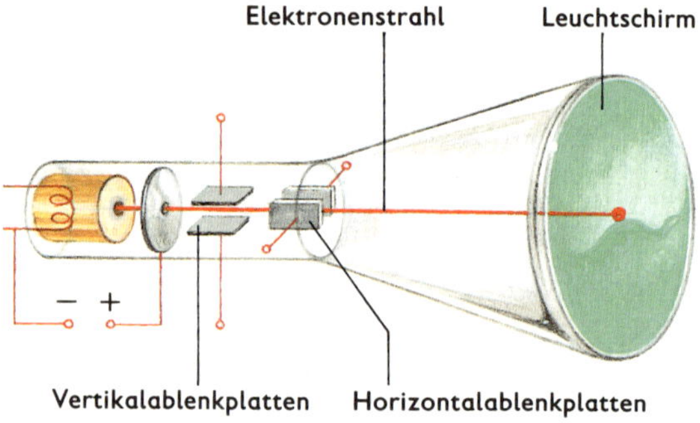

2

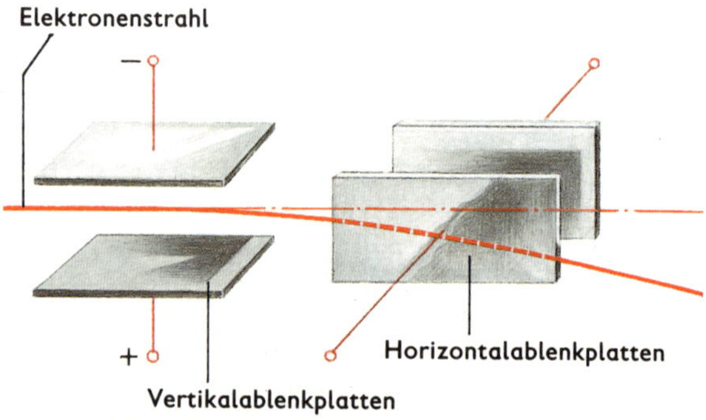

3

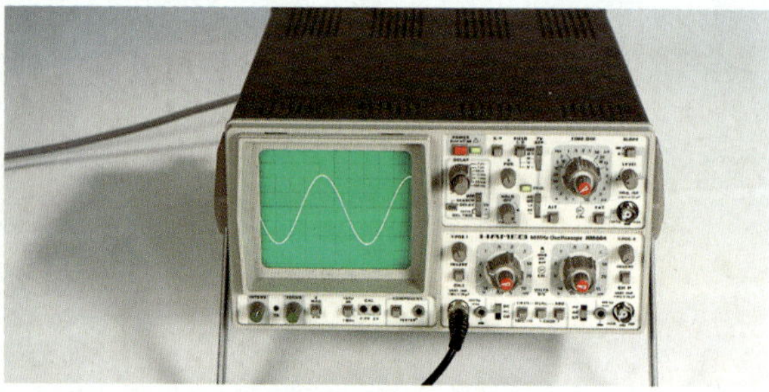

4
Oszillograph mit Sinuslinie

Fernsehbildröhre. Sie ist der Oszillographenröhre ähnlich (Bild 1). Völlig gleich sind die Erzeugung der freien Elektronen durch Glühemission und der Leitungsvorgang im Vakuum. Die horizontale und vertikale Ablenkung geschieht in der Fernsehbildröhre durch magnetische Felder, die durch Spulen am Röhrenhals erzeugt werden. 25-mal in 1 s läuft der Leuchtpunkt über den gesamten Schirm, der in 625 Zeilen unterteilt ist. Jede Zeile ist in 550 Punkte aufgeteilt, deren Helligkeit über die aus der Antenne kommenden Signale und den Wehneltzylinder gesteuert wird. Durch geringes Nachleuchten auf dem Schirm und die Trägheit des Auges entsteht der Eindruck eines zusammenhängenden Bildes.
Im Farbfernsehgerät befinden sich 3 Strahlsysteme in der Bildröhre, von denen das eine die roten, das zweite die grünen und das dritte die blauen Farbpunkte des Schirmes zum Leuchten bringt (Bild 2). Durch Kombination dieser 3 Farben können alle gewünschten Farbtöne erzeugt werden.

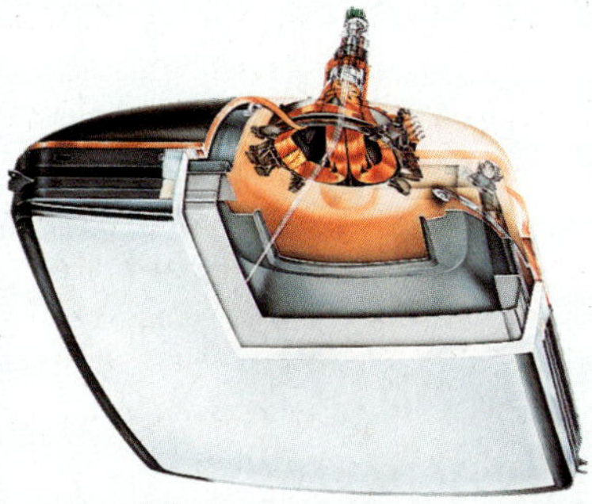
1

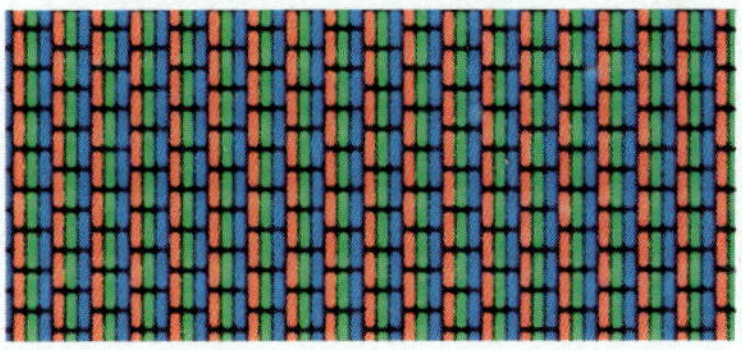
2

Gewusst? Erkannt? Gekonnt?

1. Erläutern Sie verschiedene Möglichkeiten der Ionisation eines Gases!
2. Was versteht man unter Stoßionisation?
3. Vergleichen Sie die Ionisation von Gasen mit der Dissoziation von Flüssigkeiten! Nennen Sie Gemeinsamkeiten und Unterschiede!
4. Nennen Sie Möglichkeiten, Gase elektrisch leitfähig zu machen!
   Erläutern Sie diese!
5. Was verstehen Sie unter Glüh- und Fotoemission?
6. Wie verändert sich die Anzahl der bei der Glühemission aus einer Katode austretenden Elektronen bei Temperaturerhöhung?
   Wie kann man die Voraussage experimentell prüfen?
7. Unter welchen Voraussetzungen kann in einem Vakuum ein Strom fließen?
8. Erläutern Sie die Wirkungsweise der Elektronenstrahlröhre!
9. Erklären Sie die Ablenkung eines Elektronenstrahles im magnetischen Feld!

Kurz und knapp

Gase sind unter Normalbedingungen Isolatoren.
In Gasen kann ein elektrischer Strom fließen, wenn in ihnen genügend Ionen vorhanden sind. Diese können durch Flammen oder Strahlung erzeugt werden. Auch durch Stoßionisation kann in stark verdünnten Gasen ein elektrischer Strom möglich werden.

Im Vakuum kann nur ein Strom fließen, wenn wanderungsfähige Ladungsträger hineingebracht werden. Das ist durch Glühemission und Fotoemission möglich.

Bei der Glühemission treten aus glühenden Stoffen Elektronen aus.

Bei der Fotoemission werden aus bestimmten Stoffen Elektronen durch Licht herausgelöst.

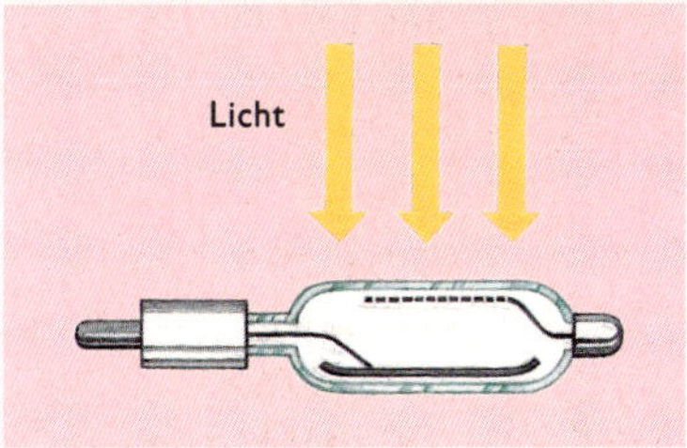

9 Elektrische Leitung in Halbleitern

Fernsehgeräte und Quarzuhren, Computer und Raumschiffe, Autos und Waschmaschinen, Flugzeuge und Radios – in all diesen und vielen anderen Geräten und Apparaten sind elektronische Bauelemente enthalten. Ohne diese Elektronik würde ein Großteil der genannten Apparaturen nicht existieren oder bedeutend schlechter arbeiten. Wesentliche Bestandteile elektronischer Geräte sind Halbleiter-Bauelemente. Wie funktionieren sie?

1

Elektrische Leitung in Silicium

Halbleiter haben ihren Namen daher, dass ihre elektrische Leitfähigkeit bei Raumtemperatur zwischen der von Leitern und Isolatoren liegt. Sie sind also weder gute Leiter noch gute Isolatoren. Silicium ist das am meisten verwendete Halbleitermaterial. In der Natur kommt es fast ausschließlich in der Form von SiO_2 und von Silicaten vor. Die wichtigsten gebirgsbildenden Gesteine sind Silicate. Sand besteht zum großen Teil aus SiO_2. Durch Reduktion von SiO_2 erhält man elementares Silicium, dessen Atome in Kristallen regelmäßig angeordnet sind. Die jeweils 4 Außenelektronen benachbarter Atome sind dabei zu relativ fest gebundenen Paaren vereint (Bild 2), sodass im ungestörten Zustand, also bei 0 K, keine elektrische Leitung möglich ist. Legt man jedoch bei Zimmertemperatur an Silicium eine Spannung an, so ist ein Strom messbar. Woher kommen die dazu notwendigen Ladungsträger?

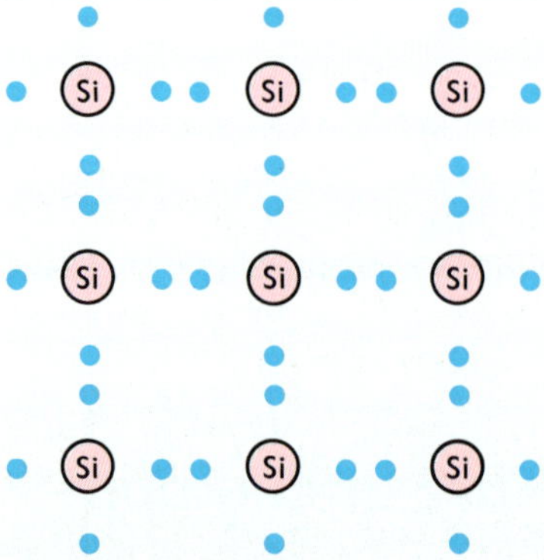

2

Flächenhafte Darstellung eines Si-Atoms

Elektronenleitung. Durch die Wärmebewegung im Kristall erhalten einige Elektronen so viel Energie, dass sie aus der Bindung ausbrechen können und sich frei zwischen den Atomrümpfen bewegen (Bild 1, folgende S.). Legt man eine Spannung an, so tritt eine gerichtete Bewegung dieser Elektronen ein, es fließt ein Strom. Die Stromstärke ist wesentlich kleiner als in Metallen, da weniger wanderungsfähige Elektronen existieren. Diese Elektronenleitung heißt auch **n-Leitung**, da die Elektronen negativ geladen sind.

Löcherleitung. Sie tritt ebenfalls in Halbleitern auf und bezieht sich auf positive Ladungsträger. Deshalb heißt sie auch **p-Leitung**. In Bild 1 auf der folgenden Seite werden Sie diese zunächst vergeblich suchen. Denn die positiven Silicium-Ionen können es nicht sein.

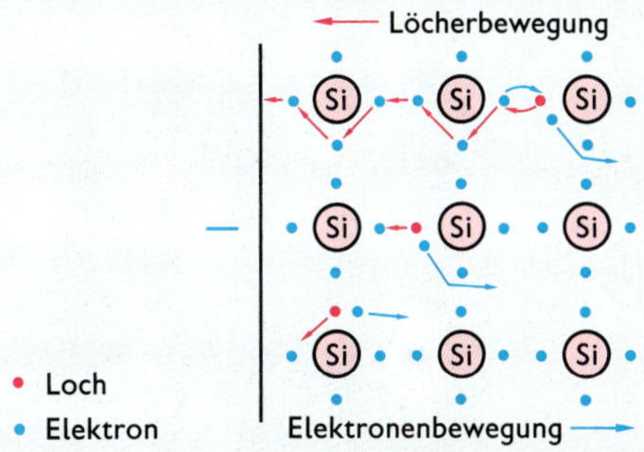

1

Siliciumkristall mit n- und p-Leitung

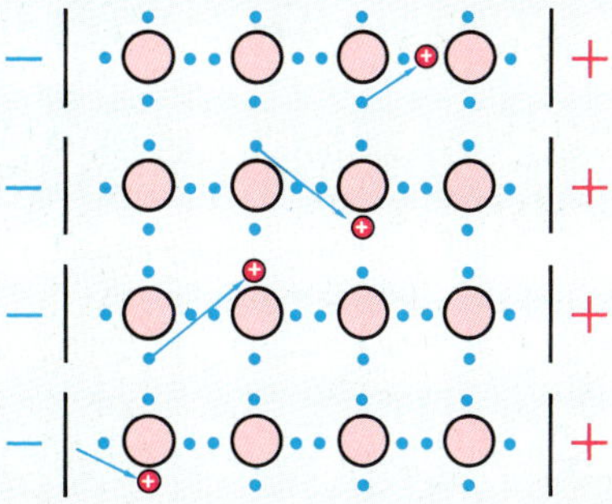

2

Phasen der p-Leitung

Sie sind fest in das Kristallgitter eingebaut und können nicht zum Strom beitragen. Die Lösung ist für Sie sicher verblüffend. Die aus der Bindung austretenden Elektronen hinterlassen Löcher. Diese verhalten sich, da an ihrem Platze eine negative Ladung fehlt, wie eine positive Ladung (im Bild 1 sind diese Löcher als rote Punkte dargestellt). Das heißt, bei Anliegen einer Spannung bewegen sie sich in Richtung Minuspol.
Bei genauerer Betrachtung sind auch hier wieder die Elektronen die bewegten Ladungsträger. Denn ein dem Loch benachbartes Elektron springt in das Loch nach rechts, das Loch ist jetzt weiter links. Wieder springt ein Elektron in das Loch, was dann noch weiter links ist. Das geht so weiter, bis das Loch am Minuspol der Spannungsquelle ankommt. Das Loch ist gewandert (Bild 2).
Das ist zunächst eine merkwürdige Vorstellung, aber Sie haben sicher schon so etwas im Kino erlebt: In einer Reihe ist nur in der Mitte ein Platz frei. Als der Film schon begonnen hat, kommt noch ein Zuschauer. Damit er sich nicht durch die Reihe drängeln muss, rücken die schon sitzenden Besucher jeweils einen Platz zur Mitte (Bild 3). Jeder Besucher hat nur einen Platzwechsel vorgenommen, das Loch ist von der Mitte zum Rand gewandert.

3

Der Strom in einem Halbleiter setzt sich aus der Elektronen- und der Löcherleitung zusammen. Die Löcher verhalten sich dabei so wie positive Ladungsträger. Die Stromstärken in beiden Leitungsarten addieren sich.

Für die gemessene Stromstärke ist es nicht von Bedeutung, dass sich die wanderungsfähigen Ladungsträger in entgegengesetzte Richtung bewegen.

Der Thermistor

Ihnen ist vielleicht bei einem Auto schon aufgefallen, dass Temperaturen nicht nur mit einem Flüssigkeitsthermometer gemessen werden können. Elektrische Temperaturmessfühler sind besonders dort gut geeignet, wo die Messstelle schwer zugänglich oder weit von einer zentralen Messwarte entfernt ist. Das ist z. B. in Chemiebetrieben oft der Fall.

Mit einem **Thermistor** (Bild 1) kann man elektrisch die Temperaturen messen. Er ist ein Halbleiterbauelement, bei dem mit steigender Temperatur bei gleicher Spannung die Stromstärke größer wird. Bei höherer Temperatur werden mehr Elektronen aus ihrer Bindung befreit und damit entstehen auch mehr Löcher. Es stehen also mehr wanderungsfähige Ladungsträger zur Verfügung, die elektrische Leitfähigkeit ist größer.

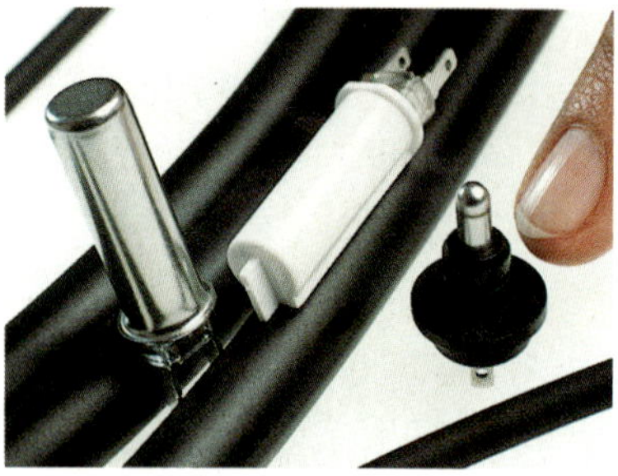
1
Thermistoren

Experiment 1

Ein Thermistor hängt in destilliertem Wasser, dessen Temperatur verändert und mit einem Flüssigkeitsthermometer gemessen werden kann (Bild 2). Der Thermistor wird an eine Spannungsquelle angeschlossen und die Stromstärke bei verschiedenen Temperaturen gemessen. Die Messwerte werden in ein Diagramm eingetragen.

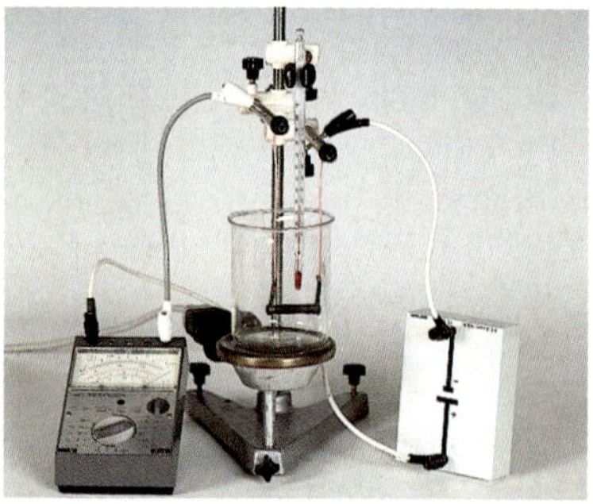
2

Aus dem Diagramm (Bild 3) erkennt man: Mit steigender Temperatur steigt bei konstanter Spannung am Thermistor die Stromstärke.

Temperatur und elektrische Stromstärke sind beim Thermistor einander proportional.

Man kann eine Stromstärkeskale in Grad Celsius eichen.

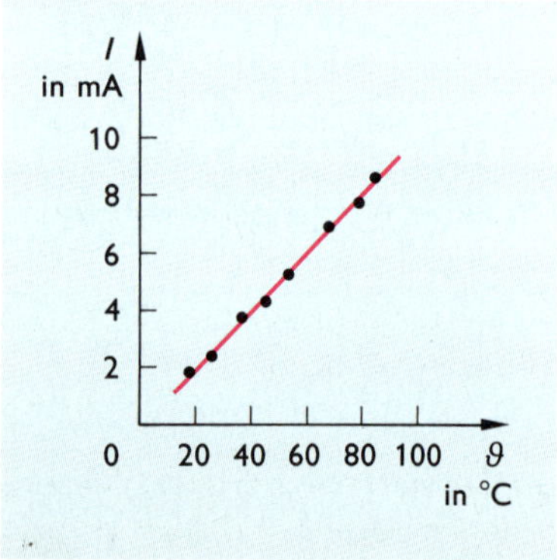

3
I-ϑ-Diagramm

Dotierung von Silicium

Um elektrische Energie über größere Entfernungen zu übertragen, verwendet man aus ökonomischen Gründen Wechselstrom. Viele Geräte, z.B. ein Radio oder die Straßenbahn, benötigen für ihren Betrieb Gleichstrom. Diesen erhält man aus Wechselstrom unter Verwendung von Gleichrichtern. Derzeit sind die meisten Gleichrichter **Halbleiterdioden**, die es in sehr unterschiedlichen Größen gibt (Bild 4). Ihr Einsatzbereich liegt bei Stromstärken zwischen wenigen mA und einigen tausend A.

Wie sind solche Dioden aufgebaut, wie funktionieren sie?

Zur Herstellung von Dioden und anderen Halbleiterbauelementen braucht man Materialien, die entweder n-leitend oder p-leitend sind. Man bekommt sie z. B. durch gezieltes Einbringen von 5-wertigen oder 3-wertigen Elementen in Siliciumkristalle. Diesen Vorgang nennt man **Dotierung**.

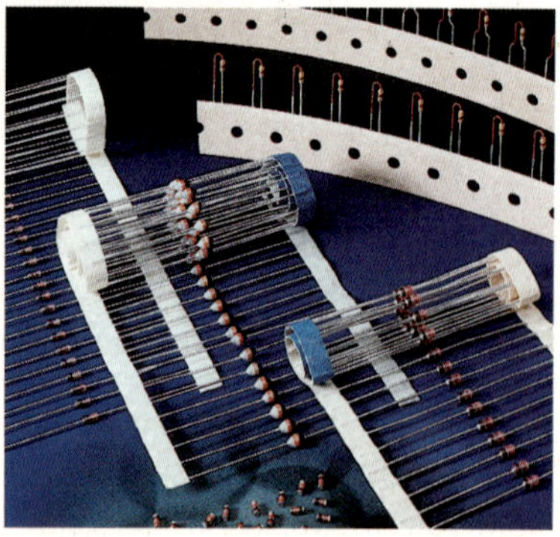
4
Dioden

Grundvoraussetzung ist superreines Silicium. Das bedeutet, dass höchstens ein Fremdatom je 10 Milliarden Siliciumatome enthalten sein darf.
Zur Herstellung reinen Siliciums und zu seiner Dotierung wurden sehr wirkungsvolle Verfahren entwickelt, die jedoch große Investitionen erfordern (Bild 1).

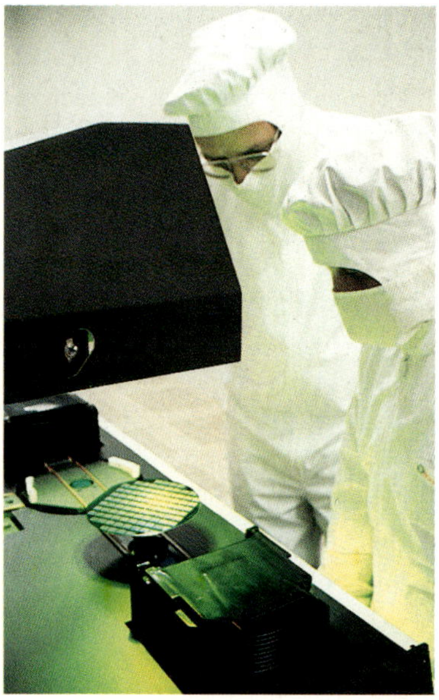
1

n-leitendes Silicium. Man erhält n-leitendes Silicium durch Zugabe geringer Mengen von Phosphor oder Arsen. Auf ca. 1 Million Si-Atome kommt dabei ein P-Atom oder ein As-Atom. Diese Elemente haben 5 Außenelektronen. Ersetzt man ein Si-Atom im Kristall durch ein P-Atom, so bleibt ein Elektron übrig. Es wird nicht gebunden und steht als wanderungsfähiger Ladungsträger zur Verfügung (Bild 2). Im n-Silicium herrscht Elektronenleitung.

p-leitendes Silicium. Bei Dotierung mit Aluminium oder Indium entsteht p-leitendes Silicium. Da die Atome dieser Elemente nur 3 Außenelektronen haben, bleibt bei ihrem Einbau in den Si-Kristall eine Lücke (rote Punkte in Bild 3). Diese ist wanderungsfähig und verhält sich wie ein positiver Ladungsträger. Im p-Silicium herrscht Löcherleitung. Die positiven Löcher sind die wanderungsfähigen Ladungsträger.

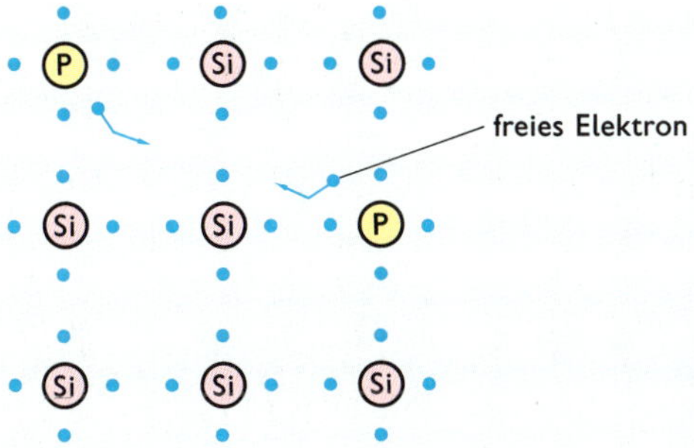

2

n-leitendes Silicium

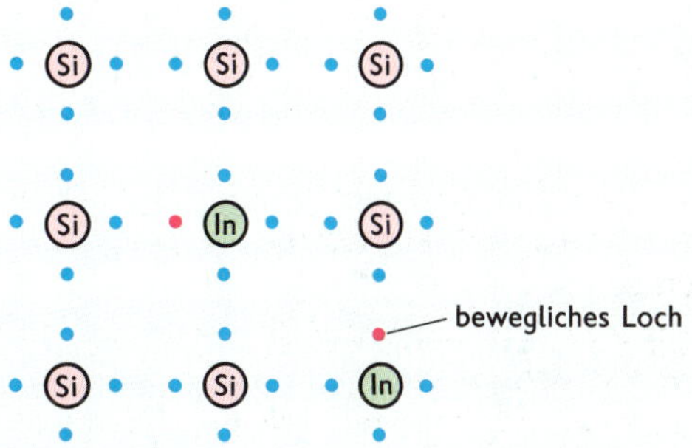

3

p-leitendes Silicium

pn-Schichten. Technisch interessant sind die Berührungsschichten von p- und n-Silicium, die man als pn-Übergänge bezeichnet. Darunter versteht man ein Gebiet, in dem ein p- und ein n-leitender Bereich aneinander grenzen. Wegen der ständigen Wärmebewegung treten Elektronen aus dem n-Gebiet in das p-Gebiet und Löcher aus dem p-Gebiet in das n-Gebiet. Teilweise dringen die Elektronen in die Löcher ein und neutralisieren sich. Damit verarmt der Übergang an wanderungsfähigen Ladungsträgern (Bild 4). Die Wirkung einer Diode beruht auf einem solchen Übergang.

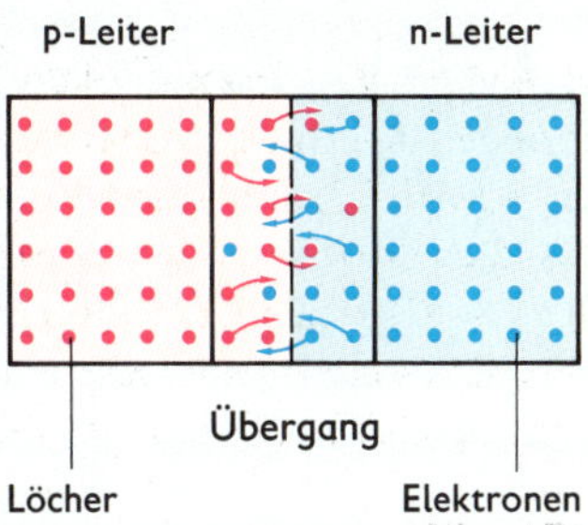

4

Durch Dotierung mit 5-wertigen Atomen entsteht n-leitendes Silicium. Die wanderungsfähigen Ladungsträger sind Elektronen.
Durch Dotierung mit 3-wertigen Atomen entsteht p-leitendes Silicium. Es tritt Löcherleitung auf.

Die Diode

Legt man an einen pn-Übergang, also eine Diode, eine Spannung an, so entscheidet die Polung über das Vorhandensein eines elektrischen Stroms.

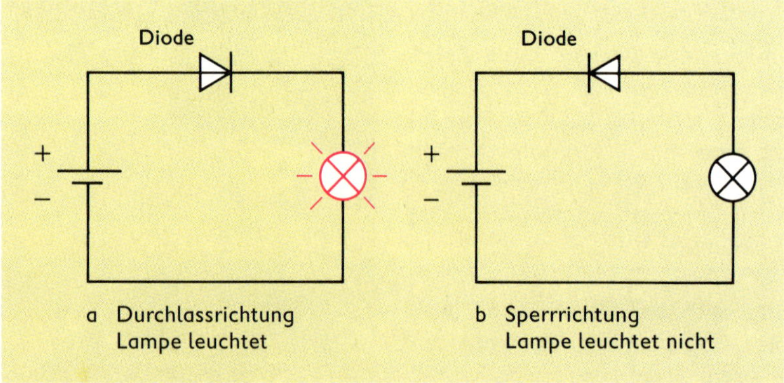

1

Experiment 2
Eine Diode wird in einen Stromkreis mit Spannungsquelle und Glühlampe geschaltet (Bild 1). Legt man den negativen Pol an die n-Schicht, leuchtet die Lampe. Die Diode ist in Durchlassrichtung geschaltet. Legt man den negativen Pol an die p-Schicht, fließt kein Strom. Die Diode ist in Sperrrichtung geschaltet.

Eine Diode besteht im Wesentlichen aus einem pn-Übergang. Der elektrische Strom kann nur in einer Richtung hindurchfließen.

Warum kann der Strom in einer Diode nur in einer Richtung fließen? Bei der Durchlassrichtung, bei der der Pluspol am p-Gebiet liegt (Bild 2), überfluten die Elektronen des n-Gebietes den pn-Übergang und gelangen zum Pluspol. Die Löcher bewegen sich relativ leicht durch den Übergang zum Minuspol. Der Widerstand des Übergangs ist gering, es fließt ein Strom.
Bei der Sperrrichtung liegt der Pluspol am n-Gebiet und der Minuspol am p-Gebiet (Bild 3). Die Ladungsträger werden vom pn-Übergang weggezogen, dieser verbreitert sich und es tritt eine starke Verarmung an Ladungsträgern ein. Das bedeutet einen hohen Widerstand, es kann fast kein Strom fließen.

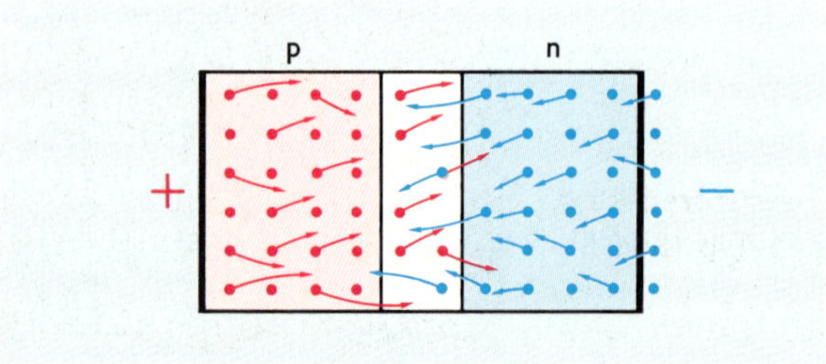

2
pn-Gebiet in Durchlassrichtung

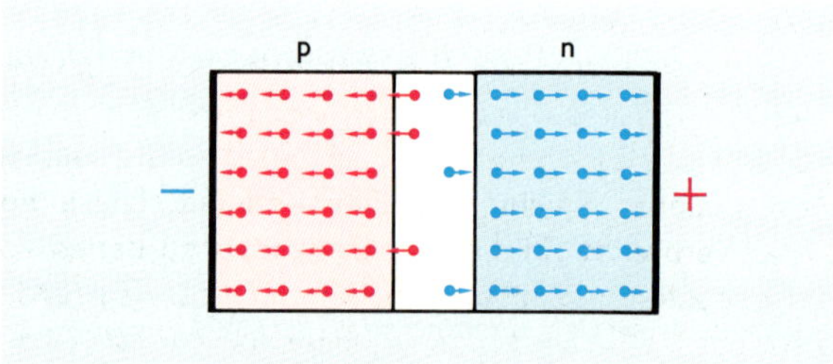

3
pn-Gebiet in Sperrrichtung

Die Diode als Gleichrichter

Schaltet man eine Diode in einen Wechselstromkreis, so wird nur Strom in einer Richtung durchgelassen. Wir erhalten einen pulsierenden Gleichstrom. Verwendet man nur eine Diode, so ergibt sich ein Gleichstrom, wie in Bild 1b (folgende Seite) dargestellt (Einweggleich-

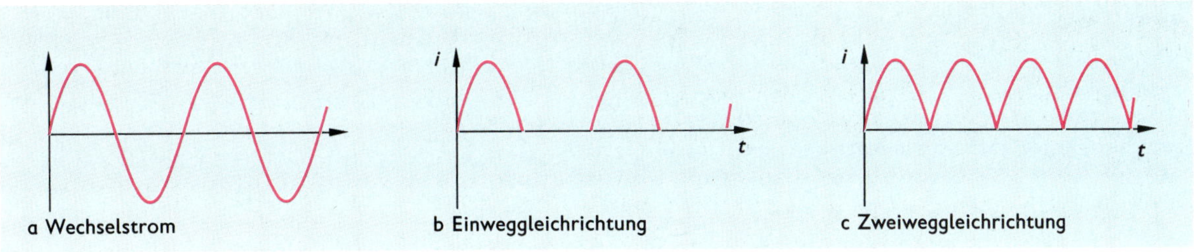

1

I-*t*-Diagramme

richtung). Bei Einsatz von 4 Dioden kann man einen Gleichstrom wie in Bild 1c erhalten (Zweiweggleichrichtung). Dieser ist dem Gleichstrom aus einer Batterie wesentlich ähnlicher. Beim Einsatz von Dioden sind die vom Hersteller angegebenen Belastungsgrenzen zu beachten. Wenn die zulässige Stromstärke überschritten wird, erwärmt sich der Kristall zu sehr und der pn-Übergang wird zerstört. Auch die Spannung in Sperrrichtung darf nicht zu groß werden, da sonst ein Durchbruch am pn-Übergang erfolgt.

Dioden werden vor allem als Gleichrichter eingesetzt. Dabei wird Wechselstrom in Gleichstrom umgewandelt.

Der Transistor

2

Bei einem Rockkonzert (Bild 2), das Sie zumindest schon im Fernsehen erlebt haben, ist Ihnen bestimmt die große Lautstärke aufgefallen. Die Lautsprecher geben sehr viel mehr Schallenergie ab als der Sänger. Wie ist das möglich?

Die kleinen Stromstärkeschwankungen, die in einem Mikrofon aus den Schallwellen erzeugt werden, müssen verstärkt werden. Transistoren können Ströme verstärken. Sie sind wesentliche Teile der Verstärker. Was ist ein Transistor, wie funktioniert er?

Der Transistor (Bild 3) wurde 1948 von drei amerikanischen Physikern erfunden. Er löste im Laufe von 20 Jahren die bis dahin benutzten Elektronenröhren ab.

Der Transistor ist ein steuerbares Halbleiterbauelement, das vor allem als Schalter und Verstärker genutzt wird.

Es besteht z. B. aus zwei Schichten n-Silicium, zwischen denen sich eine dünne Schicht p-Silicium befindet. Diese npn-Transistoren sind weit verbreitet (Bild 4), im Gegensatz zu denen vom pnp-Typ (Bild 5). Die beiden n-Schichten heißen Emitter (E) und Kollektor (C). Die Zwischenschicht, die nur wenige tausendstel Millimeter dick ist, wird Basis (B) genannt.

3

Transistoren

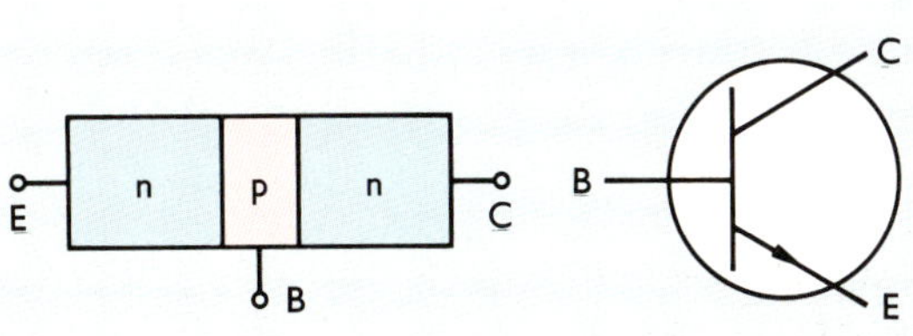

4

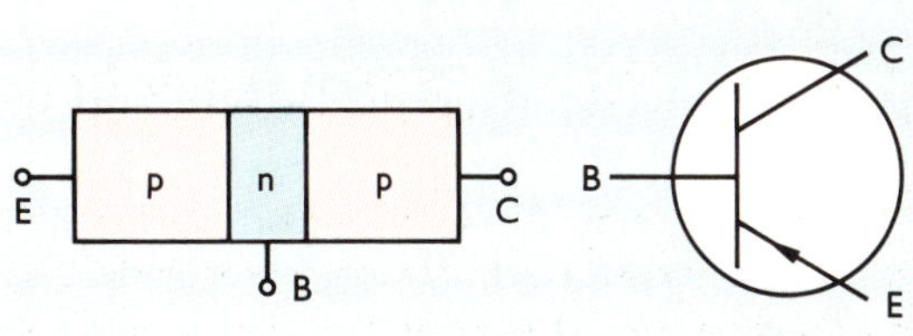

5

Was kann ein Transistor?

Experiment 3
Wir schalten in einem Stromkreis eine Glühlampe und einen Transistor, von dem wir den Kollektor und den Emitter nutzen, in Reihe (Bild 1).
Wir beobachten: Die Lampe leuchtet nicht, es fließt kein Strom.
Jetzt schließen wir zusätzlich zwischen Basis und Emitter eine Spannungsquelle an, deren Pluspol an der Basis liegt.
Wir beobachten: Bereits bei einer Basisspannung von 0,7 V leuchtet die Lampe.

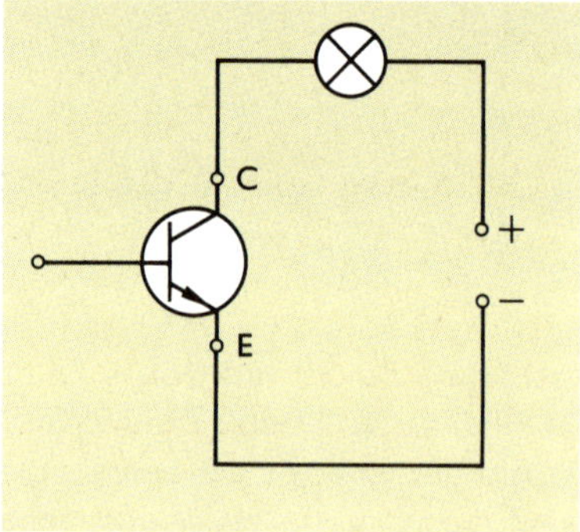

1

Wir erkennen: Der Transistor wirkt hier als Schalter. Fließt ein Basisstrom, ist die Lampe eingeschaltet. Fließt kein Basisstrom, ist die Lampe ausgeschaltet.

Am Transistor verknüpft man 2 Stromkreise: den Kollektorstromkreis und den Basisstromkreis. Der Basisstrom beeinflusst den Kollektorstrom.
Der Transistor kann als Schalter wirken.

Wir wollen untersuchen, wie der Basisstrom den Kollektorstrom beeinflusst.

Experiment 4
Wir messen die Kollektorstromstärke bei Veränderung der Basisstromstärke. Dazu steigern wir in einer dem Bild 2 entsprechenden Schaltung die Basisspannung U_B. Die Kollektorspannung U_C bleibt konstant.

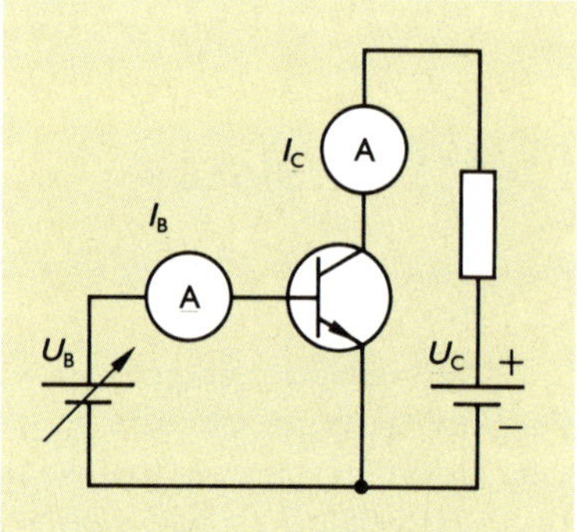

2

Aus dem Diagramm der Messwerte (Bild 3) erkennen wir:
- Ein Kollektorstrom fließt nur, wenn ein Basisstrom fließt.
- Bei Änderung des Basisstroms ändert sich der Kollektorstrom.
- Ein kleiner Basisstrom löst einen großen Kollektorstrom aus.

Auf diesen Eigenschaften beruht die Steuerwirkung des Transistors. Das Diagramm zeigt, dass bei einer Änderung der Basisstromstärke um 0,1 mA die Kollektorstromstärke um 14 mA geändert wird. Bei kleiner Änderung der Basisstromstärke sind also große Änderungen der Kollektorstromstärke möglich. Man spricht von einer Stromverstärkung. In unserem Falle ist der Stromverstärkungsfaktor 14 mA/0,1 mA = 140.

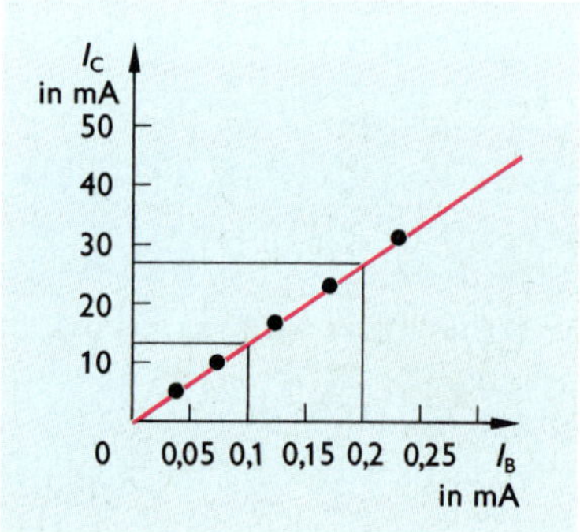

3

I_C-I_B-Diagramm

Ein Transistor kann zur Verstärkung genutzt werden. Eine kleine Änderung der Basisstromstärke hat eine große Änderung der Kollektorstromstärke zur Folge.

Stark vereinfacht kann man sich die Vorgänge im Transistor so vorstellen: Die sehr geringe Dicke der Basis hat zur Folge, dass die beiden pn-Übergänge nicht unabhängig voneinander sind. Die meisten vom

Emitter abgegebenen Elektronen bewegen sich bei anliegender Spannung nicht zum Basisanschluss, sondern zum Basis-Kollektor-Übergang. Obwohl dieser in Sperrrichtung geschaltet ist, werden sie vom Kollektoranschluss angesaugt. Die Elektronen „überschwemmen" diesen Übergang in dem Maße, wie der Basisstrom fließt.
Ein Mikrofonverstärker ist eine einfache Anwendung (Bild 1). Schallwellen werden in einem Mikrofon in kleine Stromstärkeschwankungen umgewandelt. Diese sind im Basiskreis wirksam. Die Schwankungen treten im Kollektorkreis verstärkt auf. Man kann einen kleinen Lautsprecher betreiben.
Durch Kombination mehrerer Transistoren kann man Verstärker mit Leistungen bis zu einigen kW bauen (Bild 2).

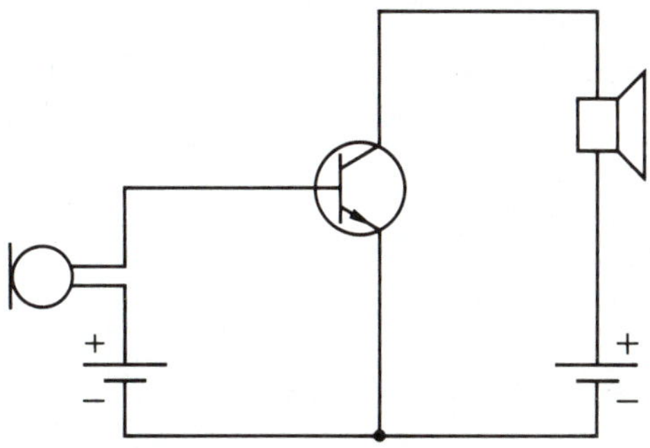

1

2

Solarzellen

Manche Taschenrechner (Bild 4) brauchen zum Betrieb keine Batterie. Sie funktionieren nur, wenn Licht auf eine bestimmte Stelle fällt. Wie geht das? Mit Solarzellen.
Auch Erdsatelliten werden auf gleiche Weise mit Energie versorgt (Bild 3).

3

Sonnenpaddel eines Erdsatelliten

4

Taschenrechner mit Solarzellen

In Solarzellen wird die Energie des Lichtes direkt in elektrische Energie umgewandelt. Diese Zellen sind Halbleiterbauelemente. Sie bestehen aus einer p- und einer n-leitenden Schicht – z. B. Silicium –, die sich auf einer Metallschicht befinden und von einem Metallgitter bedeckt sind (Bild 1).
Die ca. 0,5 mm dicken Solarzellen sind aus Stabilitätsgründen auf einer Glasplatte aufgebracht.

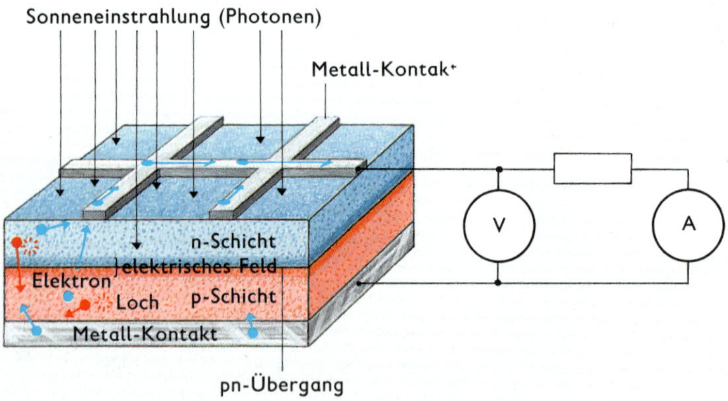

1 Aufbau einer Solarzelle

Fällt Licht auf die Zelle, so werden Elektronen und Löcher freigesetzt. Die Elektronen bewegen sich in die n-Schicht, die Löcher in die p-Schicht. An den Metallkontakten entsteht eine Spannung, die in einem geschlossenen äußeren Stromkreis zu einem Strom führt. Die Spannung beträgt bei einer Si-Zelle ca. 0,5 V, die Stromstärke hängt von der Größe und der Beleuchtungsstärke ab.
Um größere Leistungen zu erreichen, werden Solarzellen zu Modulen zusammengeschaltet (Bild 2). Bei Reihenschaltung erhöht sich die Spannung, bei Parallelschaltung die Stromstärke. So erreicht man für ein Modul von 100 cm^2 bei einer Spannung von 600 mV eine Stromstärke von 3,3 A.
Der theoretisch erreichbare Wirkungsgrad von Solarzellen liegt bei 30 % bis 40 %. Technisch realisiert sind zurzeit etwa 15 %.

2 Solarmodule

3 Solarboot

Mindestens drei Gründe gibt es, warum diese sehr umweltfreundliche Energiequelle nicht intensiver genutzt wird:
Die Kosten der Solaranlage sind zu hoch, die benötigten Flächen sind zu groß und die Sonne scheint zu selten und zu unregelmäßig in bestimmten Regionen.
Dennoch werden beachtliche Mittel zur Weiterentwicklung dieser Technologie aufgewendet. Viele Versuchsobjekte sind in Betrieb: Solarmobile, Solarmodule auf Hausdächern, Solarmodule an Parkscheinautomaten und große Anlagen zur Einspeisung der Elektroenergie ins öffentliche Elektroenergienetz.

1
Dach mit Solarmodulen

2
Solarkraftwerk

Ein Blick in die Technik

Transistor als Schalter. Der Transistor kann die gleiche Funktion erfüllen wie ein Schalter. Zum Einschalten des Lichtes, zum Betätigen der Klingel oder zum elektrischen Öffnen der Tür wird man im Allgemeinen den Stromkreis trotzdem mit einem üblichen Kipp- oder Druckschalter schließen.
In elektronischen Geräten und Anlagen müssen unter Umständen Tausende oder Hunderttausende Schaltvorgänge pro Sekunde ablaufen. Dazu sind mechanisch bewegte Kontakte nicht mehr geeignet.
Auch in Benzinmotoren muss zur Erzeugung der Zündfunken je Sekunde 100- bis 200-mal geschaltet werden. Bei mechanischen Zündverteilungen sind die Verschleißerscheinungen hoch und der Schaltzeitpunkt ist nur ungenau festzulegen.
In diesen Fällen ist der Einsatz von Transistoren sinnvoll (Bild 3), da die Zahl der Schaltvorgänge praktisch unbegrenzt ist und die Schaltgeschwindigkeit sehr hoch sein kann.

3

Am Beispiel einer Alarmanlage sollen Sie die Funktion eines Transistors als Schaltelement kennen lernen. Die Anlage soll eine Lampe in Betrieb setzen, wenn eine Tür geöffnet wird. Ein Kontakt an der Tür berührt einen weiteren Kontakt am Türrahmen. Im Bild 1 ist die Schaltung so gewählt, dass beim Öffnen des mechanischen Türkontaktes der Transistor die Lampe einschaltet. Ist der Türkontakt geschlossen, sind äußerlich Emitter und Basis verbunden, es fließt kein Basisstrom. Also fließt auch kein Kollektorstrom. Wird der Kontakt geöffnet, ist die Basis positiv gegenüber dem Emitter und es fließt ein Strom durch die Lampe. Beachten Sie, dass nur eine elektrische Energiequelle benötigt wird. Der elektrische Widerstand *R* sorgt dafür, dass die positive Spannung an der Basis kleiner ist als am Kollektor.

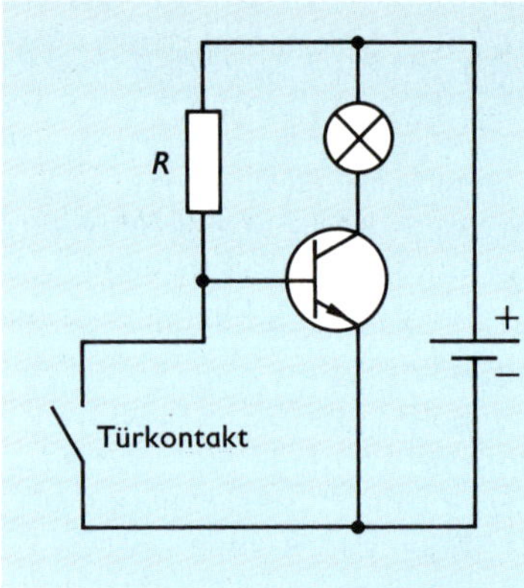

1

Feldeffekttransistor. In modernen elektronischen Geräten werden immer häufiger Feldeffekttransistoren (FET) eingesetzt (Bild 2). Diese können steuern, verstärken und schalten, genau wie herkömmliche Transistoren. Ein FET hat 3 Anschlüsse: Die Quelle S (Source) und die Senke D (Drain) für den Strom und das Tor G (Gate) zur Steuerung (Bild 3).

Die Kontakte S und D sind an den beiden Enden eines n-leitenden Si-Kristalls angebracht. Die an den Seiten des Kristalls erzeugten p-leitenden Gebiete sind untereinander verbunden und stellen den Anschluss G dar.

Liegt zwischen D und S eine Spannung mit dem Pluspol an D, so fließt ein Strom, wenn die Gatespannung das zulässt. Diese liegt zwischen G und S mit dem Minuspol an G. Durch Änderung der Gatespannung wird die Stromstärke verändert. Die Stromstärke ist durch die Gatespannung steuerbar.

Man kann einen FET mit einem Wasserhahn vergleichen, den man auf- und zudrehen kann. Die Erhöhung der Gatespannung ähnelt dem Zudrehen des Hahnes. Ein wesentlicher Unterschied ist, dass die Gatespannung beliebig schnell geändert werden kann. Die Gatestromstärke ist immer null. Das ist ein großer Vorteil des FET: Er steuert leistungslos. Ein weiterer Vorteil des FET ist seine einfachere Herstellung.

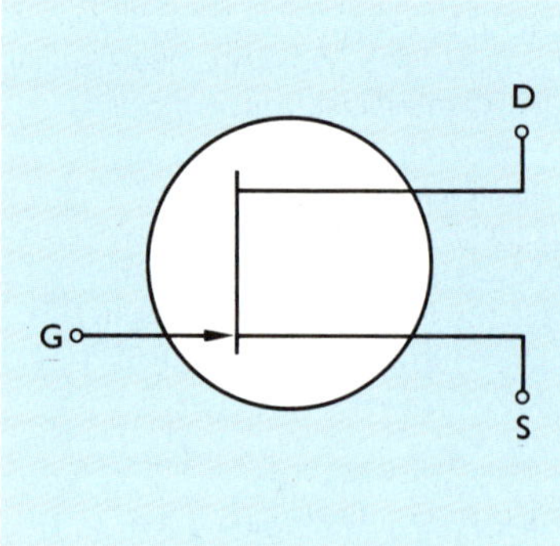

2

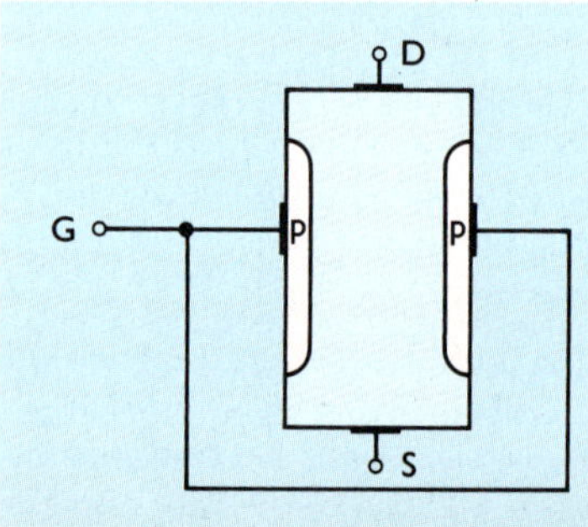

3

Moderne Halbleiterbauelemente. In vielen Fällen werden elektronische Schaltungen nicht mehr aus einzelnen Transistoren, Dioden, Widerständen und Kondensatoren zusammengelötet. Vielmehr werden sie zusammenhängend auf Siliciumscheiben hergestellt, wobei meist die Technologie der Feldeffekttransistoren angewendet wird. Das ist nur möglich, weil die einzelnen Bauelemente sehr geringe Abmessungen haben. Auf einem Chip, das ist ein Silicium-Plättchen von ca. 1 Quadratzentimeter Fläche, bringt man zur Zeit etwa 1 Million Bauelemente unter. Im Bild 4 sieht man bei dem Chip vor allem Leiterbahnen, einzelne Bauelemente könnte man nur unter dem Mikroskop erkennen. Die Entwicklung geht weiter in Richtung noch kleinerer Abmessungen und größerer Packungsdichten. Durch diese Miniaturisierung können Masse, Raum, Energie und Material eingespart werden.

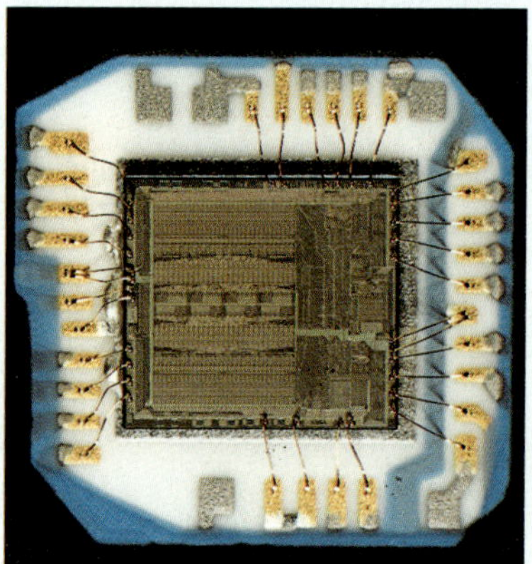
4
Chip

Gewusst? Erkannt? Gekonnt?

1. Erläutern Sie die Temperaturabhängigkeit des elektrischen Widerstandes von Halbleitern! Vergleichen Sie mit Metallen!
2. Stellen Sie Beispiele dafür zusammen, wo die Temperaturabhängigkeit des elektrischen Widerstandes von Halbleitern genutzt wird und wo sie unerwünscht ist!
3. Erläutern Sie die Leitungsvorgänge in einem n-leitenden und einem p-leitenden Halbleiter!
4. Warum ist Halbleitermaterial, in dem Elektronen frei beweglich sind, elektrisch neutral?
5. Beschreiben Sie die Löcherleitung!
6. Erklären Sie die Gleichrichterwirkung einer Halbleiterdiode!
7. Beschreiben Sie den Aufbau eines npn-Transistors!
8. Erklären Sie die Steuerwirkung des Transistors!
9. Erläutern Sie die Funktion des Transistors als Schaltelement!
10. Interpretieren Sie das I_C-I_B-Diagramm eines npn-Transistors!
11. Erläutern Sie anhand des I_C-I_B-Diagramms die Verstärkerwirkung eines Transistors!
12. Beschreiben Sie den Aufbau und die Wirkungsweise eines Feldeffekttransistors!
13. Nennen Sie Unterschiede zwischen einem herkömmlichen Transistor und einem Feldeffekttransistor!

Kurz und knapp

Der elektrische Widerstand von Halbleitern ist umso kleiner, je höher die Temperatur ist.

In n-leitendem Silicium sind die wanderungsfähigen Ladungsträger Elektronen. Die n-Leitung kommt durch den Einbau 5-wertiger Atome in das Kristallgitter zustande.

Das p-leitende Silicium entsteht beim Einbau 3-wertiger Atome. Die wanderungsfähigen Ladungsträger sind die positiven Löcher.

Halbleiterdioden bestehen aus p- und n-Silicium. Sie enthalten einen pn-Übergang. Dieser wirkt wie ein Ventil: In einer Richtung wird der Strom durchgelassen, in der anderen gesperrt. Halbleiterdioden dienen zum Beispiel der Gleichrichtung von Wechselstrom.

Im Transistor wird der Kollektorstrom durch den Basisstrom gesteuert. Eine kleine Änderung der Basisstromstärke bewirkt eine große Änderung der Kollektorstromstärke. Ohne Basisstrom ist kein Kollektorstrom möglich.

Im Feldeffekttransistor steuert die Gatespannung leistungslos den Drainstrom.

Transistoren werden als Verstärker- und Schaltelemente verwendet.

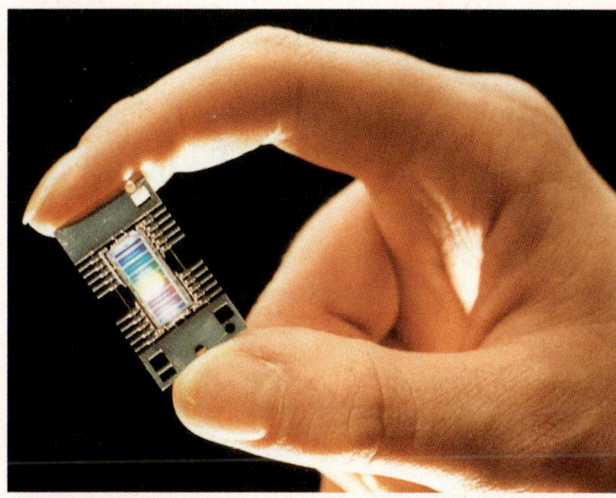

Schaltkreis

10 Elektromagnetische Schwingungen und Wellen

Mit einem kleinen Sender kann man ein Schiffsmodell steuern, ohne dass eine direkte Verbindung zwischen Sender und Schiff besteht. Der Sender erzeugt hochfrequente elektromagnetische Schwingungen. Die Sendeantenne strahlt elektromagnetische Wellen ab. Diese werden von der Antenne des Schiffsmodells empfangen. Wie kann man elektromagnetische Schwingungen erzeugen?

1

Der elektrische Schwingkreis

Elektromagnetische Schwingungen werden in einem Schwingkreis erzeugt. Die Bestandteile eines Schwingkreises sind Kondensator und Spule (Bild 2).

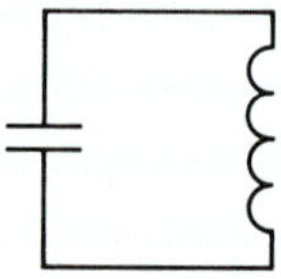
2

Ein Schwingkreis besteht aus Kondensator und Spule.

Welche Vorgänge vollziehen sich in einem Schwingkreis?

Experiment 1
Der Kondensator in Bild 3 ist aufgeladen. Er entlädt sich über die Spule, wenn man den Schalter schließt. Wir erwarten, dass die Spannung am Kondensator schnell absinkt. Auf dem Oszillographenschirm tritt jedoch das Bild einer Schwingung auf (Bild 4). Wie ist das zu erklären?

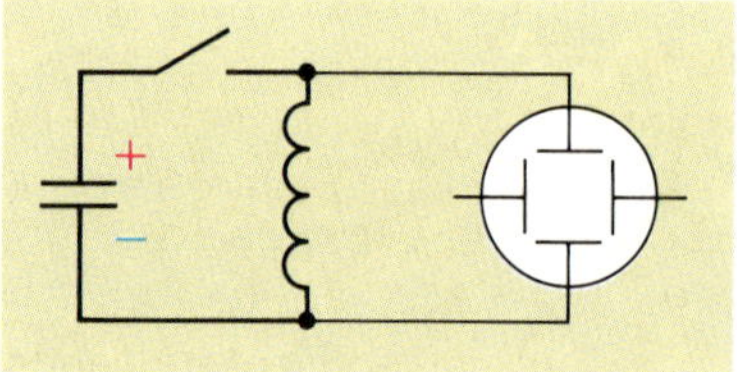

3

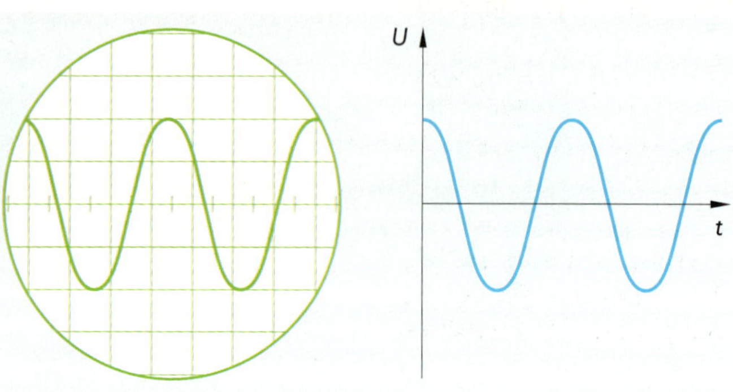

4

Sie wissen bereits, dass Kondensatoren elektrische Ladungen speichern können. Weiterhin wissen Sie, dass in einer Spule ein Strom induziert wird, wenn sich das von ihr umschlossen Magnetfeld ändert. Mit diesen Kenntnissen können Sie die Wirkungsweise eines Schwingkreises erklären (Bild 1).

Nach dem Schließen des Schalters beginnt sich der Kondensator über die Spule zu entladen. Die Stromstärke nimmt dabei nur langsam zu. Ursache für dieses langsame Anwachsen der Stromstärke ist die Selbstinduktion der Spule. Auch die Stärke des magnetischen Feldes wächst nur allmählich. Das geschieht so lange, bis der Kondensator entladen ist. Jetzt dürfte eigentlich der Strom nicht mehr weiter fließen. Da aber nun die Stärke des Magnetfeldes in der Spule abnimmt, entsteht eine Induktionsspannung, die ein Weiterfließen des Stromes bewirkt. Dieser Induktionsstrom bewirkt ein erneutes Aufladen des Kondensators, diesmal jedoch mit umgekehrter Polung. Ist die Stärke des Magnetfeldes auf null gesunken, hört der Induktionsstrom auf zu fließen. Nun beginnt wieder ein Entladen des Kondensators. Diese Vorgänge wiederholen sich periodisch. Auf diese Weise entsteht eine Schwingung.

Auch die Spannung am Kondensator ändert sich ständig. Sie hat ihren größten Betrag, wenn der Schalter im Schwingkreis geschlossen wird. Dann entlädt sich der Kondensator und die Spannung nimmt ab. In dieser ersten Phase ist die Selbstinduktionsspannung der Spannung am Kondensator entgegengerichtet. Dadurch verzögert sich die Entladung. Schließlich ist die Spannung am Kondensator bis auf null gesunken. Jetzt hat das Magnetfeld in der Spule seine größte Stärke erreicht. Nachfolgend wird die Stärke des Magnetfeldes geringer. Dadurch entsteht eine Induktionsspannung, die den Kondensator wieder auflädt. Dadurch erhöht sich die Spannung am Kondensator, bis die Stärke des magnetischen Feldes null ist usw. Auf diese Weise ändert sich die Spannung ebenfalls periodisch (Bild 4, vorhergehende Seite). Da die Schwingung im Schwingkreis durch das Zusammenwirken der elektrischen Vorgänge im Kondensator und der magnetischen in der Spule entsteht, nennt man sie **elektromagnetische Schwingung**.

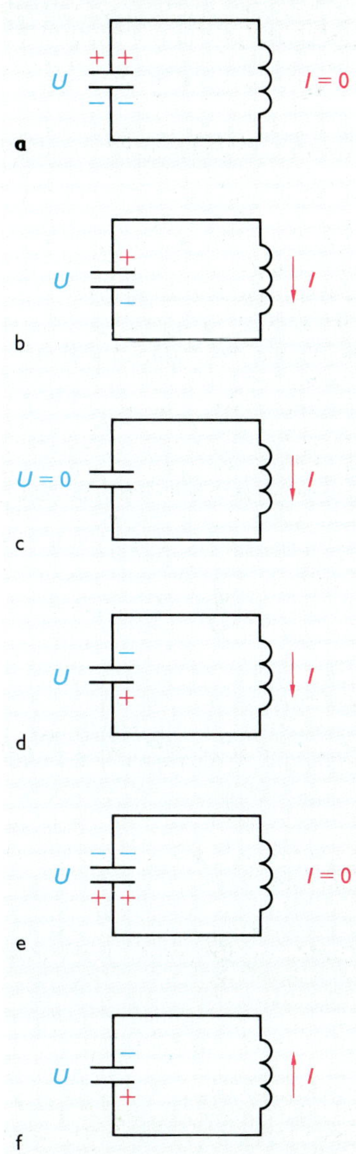

1

Entstehung elektromagnetischer Schwingungen in einem Schwingkreis:
a) Der Kondensator ist geladen. Es fließt kein Strom.
b) Der Kondensator entlädt sich über die Spule. Der Anstieg der Stromstärke wird durch die Selbstinduktion der Spule verzögert.
c) Die Stromstärke hat ihren höchsten Wert erreicht. Der Kondensator ist entladen.
d) Obwohl der Kondensator entladen ist, fließt der Strom infolge der Selbstinduktion weiter. Der Kondensator wird mit entgegengesetzter Polarität wieder aufgeladen.
e) Die Stromstärke ist auf null gesunken. Der Kondensator ist wieder geladen.
f) Der Kondensator entlädt sich. Die Stromstärke nimmt durch die Selbstinduktion nur langsam zu.

In einem angeregten Schwingkreis treten ständig Lade-, Entlade- und Induktionsvorgänge auf. Es entsteht eine elektromagnetische Schwingung. Spannung und Stromstärke ändern sich periodisch.

Energieumwandlungen in einem Schwingkreis

Sie wissen, dass in einem Magnetfeld Energie gespeichert ist. Auch das elektrische Feld besitzt Energie. Da sich in einem angeregten Schwingkreis die Stärke von elektrischem und magnetischem Feld periodisch ändert, vollziehen sich auch ständig Energieumwandlungen.
Diese sind in Bild 1 für eine Periode dargestellt ($t = 0$ bis $t = T$).
Zur Zeit $t = 0$ ist die gesamte Energie im elektrischen Feld gespeichert. Die Spannung am Kondensator hat den höchsten Wert, die Stromstärke ist null. Zur Zeit $t = \frac{T}{4}$ ist der Kondensator vollständig entladen. Die gesamte Energie im Schwingkreis ist die Energie des magnetischen Feldes. Zur Zeit $t = \frac{T}{2}$ ist der Kondensator entgegengesetzt aufgeladen. Die gesamte Energie ist im elektrischen Feld gespeichert. Die Vorgänge im Schwingkreis wiederholen sich nachfolgend in gleicher Weise, jedoch in entgegengesetzter Richtung. Dabei wird jeweils elektrische Energie in magnetische bzw. magnetische in elektrische umgewandelt. Unter der Voraussetzung, dass sich in einem Schwingkreis nur die Energie des Magnetfeldes und die Energie des elektrischen Feldes ineinander umwandeln, gilt der Satz von der Erhaltung der Energie in der Form
$E_{\text{el. Feld}} + E_{\text{magn. Feld}} = E_{\text{ges}}$ (= konstant).

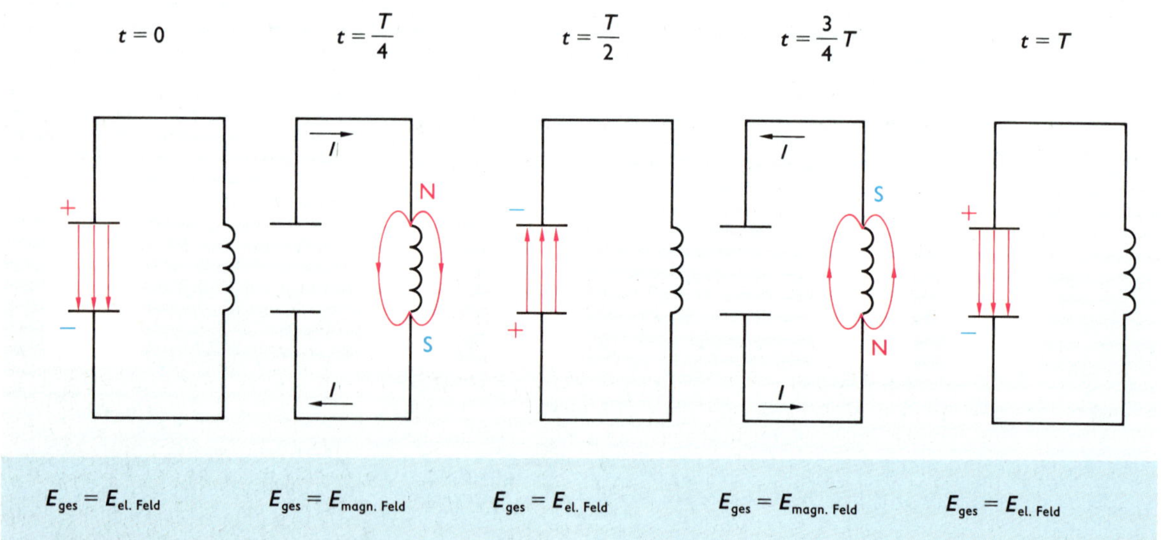

1

Periodische Änderungen der Feldenergien

In einem Schwingkreis wandeln sich die Energie des Magnetfeldes und die Energie des elektrischen Feldes periodisch ineinander um. Die Summe aus elektrischer und magnetischer Energie ist konstant.

Gedämpfte elektromagnetische Schwingungen

Unsere bisherigen Betrachtungen zum Schwingkreis wurden unter einer vereinfachenden Annahme durchgeführt: Die Energie des elektrischen Feldes und die Energie des Magnetfeldes wandeln sich verlustlos ineinander um. Sie wissen jedoch, dass die Amplitude eines mechanischen Schwingers – z. B. einer Kinderschaukel – nach einmaligem Anstoßen allmählich abnimmt. Trifft das auch für den Schwingkreis zu?
Das Experiment 1 wird wiederholt. Die aufeinander folgenden Amplituden werden miteinander verglichen. Sie nehmen mit der Zeit ab (Bild 1).
Es findet keine vollständige Umwandlung von elektrischer in magnetische Energie statt. Vor allem durch den elektrischen Widerstand der Leitungsdrähte wird ständig elektrische Energie in thermische Energie umgewandelt. Deshalb nehmen die Beträge von Spannung und Stromstärke von Periode zu Periode allmählich ab.

Bei gedämpften elektromagnetischen Schwingungen nehmen die Spannungs- bzw. Stromstärkeamplituden ab. Ursache der Dämpfung ist die ständige Umwandlung von elektrischer Energie in thermische Energie.

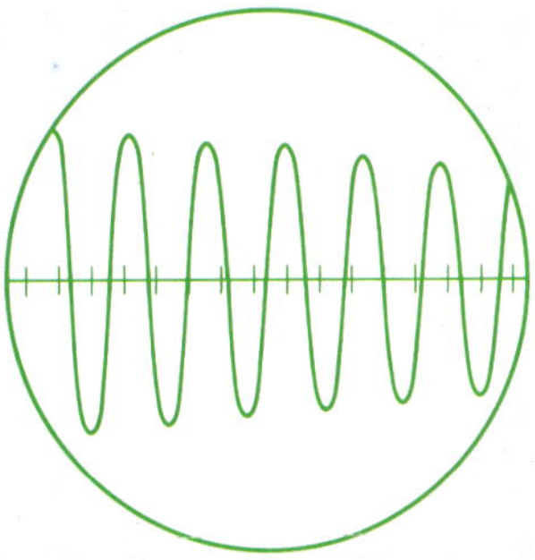

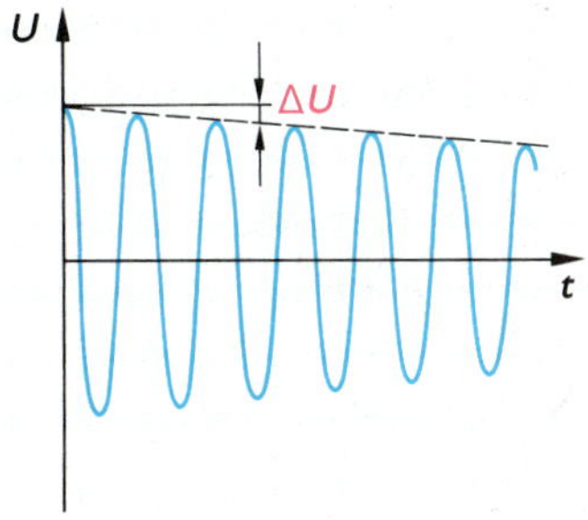

1

Eigenfrequenz eines Schwingkreises

Wenn Sie mit Ihrem Radio einen bestimmten Sender empfangen wollen, drehen Sie am Stellknopf für die Senderwahl. Der mit dem Stellknopf verbundene Zeiger zeigt die jeweilige Frequenz an (Bild 2). Mit dem Drehen verändern Sie die Frequenz eines Schwingkreises, der den Sender auswählt. Wovon hängt die Frequenz eines Schwingkreises ab? Wie kann man sie ändern? Diese Fragen können Sie mit Ihrem Wissen über Kondensator und Spule beantworten.
Je kleiner die Kapazität des Kondensators in einem Schwingreis ist, umso weniger Ladungen kann der Kondensator bei einer bestimmten Spannung speichern. Ein solcher Kondensator entlädt sich deshalb beim Schwingen des Schwingkreises schneller als ein Kondensator mit größerer Kapazität. Er braucht auch eine kürzere Zeit, um wieder aufgeladen zu werden. Das legt die Vermutung nahe, dass ein Schwingkreis umso schneller schwingt, je kleiner die Kapazität des Kondensators ist. Deshalb müsste bei kleiner werdender Kapazität die Eigenfrequenz des Schwingkreises zunehmen.
Eine entsprechende Überlegung können Sie auch für die Induktivität der Spule in einem Schwingkreis durchführen.
Je kleiner die Induktivität der Spule in einem Schwingkreis ist, umso schwächer wirkt die Spule einer Änderung der Stromstärke entgegen. Eine solche Spule verlangsamt damit das Entladen und La-

2

den des Kondensators weniger stark. Deshalb ist zu vermuten, dass ein Schwingkreis umso schneller schwingt, je kleiner die Induktivität der Spule ist. Wird die Induktivität der Spule kleiner, so müsste die Eigenfrequenz des Schwingkreises zunehmen.
Das Ergebnis Ihrer Überlegungen soll in einem Experiment überprüft werden.

Experiment 2
Der Kondensator in Bild 1 a wird wiederholt aufgeladen und über die Spule entladen. Das erfolgt so, wie im Experiment 1 beschrieben (Bild 3, S. 174). Auf dem Schirm des Oszillographen tritt stets das gleiche Bild auf (Bild 2 a).
Das Experiment wird mit einem Kondensator kleinerer Kapazität wiederholt (Bild 1 b). Die Frequenz der elektromagnetischen Schwingung ist größer (Bild 2 b).
Schließlich wird bei kleiner Kapazität des Kondensators auch noch die Induktivität der Spule verringert (Bild 1 c). Die Frequenz der Schwingung nimmt abermals zu (Bild 2 c).

Das Experiment zeigt, dass Ihre Überlegungen zum richtigen Ergebnis geführt haben.

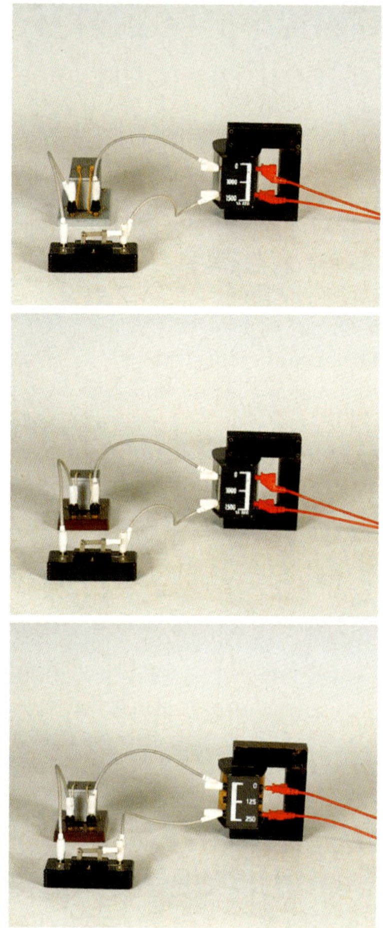
a
b
c
1

Schwingkreise mit Kondensatoren und Spulen unterschiedlicher Abmessungen
a) Kondensator großer Kapazität und Spule großer Induktivität
b) Kondensator kleiner Kapazität und Spule großer Induktivität
c) Kondensator kleiner Kapazität und Spule kleiner Induktivität

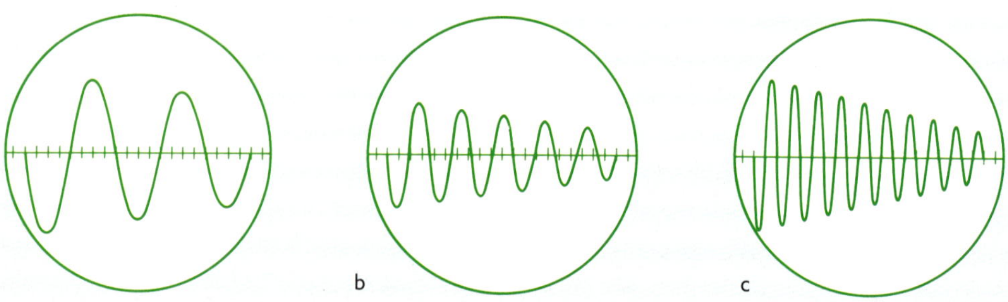
a b c
2

Die Kapazität des Kondensators und die Induktivität der Spule haben Einfluss auf die Eigenfrequenz des Schwingkreises.
a) Kondensator großer Kapazität und Spule großer Induktivität
b) Kondensator kleiner Kapazität und Spule großer Induktivität
c) Kondensator kleiner Kapazität und Spule kleiner Induktivität

Wird ein Schwingkreis durch einmalige Energiezufuhr angeregt, so führt er Schwingungen mit seiner Eigenfrequenz aus. Die Eigenfrequenz eines Schwingkreises wird durch den Aufbau und die Abmessungen von Kondensator und Spule bestimmt.

Thomson’sche Schwingungsgleichung

In elektronischen Musikinstrumenten werden elektromagnetische Schwingungen erzeugt (Bild 1). In Lautsprechern werden diese dann in Schallschwingungen umgewandelt. Für jeden einzelnen Ton entsteht die elektromagnetische Schwingung bestimmter Frequenz in einem Schwingkreis. Wie kann man erreichen, dass jeder Schwingkreis mit einer bestimmten Eigenfrequenz schwingt?

1 Die elektromagnetischen Schwingungen zur Erzeugung der einzelnen Töne werden in Schwingkreisen erzeugt.

Für die Periodendauer der elektromagnetischen Schwingungen eines Schwingkreises gilt die

Thomson'sche Schwingungsgleichung

$$T = 2\pi \cdot \sqrt{L \cdot C}$$

Gültigkeitsbedingung: Der Widerstand des Drahtes ist sehr klein.

L – Induktivität der Spule
C – Kapazität des Kondensators

Das Interpretieren der Gleichung führt zu folgenden Ergebnissen:

Ändert sich die Induktivität L (und C bleibt konstant), so gilt:

$T \sim \sqrt{L}$.

Je größer die Induktivität der Spule ist, umso größer ist die Periodendauer des Schwingkreises (bei konstanter Kapazität).

Ändert sich die Kapazität C (und L bleibt konstant), so gilt:

$T \sim \sqrt{C}$.

Je größer die Kapazität des Kondensators ist, umso größer ist die Periodendauer des Schwingkreises (bei konstanter Induktivität).

Dieses Ergebnis des Interpretierens der Thomson'schen Schwingungsgleichung stimmt mit Ihren Überlegungen zur Eigenfrequenz eines Schwingkreises auf S. 177 überein.

Beispiel zur Berechnung der Periodendauer und Frequenz
Ein Schwingkreis eines elektronischen Musikinstruments besteht aus einem Kondensator der Kapazität 10 µF und einer Spule der Induktivität 52,4 mH. Wie groß sind Periodendauer und Frequenz der Eigenschwingungen?

Gesucht: T (in s)
f (in Hz)

Gegeben: $C = 10\ \mu F = 10 \cdot 10^{-6}\ \frac{A \cdot s}{V}$

$L = 52{,}4\ mH = 52{,}4 \cdot 10^{-3}\ \frac{V \cdot s}{A}.$

Lösung: $T = 2\pi \sqrt{L \cdot C}$

$$T = 2 \cdot 3{,}14 \cdot \sqrt{52{,}4 \cdot 10^{-3}\ \frac{V \cdot s}{A} \cdot 10 \cdot 10^{-6}\ \frac{A \cdot s}{V}}$$

$$T = 6{,}28 \cdot \sqrt{52{,}4 \cdot 10^{-8}\ s^2}$$

$$\underline{\underline{T = 4{,}55 \cdot 10^{-3} s}}$$

$$f = \frac{1}{T}$$

$$f = \frac{1}{4{,}55 \cdot 10^{-3}\ s}$$

$$\underline{\underline{f = 220\ Hz.}}$$

Ergebnis: Die Periodendauer beträgt 4,55 ms, die Frequenz 220 Hz (Ton a).

Ungedämpfte elektromagnetische Schwingungen

Rundfunk- und Fernsehsender, UKW-Sprechfunkanlagen, Sender für Fernsteuerung usw. arbeiten mit ungedämpften elektromagnetischen Schwingungen. Wie muss ein Schwingkreis erregt werden, damit er ungedämpfte Schwingungen ausführt?

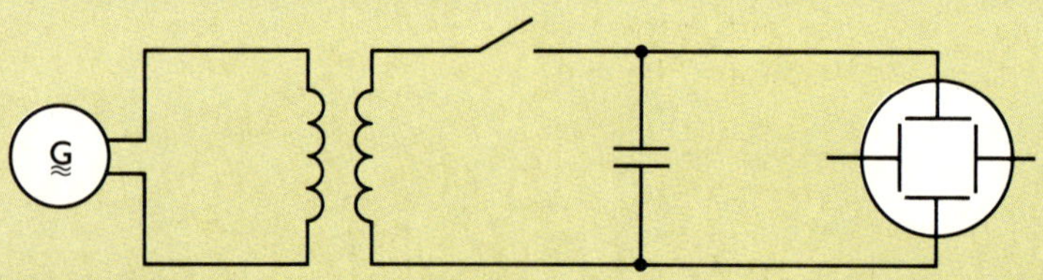

1

Experiment 3
Ein Schwingkreis wird mit einem Tonfrequenzgenerator zum Schwingen angeregt. Dazu werden die Schwingungen des Generators auf den Schwingkreis übertragen. Das erfolgt über ein sich änderndes Magnetfeld nach dem Prinzip eines Transformators (Bild 1). Die Frequenz des Generators wird schrittweise verändert.

Auf dem Oszillographenschirm beobachtet man das Bild einer ungedämpften Schwingung. Zusammen mit der Erregerfrequenz verändert sich auch die Frequenz auf dem Oszillographenschirm. Außerdem ändert sich die Amplitude (Bild 1, folgende Seite).

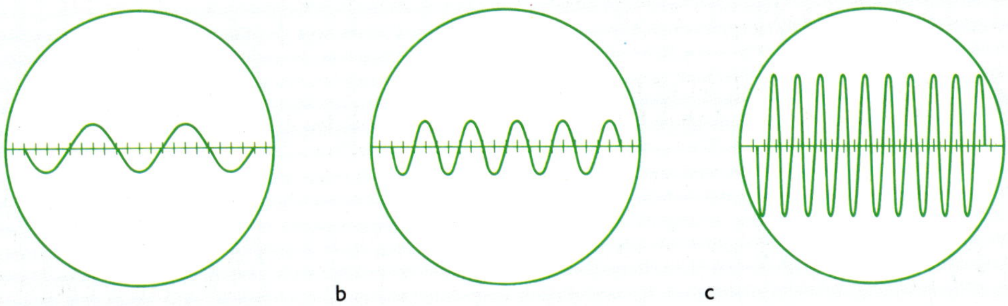

a Erregerfrequenz ≪ Eigenfrequenz

b Erregerfrequenz < Eigenfrequenz

c Erregerfrequenz = Eigenfrequenz

1

Der Schwingkreis wird zu erzwungenen Schwingungen mit der Frequenz des Generators erregt.
Da ihm periodisch Energie zugeführt wird, sind diese Schwingungen ungedämpft.

Ein periodisch angeregter Schwingkreis führt erzwungene Schwingungen mit der Erregerfrequenz aus.

Resonanz

Je mehr sich bei Experiment 3 die Erregerfrequenz der Eigenfrequenz des Schwingkreises nähert, umso größer sind die Amplituden der ungedämpften Schwingung. Sie sind am größten, wenn die Erregerfrequenz gleich der Eigenfrequenz des Schwingkreises ist (Bild 1 c). Von den mechanischen Schwingungen wissen Sie, dass man dann von Resonanz spricht.

Ist die Frequenz, mit der ein Schwingkreis erregt wird, gleich seiner Eigenfrequenz, so tritt Resonanz auf. Die Spannung am Kondensator erreicht ein Maximum.

Will man einen Schwingkreis zu ungedämpften elektromagnetischen Schwingungen erregen, so erfolgt das am zweckmäßigsten im Resonanzfall. Dazu ist nur eine geringe Energie erforderlich. Sie muss dem Schwingkreis im Takt der Eigenfrequenz zugeführt werden. Das kann z. B. mit einem Transistor erfolgen (Bild 2).

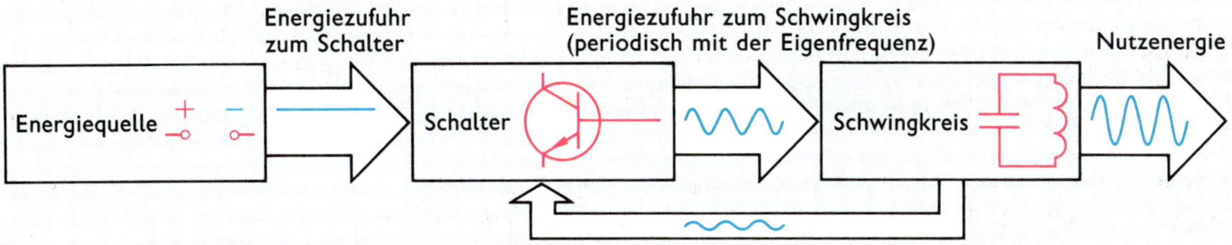

2

Hertz'sche Wellen

1

Ohne Rundfunk und Fernsehen können wir uns unser Leben gar nicht mehr vorstellen! Wir erhalten wichtige Informationen über Politik und Wirtschaft, Natur und Technik, Wissenschaft, Kultur, Sport und andere wichtige und interessante Bereiche. Rundfunk und Fernsehen ermöglichen es, über hunderte oder tausende Kilometer aktuelle Ereignisse mitzuerleben, als wäre man selbst direkt dabei. Mit dem Telefon kann man wichtige Nachrichten persönlich an Verwandte und Bekannte übermitteln. Es besteht Funkkontakt mit Schiffen, Flugzeugen und Raumschiffen. Flugzeuge werden auch nachts und im Nebel mittels Radargeräten sicher gesteuert (Bild 1). Wie ist es möglich, ohne elektrische Leitungen über so große Entfernungen Informationen zu übertragen?
Informationen können drahtlos durch elektromagnetische Wellen übertragen werden. Rundfunk-, Fernseh- und Radarwellen sind elektromagnetische Wellen. Sie unterscheiden sich in ihrer Wellenlänge. Diese elektromagnetischen Wellen nennt man nach ihrem Entdecker, dem deutschen Physiker *Heinrich Hertz* (1857–1894) (Bild 2), auch **Hertz'sche Wellen**.

2

Nach welchem Prinzip werden die Informationen durch Hertz'sche Wellen übertragen?
Im Sender werden in einem Schwingkreis ungedämpfte elektromagnetische Schwingungen mit hoher Frequenz erzeugt. Diese Schwingungen werden auf die Sendeantenne übertragen. Von der Sendeantenne breiten sie sich als elektromagnetische Wellen im Raum aus (Bilder 3 und 4). Treffen diese Wellen auf eine Empfangsantenne, so regen sie diese zum Schwingen an. Dadurch führt auch der Schwingkreis im Empfänger Schwingungen aus (Bild 1, folgende Seite).
Soll nun mit den Hertz'schen Wellen Sprache übertragen werden, so wird diese mit einem Mikrofon in elektrische Sprachschwingungen umgewandelt. Die hochfrequenten Schwingungen des Senders werden nun als „Träger“ für diese Sprachschwingungen benutzt. Im Empfänger trennt man die Sprachschwingungen wieder von den hochfrequenten Schwingungen ab. Sie werden verstärkt und im Lautsprecher hörbar gemacht (Bild 2, folgende Seite).

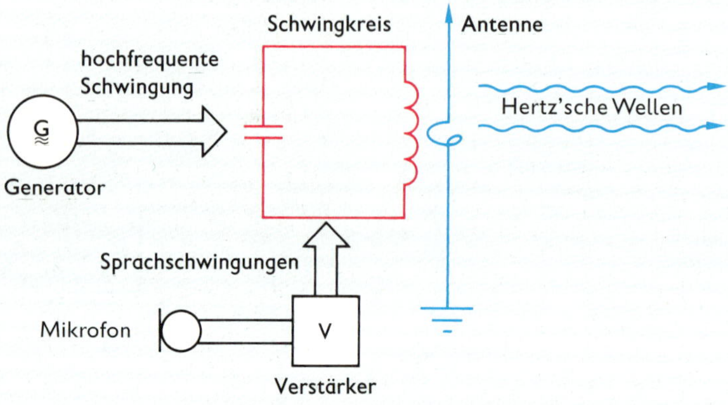

3

4

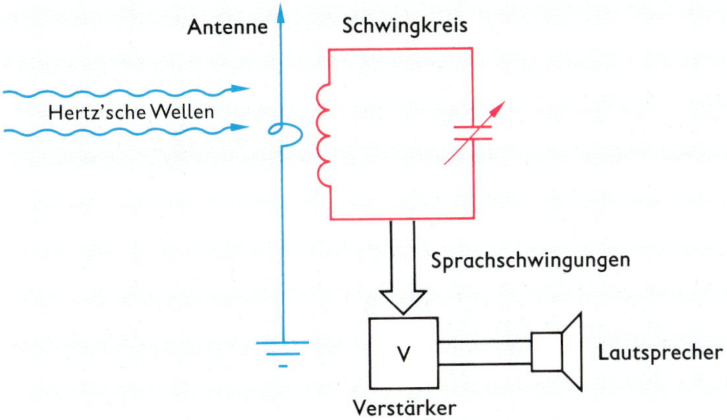

1

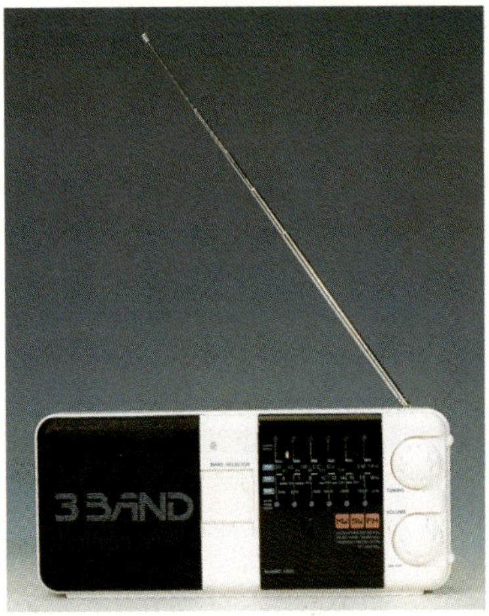

2

Hochfrequente elektromagnetische Schwingungen können sich von einer Antenne als Hertz'sche Wellen im Raum ausbreiten.

Eigenschaften Hertz'scher Wellen

Geradlinige Ausbreitung. Wenn Sie die Lage der Fernsehantennen auf den Dächern miteinander vergleichen, so fällt auf, dass diese nur in ganz bestimmte Richtungen zeigen (Bild 3). Auch die Hohlspiegel der Satellitenantennen sind in gleicher Weise ausgerichtet. Das lässt vermuten, dass sich die Hertz'schen Wellen geradlinig vom Sender zum Empfänger ausbreiten.
Zur Überprüfung dieser Vermutung kann man einen Mikrowellensender benutzen. Er sendet Hertz'sche Wellen mit einer Frequenz von z. B. 10 GHz aus. Die Wellenlänge in Luft beträgt 3 cm. Wird der Empfänger von Hertz'schen Wellen dieser Frequenz getroffen, so schlägt der Zeiger eines angeschlossenen Messinstrumentes aus.

3

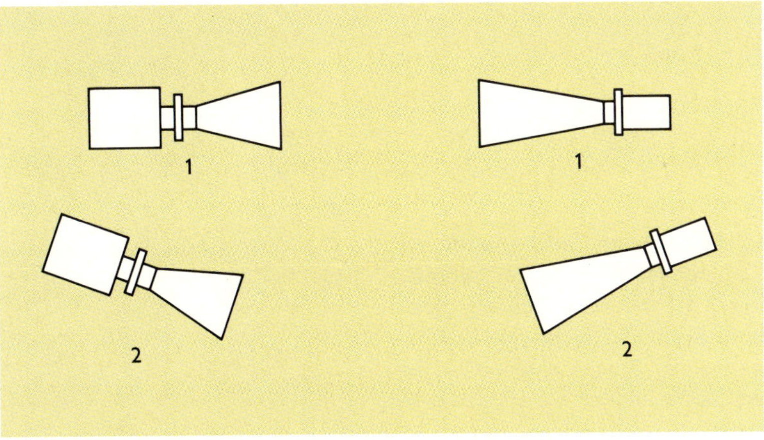

4

Experiment 4
Ein Mikrowellensender wird so aufgestellt, dass er dem Empfänger in etwa 1 m Entfernung unmittelbar gegenübersteht (Bild 4, Lage 1). Nachfolgend werden die Richtungen von Sender und Empfänger verändert (Lage 2).
Die Hertz'schen Wellen werden nur dann empfangen, wenn sie auf geradem Wege vom Sender zum Empfänger gelangen können.

Damit hat sich unsere Vermutung bestätigt:

Hertz'sche Wellen breiten sich geradlinig aus.

Ausbreitungsgeschwindigkeit. Die Geschwindigkeit, mit der sich Hertz'sche Wellen ausbreiten, ist viel größer als die Ausbreitungsgeschwindigkeit mechanischer Wellen. In Luft und im Vakuum beträgt sie etwa 300 000 km · s^{-1}.

Hertz'sche Wellen breiten sich mit Lichtgeschwindigkeit aus.
$c = 300\,000$ km · s^{-1} (im Vakuum)

Entsprechend der Gleichung für die Ausbreitungsgeschwindigkeit der mechanischen Wellen $v = \lambda \cdot f$ gilt für die Hertz'schen Wellen die Gleichung $c = \lambda \cdot f$.

Gleichung für die Ausbreitungsgeschwindigkeit Hertz'scher Wellen

$$c = \lambda \cdot f$$

Beim Rundfunkempfang wählen Sie Sender bestimmter Frequenzen aus. Da sich alle Hertz'schen Wellen in Luft mit der gleichen Geschwindigkeit ausbreiten, müssen sie unterschiedliche Wellenlängen besitzen. Hohen Frequenzen entsprechen kleine Wellenlängen und kleinen Frequenzen große Wellenlängen.
Mit der Gleichung für die Ausbreitungsgeschwindigkeit ist es möglich, für die Frequenzen der Sender die zugehörigen Wellenlängen zu bestimmen.

Beispiel zur Berechnung der Wellenlänge
Ein Mikrowellensender erzeugt Hertz'sche Wellen mit einer Frequenz von 7,5 GHz. Wie groß ist die Wellenlänge dieser Wellen in Luft ($c_{Luft} = 300\,000$ km · s^{-1})?

Gesucht: λ (in m) *Gegeben:* $f = 7{,}5$ GHz
Lösung: $c = \lambda \cdot f$

$$\lambda = \frac{c}{f}$$

$$\lambda = \frac{3 \cdot 10^8 \text{ m} \cdot \text{s}^{-1}}{75 \cdot 10^8 \text{ s}^{-1}}$$

$$\underline{\underline{\lambda = 0{,}04 \text{ m}}}$$

Ergebnis: Die Wellenlänge beträgt 0,04 m.

Durchdringungsfähigkeit. In Ihrem Zimmer können Sie die Rundfunk- und Fernsehsendungen mit Geräten empfangen, die eine eingebaute Antenne besitzen. Mit Sprechfunkgeräten ist die Verständigung auch dann möglich, wenn man seinen Gesprächspartner nicht sehen kann. Fährt man dagegen mit einem Pkw unter einer Brücke hindurch, so ist der Empfang oft gestört. Durch welche Stoffe können die Hertz'schen Wellen dringen?

Experiment 5
Sender und Empfänger werden wieder so aufgestellt, dass die Antennen einander zugewandt sind (Bild 1). Nacheinander bringt man Platten aus verschiedenen Stoffen in den Weg der Hertz'schen Wellen. Befinden sich Glas, Holz oder Kunststoff im Zwischenraum, dann schlägt der Zeiger des Messinstruments aus. Werden jedoch Eisen, Aluminium oder Kupfer zwischen Sender und Empfänger gebracht, dann gelangen keine Hertz'schen Wellen zum Empfänger.

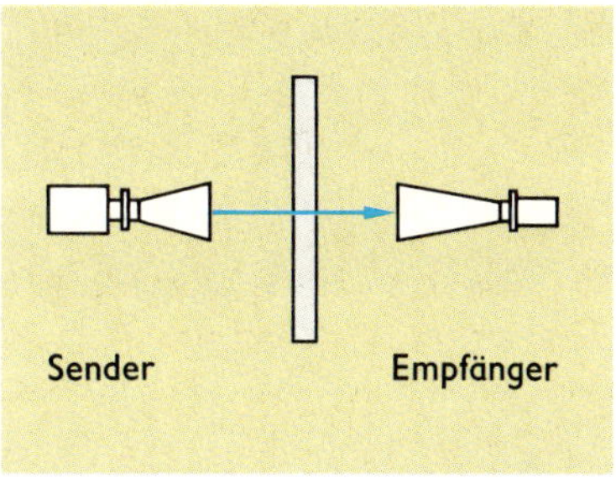

1

Hertz'sche Wellen durchdringen Isolatoren.

An Metallen werden Hertz'sche Wellen reflektiert. Das Experiment bestätigt Ihre Erfahrungen. Sie können deshalb mit Ihrem Kofferradio im Zimmer Sendungen empfangen, weil die Hertz'schen Wellen das Mauerwerk durchdringen. In einem Pkw wird dagegen der Empfang mit Ihrem Kofferradio durch die Blechkarosserie behindert. Das trifft auch für den Empfang unter Brücken zu, die viel Stahl enthalten.

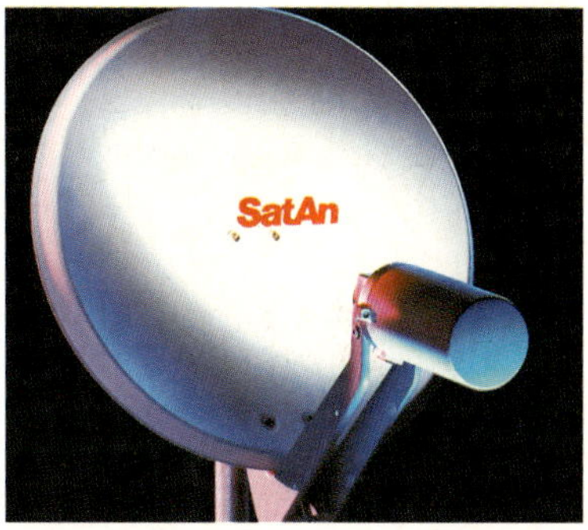

2

Reflexion. Satellitenantennen und Sender und Empfänger von Richtfunkstrecken haben Parabolspiegel (Bild 2). Welche Aufgabe haben diese Spiegel?

Experiment 6
Der Sender wird auf eine Metallplatte gerichtet. Die Antenne des Empfängers zeigt ebenfalls zu dieser Platte. Eine weitere Metallplatte zwischen Sender und Empfänger schließt aus, dass die Hertz'schen Wellen auf dem direkten Wege zum Empfänger gelangen (Bild 3). Die Platte, auf die der Sender gerichtet ist, wird hin- und hergedreht. Danach wird sie gegen alle die Platten, die im vorangegangenen Experiment Einsatz fanden, ausgetauscht.

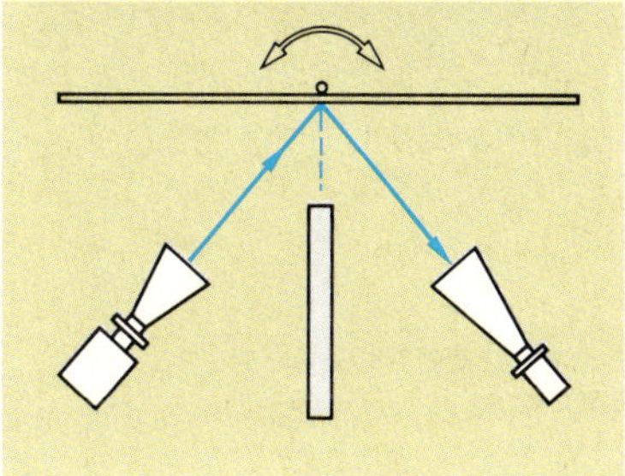
3

Treffen die Hertz'schen Wellen auf eine Metallplatte, so schlägt der Zeiger des Messinstrumentes aus, wenn der Einfallswinkel gleich dem Reflexionswinkel ist. Die Platten aus Isolatoren reflektieren die Hertz'schen Wellen nicht.

Hertz'sche Wellen werden an der Oberfläche von Leitern reflektiert. Es gilt das Reflexionsgesetz.

In den Parabolspiegeln der Satellitenantennen und Richtfunkstrecken werden die Hertz'schen Wellen wie das Licht in solchen Spiegeln reflektiert und gebündelt. Aber nicht nur diese Spiegel haben die Aufgabe die Hertz'schen Wellen zu reflektieren. Auch der letzte Stab einer UKW- oder Fernsehfunkantenne wirkt als „Reflektor". Oft wird auch ein Drahtnetz zur Reflexion der Wellen benutzt. Radioteleskope besitzen riesige Reflektorspiegel. Dadurch werden die schwachen Hertz'schen Wellen, die aus dem Weltall zur Erde gelangen, gebündelt und damit verstärkt.

1
Die hinteren Stäbe bzw. das Gitter einer Fernsehempfangsantenne wirken als Reflektor.

2
Radioteleskop zum Empfang von Hertz'schen Wellen aus dem Weltall

Beugung. Fernseh- und UKW-Sendungen können nicht nur empfangen werden, wenn man vom Empfänger aus den Sender sehen kann. Es ist auch ein Empfang möglich, wenn der Abstand so groß ist, dass die Hertz'schen Wellen den Empfänger infolge der Erdkrümmung nicht mehr auf geradem Wege erreichen können (Bild 3). Es liegt die Vermutung nahe, dass die Hertz'schen Wellen in der Nähe eines Hindernisses von der geradlinigen Ausbreitung abweichen. Zur Überprüfung dieser Vermutung dient das folgende Experiment.

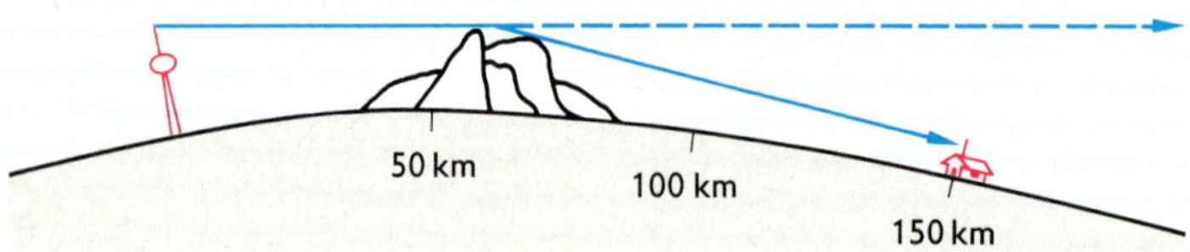

3

Experiment 7
In etwa einem halben Meter Abstand vom Sender wird ein Metallblech angeordnet (Bild 4). In gleicher Entfernung hinter dem Blech steht der Empfänger. Er befindet sich zunächst in Stellung 1, nachfolgend in Stellung 2. Das Messinstrument zeigt in beiden Fällen den Empfang Hertz'scher Wellen an.

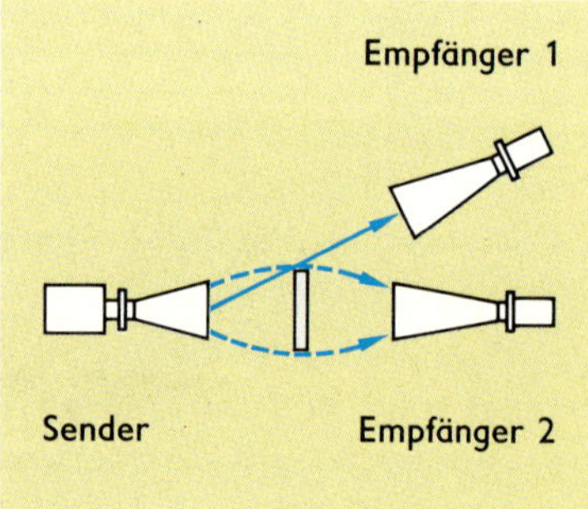

4

Hertz'sche Wellen werden an einem Hindernis gebeugt.

Solche Hindernisse können z. B. Körper aus Metall, aus Stahlkonstruktionen (Brücken, Hochhäuser), sein.
Auch feuchtes Erdreich (Berge) bewirkt die Beugung von Hertz'schen Wellen.
Das eingangs angeführte Beispiel zeigt, wie wichtig die Beugung für den Fernseh- und UKW-Empfang ist.

Ein Blick in die Geschichte

Entdeckung der Hertz'schen Wellen. Der italienische Mediziner *Luigi Galvani* (1737–1798) experimentierte 1790 mit einer Elektrisiermaschine. Dabei bemerkte er, dass die in der Nähe liegenden Schenkel eines sezierten Frosches zuckten, wenn Funkenentladungen stattfanden. Später stellte er fest, dass auch bei Gewitter, bei Blitzentladungen, diese Reaktion eintrat (Bild 1). *Galvani* hatte damit zum ersten Mal Hertz'sche Wellen nachgewiesen, die von den Blitzen ausgingen. Allerdings ging er der Frage, wie die Energie über eine so große Entfernung vom Blitz zum Froschschenkel gelangt, nicht weiter nach. Erst etwa 100 Jahre später setzte man die Untersuchung dieser Erscheinung fort. *James Clerk Maxwell* (1831–1879) sagte 1852 voraus, dass sich elektrische und magnetische Felder in Form von elektromagnetischen Wellen mit Lichtgeschwindigkeit im Raum ausbreiten können. Für die experimentelle Bestätigung dieser Voraussage setzte die Berliner Akademie der Wissenschaften einen Preis aus.

Diese Aufgabe wurde 1888 von dem deutschen Physiker *Heinrich Hertz* (1857–1894) gelöst. *Hertz* benutzte dazu eine Anordnung, die der von *Galvani* noch sehr ähnlich war. Als Nachweis diente ihm jedoch kein Froschschenkel, sondern eine kleine Funkenstrecke. Immer dann, wenn er am Sender einen Funken überspringen ließ, trat auch am Empfänger ein winziger Funke auf, auch wenn Sender und Empfänger viele Meter voneinander entfernt waren (Bild 2). Die elektromagnetischen Wellen, die die Energie übertragen, nannte man nach ihrem Entdecker „Hertz'sche" Wellen.

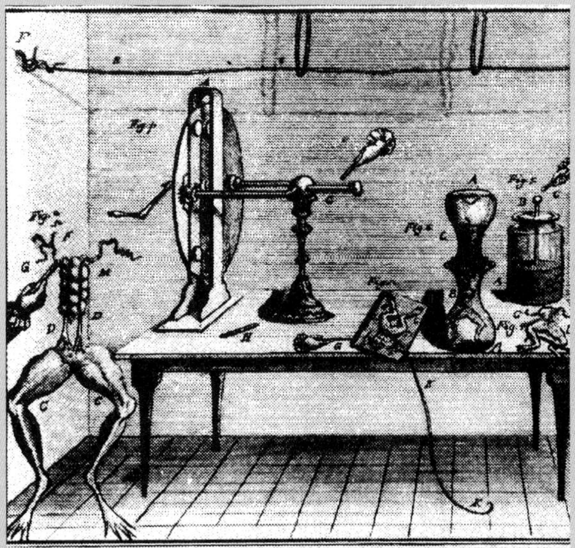

1

Galvanis Experimente mit Froschschenkeln

Bereits 1895 hat der russische Physiker *Alexander Popow* (1859–1905) Informationen mit Hertz'schen Wellen über eine Entfernung von 4 km übertragen.

Dem italienischen Physiker *Guglielmo Marconi* (1874–1937) gelang als Erstem die technisch-praktische Anwendung der Erfindung. Er schickte 1902 das erste Funktelegramm über den Atlantischen Ozean.

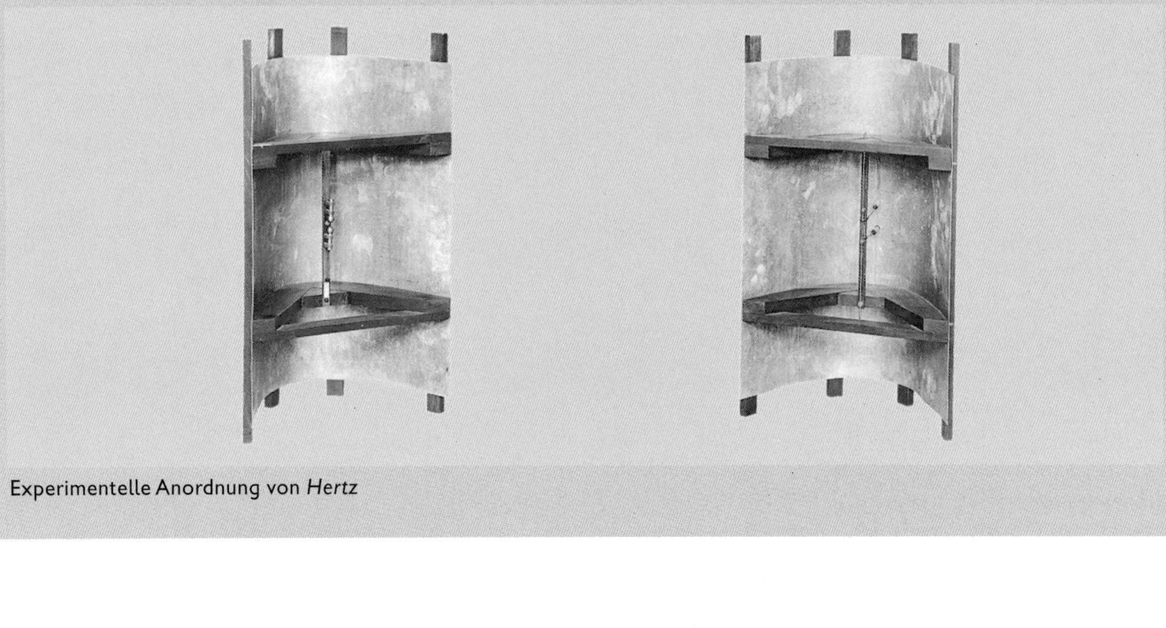

2

Experimentelle Anordnung von *Hertz*

Ein Blick in die Technik

Kurzwellenbestrahlung. Für bestimmte medizinische Zwecke bringt man Teile des menschlichen Körpers zwischen die Platten eines Schwingkreiskondensators (Bild 1). Das hochfrequente elektrische Wechselfeld übt auf die Ionen Kräfte aus. Dadurch fließen im menschlichen Körper Wechselströme. Im Inneren der behandelten Körperteile entsteht thermische Energie. Diese erwärmen sich und werden besser durchblutet. Der Vorteil besteht darin, dass keine Wärmestrahlung von außen erforderlich ist, die vor allem zu einer Temperaturerhöhung der Haut führen würde.

Bei Behandlung mit Kurzwellen werden Körperteile durch elektromagnetische Schwingungen erwärmt.

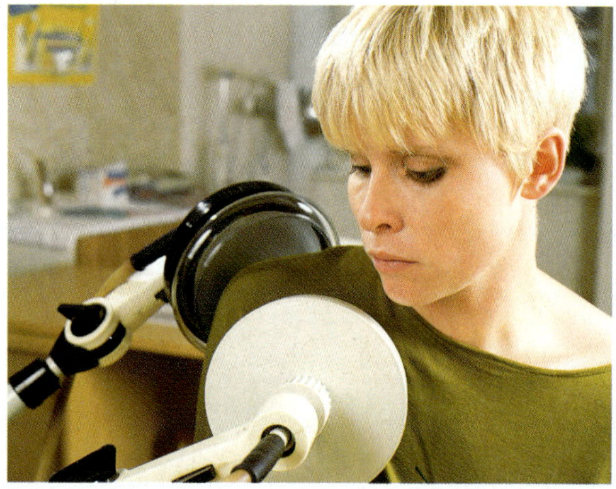
1

Mikrowellengeräte. Soll eine Speise in kurzer Zeit erwärmt oder aufgetaut werden, so benutzt man dazu am besten ein Mikrowellengerät (Bild 2). Der wichtigste Bestandteil eines solchen Gerätes ist eine spezielle Elektronenröhre (Magnetron). Es erzeugt elektromagnetische Wellen mit einer Frequenz von 2 450 MHz. Das entspricht einer Wellenlänge von 12 cm in Luft. Diese Wellen gelangen z. T. direkt zur Speise, z. T. nach Reflexion an den Wänden des Herdraumes. Dadurch durchdringen sie die zu erhitzende Speise von allen Seiten. Infolge des starken und sich sehr schnell ändernden elektrischen und magnetischen Feldes werden die Moleküle der Speisen in heftige Schwingungen versetzt. Da Wasser ein schlechter Leiter ist, nimmt es Energie von den elektromagnetischen Wellen auf. Die Gefäße aus Porzellan oder Glas leiten den elektrischen Strom nicht und absorbieren deshalb keine Energie. Dadurch erwärmen sich im Mikrowellenherd nur die Speisen, aber nicht das Geschirr. Metallgefäße und Aluminiumfolien dürfen nicht verwendet werden, weil sie die Mikrowellen nicht hindurchlassen, sondern reflektieren.

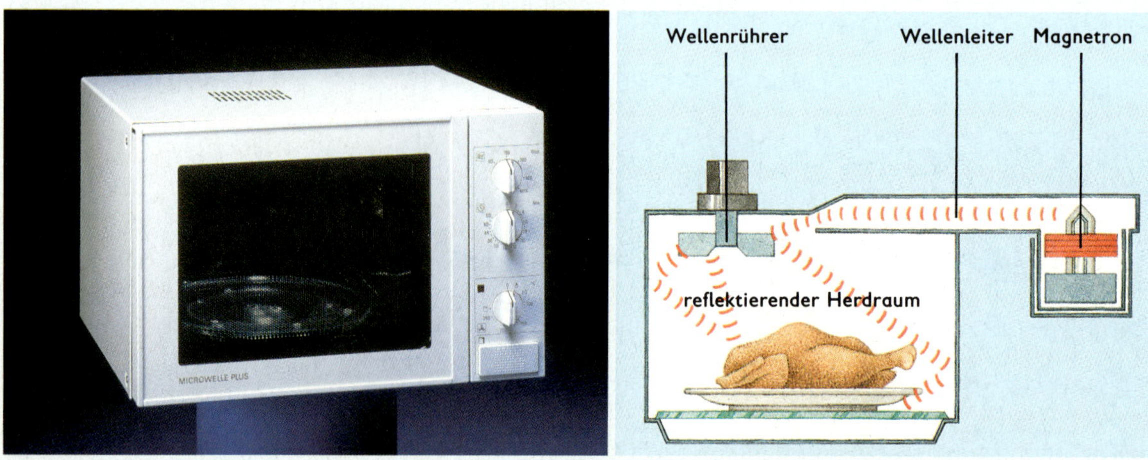

2

Die Wellenlängenbereiche Hertz'scher Wellen. Die Wellenlänge Hertz'scher Wellen umfasst einen großen Bereich. Sie liegt zwischen 10 km und etwa 1 mm. Die einzelnen Bereiche haben unterschiedliche Namen.

Bereich	Wellenlänge	Frequenz
Langwellen (LW)	2 km bis 860 m	150 kHz bis 350 kHz
Mittelwellen (MW)	580 m bis 184 m	515 kHz bis 1 630 kHz
Kurzwellen (KW)	160 m bis 10 m	1,9 MHz bis 30 MHz
Fernsehen VHF/Band I	6,4 m bis 4,4 m	47 MHz bis 68 MHz
Ultrakurzwellen (UKW)	3,42 m bis 2,88 m	88 MHz bis 104 MHz
Fernsehen VHF/Band II	1,72 m bis 1,3 m	172 MHz bis 230 MHz
Fernsehen UHF	0,64 m bis 0,35 m	470 MHz bis 860 MHz

Will man Hertz'sche Wellen für einen bestimmten Zweck nutzen, so muss man einen günstigen Wellenlängenbereich auswählen. Dabei muss man u. a. berücksichtigen, wie weit der Sender reichen soll.

Sender im Lang-, Mittel- und Kurzwellenbereich können noch in großen Entfernungen auf der Erde empfangen werden. Bei diesen Wellen tritt eine starke Beugung auf. Außerdem werden sie in der Ionosphäre der Erde und an der Erdoberfläche reflektiert (Bild 1).

Sollen die Hertz'schen Wellen stark gebündelt ausgestrahlt werden, so müssen sie eine möglichst kleine Wellenlänge besitzen. Hertz'sche Wellen mit kleiner Wellenlänge durchdringen die Ionosphäre ungehindert und sind auch deshalb sehr gut für den Funkkontakt mit Raumschiffen geeignet. Da sie jedoch an Hindernissen nur wenig gebeugt werden, ist ihre Reichweite auf der Erde gering.

Entsprechend der Wellenlänge sind auch die Antennenanlagen unterschiedlich. Man kann schon am Äußeren der Sendeantenne erkennen, in welchem Bereich sie elektromagnetische Wellen aussendet. Große Einzelantennen senden lange Wellen aus (Bild 2). Je kleiner die Einzelantenne ist, umso kleiner ist auch die Wellenlänge (Bild 3).

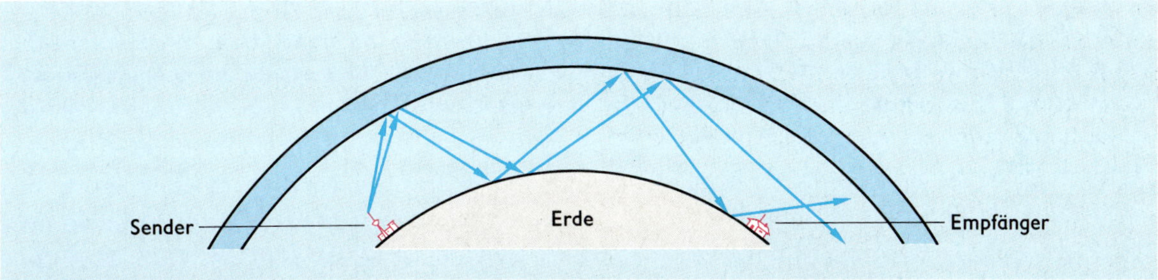

1

2

3

Gewusst? Erkannt? Gekonnt?

1. Beschreiben Sie den zeitlichen Verlauf der Spannung an einem Schwingkreiskondensator!
2. Beschreiben Sie den zeitlichen Verlauf der Stromstärke in einem Schwingkreis! Vergleichen Sie ihn mit dem Verlauf der Spannung!
3. Beschreiben Sie den Aufbau und erklären Sie die Wirkungsweise eines Schwingkreises! Wenden Sie dabei das Induktionsgesetz und die Lenz'sche Regel an!
4. Wodurch wird die Frequenz erzwungener elektromagnetischer Schwingungen bestimmt?
5. Wie kann man ungedämpfte elektromagnetische Schwingungen erzeugen?
6. Erläutern Sie Beispiele für die Anwendung von Schwingkreisen in der Technik!
7. Wenden Sie den Satz von der Erhaltung der Energie auf einen Schwingkreis an, der nach einmaliger Erregung a) ungedämpft und b) gedämpft schwingt!
8. Wie kann nachgewiesen werden, dass die Dämpfung der elektromagnetischen Schwingungen durch den ohmschen Widerstand beeinflusst wird? Entwerfen Sie einen Schaltplan für eine geeignete Experimentieranordnung!
9. Wie kann man auf einfache Weise die Periodendauer eines Schwingkreises verdoppeln?
10. Berechnen Sie die Periodendauer für die Eigenschwingung eines Schwingkreises, dessen Spule eine Induktivität von 0,5 H und dessen Kondensator eine Kapazität von 0,5 µF hat! Wie groß ist die Eigenfrequenz?
11. Ein Schwingkreis in einem elektronischen Musikinstrument erzeugt die Schwingungen für den Kammerton a' (f = 440 Hz). Sein Kondensator hat eine Kapazität von 0,1 µF. Wie groß ist die Induktivität der Spule?
12. Ein Schwingkreis soll mit dem Netzwechselstrom (T = 0,02 s) in Resonanz schwingen. Er besteht aus einem Kondensator der Kapazität 2 µF. Wie groß muss die Induktivität der Spule sein?
13. Der Abstimmkreis in einem Rundfunkempfänger schwingt mit der Frequenz des empfangenen Senders in Resonanz. Seine Spule hat eine Induktivität von 0,32 mH, sein Kondensator lässt sich in der Kapazität zwischen 31 pF und 260 pF einstellen. Berechnen Sie die kleinste und die größte Eigenfrequenz des Abstimmkreises! Welcher Wellenlängenbereich kann mit diesem Gerät empfangen werden?
14. Beschreiben Sie Beispiele für die Anwendung Hertz'scher Wellen in der Nachrichtentechnik und Flugsicherung!
15. In welcher Himmelsrichtung befinden sich in Ihrer Umgebung Fernsehsendeantennen? In welche Richtung zeigen die Empfangsantennen? Erklären Sie den Zusammenhang!
16. Warum ist der Rundfunkempfang mit einem Radiorecorder in den meisten Pkw stark behindert? Auf welche Weise wird der Empfang mit einem Autoradio möglich?
17. Nennen und erläutern Sie Eigenschaften Hertz'scher Wellen!
18. Beschreiben Sie je eine experimentelle Anordnung, mit der man die Reflexion und die Beugung Hertz'scher Wellen nachweisen kann!
19. Welche Bedeutung haben Reflexion und Beugung für die Übertragung von Informationen mit Hertz'schen Wellen?
20. Beim Messen der Entfernung Erde–Mond kehrte das von der Mondoberfläche reflektierte Radarsignal nach 2,56 s zum Sender zurück. Wie groß war die Entfernung?
21. Stellen Sie Gemeinsamkeiten und Unterschiede von mechanischen und Hertz'schen Wellen zusammen!
22. Wie groß ist die Frequenz eines Senders, der Hertz'sche Wellen mit einer Wellenlänge von 5 m aussendet?
23. Ein Radiorecorder ermöglicht den Empfang von einem Frequenzbereich von 150 kHz bis 108 MHz. Welche größte und welche kleinste Wellenlänge kann mit diesem Gerät empfangen werden?
24. Der Höhenmesser eines Flugzeugs arbeitet mit Radarwellen der Frequenz 4 300 MHz. Wie groß ist die Wellenlänge?
25. In einer Gesteinsschicht besitzen Hertz'sche Wellen der Frequenz 8 GHz eine Wellenlänge von 0,025 m. Wie groß ist die Ausbreitungsgeschwindigkeit?
26. Ein Fernsehsender strahlt Hertz'sche Wellen einer Wellenlänge von 60 cm aus. Mit welcher Frequenz arbeitet der Sender?

Kurz und knapp

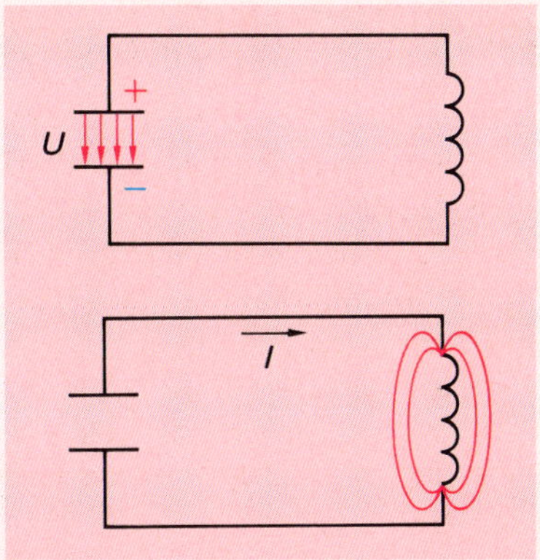

Ein Schwingkreis besteht aus einem Kondensator und einer Spule.

Wenn sich die Stromstärke ändert, treten im Magnetfeld der Spule Induktionsvorgänge auf.

Durch das Zusammenwirken von Kondensator und Spule vollziehen sich ständig Entlade-, Induktions- und Ladevorgänge. Es entsteht eine elektromagnetische Schwingung.
Dabei wandeln sich die Energie des elektrischen Feldes und die Energie des magnetischen Feldes periodisch ineinander um.

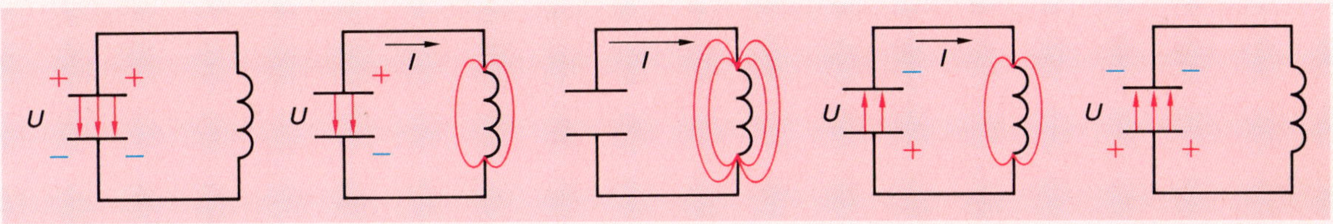

Durch ständige Umwandlung eines Teils der Energie in thermische Energie sind die Schwingungen gedämpft.

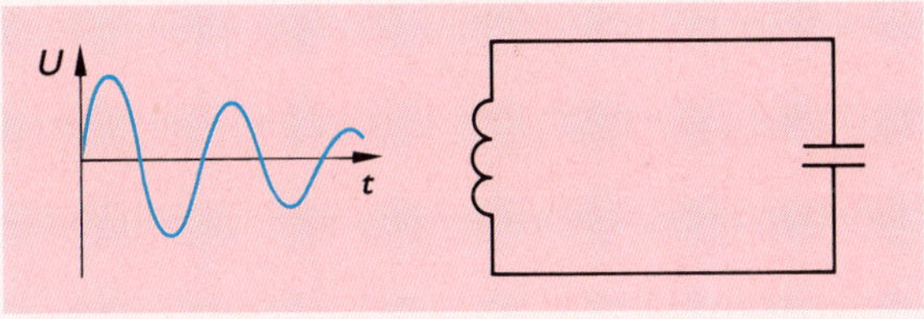

Zur Erzeugung ungedämpfter Schwingungen muss einem Schwingkreis periodisch Energie zugeführt werden.

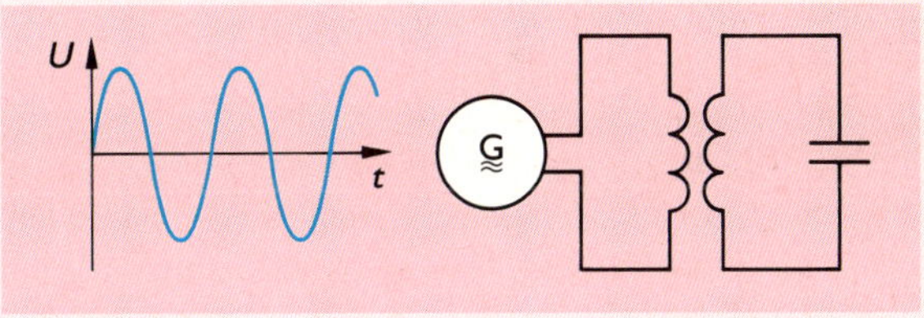

Stimmen Eigenfrequenz und Erregerfrequenz überein, so tritt Resonanz auf. Spannung und Stromstärke erreichen dann ein Maximum.
Elektromagnetische Schwingungen können sich ausgehend von einer Antenne als Hertz'sche Wellen im Raum ausbreiten.

Hertz'sche Wellen
- breiten sich geradlinig aus,
- durchdringen Isolatoren,
- werden an Metallen reflektiert und
- werden an Hindernissen gebeugt.

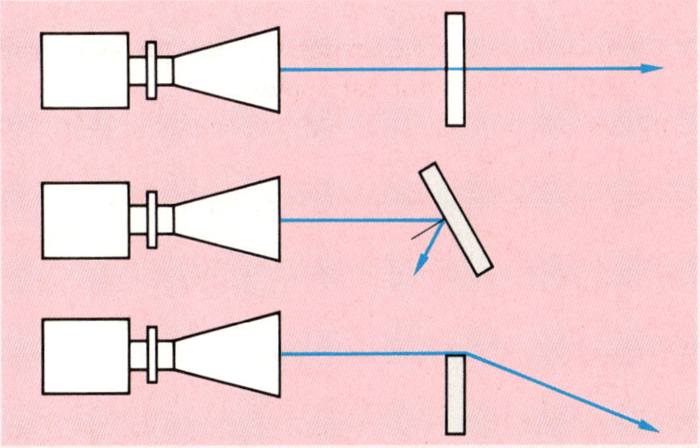

Für die Eigenschwingung des Schwingkreises gilt die Thomson'sche Schwingungsgleichung $T = 2\pi\sqrt{L \cdot C}$.

1 Strahlenoptik

An einem Sommermorgen ist es im Wald noch angenehm kühl! Die Sonne scheint nur an wenigen Stellen durch das dichte Laubdach hindurch. Durch die feuchte Luft im Wald kann man den Weg des Lichtes genau verfolgen. Breitet sich das Licht immer so geradlinig aus?

1

Modell Lichtstrahl

Wenn ein schmales Lichtbündel schräg auf eine Wasserfläche fällt, so treten dabei folgende Erscheinungen auf (Bild 2):

1. Sowohl in Luft als auch in Wasser breitet sich das Licht geradlinig aus.
2. An der Wasseroberfläche wird ein Teil des Lichtes reflektiert. Nach der Reflexion verläuft es weiter in Luft.
3. Der andere Teil des Lichtes wird an der Wasseroberfläche gebrochen. Dabei ändert sich ebenfalls seine Richtung. Nach der Brechung verläuft er in Wasser.

Um den Weg des Lichtes anzugeben, zeichnet man einen Strahl (Bild 3). Der Lichtstrahl ist ein Modell für das Licht. Er veranschaulicht die Ausbreitung des Lichtes.

2

Der Lichtstrahl kennzeichnet den Weg, auf dem sich das Licht ausbreitet. Er ist ein Modell für das Licht.

Die geradlinige Ausbreitung, Reflexion und Brechung des Lichtes lassen sich sehr gut mit dem Modell Lichtstrahl beschreiben (Bild 3). Auch die Entstehung des Schattens kann man mit dem Modell Lichtstrahl erklären (Bild 4).

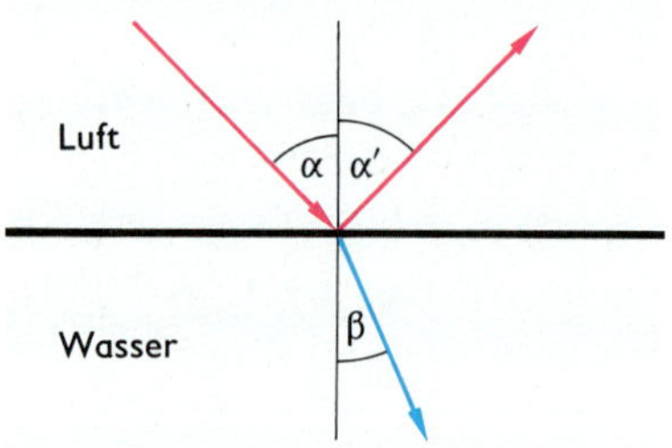

3

Darstellung der geradlinigen Ausbreitung, Reflexion und Brechung des Lichtes mit dem Modell Lichtstrahl

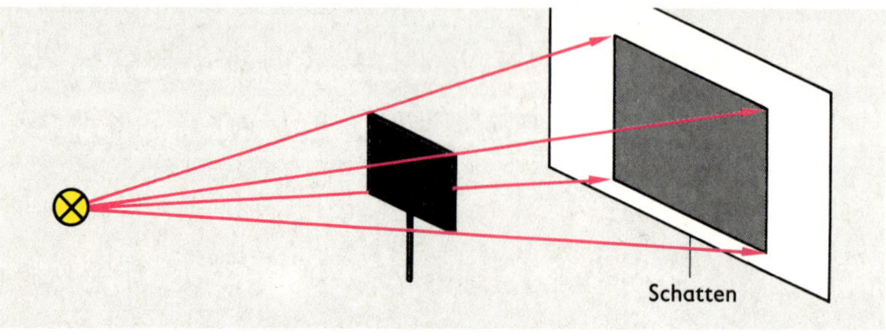

4

Ausbreitungsgeschwindigkeit des Lichtes

Das Licht breitet sich mit einer endlichen Geschwindigkeit aus. Sie beträgt im Vakuum und in Luft etwa 300 000 km · s^{-1}. Eine so große Geschwindigkeit ist erst dann von Bedeutung, wenn das Licht weite Strecken zurücklegen muss. Wird z. B. Laserlicht zum Mond geschickt und dort von einem Spiegel reflektiert, so kommt es nach etwa 2,6 s zur Erde zurück. (Die mittlere Entfernung Erde–Mond beträgt 384 400 km.) Das von der Sonne ausgesandte Licht erreicht die Erde erst nach mehr als 8 Minuten. (Die mittlere Entfernung Sonne–Erde beträgt 149,6 · 10^6 km.) Das Licht vom zweitnächst gelegenen Fixstern braucht bereits 4,2 Jahre, bis es die Erde erreicht. Wie kann man eine so große Geschwindigkeit messen?

Bestimmung der Lichtgeschwindigkeit nach der Methode von Fizeau. Bereits 1675 war dem dänischen Astronomen *Olaf Römer* (1644–1710) aufgefallen, dass die Umlaufzeit des ersten Jupitermondes nicht konstant zu sein schien. Der gemessene Betrag änderte sich, wenn während der Messung die Entfernung zwischen Jupiter und Erde größer oder kleiner wurde (Bild 1). Aus den verschiedenen gemessenen Umlaufzeiten berechnete *Römer* die Lichtgeschwindigkeit.
1849 hat der Franzose *Armand Hippolyte Fizeau* (1819–1896) zum ersten Male die Lichtgeschwindigkeit auf der Erde bestimmt.

1 Verschiedene Stellungen von Erde, Sonne und Jupiter. Befindet sich die Erde in Stellung IV, ist die vom irdischen Beobachter gemessene Umlaufzeit des Jupitermondes kleiner, in Stellung II größer als in den Stellungen I und III.

Er hatte eine Strecke von 8,633 km ausgewählt. Das Lichtbündel schickte *Fizeau* mittels eines halbdurchlässigen Spiegels zwischen zwei Zähnen eines Zahnrades hindurch. Nachdem es die Messstrecke durchlaufen hatte, wurde das Licht reflektiert und legte denselben Weg noch einmal zurück. Danach gelangte es durch die gleiche Lücke zwischen den Zähnen und den halbdurchlässigen Spiegel in das Auge des Beobachters (Bild 2).

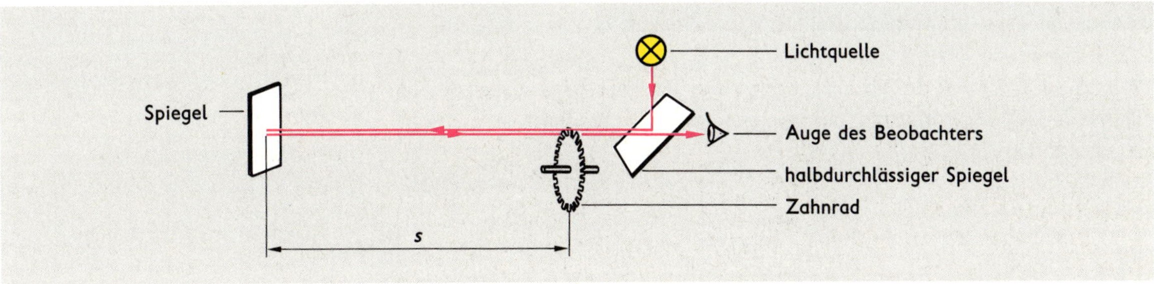

2 Bestimmung der Lichtgeschwindigkeit nach *Fizeau*

Fizeau versetzte das Zahnrad allmählich in immer schnellere Bewegung. Dabei beobachtete er, dass ständig weniger Licht in sein Auge gelangte. Bei einer bestimmten Umlaufzeit T traf das reflektierte Licht statt auf die Ausgangslücke auf den ihr folgenden Zahn. Dann trat Dunkelheit auf. Das Zahnrad hatte sich nämlich in der Zeit, die das Licht zum Durchlaufen der Strecke braucht, um den Abstand Lücke–Zahn weitergedreht. Das Zahnrad hatte 720 Zähne.
Fizeau bestimmte T zu 0,079 s aus der Drehzahl $n = 12{,}6\ \text{s}^{-1}$.
Mit modernen Messanordnungen konnte die Lichtgeschwindigkeit immer genauer bestimmt werden. Sie wurde zu $c = 299\ 792\ \text{km} \cdot \text{s}^{-1}$ im Vakuum ermittelt.

Lichtgeschwindigkeiten in einigen Medien

Medium	Lichtgeschwindigkeit in $\text{km} \cdot \text{s}^{-1}$
Vakuum	299 792
Luft	299 711
Wasser	225 000
Kronglas	200 000
Polystyren	189 000
Flintglas	186 000
Kohlenstoffdisulfid	184 000
Diamant	125 000

Die Lichtgeschwindigkeit beträgt im Vakuum annähernd 300 000 km · s^{-1}.

Den jeweiligen Stoff oder das Vakuum, in dem sich das Licht ausbreitet, nennt man **Medium**. Die Lichtgeschwindigkeit ist in allen Stoffen kleiner als im Vakuum. In Luft ist die Abweichung von der Vakuumlichtgeschwindigkeit jedoch ganz gering.

Geradlinige Ausbreitung des Lichtes

Wenn die Sonne im Wald zwischen den Baumwipfeln hindurchscheint, dann können Sie das Licht als helle Streifen sehen. Diese Streifen werden von Geraden begrenzt. Mit einem Laser kann man sehr dünne Lichtbündel erzeugen (Bild 1). Diese Lichtbündel lassen besonders gut erkennen, dass sich Licht geradlinig ausbreitet.

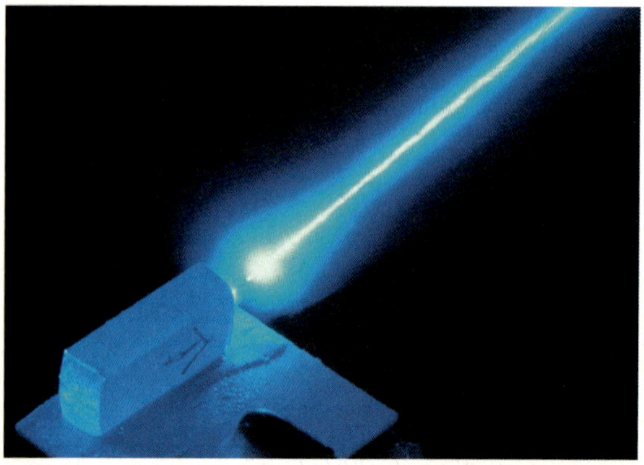

1

2

Wenn Sie prüfen wollen, ob ein Gegenstand „gerade" ist, so nutzen Sie die geradlinige Ausbreitung des Lichtes (Bild 2). Sie blicken an dem Gegenstand entlang.
Auch die Entstehung von Schatten belegt die geradlinige Ausbreitung des Lichtes.

Licht breitet sich geradlinig aus.

Reflexion des Lichtes

Wenn Sie am Ufer eines Sees stehen, erreicht Sie das Sonnenlicht auf zwei Wegen: Zum einen gelangt es infolge der geradlinigen Ausbreitung direkt in Ihre Augen. Zum anderen trifft das Licht zunächst auf die Wasseroberfläche, ändert dort seine Richtung und wird dann ebenfalls in Ihre Augen reflektiert (Bild 1). Dabei gilt das **Reflexionsgesetz**:

1

Trifft Licht auf einen Körper, so wird es reflektiert.
Dabei sind der Einfallswinkel α und der Reflexionswinkel α' gleich groß.
Einfallender Strahl, Einfallslot und reflektierter Strahl liegen in derselben Ebene.

$\alpha = \alpha'$

Brechung des Lichtes

Taucht man eine gerade Leiste schräg ins Wasser, so erscheint sie an der Wasseroberfläche geknickt (Bild 2). Diese Erscheinung haben Sie schon oft beobachtet, wenn Ihre Zahnbürste in einem Glas mit Wasser steht, oder bei einem Teelöffel in einem gefüllten Teeglas.
Die Ursache dafür ist die Brechung des Lichtes an der Grenzfläche Wasser–Luft.
Wovon hängt die Richtungsänderung des Lichtbündels ab?

2

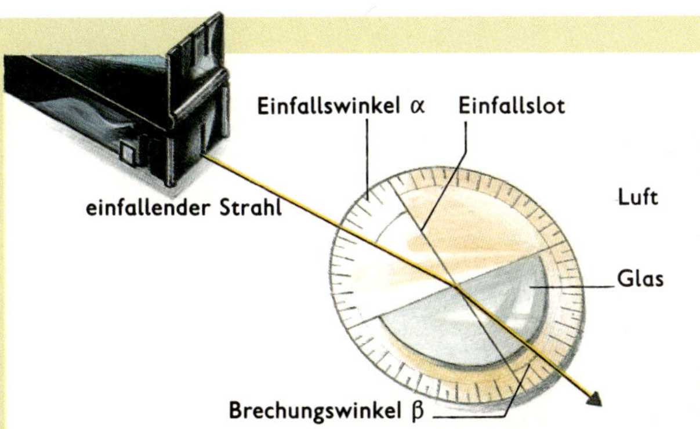

3

Experiment 1
Ein dünnes Lichtbündel tritt von Luft in Kronglas ein (Bild 3). Der Einfallswinkel α, den das Lichtbündel mit dem Lot bildet, wird von 0° beginnend schrittweise vergrößert. Der zugehörige Brechungswinkel β wird jeweils gemessen und in eine Messwertetabelle eingetragen.

Um herauszufinden, in welchem Verhältnis die jeweils gemessenen Winkel zueinander stehen, sind in den letzten beiden Spalten der Tabelle die Quotienten der Winkel und die Quotienten der Sinuswerte der Winkel dargestellt.

Der Quotient $\frac{\sin \alpha}{\sin \beta}$ ist für die verschiedenen Einfalls- und Brechungswinkel konstant.

Wird das Experiment mit Wasser und Flintglas wiederholt, so ändert sich ebenfalls die Richtung des Lichtbündels und das Verhältnis der Sinuswerte der Winkel ist konstant. Der Quotient ist jedoch kleiner

Messwertetabelle

α in Luft	β in Kronglas	$\frac{\alpha}{\beta}$	$\frac{\sin \alpha}{\sin \beta}$
20°	13°	1,5	1,5
40°	25°	1,6	1,5
60°	35°	1,7	1,5
80°	41°	2,0	1,5

bzw. größer (siehe folgende Tabelle). In der letzten Spalte dieser Tabelle ist das Verhältnis der Lichtgeschwindigkeiten der Stoffe, in denen sich das Licht ausbreitet, eingetragen. Es fällt auf, dass die Sinuswerte der Winkel in demselben Verhältnis zueinander stehen, wie die Lichtgeschwindigkeiten. Es gilt das **Brechungsgesetz**:

Tritt Licht unter einem Einfallswinkel $\alpha \neq 0°$ von einem optisch dünneren in ein optisch dichteres Medium über, so erfolgt eine Brechung. Der Einfallswinkel α ist größer als der Brechungswinkel β.
Einfallender Strahl, Einfallslot und gebrochener Strahl liegen in derselben Ebene.

$$\frac{\sin\alpha}{\sin\beta} = \frac{c_1}{c_2}$$

Tabelle

Übergang von Luft in	$\frac{\sin\alpha}{\sin\beta}$	Lichtgeschwindigkeit im 2. Stoff c_2	$\frac{c_1}{c_2}$
Wasser	1,33	225 000 km · s^{-1}	1,33
Kronglas	1,50	200 000 km · s^{-1}	1,50
Flintglas	1,61	186 000 km · s^{-1}	1,61
Kohlenstoffdisulfid	1,63	184 000 km · s^{-1}	1,63

Mithilfe des Brechungsgesetzes kann der Verlauf von Lichtbündeln nach der Brechung genau bestimmt werden.

Beispiel für die Berechnung des Brechungswinkels
Das gelbe Licht einer Natriumdampflampe trifft auf die ebene Grenzfläche zwischen Luft und Flintglas unter einem Einfallswinkel von 45°. Wie groß ist der Brechungswinkel?

Gesucht: β (in Grad)
Gegeben: $\alpha = 45°$, $\sin\alpha = 0{,}7071$
$c_1 = 300\,000\ \text{km} \cdot s^{-1}$
$c_2 = 186\,000\ \text{km} \cdot s^{-1}$

Lösung: $$\frac{\sin\alpha}{\sin\beta} = \frac{c_2}{c_1}$$

$$\sin\beta = \frac{c_1}{c_2} \cdot \sin\alpha$$

$$\sin\beta = \frac{186\,000\ \text{km} \cdot s^{-1}}{300\,000\ \text{km} \cdot s^{-1}} \cdot 0{,}7071$$

$$\sin\beta = 0{,}438\,4$$

$$\underline{\underline{\beta = 26{,}0°}}$$

Ergebnis: Der Brechungswinkel beträgt 26,0°.

Reelle Bilder an Sammellinsen

Mit Ihrem Fotoapparat machen Sie auf der Klassenfahrt Bilder (Bild 1). Das wichtigste Teil ist dabei die Sammellinse im Fotoapparat. Sie erzeugt die Bilder auf dem Film. Solche Bilder (Bild 2), die man auf einem Film, einer Mattscheibe oder einem Schirm auffangen kann, nennt man wirkliche Bilder oder **reelle Bilder**.

1

Bilder sind Erinnerungen an gemeinsame Erlebnisse

2

Bildentstehung im Fotoapparat

Sie wissen bereits, dass eine Sammellinse parallel zur optischen Achse einfallendes Licht in einem Punkt, dem Brennpunkt F, sammelt (Bild 3). Auf der gegenüberliegenden Seite der Linse befindet sich ein zweiter Brennpunkt.

Den Abstand eines Brennpunktes F vom Linsenmittelpunkt M nennt man Brennweite *f*.

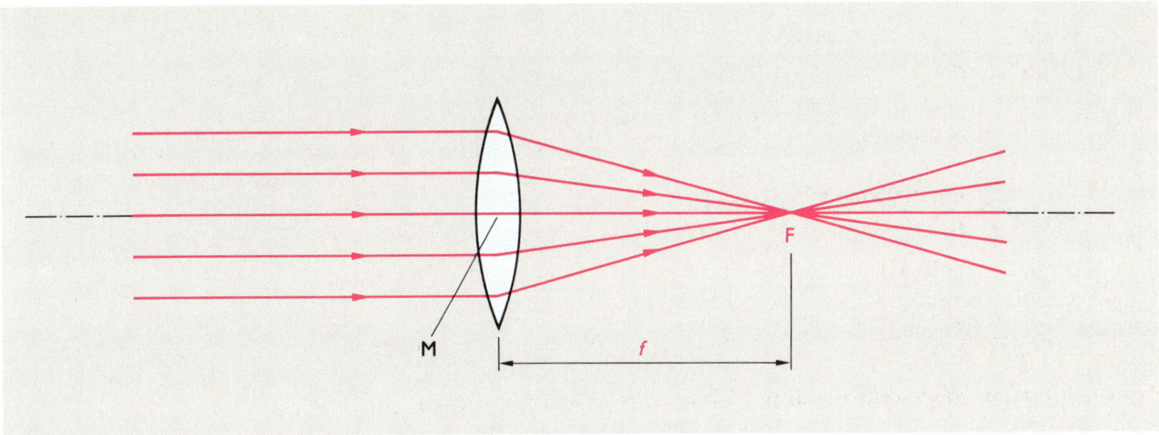

3

Eine Sammellinse sammelt parallel zur optischen Achse einfallendes Licht im Brennpunkt.

Unter welchen Bedingungen entsteht ein reelles Bild?

Experiment 2
Eine Kerze wird außerhalb der doppelten Brennweite einer Sammellinse aufgestellt. Auf der gegenüberliegenden Seite wird ein Schirm so lange auf die Linse zu bewegt, bis die Kerze scharf abgebildet wird (Bild 1).
Das Bild entsteht zwischen der einfachen und der doppelten Brennweite (Bild 2 a). Es ist umgekehrt und verkleinert. Nachfolgend wird die Kerze in die doppelte Brennweite und schließlich zwischen einfache und doppelte Brennweite der Linse gebracht.
Damit auf dem Schirm ein scharfes Bild entsteht, muss man ihn weiter von der Linse abrücken. Das Bild ist stets umgekehrt. Seine Größe nimmt zu (Bilder 2 b und c).

1

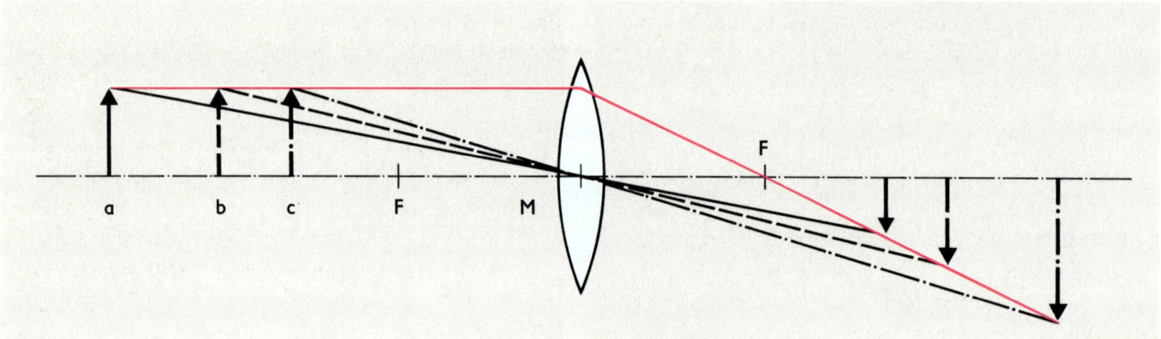

2

Die Lage und Größe des Bildes kann man leicht durch Zeichnen von jeweils zwei der drei markanten Strahlen **Mittelpunktstrahl, Brennpunktstrahl** oder **Parallelstrahl** ermitteln (Bild 3).
Im einfachsten Falle wählt man dazu nur einen Punkt an der Spitze des Gegenstandes aus.

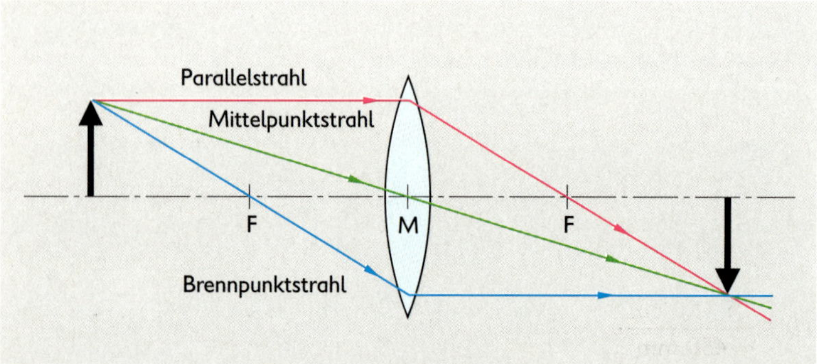

3 Konstruktion der Lage des Bildes mit Parallelstrahl, Mittelpunktstrahl und Brennpunktstrahl

Den Abstand zwischen Gegenstand und Linsenmittelpunkt nennt man **Gegenstandsweite**, den Abstand zwischen Bild und Linsenmittelpunkt **Bildweite** (Bild 1, folgende Seite).

Die Bildweite des reellen Bildes einer Sammellinse hängt von der Gegenstandsweite ab. Je größer die Gegenstandsweite ist, umso kleiner ist die Bildweite.

Linsengleichung

Die Lage des Bildes bei der Sammellinse kann man auch durch Berechnen ermitteln. Dazu dient die Linsengleichung.

Linsengleichung

$$\frac{1}{f} = \frac{1}{g} + \frac{1}{b}$$

Gültigkeitsbedingung: geringe Dicke der Linse
f – Brennweite
g – Gegenstandsweite
b – Bildweite

Die Gleichung spiegelt den letzten Merksatz richtig wider. Für eine bestimmte Linse ist die Brennweite *f* und damit die linke Seite der Gleichung konstant. Deshalb muss auch ihre rechte Seite unverändert bleiben. Wenn die Gegenstandsweite *g* größer wird, wird ihr Kehrwert $\frac{1}{g}$ kleiner. Damit die Summe der beiden Quotienten konstant bleibt, muss der Kehrwert $\frac{1}{b}$ wachsen. Dadurch wird die Bildweite *b* kleiner.

Genau das ist die Aussage des letzten Merksatzes.

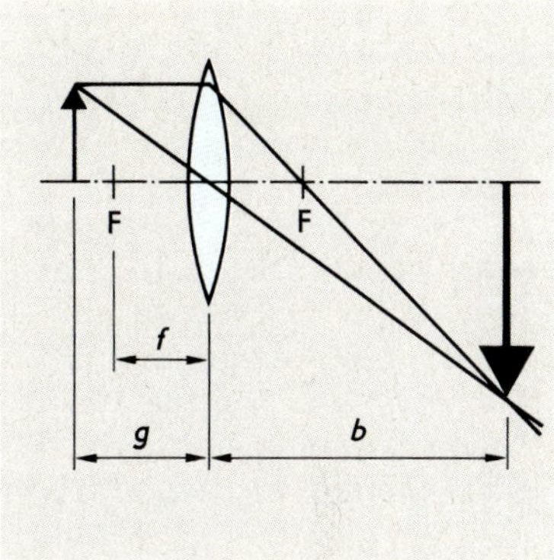

1
Brennweite *f*, Gegenstandsweite *g* und Bildweite *b* bei der Entstehung eines reellen Bildes bei einer Sammellinse

Beispiel zur Berechnung der Bildweite
Die Objektivlinse eines Fotoapparates hat die Brennweite 50 mm. Wie groß muss der Abstand zwischen dem Linsenmittelpunkt und dem Film sein, damit ein Gegenstand in 50 cm Entfernung scharf auf dem Film abgebildet wird?

Gesucht: *b* (in mm)
Gegeben: *f* = 50 mm
g = 500 mm

Lösung:

$$\frac{1}{f} = \frac{1}{g} + \frac{1}{b}$$

$$\frac{1}{b} = \frac{1}{f} + \frac{1}{g}$$

$$b = \frac{g \cdot f}{g - f}$$

$$b = \frac{500\ \text{mm} \cdot 50\ \text{mm}}{500\ \text{mm} - 50\ \text{mm}} \qquad b = \frac{25\,000\ \text{mm}^2}{450\ \text{mm}}$$

$$\underline{\underline{b = 55{,}6\ \text{mm}}}$$

Ergebnis: Der Abstand zwischen Linsenmittelpunkt und Film muss 55,6 mm betragen.

Hinweis: Bei vielen Fotoapparaten lässt sich der Abstand nicht so stark verändern. Ist das Objektiv auswechselbar, so kann man durch Einführen eines Zwischenringes den Abstand vergrößern.

Umkehrbarkeit des Lichtweges

Beim Übergang vom optisch dünnen Medium (z. B. Luft) zum optisch dichteren Medium (z. B. Wasser) wird das Licht zum Einfallslot hin gebrochen. Es gilt die Gleichung

$$\frac{\sin \alpha}{\sin \beta} = \frac{c_1}{c_2}.$$

Ist auch ein Übergang vom optisch dichteren zum optisch dünneren Medium möglich? Wie verläuft dabei das Licht?

Experiment 3

Die Anordnung aus Experiment 1 wird so verändert, dass das Licht zunächst ungebrochen in die Glasscheibe eindringt (α = 0°). Es durchdringt diese Scheibe und gelangt an die Grenzfläche Glas–Luft (Bild 1). Zunächst ist auch der Einfallswinkel in Glas 0°. Nachfolgend wird die Lage der Lampe so verändert, dass der Einfallswinkel in Glas schrittweise immer größer wird.

Mit dem Einfallswinkel in Glas nimmt auch der Brechungswinkel zu. Der Brechungswinkel ist größer als der Einfallswinkel. Bildet man den Quotienten der Sinuswerte der Winkel, so ist dieser wieder gleich dem Quotienten aus den Lichtgeschwindigkeiten in den Medien.

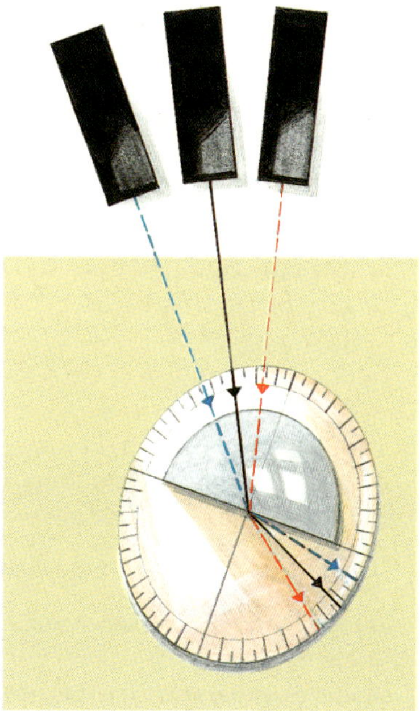

1

Das Experiment lässt erkennen, dass das Brechungsgesetz auch für den Übergang des Lichtes vom optisch dichteren zum optisch dünneren Medium gilt. Vergleicht man den Verlauf des Lichtes in den Experimenten 1 und 3 miteinander, so fällt auf, dass das Licht im Experiment 3 genau den umgekehrten Weg durchläuft wie im Experiment 1. Das gilt auch für die Reflexion, da der Einfallswinkel gleich dem Reflexionswinkel ist.

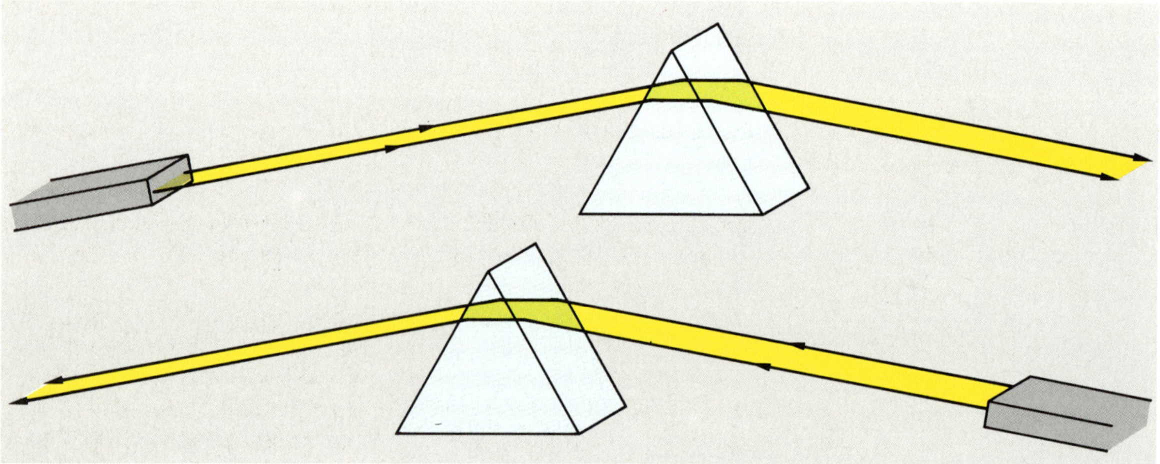

2

Umkehrbarkeit des Lichtweges

Bei der Reflexion und der Brechung ist der Lichtweg umkehrbar.

Totalreflexion

Im Experiment 3 wurde der Einfallswinkel nur bis etwa 40° vergrößert, der Brechungswinkel lag in der Nähe von 90°. Der Einfallswinkel lässt sich aber noch weiter vergrößern. Was geschieht unter dieser Bedingung mit dem einfallenden Licht?

Experiment 4
In der experimentellen Anordnung von Experiment 3 wird der Einfallswinkel bei etwa 30° beginnend schrittweise weiter vergrößert.
Zunächst tritt ein gebrochenes Lichtbündel auf, dessen Richtung nach dem Brechungsgesetz berechnet werden kann (Bild 1). Gleichzeitig beobachtet man auch immer ein schwaches reflektiertes Lichtbündel. Für dieses gilt das Reflexionsgesetz. Bei einem Einfallswinkel von 41,5° geht ein Teil des einfallenden Lichtbündels gerade noch in die Luft über. Bei einem größeren Einfallswinkel geschieht das nicht mehr. Dann wird das gesamte Licht an der Grenzfläche reflektiert. Diese Erscheinung nennt man **Totalreflexion**.

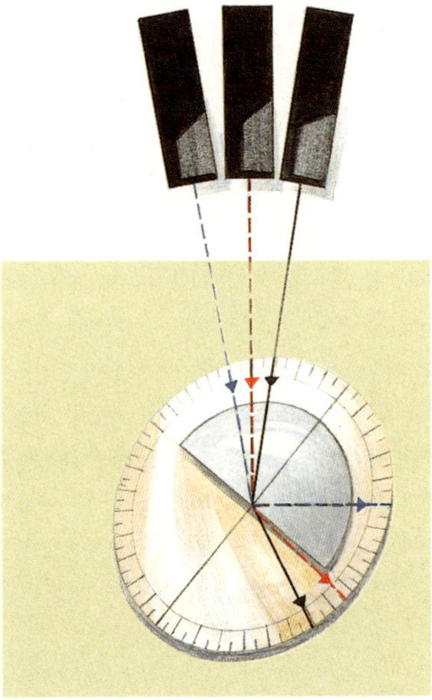
1

Den Einfallswinkel, bei dem das Licht gerade nicht mehr gebrochen, sondern bereits total reflektiert wird, nennt man den **Grenzwinkel der Totalreflexion α_G.**
Der Grenzwinkel der Totalreflexion ist von den beiden aneinander grenzenden Stoffen abhängig.

Licht kann nur dann von einem optisch dichteren in ein optisch dünneres Medium übertreten, wenn der Einfallswinkel einen bestimmten Betrag nicht überschreitet. Bei größeren Einfallswinkeln wird es total reflektiert. Den Winkel, bei dem das einfallende Licht gerade nicht mehr in das optisch dünnere Medium übertreten kann, nennt man den Grenzwinkel der Totalreflexion α_G.

Beispiel zur Berechnung des Grenzwinkels
Wie groß ist der Grenzwinkel der Totalreflexion für den Übergang des Lichtes von Wasser in Luft?

Gesucht: α_G (in Grad)

Gegeben: $c_{Wasser} = 225\,000 \text{ km} \cdot \text{s}^{-1}$
$c_{Luft} = 300\,000 \text{ km} \cdot \text{s}^{-1}$
$\beta = 90°$

Lösung: $$\frac{\sin \alpha_G}{\sin \beta} = \frac{c_{Wasser}}{c_{Luft}}$$

$$\sin \alpha_G = \frac{c_{Wasser} \cdot \sin \beta}{c_{Luft}} \qquad \sin \alpha_G = \frac{225\,000 \text{ km} \cdot \text{s}^{-1} \cdot 1}{300\,000 \text{ km} \cdot \text{s}^{-1}}$$

$$\sin \alpha_G = 0{,}750\,0$$

$$\underline{\underline{\alpha_G = 48{,}6°}}$$

Ergebnis: Beim Übergang Wasser–Luft beträgt der Grenzwinkel der Totalreflexion 48,6°.

Grenzwinkel der Totalreflexion für einige Übergänge

Grenzfläche zwischen den Medien	Grenzwinkel α_G
Kronglas–Luft	41,8°
Flintglas–Luft	38,3°
Kohlenstoffdisulfid–Luft	37,8°
Diamant–Luft	24,6°
Flintglas–Wasser	55,8°

Ein Blick in die Natur

Optische Täuschung. Die Ureinwohner Australiens jagen Fische oft mit einem Speer. Unter Wasser bewegt sich der Speer geradlinig weiter. Das vom Fisch ausgehende Licht wird jedoch an der Wasseroberfläche gebrochen. Deshalb sieht der Aborigines den Fisch nicht an der Stelle, an der sich dieser befindet. Der Fisch scheint sich in anderer Richtung und in geringerer Tiefe zu befinden. Der Aborigines muss deshalb in etwas kleinere Entfernung zielen und schießen (Bild 1).
Dieses scheinbare Anheben von Gegenständen haben Sie schon in tiefen, klaren Gewässern beobachtet. Der Strahlenverlauf (Bild 2) erklärt die Erscheinung.

1

2

Bildentstehung im Auge. Das menschliche Auge ist im Prinzip wie ein Fotoapparat aufgebaut (Bild 3).
Die wesentlichen Teile sind die Linse und die Netzhaut. Linse und Hornhaut wirken zusammen wie eine Sammellinse. Trifft das von einem entfernten Gegenstand ausgehende Licht auf das Auge, so erzeugt es auf der Netzhaut ein reelles Bild. Es ist verkleinert und umgekehrt. Rückt man den Gegenstand näher an das Auge heran, so entsteht das reelle Bild hinter der Netzhaut. Beim Fotoapparat vergrößert man in einem solchen Falle den Abstand zwischen der Linse (dem Objektiv) und dem Film. Beim Auge ist dieser Abstand unveränderlich. Deshalb wird ein ringförmiger Muskel, der die Linse umgibt, angespannt. Er vergrößert die Krümmung der Linse. Dadurch nimmt ihre Brennweite ab. Aus der Linsengleichung folgt, dass dadurch die Bildweite bei gleicher Gegenstandsweite ebenfalls kleiner wird. Das scharfe Bild entsteht wieder auf der Netzhaut (Bilder 1 bis 4, folgende Seite).

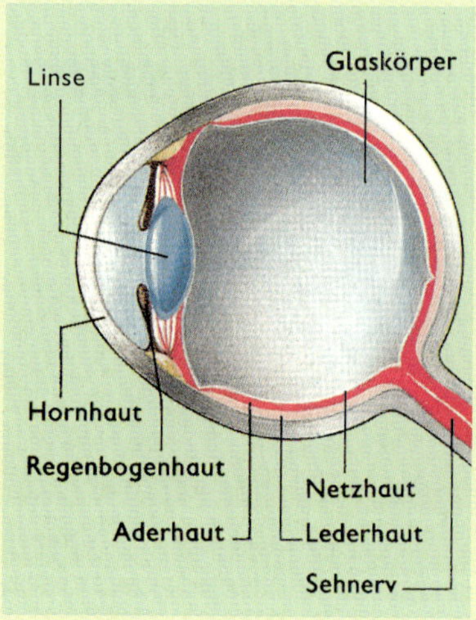

3

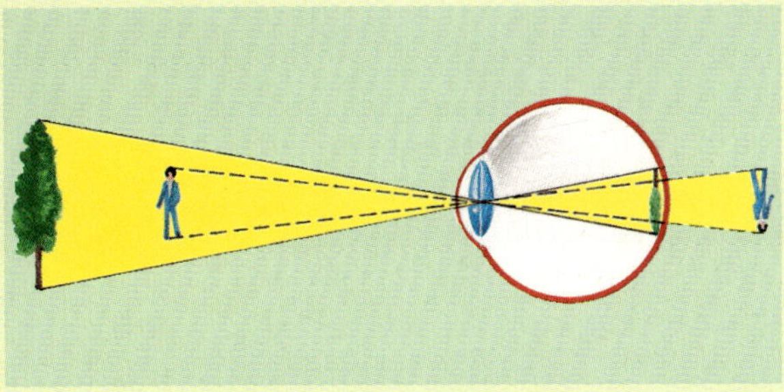
1

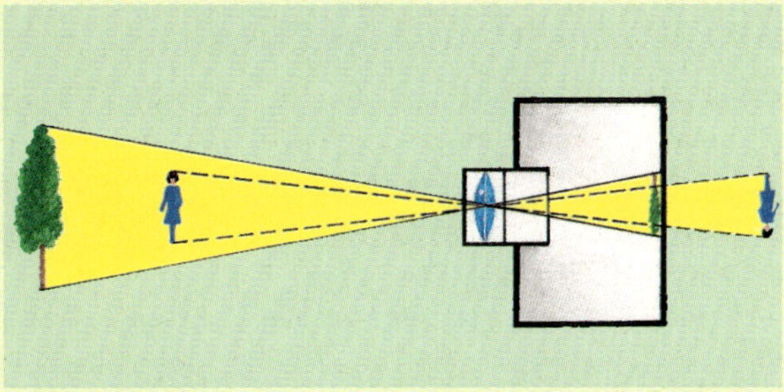
2

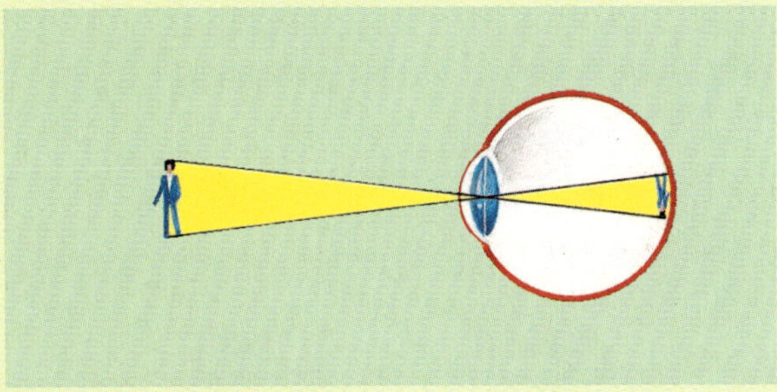
3

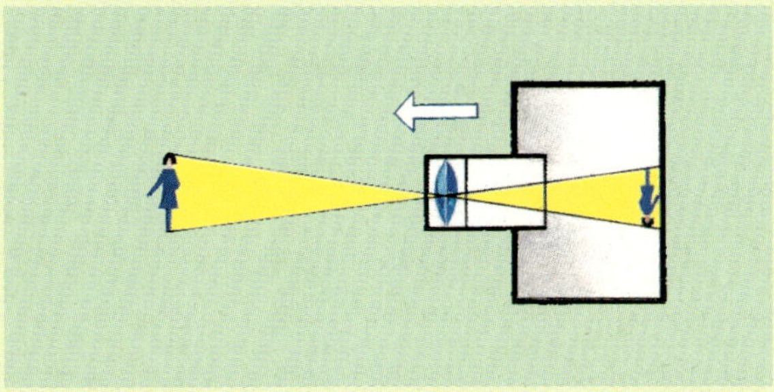
4

Entstehung eines reellen Bildes im Auge (1) und im Fotoapparat (2). Bei geringer Gegenstandsweite entsteht das Bild hinter der Netzhaut bzw. dem Film (gestrichelte Strahlenverläufe). Im Auge wird das Bild durch Verkleinern der Brennweite der Linse auf der Netzhaut erzeugt (3). Beim Fotoapparat wird die Bildebene verschoben (4).

Korrektur von Sehfehlern. Ein jugendliches, normales Auge kann die Linse so krümmen, dass es von allen Dingen, die weiter als 10 cm vom Auge entfernt sind, ein scharfes Bild auf der Netzhaut erzeugt. Ist das Auge entweder von Geburt an oder durch Wachstumsfehler zu kurz, so entsteht das Bild hinter der Netzhaut (Bild 5). Durch stärkere Krümmung der Linse gelingt es dann nur für entfernte Gegenstände ein scharfes Bild auf der Netzhaut zu erzeugen, für nahe liegende Gegenstände ist das nicht möglich. Das Auge ist weitsichtig. Durch Vorsetzen einer Sammellinse lässt sich dieser Sehfehler korrigieren (Bild 7). Kurzsichtige Augen sind zu lang. Das Bild entsteht vor der Netzhaut (Bild 6). Die Kurzsichtigkeit kann nicht durch stärkeres Krümmen der Linse überwunden werden. Durch Vorsetzen einer Zerstreuungslinse erreicht man, dass das Bild auf der Netzhaut entsteht (Bild 8).

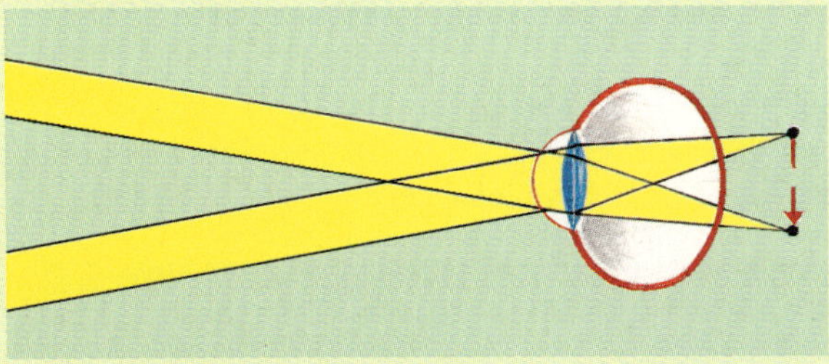
5

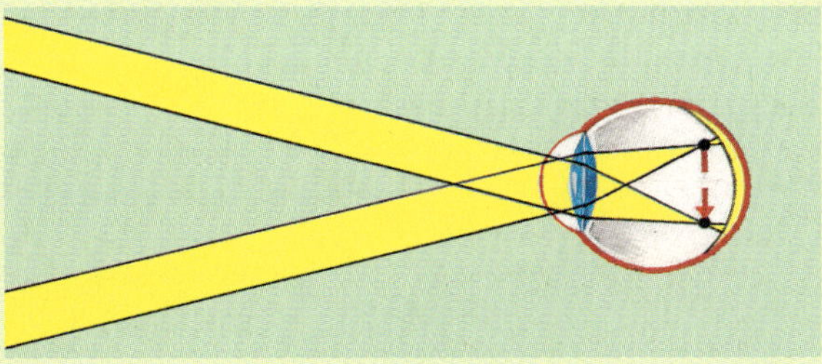
6

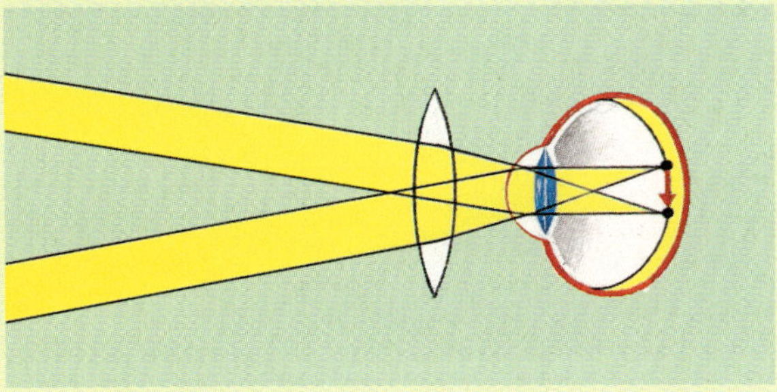
7

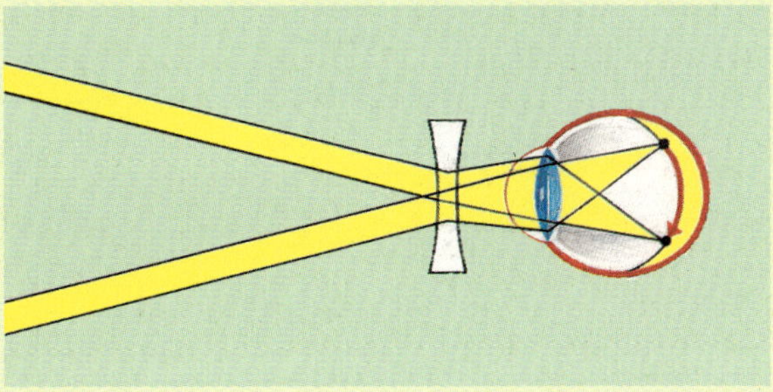
8

Ein Blick in die Technik

Totalreflektierende Prismen. In optischen Geräten muss das Licht oft mehrfach umgelenkt werden. Dafür verwendet man bevorzugt rechtwinklige Prismen.

Mit solchen Prismen kann man die Richtung des Lichtes um 180° ändern (Bild 1). Bei einer Richtungsänderung um 180° wird die Lage übereinander verlaufender Lichtbündel vertauscht (Bild 1 b). Dadurch ist es mit einem solchen Prisma möglich ein „auf dem Kopf stehendes" Bild aufzurichten (Bilder 1 b und c).

In einigen optischen Geräten, wie z. B. Fernrohren, muss der Abstand der Linsensysteme recht groß sein. Die Geräte werden dadurch lang und unhandlich. Durch rechtwinklige Prismen ist es möglich, das Licht im Gerät hin- und herzuschicken. Dadurch werden diese Geräte wesentlich kleiner (Bild 2). Außerdem wird damit das umgekehrte Bild aufgerichtet.

Die rechtwinkligen Prismen übernehmen dabei dieselben Aufgaben wie ebene Spiegel. Der Vorteil der Prismen besteht jedoch darin, dass das Licht an der Grenzfläche Glas–Luft jeweils vollständig (zu 100 %) reflektiert wird.

Bei der Reflexion am Spiegel treten immer Verluste auf.

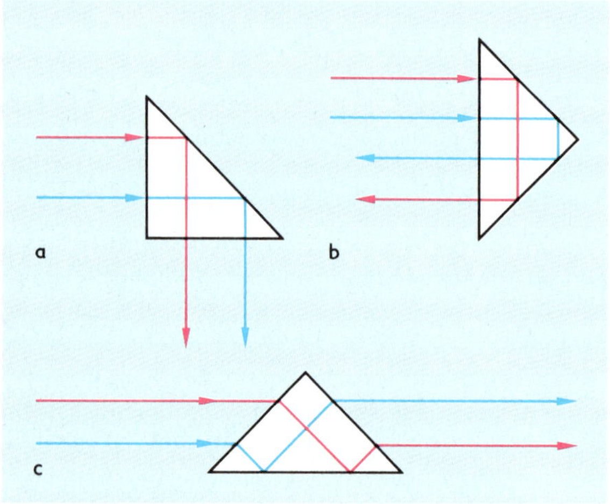

1

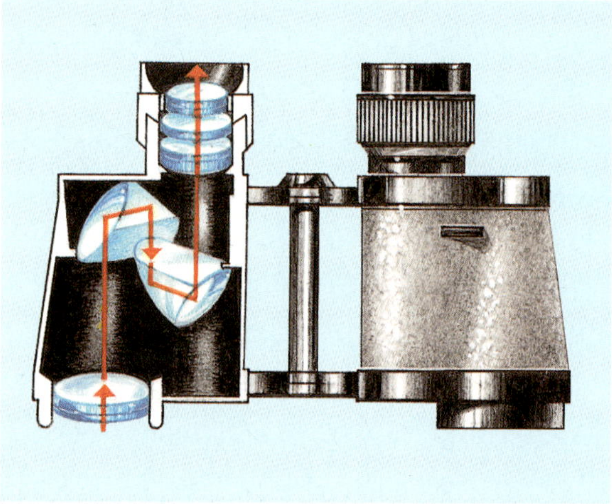
2

Lichtleitkabel. Mit einem Lichtleitkabel kann man gleichzeitig viele Tausend Telefongespräche übertragen. In einem solchen Kabel fließt nicht – wie bei herkömmlichen Telefonleitungen – ein elektrischer Strom. Die Informationen werden durch Licht übertragen. Auf welche Weise erreicht man, dass das Licht auch dann ungehindert durch das Kabel gelangt, wenn dieses gebogen ist?

Das Prinzip eines Lichtleitkabels kann man leicht mit einem gebogenen Kunststoffstreifen demonstrieren (Bild 3). Ein Lichtleitkabel besteht – wie eine Kupferlitze – aus vielen einzelnen Adern (Bild 4).

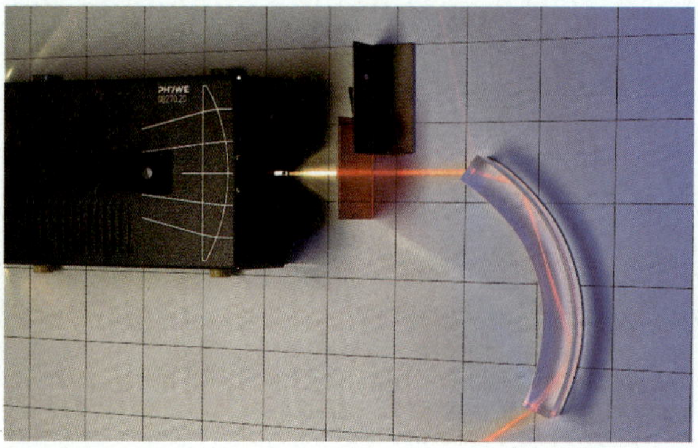

3

4

Wie in den Glasstab, so dringt das Licht in jede Ader durch die Stirnfront ein. Da das nie ganz parallel zum Kabel erfolgt und das Kabel gebogen ist, so trifft es irgendwann auf die Seiten der jeweiligen Ader. Infolge des großen Einfallswinkels und des optisch dünneren Mediums, das das Kabel umgibt, wird das Licht total reflektiert. Dadurch verbleibt es in der Ader. Dieser Vorgang wiederholt sich sehr oft, sodass das Licht die Ader erst am Ende des Kabels wieder verlassen kann. Auf diese Weise folgt es jeder Biegung der Ader bzw. des Kabels (Bild 1 a).
Eine wichtige Voraussetzung besteht darin, dass das Glas sehr rein ist. Nur dann wird das Licht durch Absorption wenig geschwächt.
Diese einfachste Form der Lichtleitkabel hat einen wesentlichen Nachteil. Ist die Oberfläche des Kabels an einer Stelle beschädigt oder auch nur etwas rau, so kann an dieser Stelle Licht das Kabel verlassen. Deshalb verwendet man Adern, deren optische Dichte nach außen hin allmählich abnimmt (Bild 1 b). Dadurch wird das Licht immer wieder zur Achse der Adern zurück gebrochen. Es verläuft fast ausschließlich im Zentrum der Adern, auch wenn das Kabel gebogen wird.

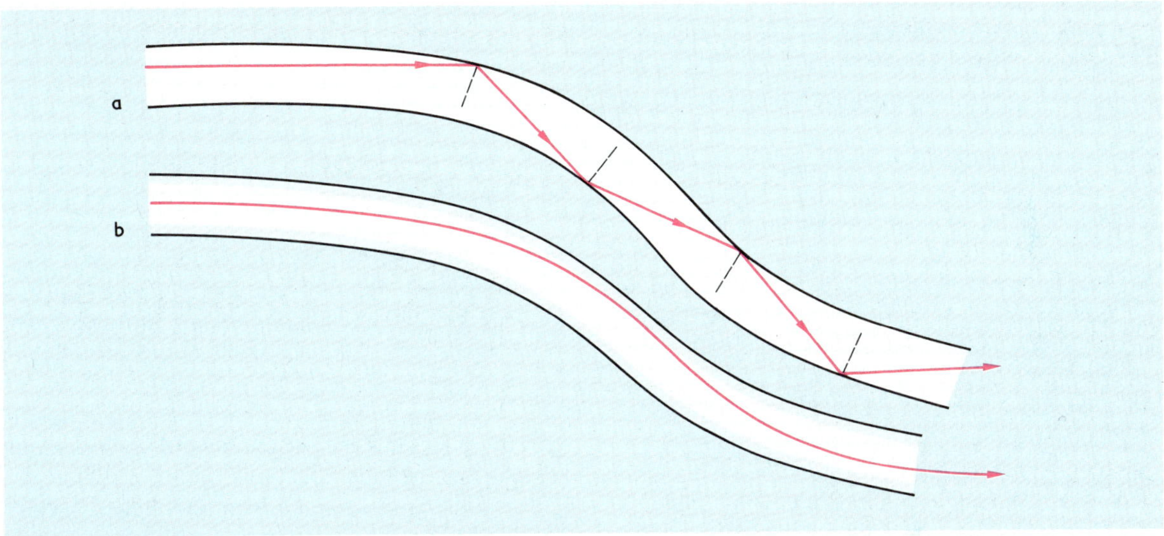

1

Verlauf des Lichtes in einer Ader eines Lichtleitkabels bei Glas einheitlicher optischer Dichte (a) und bei Glas, dessen optische Dichte nach außen allmählich abnimmt (b).

Der große Vorteil der Lichtleitkabel gegenüber den bisher verwendeten Kupferkabeln, z. B. bei der Übertragung von Telefongesprächen, besteht in den kleineren Abmessungen, dem geringeren Gewicht und dem preiswerteren Material. Außerdem können keine Störungen durch elektromagnetische Felder auftreten.

In der Medizin wird das Lichtleitkabel z. B. dazu verwendet, die Magen- oder Darmwand zu beleuchten. Durch ein zweites betrachtet der Arzt diese Wände und sucht nach eventuellen krankhaften Veränderungen (Bild 2).

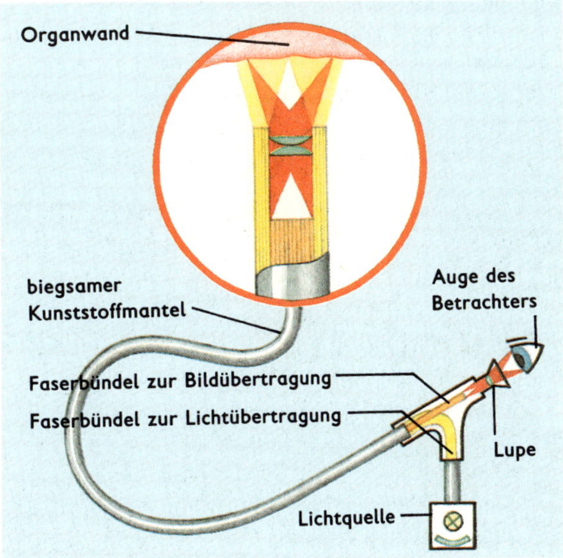

2

Untersuchung innerer Organe mit Lichtleitkabeln

Gewusst? Erkannt? Gekonnt?

1. Nennen Sie Beispiele für Modelle aus dem bisherigen Physikunterricht! Welche Vorgänge bzw. Eigenschaften physikalischer Objekte werden mit diesen Modellen gut beschrieben?
2. Wodurch unterscheidet sich ein Lichtbündel von einem Lichtstrahl?
3. Berechnen Sie mit den Angaben zum Experiment von *Fizeau* die Lichtgeschwindigkeit!
4. Nennen Sie je drei Beispiele für den Übergang des Lichtes
   a) von einem optisch dünneren in ein optisch dichteres Medium,
   b) von einem optisch dichteren in ein optisch dünneres Medium!
5. Formulieren Sie das Brechungsgesetz für den Übergang des Lichtes von einem optisch dichteren in ein optisch dünneres Medium in Worten!
6. Vergleichen Sie den Brechungswinkel β und den Einfallswinkel α für den Übergang des Lichtes ($\alpha \neq 0°$) a) von Wasser in Luft, b) von Luft in Flintglas!
7. Skizzieren Sie den Weg eines Lichtbündels, das unter einem Einfallswinkel $\alpha = 45°$
   a) von Luft in Diamant,
   b) von Wasser in Luft übertritt!
8. Licht geht von Kronglas in Wasser über. Der Einfallswinkel ist 45°. Wie groß ist der Brechungswinkel?
9. Überprüfen Sie durch Rechnung die Richtigkeit der in der Tabelle aufgeführten Grenzwinkel für den Übergang des Lichtes in Luft!

Medium	Grenzwinkel α_G
Polystyren	39,1°
Kohlenstoffdisulfid	37,8°
Diamant	24,6°

10. Licht trifft auf die Grenzfläche a) Luft–Wasser, b) Kronglas–Luft unter einem Einfallswinkel von 25°. Berechnen Sie die Brechungswinkel!
11. Licht tritt von Luft in Kronglas unter einem Brechungswinkel von 30°. Wie groß ist der Einfallswinkel?
12. Erklären Sie, warum klare Gewässer viel flacher erscheinen, als sie sind!
13. Erklären Sie das Zustandekommen der im Bild 1 dargestellten Täuschung!
14. Berechnen Sie jeweils den Grenzwinkel der Totalreflexion für die Stoffkombination a) Diamant–Luft, b) Flintglas–Luft!
15. Erklären Sie die Wirkungsweise eines Lichtleitkabels!
16. Ermitteln Sie durch Konstruktion, unter welchen Bedingungen bei der Abbildung eines Gegenstandes durch eine Sammellinse a) ein vergrößertes reelles Bild, b) ein verkleinertes reelles Bild, c) ein gleich großes reelles Bild entsteht!
17. In welchen optischen Geräten werden Sammellinsen verwendet? Beschreiben Sie deren Aufgabe!
18. Beschreiben Sie den Aufbau und erklären Sie die Wirkungsweise eines Fotoapparates!
19. Ein Teleobjektiv eines Fotoapparates hat eine Brennweite von 300 mm. Die Bildweite beträgt 302 mm. In welcher Entfernung muss sich der Gegenstand befinden, damit er scharf abgebildet wird?
20. Ein Gegenstand, der 2 cm hoch ist und sich 5 cm vor einer Sammellinse mit einer Brennweite von 30 mm befindet, soll mit dieser Linse scharf abgebildet werden. Konstruieren Sie das entstehende Bild!
    Charakterisieren Sie Ort, Art, Lage und Größe des Bildes!
21. Eine Sammellinse erzeugt von einem Gegenstand, der sich in 50 cm Entfernung befindet, in einem Abstand von 5 cm ein reelles Bild.
    Wie groß ist die Brennweite der Linse?
22. Beschreiben Sie, wie man ausgehend von der Umkehrbarkeit des Lichtweges aus einem Fotoapparat einen Diaprojektor herstellen könnte!

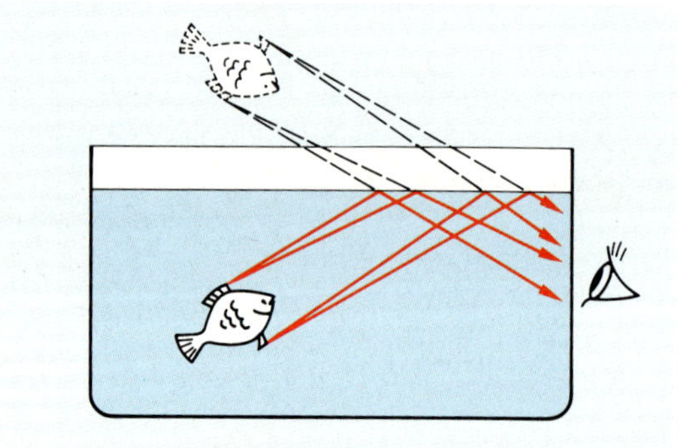

1

Kurz und knapp

Die Lichtgeschwindigkeit beträgt im Vakuum und in der Luft annähernd 300 000 km · s^{-1}.

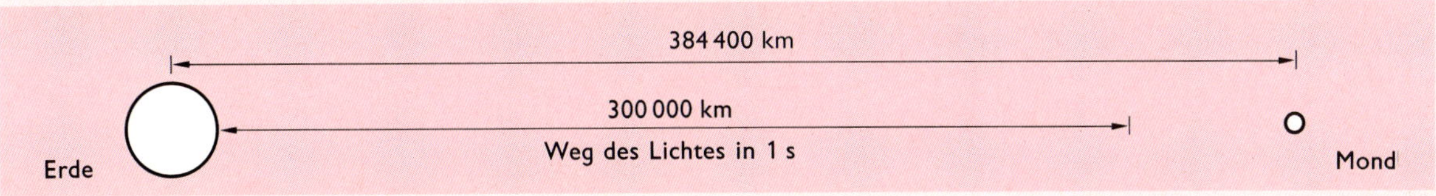

Reflexionsgesetz: Trifft Licht auf einen Körper, so wird es reflektiert. Es gilt: $\alpha = \alpha'$

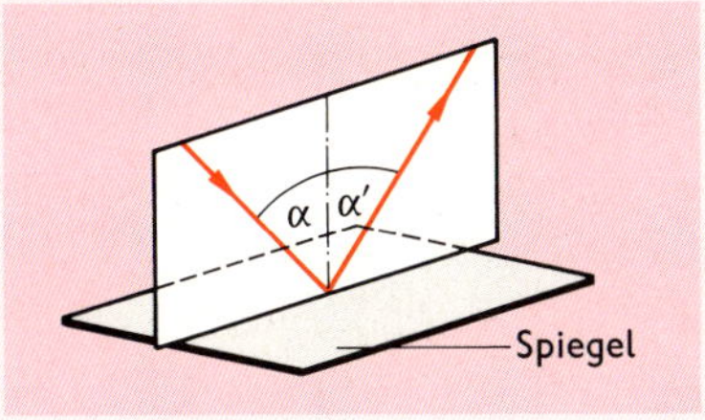

Brechungsgesetz: Trifft Licht auf die Grenzfläche zwischen zwei Medien, so wird es gebrochen. Es gilt: $\frac{\sin \alpha}{\sin \beta} = \frac{c_1}{c_2}$ $(\alpha \neq 0°)$.

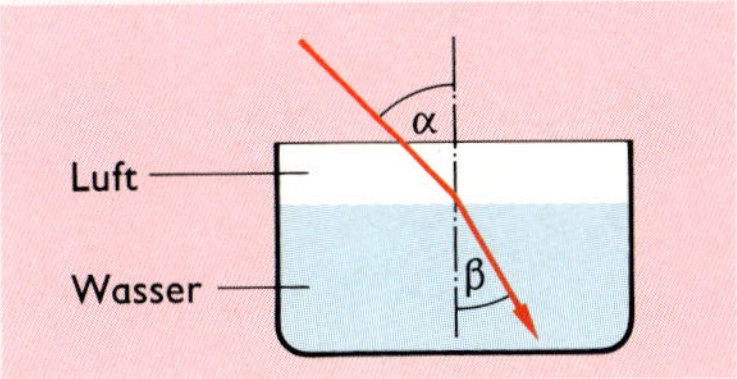

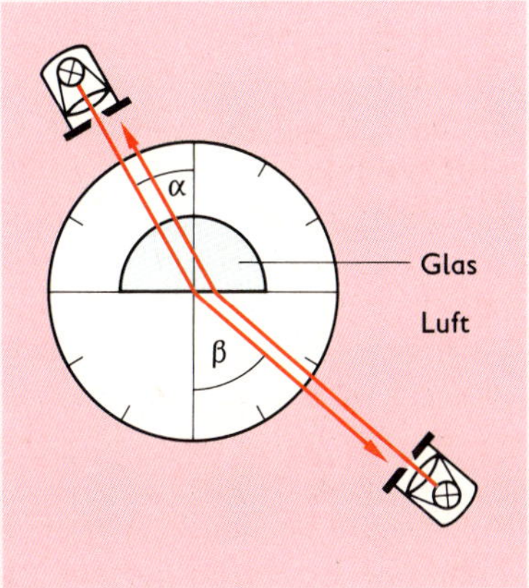

Bei der Reflexion und bei der Brechung ist der Lichtweg umkehrbar.

Wird beim Übergang vom optisch dichteren zum optisch dünneren Medium der Grenzwinkel der Totalreflexion überschritten, so wird das Licht total reflektiert.

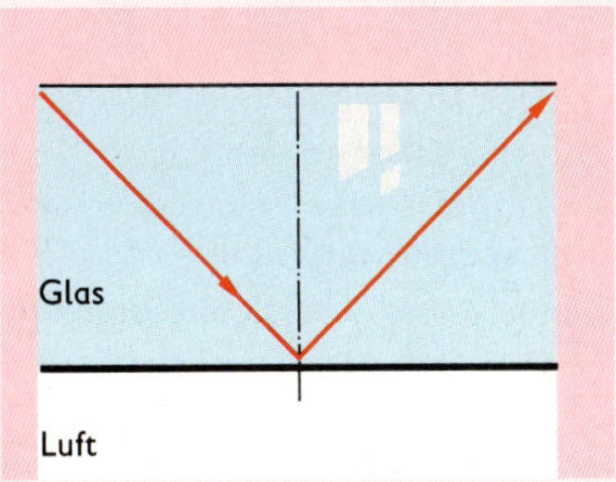

Linsengleichung: Je größer die Gegenstandsweite bei einer Sammellinse ist, umso kleiner ist die Bildweite des reellen Bildes.

$$\frac{1}{f} = \frac{1}{g} + \frac{1}{b}$$

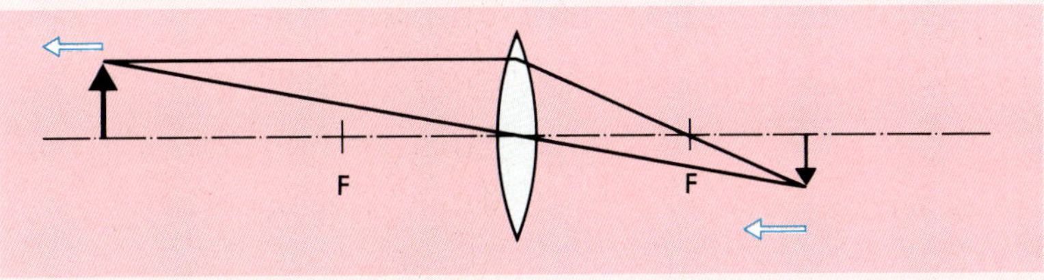

2 Wellenoptik

Wie schön ist doch ein Regenbogen! Keine Farbe fehlt! Alle Farben gehen allmählich ineinander über. Leider sieht man ihn sehr selten. Er tritt nur unter besonderen Bedingungen auf: Die Sonne muss in ein Gebiet scheinen, in dem es regnet, und der Beobachter muss die Sonne im Rücken haben. Um diese oder andere optische Erscheinungen erklären zu können, muss man das Licht und seine Eigenschaften noch genauer untersuchen.

1

Farben dünner Schichten

Licht breitet sich geradlinig aus, es kann reflektiert und gebrochen werden. Damit hat das Licht Eigenschaften, die Sie von mechanischen Wellen und Hertz'schen Wellen kennen. Bei diesen Wellen tritt aber noch eine andere merkwürdige Erscheinung auf, die Interferenz. Kann man diese Erscheinung auch bei Licht beobachten?

An manchen Stellen einer nassen Asphaltstraße sind Ihnen schon farbige, vor allem grüne und violette Ringe aufgefallen. Sie treten immer dann auf, wenn eine geringe Menge Öl auf die Fahrbahn gelangt ist. Solche farbigen Ringe haben Sie auch schon bei dünnen Seifenhäuten beobachtet (Bild 2). Welche Ursachen hat diese Erscheinung?

Trifft das Sonnenlicht auf die dünne Schicht aus Öl oder Seifenwasser, so wird ein Teil des Lichtes an der Oberfläche reflektiert. Ein weiterer Teil des Lichtes dringt in die dünne Schicht ein und wird an deren Unterseite zurückgeworfen. Diese beiden Teile des Lichtes überlagern sich. Dabei hat das Licht, das in die dünne Schicht eindringt, einen längeren Weg zurückzulegen.

Wenn jeweils Wellenberge mit Wellenbergen und Wellentäler mit Wellentälern zusammentreffen (Bild 1, folgende Seite), tritt Verstärkung auf. Es können aber auch jeweils Wellenberge und Wellentäler aufeinander treffen. Dann kommt es zur Auslöschung. Diese Stellen sind dunkel.

Bei der Beleuchtung mit Sonnenlicht treten nun keine hellen und dunklen, sondern farbige Ringe auf. Das hat folgende Ursache: Die einzelnen Lichtfarben unterscheiden sich hinsichtlich ihrer Wellenlänge. Im Bereich des grünen Ringes tritt für grünes Licht Verstärkung auf. Für andere Lichtfarben tritt im Bereich des grünen Ringes Abschwächung oder Auslöschung auf. Gleiches gilt für die anderen farbigen Ringe.

2

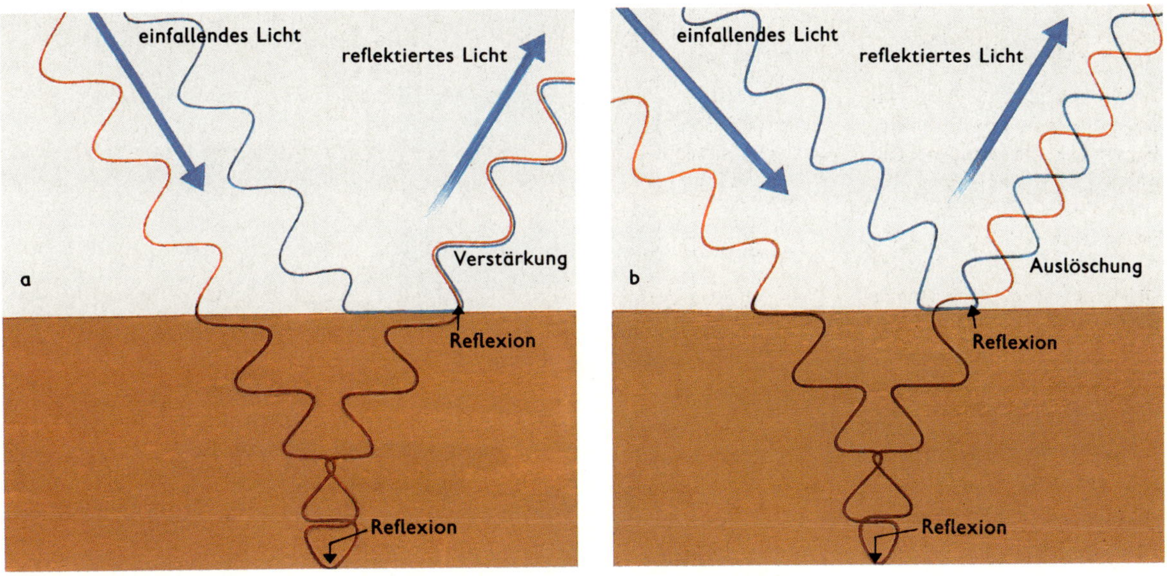

1

Die Farben dünner Schichten entstehen durch Interferenz von weißem Licht.

Beugung und Interferenz von Licht am Doppelspalt

Bei Wasserwellen und Hertz'schen Wellen kann man die Beugung und Interferenz an einem Doppelspalt nachweisen. Treten die gleichen Erscheinungen auf, wenn man Licht durch einen Doppelspalt schickt?

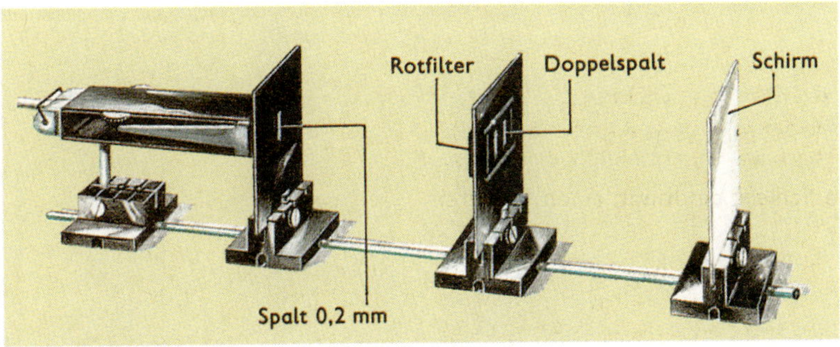

2

Experiment 1
Durch einen schmalen Spalt und ein Rotfilter wird von dem Licht einer Leuchte ein schmales Bündel ausgeblendet (Bild 2). Danach durchdringt es einen Doppelspalt. Schließlich trifft es auf einen Schirm.

Auf dem Schirm entstehen rote Streifen. Dazwischen liegen dunkle Streifen (Bild 1, folgende Seite).
Wird ohne das Rotfilter gearbeitet, so beobachtet man wie bei den dünnen Schichten farbige Streifen.

An einem Doppelspalt treten Beugung und Interferenz von Licht auf. Licht hat Welleneigenschaften.

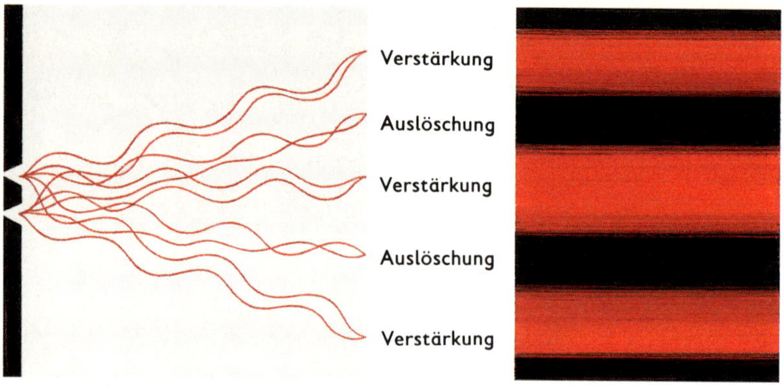

1

Interferenzbild von rotem Licht am Doppelspalt

Solche Stellen der Verstärkung und Abschwächung treten auch bei manchen Muscheln (Perlmutt) und Perlen auf (Bild 2). Bei Beleuchtung mit weißem Licht sind sie farbig.

2

Grenzen des Modells Lichtstrahl. Das Modell Lichtstrahl ist zur Beschreibung mehrerer Eigenschaften des Lichtes sehr gut geeignet. Beugungs- und Interferenzerscheinungen können jedoch nicht mit ihm erklärt werden. Will man das Entstehen von Verstärkungen und Abschwächungen beschreiben und erklären, so muss man das Licht als Welle betrachten. Das zeigt, dass mit *einem* Modell nur bestimmte Seiten eines Objekts erfasst werden können. Will man ein Objekt umfassend charakterisieren, so bedarf es dazu mehrerer Modelle.

Farbzerlegung von Licht

Wenn Sonnenlicht auf geschliffenes Glas fällt, so kann man oft an der Zimmerwand bunte Flecken sehen, die alle Regenbogenfarben enthalten. Wie kommen diese Farben zustande?

Experiment 2
Ein dünnes Bündel roten Lichtes fällt schräg auf ein gleichseitiges Prisma (Bild 3). Das Licht wird beim Eindringen in das Prisma und beim Austreten gebrochen. Beim Übergang in das optisch dichtere Glas erfolgt die Brechung zum Einfallslot hin und beim Austreten in die optisch dünnere Luft vom Einfallslos weg. Auf dem Schirm entsteht ein kleiner roter Fleck.
Das Experiment wird mit grünem Licht und nachfolgend mit violettem Licht wiederholt. Die farbigen Flecke entstehen jeweils an anderen Stellen.
Es ist zu erkennen: Grünes Licht wird stärker als rotes und violettes noch stärker als grünes gebrochen.

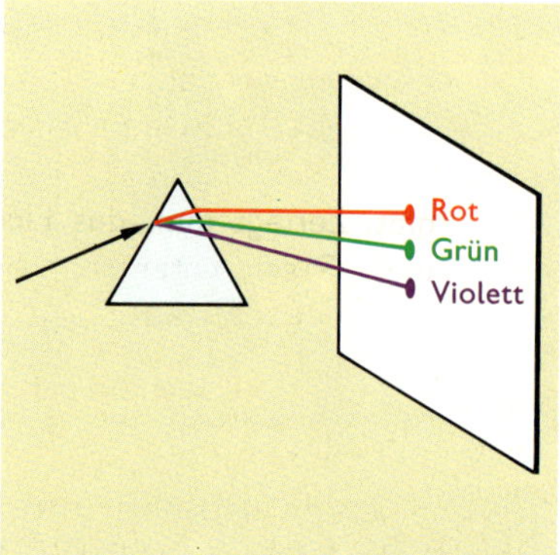

3

Die Ursache für diese Erscheinung ist die unterschiedliche Ausbreitungsgeschwindigkeit von verschieden farbigem Licht in Stoffen. In Glas ist die Lichtgeschwindigkeit für violettes Licht etwas kleiner als für rotes Licht. Deshalb folgt aus dem Brechungsgesetz eine stärkere Ablenkung des violetten Lichtes.

Wird das Experiment mit weißem Licht wiederholt, so tritt auf dem Schirm ein Farbband auf. Es reicht von Rot, Orange und Gelb über Grün und Blau bis zum Violett. Ein solches Farbband nennt man **Spektrum** (Bild 1).

1

Farbe	Wellenlänge in nm	Frequenz in Hz
Rot	700	$4{,}3 \cdot 10^{14}$
Orange	620	$4{,}8 \cdot 10^{14}$
Gelb	580	$5{,}2 \cdot 10^{14}$
Grün	530	$5{,}7 \cdot 10^{14}$
Blau	460	$6{,}5 \cdot 10^{14}$
Violett	410	$7{,}3 \cdot 10^{14}$

Licht kann durch Brechung in seine farbigen Bestandteile zerlegt werden. Dabei entsteht ein Spektrum.

Die einzelnen Lichtfarben unterscheiden sich in ihrer Wellenlänge. In der nebenstehenden Tabelle sind die mittleren Wellenlängen (in Luft) der einzelnen Lichtfarben sowie ihre Frequenzen zusammengestellt.

Kontinuierliche Spektren

Das in Bild 1 benutzte weiße Licht wird von dem glühenden Metalldraht einer Glühlampe ausgesandt. Nach dem spektralen Zerlegen durch das Prisma entsteht ein Farbband, in dem alle Farben enthalten sind und lückenlos ineinander übergehen. Ein solches Spektrum nennt man ein **kontinuierliches Spektrum**. Glühende feste Körper senden Licht aus, das bei spektraler Zerlegung ein kontinuierliches Spektrum ergibt. Zerlegt man das Licht von glühenden Flüssigkeiten und leuchtenden Gasen unter sehr hohem Druck, so entsteht ebenfalls ein kontinuierliches Spektrum (Bild 2).

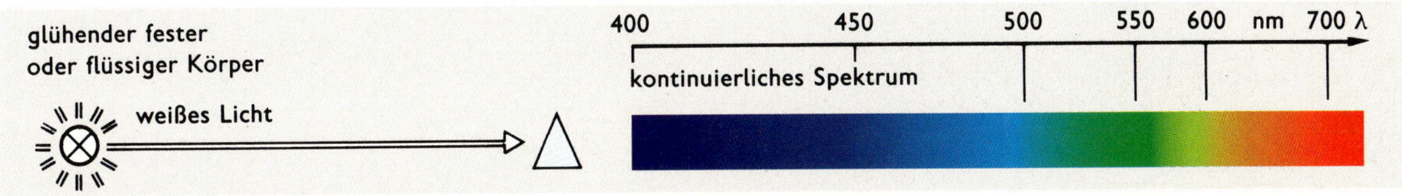

2

Glühende feste Körper, Flüssigkeiten und Gase unter hohem Druck senden Licht mit einem kontinuierlichen Spektrum aus.

Linsenspektren

Straßenlampen fallen oft durch ihr goldgelbes Licht auf. Werbebeleuchtungen erstrahlen in vielen Farben. In diesen Lampen senden Gase das Licht aus. Was für ein Spektrum hat dieses Licht?

Experiment 3
Ein schmales Bündel des Lichtes einer Quecksilberdampflampe wird in Bild 1 durch ein gleichseitiges Prisma geschickt. Auf dem Schirm entsteht kein kontinuierliches Spektrum. Es entstehen einzelne rote, gelbe, grüne, blaue und violette Linien.

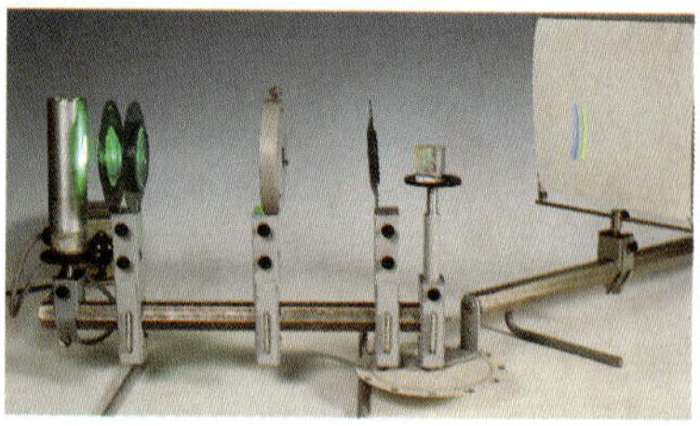
1

Ein solches Spektrum, das nur aus Licht ganz bestimmter Farben besteht, nennt man ein **Linienspektrum**.
Die Spektren verschiedener Gase unterscheiden sich dadurch, dass sie aus unterschiedlich vielen Linien in verschiedenen Spektralbereichen bestehen (Bild 2). Bei Natriumdampf treten nur zwei dicht beieinander liegende Linien im gelben Bereich auf. Viele Straßenlampen enthalten Natriumdampf. Er liefert das goldgelbe Licht. Straßenlampen, die ein bläulich-weißes Licht aussenden, enthalten vor allem Quecksilberdampf.

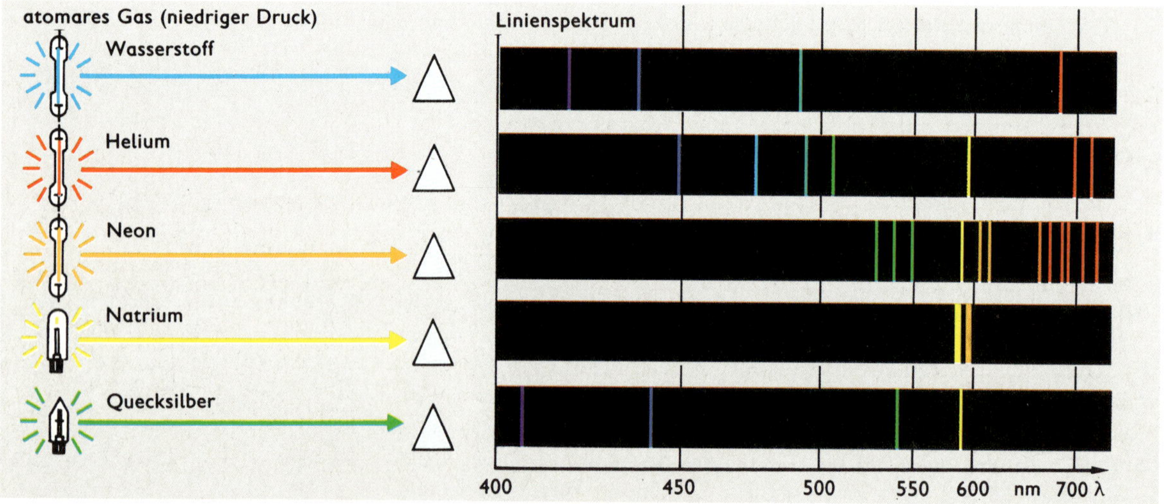

2

Gase unter geringem Druck senden Licht mit einem Linienspektrum aus, das für sie charakteristisch ist.

Infrarote Strahlung

Im Sommer kann es in der Sonne unangenehm heiß sein, sodass sich viele Menschen vor der Sonnenstrahlung schützen. Die Sonne sendet außer dem sichtbaren Licht auch Wärmestrahlung aus. Gibt es einen Zusammenhang zwischen der Wärmestrahlung der Sonne und dem Spektrum des Sonnenlichtes?

Experiment 4
In das Spektrum einer Glühlampe wird ein Thermometer gebracht. Das Thermometergefäß ist berußt, damit es die auftreffende Strahlung gut absorbiert. Das Thermometer wird beginnend im violetten Bereich sehr langsam über den grünen bis in den roten Bereich und schließlich über diesen hinaus bewegt (Bild 1).

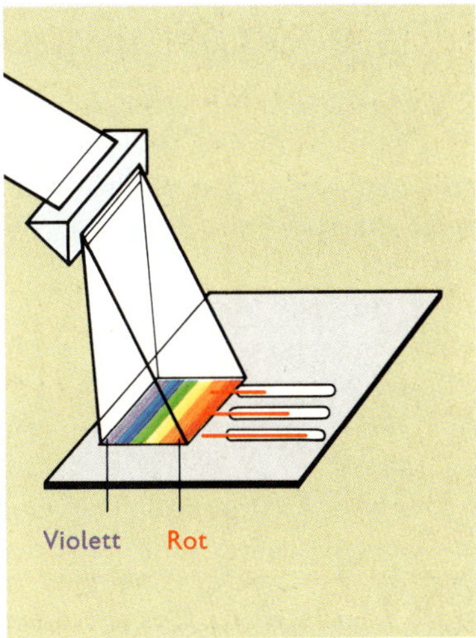

1

Die Temperatur nimmt beim Annähern an den roten Spektralbereich allmählich zu. Das Thermometer zeigt auch über diesen Bereich hinaus eine starke Erwärmung an. Damit ist nachgewiesen, dass das Spektrum nicht am roten Ende abbricht, sondern dass auch jenseits dieses Bereiches noch Strahlung auftritt. Diese Strahlung nennt man **infrarote Strahlung**. Infrarote Strahlung ist die Strahlung, die Sie bereits als Wärmestrahlung kennen.

Jenseits des roten Endes des Spektrums des sichtbaren Lichtes tritt eine unsichtbare Strahlung auf, die infrarote Strahlung. Sie wird auch als Wärmestrahlung bezeichnet.

Ultraviolette Strahlung

Die Untersuchungen zur Infrarotstrahlung haben uns gezeigt, dass das Spektrum an seinem roten Ende nicht abbricht. Gibt es auch jenseits des violetten Endes eine Strahlung?

Experiment 5
Mit einer Anordnung wie im Experiment 3 wird das Spektrum einer Quecksilberdampflampe erzeugt. Es entsteht ein Linienspektrum. Nun wird der Schirm gegen einen Fluoreszenzschirm ausgetauscht. Jetzt sind außerhalb des violetten Endes des Spektrums weitere Linien beobachtbar. Sie erregen den Schirm zu grünlicher Fluoreszenz (Bild 2).
Weil diese Strahlung jenseits des violetten Endes des Spektrums auftritt, nennt man sie **ultraviolette Strahlung**.

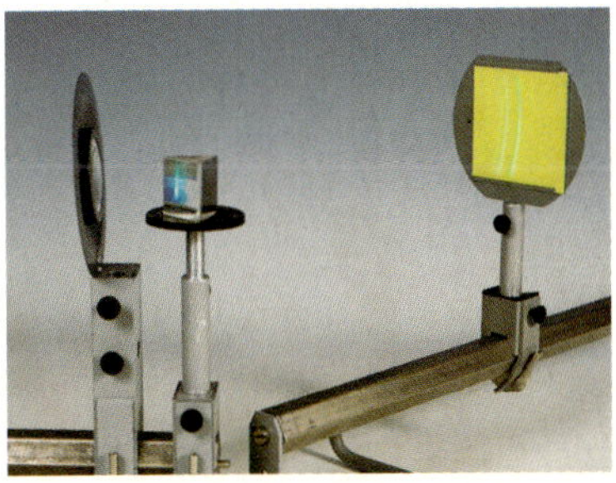
2

Ultraviolette Strahlung wird meist mit Quecksilberdampflampen erzeugt.
Sie ist auch Bestandteil der Sonnenstrahlung. Zu starke ultraviolette Strahlung übt auf alle Lebewesen eine schädigende Wirkung aus.

Jenseits des violetten Endes des Spektrums des sichtbaren Lichtes tritt eine unsichtbare Strahlung auf, die ultraviolette Strahlung.
Ultraviolette Strahlung erregt Fluoreszenzschirme zum Leuchten und beeinflusst lebende Zellen.

Das elektromagnetische Spektrum

Das Spektrum des sichtbaren Lichtes hört am roten und am violetten Ende nicht auf. An das rote schließt sich die infrarote Strahlung an, die eine größere Wellenlänge besitzt. Dem violetten Licht folgt im Spektrum die ultraviolette Strahlung. Sie hat eine kürzere Wellenlänge.

Aber das Spektrum endet auch nicht mit der infraroten und der ultravioletten Strahlung. Auf die infrarote Strahlung folgen die Hertz'schen Wellen. Sie wissen bereits, dass diese viele gemeinsame Eigenschaften mit dem Licht besitzen. Ihre Wellenlänge reicht von Millimetern bis zu Kilometern. Kürzere Wellenlängen als die ultraviolette Strahlung haben die Röntgenstrahlung und die Gammastrahlung. Eine solche Zusammenstellung nennt man das **elektromagnetische Spektrum** (Bild 1).

Allen elektromagnetischen Wellen ist gemeinsam, dass sie sich im Vakuum und in vielen Stoffen ausbreiten können. Aneinander angrenzende Wellenlängenbereiche haben oft gemeinsame Eigenschaften. So durchdringen alle Hertz'schen Wellen jeden Isolator. Infrarote Strahlung, sichtbares Licht und ultraviolette Strahlung können nur wenige feste und flüssige Isolatoren, aber keine Metalle durchdringen. Röntgen- und Gammastrahlung können tief in alle Stoffe eindringen.

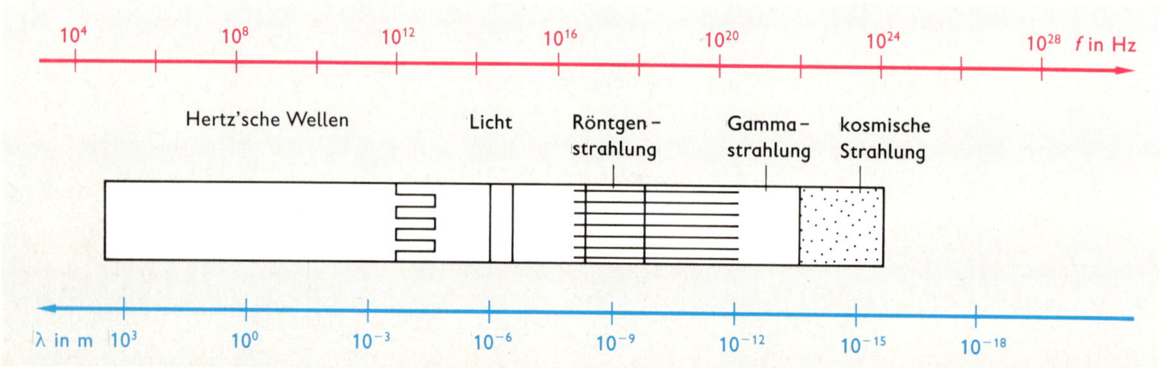

1

Ein Blick in die Geschichte

Spektroskopie. Der deutsche Physiker *Gustav Kirchhoff* (1824–1896) und der deutsche Chemiker *Robert Wilhelm Bunsen* (1811–1899) erkannten, dass jedes zum Leuchten angeregte Gas unter niedrigem Druck anderes Licht aussendet. Die Linienspektren dieser Gase unterscheiden sich sehr stark voneinander. Jedes Gas hat sein eigenes Spektrum. Am Spektrum kann man erkennen, um welchen Stoff bzw. welche Stoffe es sich handelt. Das ist der Grundgedanke der 1859 von *Kirchhoff* und *Bunsen* begründeten **Spektralanalyse**. Um eine Stoffprobe zu analysieren, musste man diese zunächst zum Leuchten anregen. Dazu brachte man eine kleine Menge dieses Stoffes (in der Regel als Salz) in eine Gasflamme. Das von dieser Flamme ausgesandte Licht wurde in einem Spektroskop spektral zerlegt. Durch Vergleichen des ermittelten Spektrums mit Spektraltafeln, auf denen die Linienspektren der verschiedenen chemischen Elemente dargestellt waren, konnten *Kirchhoff* und *Bunsen* in jedem Falle herausfinden, um welches Gemisch von Elementen es sich handelte.

Die Spektralanalyse wurde in den letzten Jahrzehnten zum empfindlichsten Analyseverfahren entwickelt.
In modernen Analysegeräten wird der jeweilige Stoff mit Laserlicht verdampft. Das Spektrum des von ihm ausgesandten Lichtes wird fotografiert und automatisch ausgewertet. Für die Analyse genügen winzige Mengen des zu untersuchenden Stoffes. Als Ergebnis erhält man eine Angabe der chemischen Elemente, die die Probe enthielt, und ihren prozentualen Anteil.

1

Ein Blick in die Natur

Das Spektrum des Sonnenlichtes. 1704 hatte *Isaac Newton* (1643–1727) entdeckt, dass die Sonne Licht mit einem kontinuierlichen Spektrum aussendet. 1815 untersuchte der deutsche Physiker und Mathematiker *Josef Fraunhofer* (1787–1826) das Sonnenlicht genauer. Dabei fiel ihm auf, dass im Sonnenspektrum viele dünne schwarze Linien auftreten.
Worauf sind diese **Fraunhofer'schen Linien** (Bild 2) zurückzuführen?

Farbige Gläser lassen nur bestimmte Anteile des weißen Lichtes hindurch. Rotfilter werden vor allem von rotem Licht durchdrungen, Grünfilter von grünem Licht. Das Licht anderer Lichtfarben wird weitgehend absorbiert (verschluckt). Schickt man Glühlampenlicht durch ein Filter, so treten im Spektrum nur die Farben auf, die das Filter hindurchlässt. Alle übrigen Stellen im Spektrum sind schwarz (Bild 3).

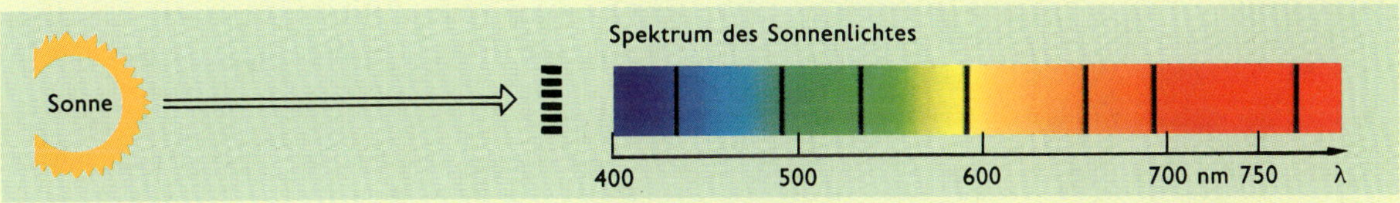

2

3

Die gleiche Erscheinung tritt auf, wenn Licht bestimmte Gase durchdringt. Das geschieht auf der Sonne. Das von der Photosphäre ausgesandte Licht durchdringt die äußere Gashülle der Sonne. Diese Hülle wirkt wie ein Filter. Sie absorbiert bestimmte Teile des Lichtes. Dabei besteht zwischen dem Linienspektrum der Gase und den Absorptionslinien folgender einfache Zusammenhang: Das Gas absorbiert Licht jener Wellenlängen, die es selbst aussenden würde. Dadurch entstehen die dunklen (Fraunhofer'schen) Linien im Sonnenspektrum.
An den Fraunhofer'schen Linien kann man erkennen, welche Stoffe sich auf der Sonne befinden. Auf diese Weise hat man festgestellt, dass es die gleichen Elemente wie auf der Erde sind. Das Edelgas Helium hat man durch seine Fraunhofer'schen Linien zuerst auf der Sonne und erst später auf der Erde entdeckt.

Der Regenbogen. Ein Regenbogen entsteht, wenn die Sonne scheint und wenn sich noch Regentropfen in der Luft befinden. Das Sonnenlicht dringt in jeden dieser Regentropfen ein. Bei schrägem Einfall wird es an der Grenzfläche Luft–Wasser gebrochen (Bild 1) und in Farben zerlegt. Dieses gebrochene und zerlegte Licht trifft danach von innen die Wand des Regentropfens. Geschieht das unter einem Winkel, der größer als der Grenzwinkel der Totalreflexion ist, so wird es dort total reflektiert. Beim erneuten Auftreffen auf die Wand kann es den Regentropfen verlassen, weil der Einfallswinkel kleiner als der Grenzwinkel der Totalreflexion ist.
Ein Beobachter, der sich an der Stelle befindet, an der in Bild 1 das Auge gezeichnet ist, empfängt gleichzeitig das Licht von vielen Regentropfen. Von höher gelegenen Regentropfen gelangt rotes Licht in seine Augen. Dort sieht er die Farbe Rot. Tiefer gelegene Regentropfen lenken orange, gelbes, grünes und blaues Licht in seine Augen. Von den noch darunter befindlichen Regentropfen empfängt er das violette Licht. Dadurch sieht er diese Farben übereinander. Natürlich zerlegen und reflektieren auch alle anderen Regentropfen das Sonnenlicht. Nur gelangt dieses Licht nicht in die Augen des Beobachters.
Einen Regenbogen kann man auch beobachten, wenn bei Sonnenschein Wasser z. B. mit einem Rasensprenger zerstäubt wird.

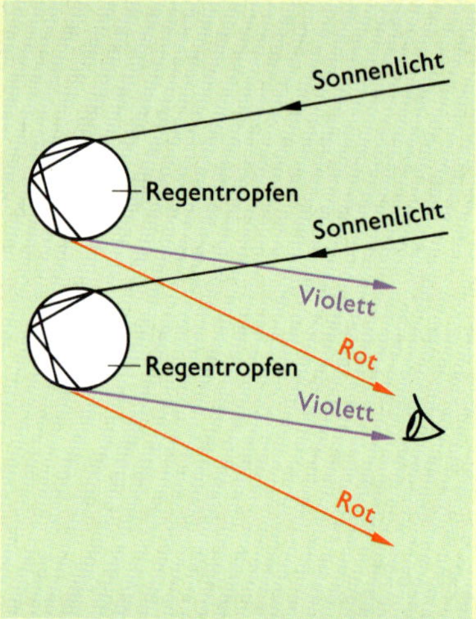

1

Die Zerlegung und Reflexion des Sonnenlichtes in den Regentropfen führt zum Sehen eines Regenbogens.

Gesundheitsfördernde Wirkung infraroter Strahlung. Viele Tiere „sonnen" sich gern. Sie brauchen zu ihrer Entwicklung höhere Temperaturen. Damit man in der kalten Jahreszeit nicht den gesamten Raum erwärmen muss, richtet man auf ihre Liegeplätze Infrarotstrahlung. Sie können sich dann je nach Wärmebedarf den für ihr Wohlbefinden geeigneten Aufenthaltsort aussuchen (Bild 2).
Infrarotstrahlung dringt tief in die menschliche Haut ein und wirkt heilend und entzündungshemmend. Deshalb wird sie in der Medizin, z. B. bei Mittelohrentzündung, angewendet.

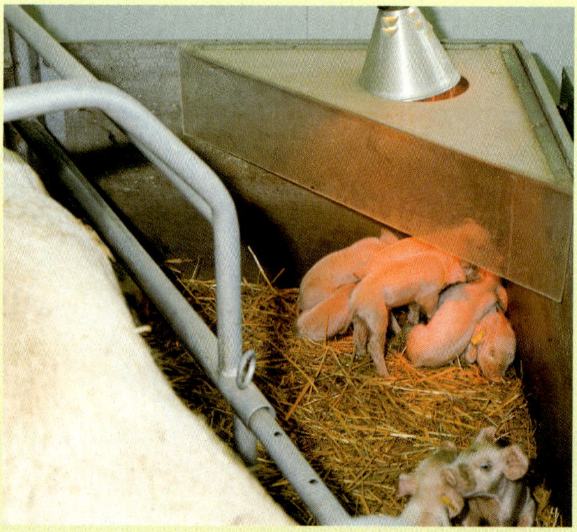
2

Infrarotstrahlung sorgt für günstige Lebensbedingungen der Ferkel.

Biologische Wirkung ultravioletter Strahlung. Die Sonne sendet neben sichtbarem Licht und infraroter Strahlung in starkem Maße ultraviolette Strahlung aus. Der größte Teil davon wird in der Ozonschicht in der oberen Erdatmosphäre absorbiert. Diese Schicht ist für das Leben auf der Erde sehr bedeutsam. Sie schützt die Lebewesen vor kurzwelliger und zu starker ultravioletter Strahlung.
Ultraviolette Strahlung vernichtet tierische und pflanzliche Krankheitserreger. Sie wird deshalb zur Keimfreimachung benutzt. Trifft ultraviolette Strahlung auf die menschliche Haut, so bewirkt sie zunächst eine Rötung und nach einigen Tagen eine Bräunung. Sie fördert die Bildung des wichtigen Vitamins D in unserem Körper. Ist die ultraviolette Strahlung zu stark oder gewöhnt man die Haut nicht allmählich an diese Strahlung, so wird die Haut zerstört („Sonnenbrand"). Vor allem die Augen müssen durch geeignete Mittel ge-

schützt werden. Das ist durch gute Sonnenbrillen möglich. Beim Lichtbogenschweißen erfolgt das durch besondere Schutzbrillen.
Die Ozonschicht in der oberen Erdatmosphäre wird teilweise durch Gase, die die chemische Industrie erzeugt, geschwächt oder sogar zerstört. Es entsteht ein sogenanntes Ozonloch. Dadurch wird die kurzwellige ultraviolette Strahlung der Sonne nicht mehr ausreichend absorbiert. Sie gefährdet die Gesundheit von Menschen und anderen Lebewesen.

Bei sorgfältiger Anwendung fördert die ultraviolette Strahlung die Gesundheit.

1

Ein Blick in die Technik

Infrarotfotografie. Spezielle fotografische Filme reagieren nicht nur auf das sichtbare Licht, sie sind auch für Infrarotstrahlung empfindlich. Zur Fernerkundung der Erde vom Raumschiff aus stellt man Fotos in den verschiedenen Spektralbereichen her, auch im infraroten Bereich. Diese Fotos geben nicht nur Aufschluss über den Pflanzenwuchs an den entsprechenden Stellen. Die von der Erde ausgesandte Infrarotstrahlung enthält auch Informationen über die Bodenbeschaffenheit. Sie ermöglicht Rückschlüsse auf Bodenschätze und lässt zerfallene und von der Vegetation überdeckte altertümliche Bauanlagen erkennen. Auf diese Weise wurden wichtige geologische und archäologische Entdeckungen gemacht.

2

Mit Infrarotfotografie wird auch die Wärmedämmung bei Bauwerken untersucht. Auf der fotografischen Aufnahme kann man gut Stellen erkennen, an denen besonders viel Wärme nach außen gelangt (Bild 2). Diese sogenannten Wärmebrücken können durch zusätzliches Aufbringen gut wärmedämmender Baumaterialien beseitigt werden.

1

2

Fotos mit infraroter Strahlung lassen die Stellen erkennen, an denen viel Wärme nach außen dringt.

Laserstrahlung. Etwa im Jahre 1960 wurde eine ungewöhnliche Lichtquelle entwickelt. Man nannte sie Laser (Bild 3).
Bei einem Gaslaser ist der wichtigste Teil ein Glasgefäß, in dem sich z. B. ein Gemisch aus Helium und Neon befindet. Diese Gase werden wie in einer Gasentladungslampe durch elektrischen Strom zum Leuchten angeregt. An den beiden Enden des Glasgefäßes befindet sich jeweils ein Spiegel. Zwischen diesen Spiegeln wird das Licht immer hin- und herreflektiert. Durch einen besonderen Prozess senden die Gasatome ihr Licht vorwiegend in den Richtungen dieses Lichtes aus.

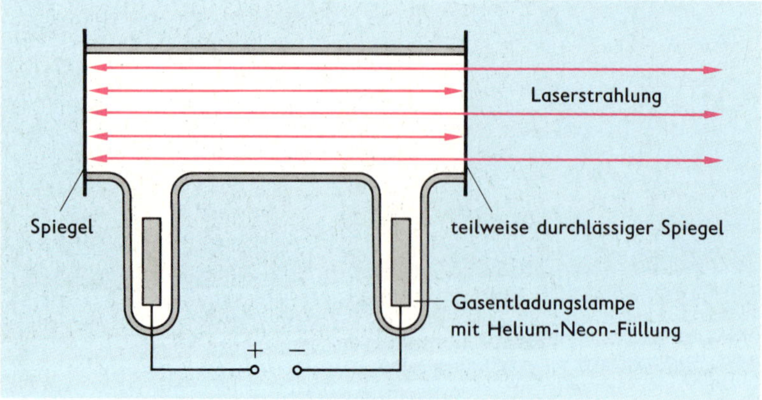

3 Aufbau eines Helium-Neon-Lasers

Eine der beiden Stirnflächen ist nicht vollständig verspiegelt, sodass immer ein Teil des hin- und hergehenden Lichtes den Laser verlassen kann. Diese Laserstrahlung hat besondere Eigenschaften:

- Laserstrahlung ist einfarbig. Sie hat nur eine Frequenz. Ein Helium-Neon-Laser sendet rotes Licht aus, das in Luft die Wellenlänge von 633 nm hat.
- Laserstrahlung ist nahezu parallel. Bei einem sehr guten Scheinwerfer hat der Lichtkegel in 10 km Entfernung einen Durchmesser von 150 m, bei einem Laser nur von etwa 1,5 m (Bild 1).
- Man kann Laserstrahlung mit großer Intensität erzeugen.

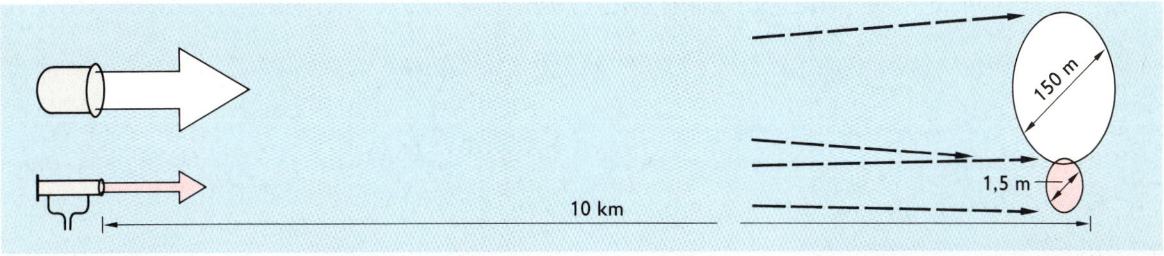

1

Vergleich des Lichtbündels eines Scheinwerfers und eines Lasers

Anwendung von Laserstrahlung. Bündelt man Laserstrahlung mit einer Sammellinse, so erreicht man eine sehr starke Konzentration der Energie. Die Temperatur kann im Brennpunkt 8 000 K betragen. Dadurch können alle Materialien geschnitten und gebohrt werden, z. B. Diamant, der härteste aller Stoffe (Bild 2). Dabei sind winzige Löcher möglich, wie sie mit einem mechanischen Bohrer nicht hergestellt werden können.
In der Medizin nutzt man die Laserstrahlung z. B. bei der Behandlung von beginnender Netzhautablösung. Die gebündelte Strahlung zerstört erkrankte Gewebestellen. Bei der Ausheilung verwachsen die Gewebeschichten wieder miteinander (Bild 3).
Die geradlinige Ausbreitung der gut gebündelten Laserstrahlung ist weiterhin hervorragend für Vermessungen geeignet. Man wendet sie z. B. im Tunnelbau an (Bild 4).

2

Materialbearbeitung mittels Laserstrahlung

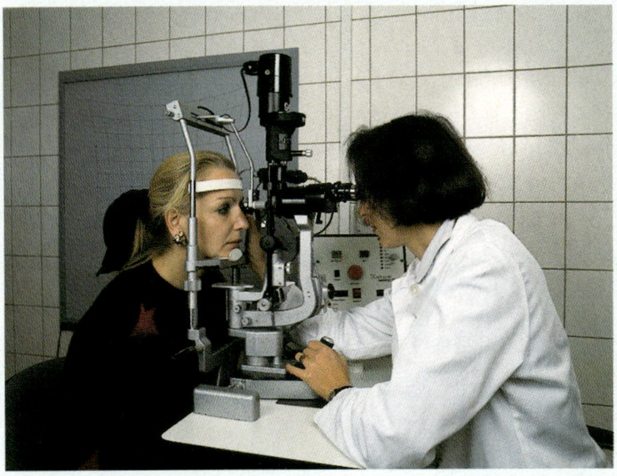
3

Mit Laserstrahlung gelingt es, sich ablösende Netzhautteile im Auge wieder zu befestigen.

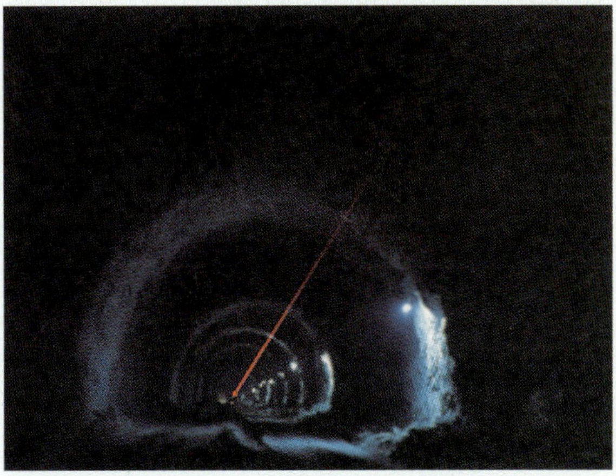
4

Einsatz der Laserstrahlung beim Tunnelbau

Gewusst? Erkannt? Gekonnt?

1. Erläutern Sie, was man unter Interferenz des Lichtes versteht!
2. Erläutern Sie anhand einer Skizze, unter welchen Bedingungen bei der Interferenz zweier Wellen (gleicher Amplitude und gleicher Wellenlänge) Verstärkung bzw. Auslöschung auftreten!
3. Blicken Sie durch eine Vogelfeder, ein feines Sieb, durch dünnes Gewebe o. ä. gegen eine 2 m bis 4 m entfernte Kerzenflamme (Bild 1)!
   Erklären Sie die beobachtete Erscheinung! Was beobachten Sie, wenn Sie sich der Kerzenflamme nähern oder sich von ihr entfernen?

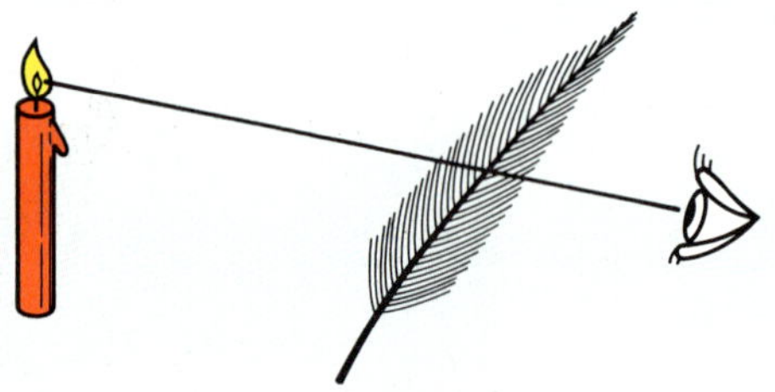

1

4. Begründen Sie die Richtigkeit der zunächst sehr merkwürdig anmutenden Feststellung des italienischen Physikers *Grimaldi* (1618–1663) „Licht kann Dunkelheit erzeugen“. Durch zwei dicht nebeneinander liegende kleine Öffnungen ließ er Sonnenlicht auf einen Schirm fallen, sodass die Lichtflecke einander überlappten. Die Begrenzungen der sich überlappenden Flächenstücke erschienen dunkler als die übrigen Flächenanteile, obwohl auch sie vom Licht beider Öffnungen getroffen wurden (Bild 2).

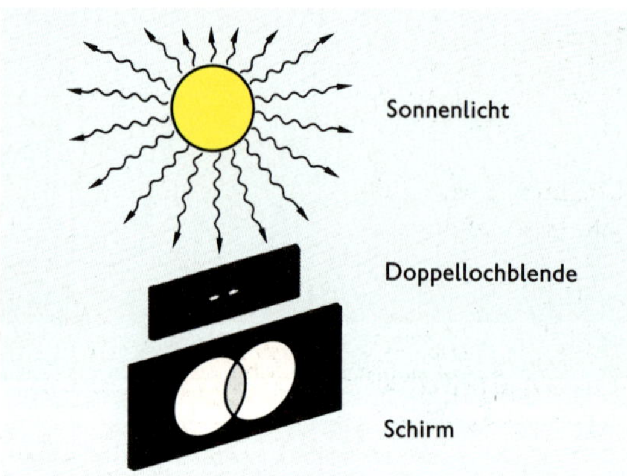

2 Anordnung von *Grimaldi*

5. Welcher Zusammenhang besteht zwischen der Wellenlänge des Lichtes in Luft und der Lichtfarbe?
6. Berechnen Sie die mittlere Frequenz violetten Lichtes!
7. Welche Wellenlänge (in Luft) hat gelbes Licht der Frequenz $f = 5{,}2 \cdot 10^{14}$ Hz?
8. Berechnen Sie die Wellenlänge grünen Lichtes der Frequenz $f = 5{,}7 \cdot 10^{14}$ Hz!
9. Ordnen Sie das Spektrum des Lichtes einer glühenden Metallwendel, von leuchtendem gasförmigen Helium unter niedrigem Druck und einer leuchtenden Bunsenbrennerflamme, in der Kochsalz verdampft wurde, nach
   a) kontinuierlichen Spektren,
   b) Linienspektren!
   Begründen Sie Ihre Entscheidungen!
10. Das Spektrum des Lichtes eines leuchtenden Gases zeigt eine Reihe von farbigen Linien auf dunklem Untergrund. Die Wellenlängen betragen 405 nm, 408 nm, 434 nm, 436 nm, 546 nm, 557 nm und 579 nm.
    Ermitteln Sie mit den Abbildungen der Linienspektren
    a) in welchen Farbbereichen diese Linien liegen und
    b) um welches Gas es sich vermutlich handelt!
11. Erläutern Sie, welche Eigenschaften der realen physikalischen Objekte Feld, Körper und Licht mit den zuzuordnenden Modellen Feldlinienmodell, Massenpunkt und Lichtstrahl erfasst werden und nennen Sie Beispiele für Eigenschaften der realen Objekte, die mit den betreffenden Modellen nicht erfasst werden!
12. Nennen Sie Arten von Spektren, beschreiben Sie ihr Aussehen und erläutern Sie ihre Entstehung!
13. Informieren Sie sich über Einsatzmöglichkeiten der infraroten und ultravioletten Strahlung!
14. Wodurch unterscheiden sich Hertz'sche Wellen höchster Frequenzen von langwelliger Infrarotstrahlung?

Kurz und knapp

Die Farben dünner Schichten entstehen durch Interferenz von weißem Licht.
Am Doppelspalt treten Beugung und Interferenz von Licht auf.
Licht hat Welleneigenschaften.

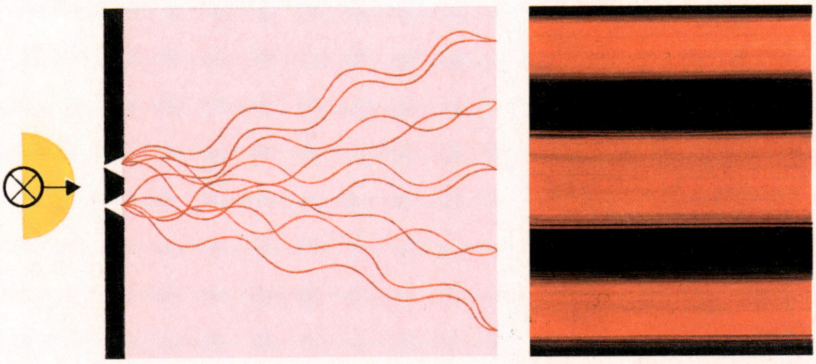

Das Modell Lichtstrahl ist nicht zur Beschreibung und Erklärung der Interferenz geeignet.
Licht kann durch Brechung in seine farbigen Anteile zerlegt werden. Dabei entsteht ein Spektrum.

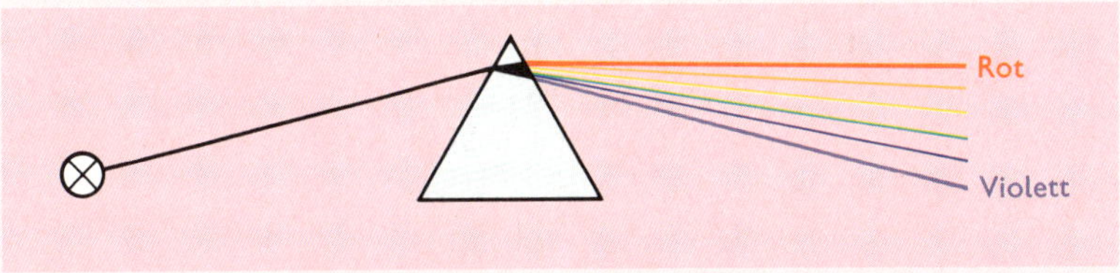

Glühende feste Körper und Flüssigkeiten senden ein kontinuierliches Spektrum aus.

Gase unter geringem Druck senden ein Linienspektrum aus.

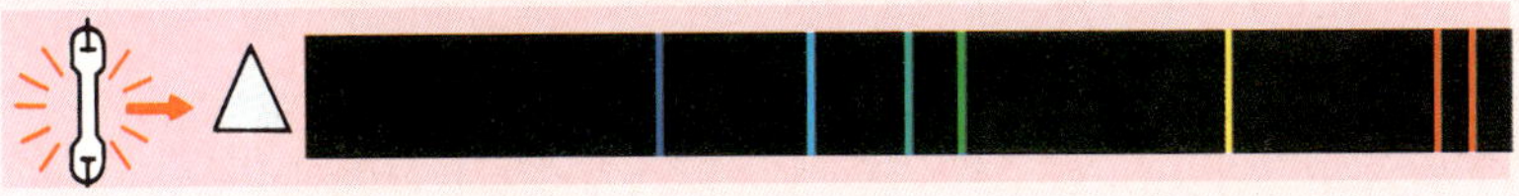

Jenseits des roten Endes des Spektrums tritt die unsichtbare infrarote Strahlung (Wärmestrahlung) auf, jenseits des violetten Endes die unsichtbare ultraviolette Strahlung.

1 Atomkerne

Meldung aus einer Tageszeitung vom 11.11.1991: „Wissenschaftlern des Europäischen Kernfusionsprojektes JET in Cullham bei Oxford ist zum ersten Mal die Kernfusion im Labor gelungen. In einem Reaktor gelang es ihnen, bei Temperaturen von 300 Millionen Grad Celsius einzelne Materialpartikel zu fusionieren und über eine Million Watt Elektroenergie zu erzeugen".
Wie ist es möglich, Atome zu verschmelzen? Wie ist ein Atom aufgebaut?

1

Aufbau des Atoms

Sie wissen bereits, dass Atome die kleinsten Bausteine eines chemischen Elementes sind. In der Natur kommen 92 verschiedene Elemente vor, also muss es mindestens 92 verschiedene Atomkerne geben.
Die Atome sind sehr klein (Durchmesser etwa 0,000 000 1 mm). Dennoch fand man heraus, dass Atome aus noch kleineren Teilchen zusammengesetzt sind.
Wie ist der Aufbau solch kleiner Teilchen zu erforschen?
Der englische Physiker *Ernest Rutherford* (1871–1937), der wesentlich zur Entwicklung der Kernphysik beitrug, führte 1911 folgendes Experiment durch: Er schoss Teilchen, die elektrisch positiv geladen waren, auf eine dünne Goldfolie. Hinter der Folie befand sich ein Leuchtschirm, auf dem die auftreffenden Teilchen Lichtblitze erzeugten. Diese wurden gezählt. Das Ergebnis war überraschend: Die Teilchen wurden nicht – wie erwartet – zum großen Teil reflektiert oder abgelenkt. Vielmehr bewegten sich die meisten von ihnen fast ungestört durch das Gold. Nur sehr wenige wurden stark abgelenkt (Bild 2).
Es gab nur eine Erklärung:

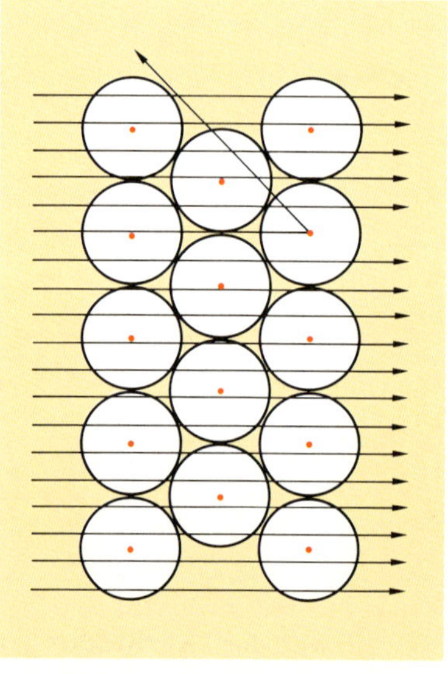

2

Die Atome sind im Wesentlichen leer. Ihre Masse ist auf kleinstem Raum konzentriert.

Rutherford entwarf ein Atommodell, das Ähnlichkeit mit unserem Planetensystem (Bild 1, folgende Seite) hat. In der Mitte ist ein Kern, der von Elektronen umkreist wird (Bild 2, folgende Seite). Der Durchmesser des Atoms ist etwa 20 000-mal größer als der des Kerns. Wollten wir ein maßstabgerechtes Modell eines Atoms bauen, so würde es eine Kugel mit einem Durchmesser von 200 m sein und der Atomkern hätte einen Durchmesser von 1 cm.

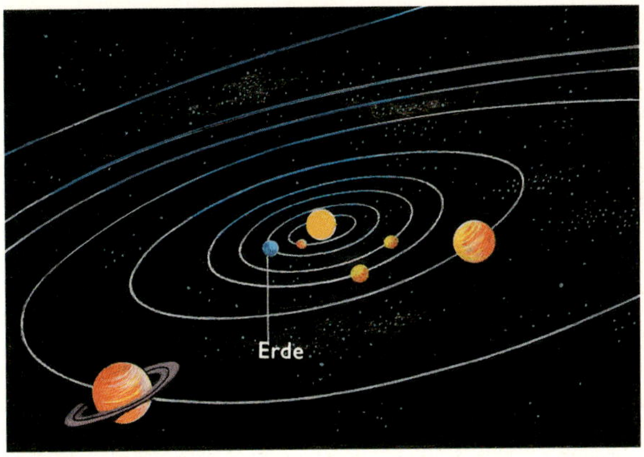

1
Planetensystem

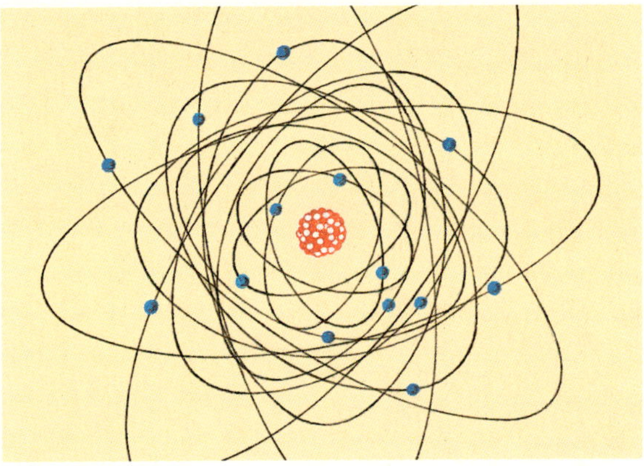
2
Atommodell

Der Atomkern

Sie wissen bereits: Die aus den Elektronen bestehende Hülle und der Kern sind die Bestandteile des Atoms. Die Anzahl der positiven Ladungen im Kern und die Anzahl der Elektronen in der Hülle sind im neutralen Atom gleich groß. Träger der elektrisch positiven Ladung sind die **Protonen**. Protonen sind die Atomkerne des Wasserstoffs. Alle übrigen Atomkerne enthalten außerdem **Neutronen** (Bild 3). Neutronen ähneln in der Masse und der Größe sehr den Protonen, sind aber elektrisch neutral. **Nukleon** ist der gemeinsame Name der Kernbausteine Proton und Neutron.

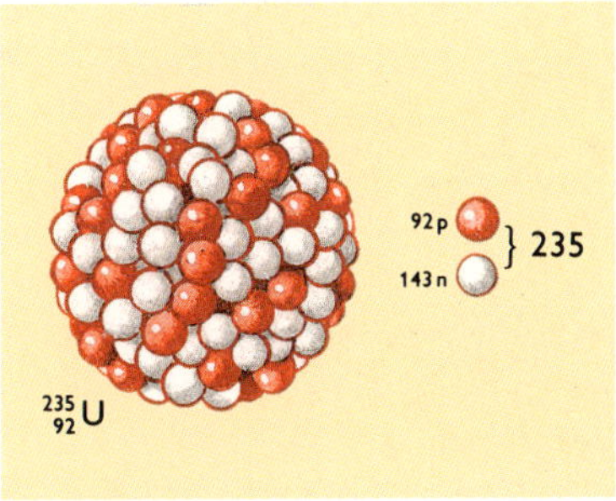

3
Atomkern

Atomkerne bestehen aus den elektrisch positiven Protonen und den neutralen Neutronen.

Ein Atomkern wird gekennzeichnet durch die **Anzahl seiner Protonen *Z***, durch die **Anzahl seiner Neutronen *N*** und durch seine **Massenzahl *A***. Die Massenzahl ist nach der Gleichung $A = Z + N$ zu berechnen. Sie heißt auch Nukleonenzahl.
Die symbolische Schreibweise $^{A}_{Z}K$ bedeutet: Ein Kern K hat A Nukleonen und Z Protonen. Beispiel: $^{56}_{26}Fe$ ist ein Eisenkern mit 26 Protonen und 30 Neutronen. Seine Nukleonen- oder Massenzahl ist 56. Auch die Schreibweise Fe-56 ist üblich. Die Anzahl der Protonen im Kern wird auch **Kernladungszahl** genannt.
Wieso kann ein Atomkern überhaupt existieren? In ihm sind auf kleinstem Raum mehrere positiv geladene Teilchen konzentriert. Da sich gleichnamige Ladungen abstoßen, müssten sich die Protonen voneinander weg bewegen. Sie tun das aber nicht. Ursache dafür ist die Existenz von sehr starken Anziehungskräften zwischen den Nukleonen, die nur auf sehr geringe Entfernung wirken (Bild 4).
Nähert sich von außen ein Proton dem Atomkern, so wird es wegen der gleichnamigen elektrischen Ladung abgestoßen. Nur wenn seine Geschwindigkeit so groß ist, dass es sehr nahe an den Kern herankommt, kann es in den Bereich der Anziehungskräfte gelangen.

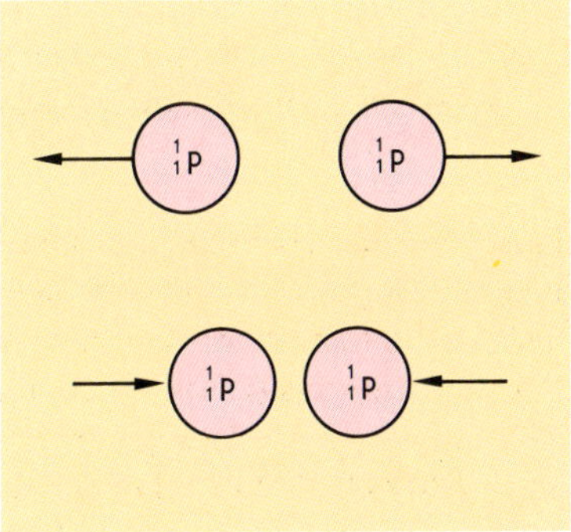

4

Isotope

Jedes chemische Element hat einen bestimmten Platz im Periodensystem der Elemente (Bild 1). Dieser entspricht seiner Ordnungszahl, also seiner Kernladungszahl. Alle Atomkerne *eines* Elements haben die gleiche Kernladungszahl. Wasserstoffkerne enthalten immer ein Proton, Eisenkerne immer 26 und Bleikerne immer 82 Protonen. Die Neutronenzahlen können sich bei Kernen eines Elementes unterscheiden. So hat der Wasserstoff kein oder ein oder 2 Neutronen (H-1, H-2, H-3), Eisen 28, 30 oder 31 Neutronen (Fe-54, Fe-56, Fe-57) und Blei 122, 124, 125 oder 126 Neutronen (Pb-204, Pb-206, Pb-207, Pb-208). **Atome gleicher Ordnungszahl aber unterschiedlicher Massenzahl heißen Isotope.** Isotop bedeutet übersetzt „gleicher Platz". Isotope stehen also an gleicher Stelle im Periodensystem und sind chemisch gleichwertig. Isotope sind mit chemischen Methoden nicht zu trennen.

Das natürlich vorkommende Isotopengemisch eines Elements ist in seiner Zusammensetzung konstant. Chlor besteht immer zu 75,4 % aus Cl-35 und zu 24,6 % aus Cl-37. In einem Diagramm wird die Isotopenhäufigkeit der Elemente deutlich (Bild 2).

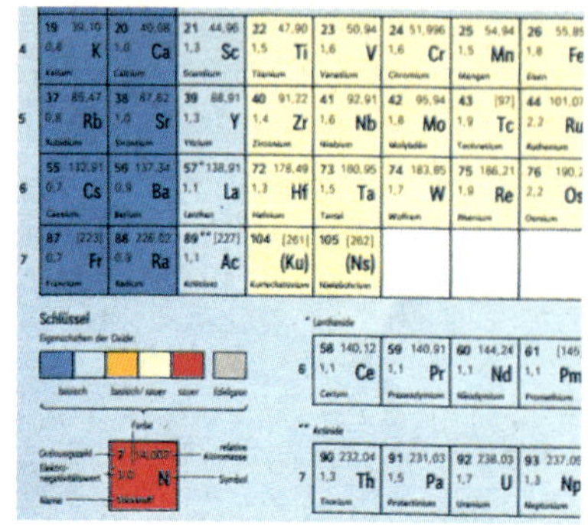

1
Ausschnitt aus dem Periodensystem

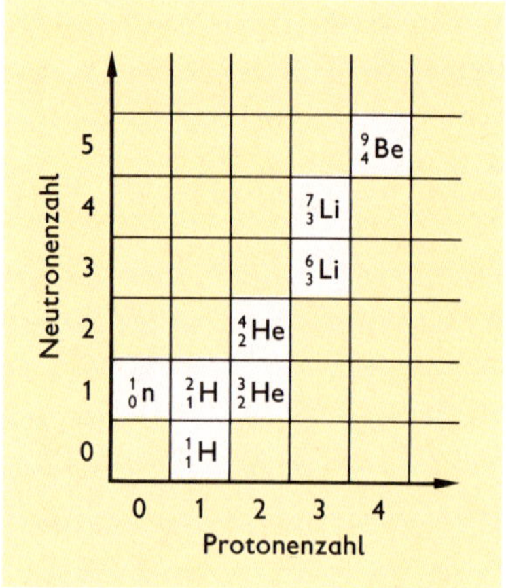

2
Isotopenkarte

Die Masse des Atomkerns

Die Masse eines Protons ist 1836-mal so groß wie die eines Elektrons. Proton und Neutron haben fast die gleiche Masse. Also ist nahezu die gesamte Masse des Atoms im Atomkern konzentriert. Die Masse eines Nukleons beträgt etwa $1{,}67 \cdot 10^{-24}$ kg. Die Masse eines Bleikerns ist zwar ca. 208-mal so groß, also etwa $3{,}5 \cdot 10^{-22}$ kg, aber immer noch unvorstellbar klein. Die Dichte eines Bleikerns beträgt $1{,}46 \cdot 10^{14}$ g $\cdot$ cm^{-3}. Metallisches Blei hat eine Dichte von ca. 11 g $\cdot$ cm^{-3}. Die Dichte der Bleikerne ist etwa 10^{11}-mal so groß wie die der Bleiatome. Das gilt ähnlich für alle Stoffe und ist eigentlich unfassbar: 1 cm^3 solcher Kernsubstanz hat eine Masse von etwa 150 Millionen Tonnen. Bestünde unsere Erde aus solchem Stoff, hätte sie einen Durchmesser von 400 Metern. Im Universum gibt es solche Körper: Sie bestehen nur aus Kernsubstanz und haben bei einem Radius von 10 km etwa die Masse unserer Sonne.

Massendefekt und Bindungsenergie

Bestimmt man die Masse eines Heliumkerns und vergleicht sie mit der Masse seiner Nukleonen, macht man eine merkwürdige Entdeckung. Die Masse eines He-Kerns beträgt 4,002 603 Masseneinheiten (ME). 2 Neutronen und 2 Protonen haben zusammen eine Masse von 4,032 980 ME. Der He-Kern hat eine um 0,030 377 ME kleinere Masse (Bild 3).

Bei Atomkernen tritt eine solche Differenz grundsätzlich auf. Sie heißt **Massendefekt. Der Massendefekt ist die Masse, die beim Erzeugen eines Kerns aus einzelnen Nukleonen abgegeben wird.**

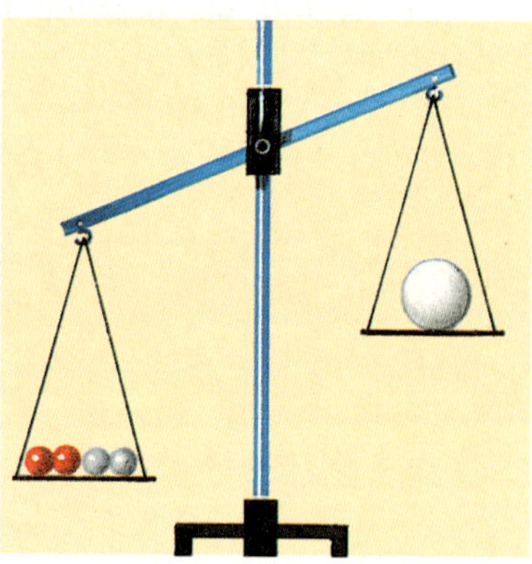

3

Mit Ihren bisherigen Erfahrungen ist dieser Effekt nicht zu erklären. Wenn Sie ein Gerät aus einzelnen Bauteilen zusammenbauen, tritt eine Massendifferenz nicht auf. Auch bei chemischen Reaktionen ist im Rahmen der Messgenauigkeit die Summe der Massen vor der Reaktion gleich der Masse danach.
Die klassische Physik weiß keine Antwort auf die Frage nach dem Verbleib der Masse. Aber bereits 1905 entdeckte der deutsche Physiker *Albert Einstein* (1879–1955) die Beziehung $\boldsymbol{E = m \cdot c^2}$, in der E die Energie, m die Masse und c die Lichtgeschwindigkeit ist. Sie drückt die gegenseitige Zuordnung von Masse und Energie aus und ermöglicht, die beiden Größen ineinander umzurechnen. Sehr oberflächlich ausgedrückt, kann man sagen, Energie und Masse können ineinander umgewandelt werden. Jetzt ist die Frage beantwortet. Die verschwindende Masse erscheint als Energie. Sie heißt **Bindungsenergie. Die Bindungsenergie ist die Energie, die frei wird, wenn ein Atomkern aus Nukleonen zusammengesetzt wird.** Umgekehrt muss man sie dem Kern zuführen, wenn man ihn in seine Bestandteile zerlegen will.
Die Bindungsenergie von 1 g Helium beträgt 200 000 kW · h.

Gewusst? Erkannt? Gekonnt?

1. Wie ist ein Atomkern aufgebaut? Nutzen Sie zur Beschreibung die Kernladungs- und die Massenzahl!
2. Aus wie viel Protonen, Neutronen und Elektronen besteht ein neutrales Bleiatom, dessen Kern durch das Symbol ^{207}Pb gekennzeichnet ist? Wie sind die entsprechenden Zahlen für ^{208}Pb, ^{208}Bi und ^{238}U?
3. Was verstehen Sie unter Isotopen?
4. Wie viel stabile Isotope hat der Wasserstoff?
5. Warum unterscheidet sich die Masse eines Sauerstoffatoms nur unwesentlich von der eines Sauerstoffkerns?
6. Nennen Sie Ähnlichkeiten und Unterschiede zwischen unserem Planetensystem und dem Rutherford'schen Atommodell!
7. Wodurch werden die gleichnamig geladenen Protonen auf so engem Raum im Atomkern zusammengehalten?
8. Informieren Sie sich über Neutronensterne und schwarze Löcher!
9. Erläutern Sie den Begriff Bindungsenergie!

Kurz und knapp

Die Atomkerne sind gemessen am Atom sehr klein. In ihnen ist fast die gesamte Masse des Atoms konzentriert.
Die Anzahl der Protonen im Kern ist gleich der Ordnungszahl im Periodensystem.
Die Massenzahl ist die Summe aus der Anzahl der Protonen und Neutronen in einem Kern.
Die Atomkerne werden durch sehr starke Anziehungskräfte zwischen den Nukleonen zusammengehalten.
Isotope sind Atome gleicher Protonenzahl. Sie unterscheiden sich in der Anzahl der Neutronen.

Die Differenz zwischen der Masse eines Atomkerns und der Summe der Massen seiner Nukleonen ist der Massendefekt. Die dem Massendefekt entsprechende Energie ist die Bindungsenergie. Sie wird frei bei der Bildung eines Kerns aus einzelnen Nukleonen. Sie muss aufgebracht werden, um einen Kern in seine Nukleonen zu zerlegen.

		$A = 208$	208 Nukleonen
$^{A}_{Z}K$	$^{208}_{82}Pb$	$Z = 82$	82 Protonen
		$N = A - Z = 126$	126 Neutronen

2 Radioaktivität und Strahlenschutz

Nach dem Reaktorunfall von Tschernobyl waren in Gegenden, über die die radioaktive Wolke gezogen war, viele Gemüsesorten verseucht. Über einige Jahre wurde dringend vom Sammeln von Pilzen abgeraten, obwohl man beim Anblick des nebenstehenden Prachtexemplars sicher nicht auf den Gedanken kommt, es sei schädlich. Was ist Radioaktivität?

1

Spontanzerfall

Alle Atomkerne mit einer Ordnungszahl größer als 82, das sind alle Elemente, die im Periodensystem hinter dem Blei stehen, sind radioaktiv. Sie senden eine Strahlung aus und wandeln sich dabei um. Da diese Umwandlung ohne äußeren Einfluss vor sich geht, spricht man von einem **Spontanzerfall**. Auch die Bezeichnung radioaktiver Zerfall ist üblich.
Um die Strahlung zu untersuchen, setzen wir sie einem starken Magnetfeld aus. Drei Arten von Strahlung sind festzustellen (Bild 2), die nach den ersten Buchstaben im griechischen Alphabet benannt sind.

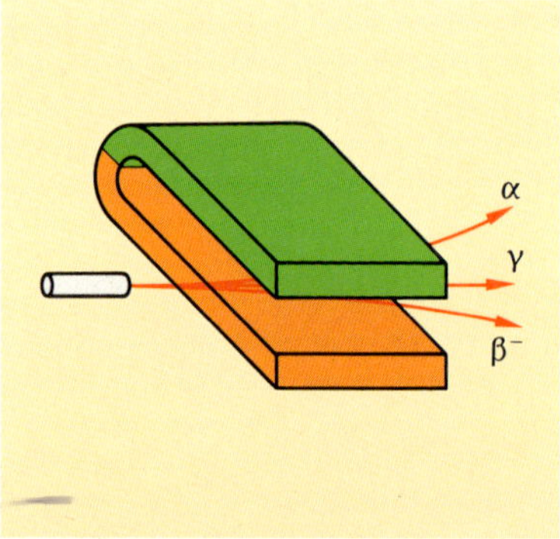

2

Strahler im Magnetfeld

Die **Alphastrahlung** (α) besteht aus schnell bewegten Heliumkernen. Diese sind doppelt positiv geladen. Sie haben in Luft nur eine Reichweite von einigen cm (Bild 4). Ein Atomkern, der ein Alphateilchen aussendet, verliert damit zwei Protonen und zwei Neutronen. Der neue Kern gehört zu einem anderen Element. Bild 3 zeigt ein Beispiel.

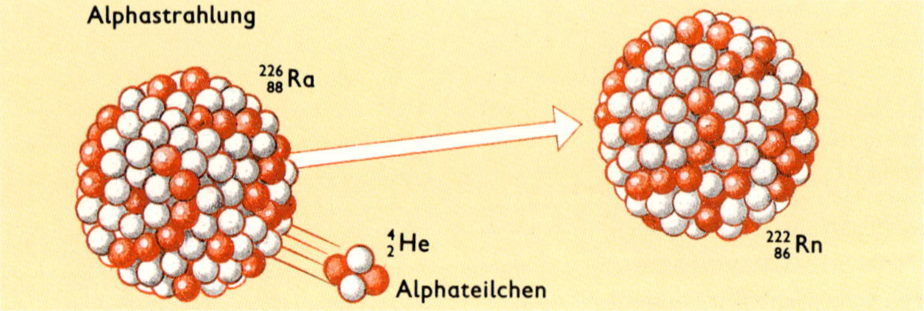

3

Alphazerfall von Ra-226

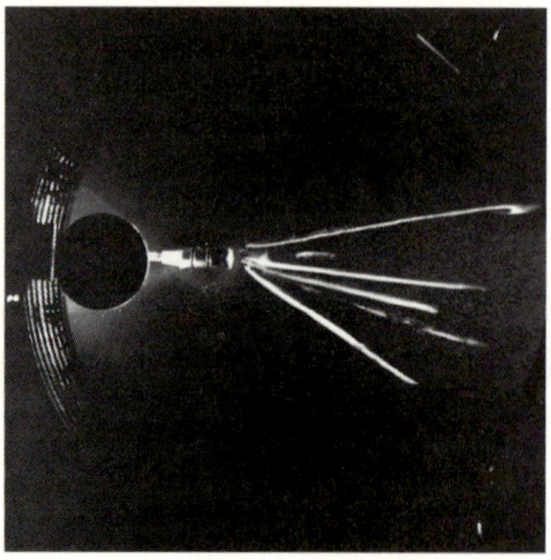

4

Nebelkammeraufnahme eines Alphabündels

Aus einem U-238-Kern entsteht bei Aussendung eines Alphateilchens ein Th-234-Kern, dessen Ordnungszahl um 2 und dessen Massenzahl um 4 kleiner ist als beim Ausgangskern.

Die **Betastrahlung** (β) besteht aus Elektronen, die mit sehr hoher Geschwindigkeit ausgesendet werden. Sie ist also negativ geladen. Da die Betateilchen eine geringere Masse als die Alphateilchen haben, werden sie im Magnetfeld stärker abgelenkt (Bild 2, vorhergehende Seite). Emittiert ein Kern ein Betateilchen, so steigt wegen der negativen Ladung die Ordnungszahl um 1, die Massenzahl bleibt unverändert. Beispiel: ${}^{60}_{27}\mathrm{Co} \rightarrow {}^{60}_{28}\mathrm{Ni} + {}^{0}_{-1}\mathrm{e}$.

Die **Beta-Plus-Strahlung** (β^+) kommt nur bei künstlich erzeugten radioaktiven Stoffen vor. Sie unterscheidet sich von der Betastrahlung nur durch die entgegengesetzte elektrische Ladung ihrer Teilchen, den Positronen.

Die **Gammastrahlung** (γ) ist eine elektromagnetische Strahlung wie die Röntgenstrahlung mit hoher Energie. Sie tritt im Allgemeinen zusammen mit Alpha- oder Betastrahlung auf. Da sie keine elektrische Ladung hat, wird sie im magnetischen Feld nicht abgelenkt.
Die Kernladungs- und die Massenzahl eines Kerns ändern sich bei Emission von Gammastrahlung nicht.

Radioaktive Stoffe senden verschiedene Strahlungen aus. Alphastrahlung besteht aus Heliumkernen, Betastrahlung aus Elektronen und die Gammastrahlung ist eine elektromagnetische Strahlung.

Der Begriff „radioaktiver Zerfall“ hat historische Gründe. Es handelt sich nicht um einen Zerfall im üblichen Sinne des Wortes, sondern um eine Umwandlung.
Jeder radioaktive Stoff sendet für ihn typische Strahlung aus. So emittiert Co-60 immer Beta- und Gammastrahlung und Ra-226 immer Alpha- und Gammastrahlung. Da auch die Energie der Strahlung für jeden Strahler anders ist, kann man aus der Untersuchung der Strahlung auf den emittierenden Stoff schließen.

Der Nachweis der Kernstrahlung

Sie besitzen kein Sinnesorgan, mit dem Sie die Kernstrahlung wahrnehmen können. Ohne Hilfsmittel sind Sie nicht in der Lage zu beurteilen, ob Ihr Körper einer Strahlung ausgesetzt ist. Wie kann der Mensch feststellen, ob eine Kernstrahlung vorliegt?
Alle Wirkungen der Kernstrahlung können zu deren Nachweis genutzt werden: Ionisation, Erzeugung von Lichtblitzen, Schwärzen von Fotofilmen und Erzeugung von Wärme. So wurde z. B. die Radioaktivität entdeckt, als lichtdicht verpackte Fotoplatten in der Nähe von Uranmineralien geschwärzt wurden. Die Strahlen hatten das schwarze Papier durchdrungen.

Das bekannteste und am weitesten verbreitete Strahlennachweisgerät ist das **Geiger-Müller-Zählrohr** (Bild 1). Im Prinzip ist es ein Zylinder, in dem sich axial ein dünner Draht befindet. Dieser Draht liegt am positiven Pol einer elektrischen Energiequelle und ist elektrisch gegen den leitfähigen Zylindermantel isoliert. Dieser ist an den Minuspol angeschlossen. Damit die Strahlung in das Rohr eindringen kann, muss die Wand entsprechend dünn sein. Sie muss andererseits dem äußeren Luftdruck standhalten, da sich im Inneren ein Gasgemisch unter geringem Druck befindet. Im Glockenzählrohr (Bild 2) ist ein sehr dünnes Glimmerfenster eingebaut, das energiearme Strahlung besonders gut durchlässt. Das Zählrohr wird mit einer Gleichspannung von etwa 400 Volt betrieben und an einen Verstärker angeschlossen. Dieser steuert ein Zählwerk und/oder einen Lautsprecher. Eine Information über die Art der Strahlung und ihre Energie kann man nicht erhalten.

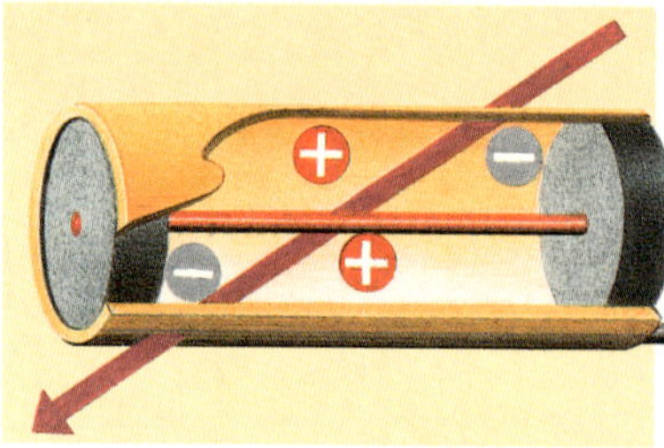
1

2

Mit dem Geiger-Müller-Zählrohr können die Strahlungsteilchen gezählt werden.

Mit einer **Nebelkammer** (Bild 3) können die Spuren einzelner Teilchen beobachtet werden. Bild 4, S. 226, ist eine Nebelkammeraufnahme der Spuren von Alphastrahlen. Bild 4 auf dieser Seite zeigt die Bahnen verschiedener Teilchen. Aus der Krümmung der Spuren, die durch ein Magnetfeld zustande kommen, kann man auf die Art und die Energie der Strahlen schließen.

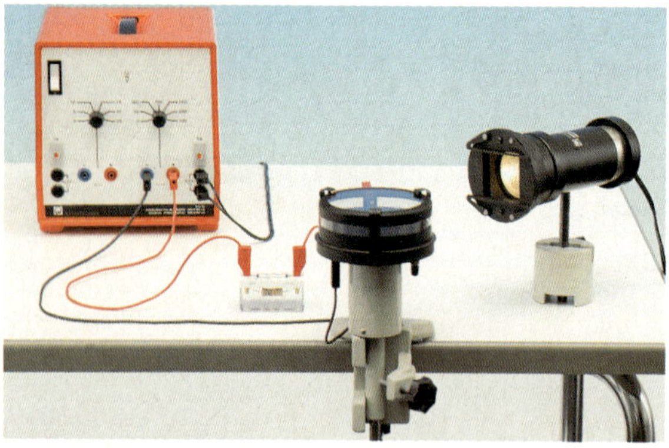
3

Nebelkammer

4

Nebelkammeraufnahme verschieden gekrümmter Spuren

Die Aktivität

In der Nähe von Kernkraftwerken werden ständig die Luft, das Wasser und die dort produzierten Lebensmittel auf Radioaktivität überprüft. Dies geschieht durch Messung der **Aktivität. Die Aktivität gibt an, wie stark ein radioaktiver Stoff strahlt.** Für Messzwecke ist diese Angabe zu ungenau. Deshalb definiert man präziser: Die Aktivität ist die Anzahl der in einer bestimmten Zeit zerfallenen Kerne. Die Einheit der Aktivität ist das **Becquerel (Bq)**. Ein Körper hat eine Aktivität von 1 Bq, wenn in einer Sekunde ein Kern zerfällt: 1 Bq = 1 Zerfall pro Sekunde.

Die Toleranzgrenze für Trinkmilch ist z. B. erreicht, wenn in 1 Liter so viel radioaktives Sr-90 enthalten ist, dass pro Sekunde 200 Kerne dieses Elements zerfallen. Dabei werden 200 Betateilchen abgestrahlt. Die Aktivität beträgt 200 Bq.
Ein sehr starker Strahler ist das Radium. 1 g Ra-226 hat eine Aktivität von $3{,}7 \cdot 10^{10}$ Bq. Es sendet pro Sekunde 37 000 000 000 Alphateilchen aus.
Da ein radioaktives Präparat seine Strahlung in alle Richtungen emittiert, ist die Messung seiner Aktivität kompliziert.
Man beschränkt sich deshalb oft auf die Messung der **Zählrate** (Bild 1).
Sie gibt an, wie viel Zerfälle vom Nachweisgerät in einer bestimmten Zeit registriert werden. Sie wird in **Impulsen pro Minute** **($Imp \cdot min^{-1}$)** angegeben.

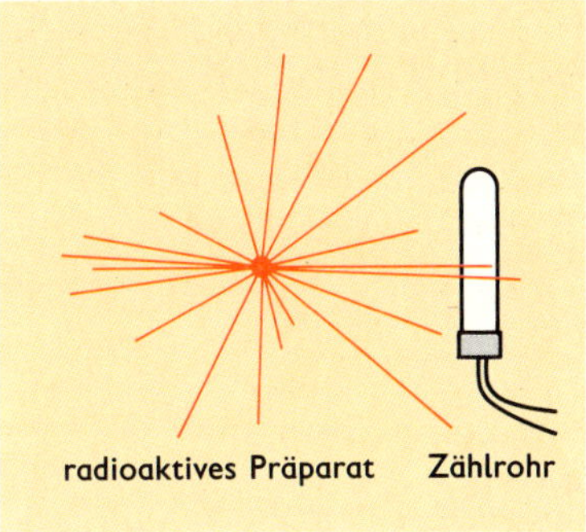

1

Die Halbwertszeit

Haben Sie schon einmal die Geräusche gehört, die ein an ein Zählrohr angeschlossener Lautsprecher von sich gibt? Ist die Strahlung intensiv, hört man ein Prasseln, ist die Strahlung schwach, kann man einzelne Knackgeräusche hören, die in unterschiedlichen Abständen auftreten. Würde man das aufzeichnen und jedes Knacken durch einen Punkt darstellen, erhielte man z. B. eine Darstellung wie im Bild 2. In 10 Sekunden wurden 30 Impulse registriert. Diese verteilen sich jedoch nicht gleichmäßig auf die einzelnen Sekunden. So gibt es in der ersten Sekunde 2 Impulse, in der 2. Sekunde 5 Impulse, in der 3. Sekunde 3 und in der 4. Sekunde 0 Impulse. Solch eine Unregelmäßigkeit ist typisch für den radioaktiven Zerfall. Deshalb ist es schwierig, Voraussagen zu machen. Im angeführten Beispiel kann man annehmen, dass in der nächsten Minute etwa 180 Impulse (6 mal 30) gezählt werden. Wie viel es in der nächsten Sekunde sind, ist ungewiss.

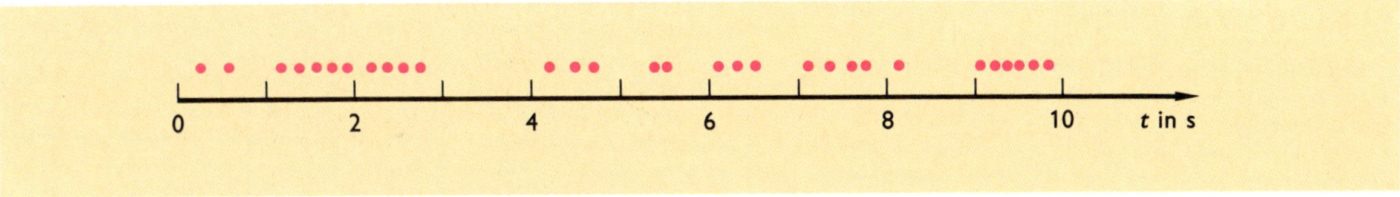

2

Könnten wir einen einzelnen radioaktiven Kern isolieren, so wäre über seine Zukunft keine Aussage möglich. Wir wissen zwar, dass er zerfällt, aber nicht, wann. Das kann in der nächsten Sekunde sein oder in 100 Jahren.
Diese Unsicherheit verschwindet, wenn wir sehr viele radioaktive Kerne beobachten. Der radioaktive Stoff zerfällt schnell oder langsam. Das wird durch die **Halbwertszeit** ausgedrückt. Sie ist ein Maß für die Lebensdauer eines radioaktiven Stoffes.

Die Halbwertszeit gibt an, in welcher Zeit die Hälfte der vorhandenen radioaktiven Kerne zerfällt.

Beispiel: Co-60 hat eine Halbwertszeit von 5 Jahren. Nach 5 Jahren ist also die Hälfte der ursprünglich vorhandenen Kerne umgewandelt.
Wie das weitergeht, zeigt Bild 1. Gehen wir von 1 Million radioaktiver Co-60-Kerne aus, ergibt sich die Kurve in Bild 2.

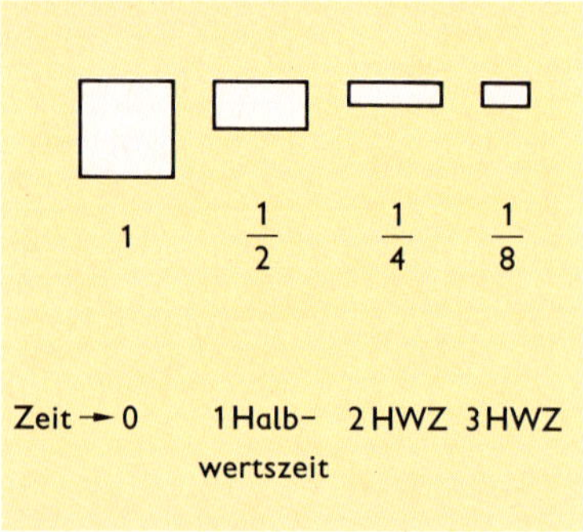

1

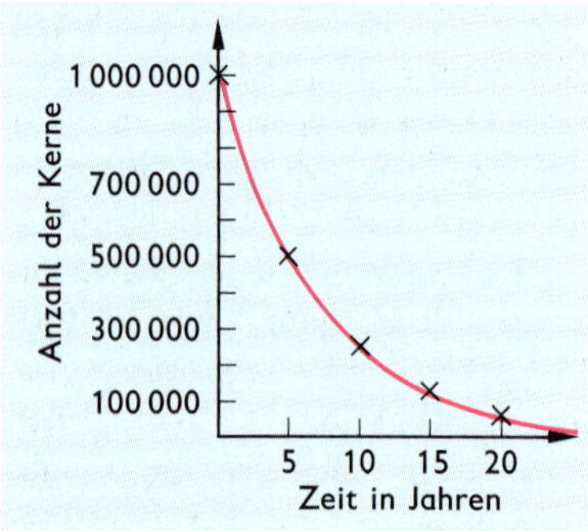

2

Halbwertszeiten verschiedener radioaktiver Stoffe

radioaktiver Stoff	Halbwertszeit
U-238	4,5 Mrd. Jahre
Ra-226	1 590 Jahre
Sr-90	20 Jahre
Zn-65	250 Tage
Au-194	39 Stunden
Ir-195	140 Minuten
P-29	4,9 Sekunden
B-12	0,03 Sekunden

Die Durchdringungsfähigkeit der Strahlung

Wie dick muss eine Wand sein, damit keine Kernstrahlung hindurchdringen kann?
Geht man dieser Frage experimentell nach, merkt man sehr schnell, dass die Antwort für die einzelnen Strahlungsarten sehr unterschiedlich ausfällt. Auch die Art des durchstrahlten Stoffes hat Einfluss.
Die Teilchen der **Alphastrahlung** eines radioaktiven Stoffes haben alle fast die gleiche Reichweite. Sie beträgt in Luft nur einige Zentimeter. In festen Stoffen ist sie viel geringer. So genügt ein Blatt Papier, um die Alphastrahlung völlig zu absorbieren.
Die Teilchen der **Betastrahlung** haben ein größeres Durchdringungsvermögen als die Alphateilchen. Ihre Reichweite ist nicht gleich.
Die Strahlungsintensität wird umso geringer, je dicker die durchstrahlte Materialschicht ist. Betastrahlung wird durch eine 1 mm starke Metallschicht fast völlig abgeschirmt.
Am schwierigsten ist die Abschirmung der **Gammastrahlung**, da diese sehr durchdringend ist. Ein Experiment (Bild 3) zeigt, dass wir eine wesentlich größere Schichtdicke als bei der Betastrahlung brauchen, um eine merkliche Schwächung zu erreichen. Am besten ist Blei zur Absorption geeignet. Die Schichtdicke von Blei für die Gammastrahlung von Co-60, hinter der die Intensität auf die Hälfte gesunken ist, beträgt 11 mm (Bild 4). Um die Intensität der Strahlung auf 1 % zu drücken, braucht man etwa 75 mm Blei. 110 mm Blei werden benötigt, damit nur noch ein Tausendstel der Gammastrahlung hindurchkommt.

Die Durchdringungsvermögen der Alpha-, Beta- und Gammastrahlung verhalten sich etwa wie 1:100:10 000.

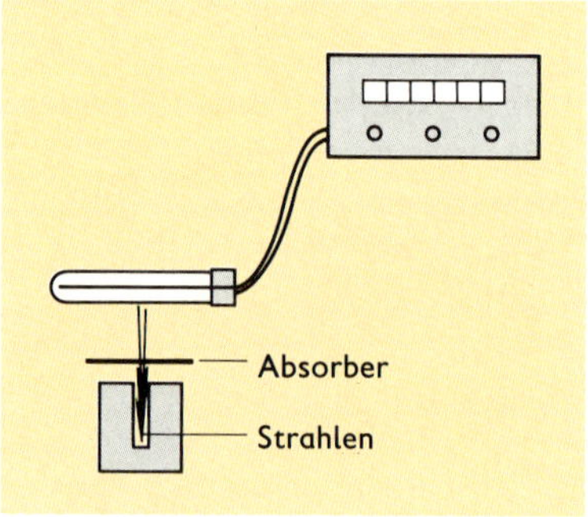

3

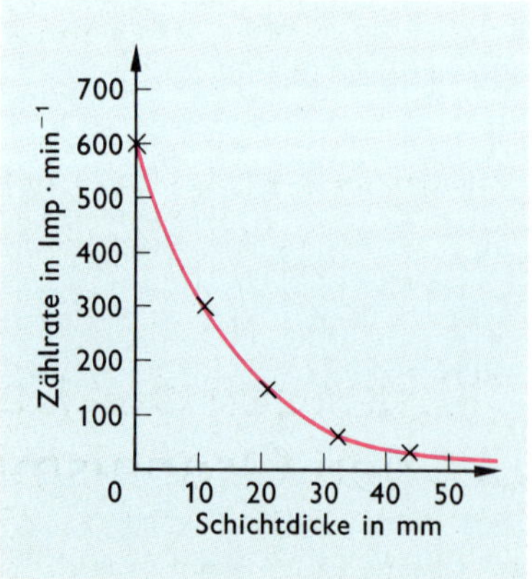

4

Gamma-Absorption

Strahler	durchstrahlte Metallschicht
α - Strahler	0,01 mm
β - Strahler	1 mm
γ - Strahler	100 mm

Die Erzeugung radioaktiver Stoffe

Die Überschrift scheint ein Irrtum zu sein, denn Sie wissen bereits, dass es radioaktive Stoffe in der Natur gibt. Außerdem ist die Radioaktivität eine Eigenschaft der Atomkerne. Um einen Atomkern radioaktiv zu machen, müsste dieser verändert werden. Das ist mit den Mitteln der Chemie nicht möglich.

Dennoch können heute von allen Elementen künstlich radioaktive Isotope hergestellt werden. Dazu sind **Kernreaktionen** nötig. Die umzuwandelnden Kerne werden mit Teilchen (z. B. mit Neutronen oder Protonen) beschossen. Diese Teilchen vereinigen sich mit je einem Kern und verändern dessen Massenzahl und teilweise die Ordnungszahl. Freie Neutronen stehen in der Umgebung der aktiven Zone eines Kernspaltungsreaktors in genügender Anzahl zur Verfügung. Bild 1 zeigt das Beispiel einer Kernreaktion. Stabiles Kobalt wird mit Neutronen beschossen. In einen Teil der Kobaltkerne dringen Neutronen ein und erhöhen damit die Massenzahl um 1. Das entstandene Kobaltisotop Co-60 ist radioaktiv und sendet Beta- und Gammastrahlung aus.

Will man Kernreaktionen mit Protonen hervorrufen, so muss man sie mit Beschleunigern auf sehr hohe Geschwindigkeiten bringen, da sie sonst aufgrund ihrer positiven elektrischen Ladung vom positiven Kern abgestoßen werden. Solche Beschleuniger, in denen starke elektrische und magnetische Felder wirksam sind, haben teilweise enorme Ausmaße.

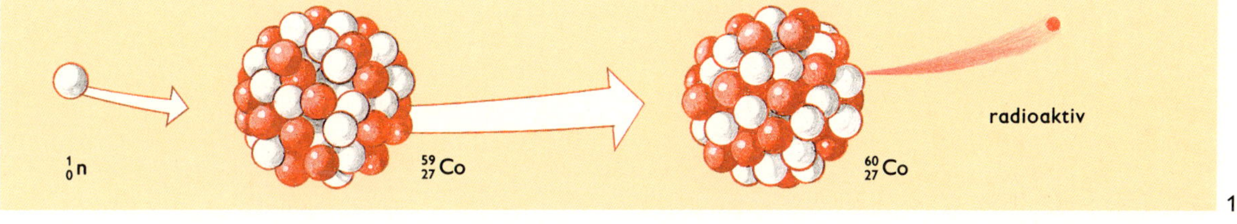

1

Durch Kernreaktionen kann man radioaktive Stoffe erzeugen.

Wirkungen der Kernstrahlung auf den Organismus

Oft hören Sie Warnungen vor der Strahlung radioaktiver Stoffe. Sie lesen aber auch von der Anwendung der Kernstrahlung in der Medizin für therapeutische Zwecke. Ist die Strahlung nun nützlich oder nicht?

Wie bei vielen Naturerscheinungen ist auch hier eine eindeutige Antwort nicht möglich. Es hängt von den Bedingungen ab, ob die Menschen einen Nutzen oder einen Schaden davon haben. Nur bei strenger Kontrolle durch Fachleute wird eine Bestrahlung positive Folgen haben. Auch radioaktive Heilwässer sollten nur unter ärztlicher Aufsicht getrunken werden.

Beim Menschen können durch Bestrahlung zwei Arten von Schäden hervorgerufen werden: **somatische** und **genetische Schäden**.
Somatische Schäden sind Beeinträchtigungen, die alle Körperteile außer den Fortpflanzungszellen betreffen. Übelkeit, Haarausfall, Verbrennungen und Schleimhautentzündungen gehören dabei zu den Frühschäden, Spätschäden sind z. B. Leukämie und Krebs.
Genetische Schäden beziehen sich auf das Erbgut. Die Keimzellen werden beeinträchtigt. Diese Schäden machen sich besonders bei den Nachkommen bemerkbar.
Je stärker ein Mensch bestrahlt wird, desto größer ist die Gefahr einer Schädigung. Personen, die beruflich mit Strahlung zu tun haben, werden gesundheitlich überwacht. Dazu dient auch ein Filmdosimeter, das die Strahlung registriert (Bild 1).

1

Strahlenschutz

Alle Strahlenschutzmaßnahmen sind darauf gerichtet, die Strahlenbelastung so klein wie möglich zu halten. Die Menschen sind durch **äußere** und **innere** Strahlungseinwirkung gefährdet (Bild 2).

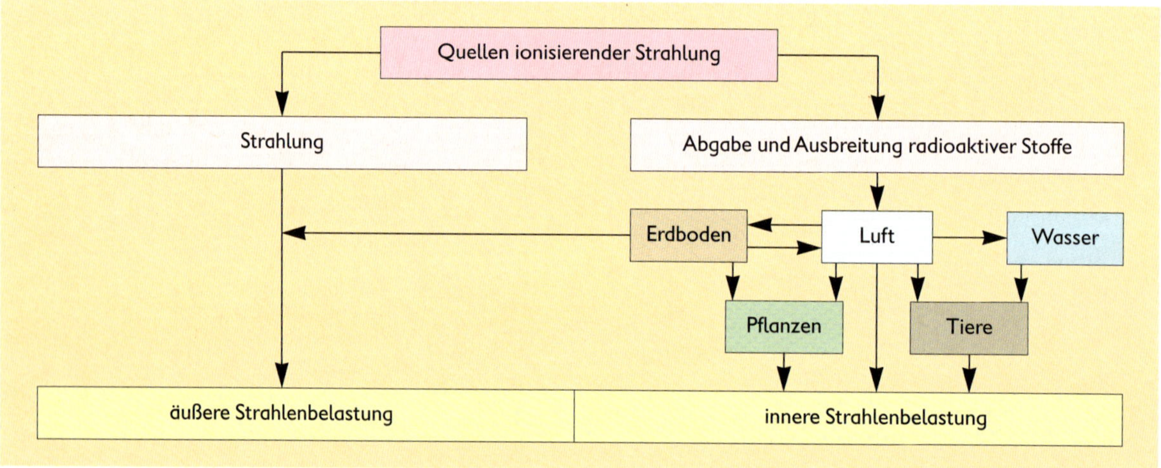

2

Schutz gegen Bestrahlung von außen ist möglich durch:
- möglichst große Entfernung zur Strahlungsquelle,
- geringe Dauer der Strahlungseinwirkung,
- geeignete Abschirmung.

Schutz gegen innere Strahlungsbelastung ist nur möglich, indem man keine radioaktiven Stoffe in den Körper eindringen lässt. Hierauf haben die meisten Menschen nur Einfluss, indem sie den Genuss von radioaktiv verseuchten Lebensmitteln und Getränken vermeiden. Die Luft und das Wasser von Verschmutzungen, auch radioaktiven, frei zu halten, ist Aufgabe der Gesellschaft, zu der natürlich der Einzelne gehört.

Der Strahlenschutz bezweckt eine möglichst geringe innere und äußere Strahlenbelastung.

Ein Blick in die Geschichte

Die Radioaktivität wurde 1896 von dem französischen Physiker *Henry Becquerel* (1852–1908) bei der Untersuchung von Uransalzen entdeckt. Die ausgesendeten Strahlen wurden deshalb lange Zeit als **Becquerelstrahlen** bezeichnet. In Paris machte sich auch die in Polen geborene *Marie Curie* (1867–1934) sehr verdient um die Erforschung der Radioaktivität. Sie wurde zweimal mit dem Nobelpreis ausgezeichnet. Auf der Suche nach weiteren strahlenden Stoffen fand sie, dass Thoriumsalze ebenfalls Becquerelstrahlen aussenden.

Umso erstaunlicher waren die Messergebnisse an Pechblende. Dieses Erz, das aus dem Uran gewonnen wird, hatte eine höhere Strahlungsintensität als reines Uran. In der Uranpechblende musste ein Stoff sein, der sehr stark strahlte. Zunächst wurde ein bis dahin unbekanntes strahlendes Element gefunden, das *Marie Curie* zu Ehren ihrer Heimat **Polonium** nannte. Aber auch mit diesem Stoff allein konnte die Strahlung der Pechblende nicht erklärt werden. 1898 fand sie Spuren einer weiteren strahlenden Substanz, die sie **Radium** (das Strahlende) nannte. Zusammen mit ihrem Mann *Pierre Curie* (1859–1934) arbeitete sie

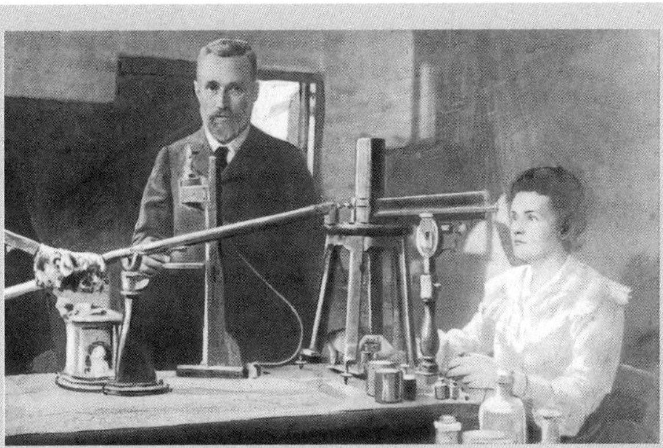

1

Marie und *Pierre Curie* im Labor

mehrere Tonnen Pechblende auf, die sie aus dem nordböhmischen Joachimsthal bekam. Die Bedingungen waren schlecht, die Arbeit mühselig und langwierig. Einige Dezigramm Radiumchlorid waren 1902 das Ergebnis. Metallisches Radium wurde einige Jahre später hergestellt.

Die Entdeckung des Radiums war eine große Tat. Die Intensität der Radiumstrahlung erwies sich als millionenfach stärker als die der Uranstrahlung. Deshalb konnten neue Eigenschaften der Strahlung entdeckt werden, wovon einige auch praktische Verwendung fanden.

Ein Blick in die Technik

Etwa 1950 fanden Einheimische in verschiedenen Felshöhlen nahe dem Ort Qumran am Toten Meer Teile von beschriebenen Lederrollen (Bild 2). Sie enthielten Texte aus dem Alten Testament. Erste Untersuchungen ergaben, dass diese Schriften möglicherweise aus der Zeit vor Christi Geburt stammten. Museen aus aller Welt bewarben sich um diese Rollen oder Teile davon. Die große Nachfrage barg natürlich die Gefahr der Fälschung. Wie konnte man nachweisen, ob die Rollen wirklich echt, d. h., so alt waren?

Mithilfe der Radioaktivität wurde ein Alter von etwa 2 100 Jahren gemessen. Möglich war diese **Altersbestimmung** mit der Radio-Carbon-Methode. Dabei nutzt man die Strahlung des radioaktiven Kohlenstoffisotops C-14, das eine Halbwertszeit von 5 700 Jahren hat.

In lebenden Pflanzen, die durch Assimilation CO_2 aufnehmen, ist ein bekannter Prozentsatz C-14 ent-

2

halten. Das Gleiche gilt für alle Tiere, die über ihre Ernährung direkt oder indirekt Kohlenstoff in den Organismus aufnehmen.

Nach dem Tode der Tiere und Pflanzen findet keine Kohlenstoffaufnahme mehr statt. Von diesem Zeitpunkt an verringert sich der C-14-Anteil durch den radioaktiven Zerfall. Über die Betastrahlung wird der C-14-Gehalt gemessen. Das Alter kann berechnet werden.

Ein Blick in die Natur

Radioaktivität im Erdinneren. Durch indirekte Untersuchungen ermittelte man die Temperatur des Erdkerns zu 4 500 °C (Bild 1). Bedingt durch diese hohe Temperaturdifferenz strömt ständig Wärme aus dem heißen Erdinneren zur Erdoberfläche. Dabei wird jährlich eine Energie von ca. 10^{14} kW · h transportiert. Das ist das Zehnfache der Weltenergieerzeugung.
Wo kommt diese Wärme her?
Die wichtigste Wärmequelle im Erdinneren ist die Radioaktivität. Die Kernstrahlung ist Träger von Energie, die letztlich in thermische Energie umgewandelt wird. So beträgt z. B. die Strahlungsenergie von 1 g Ra-226 pro Jahr 0,3 kW · h. Die Menge der in der Erde enthaltenen radioaktiven Stoffe ist so groß, dass die Temperatur im Erdkern trotz dauernder Energieabgabe konstant bleibt.

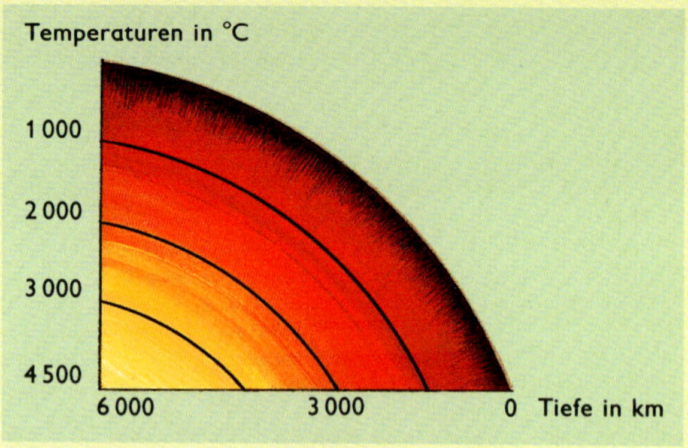

1
Erdkugel mit Temperaturprofil

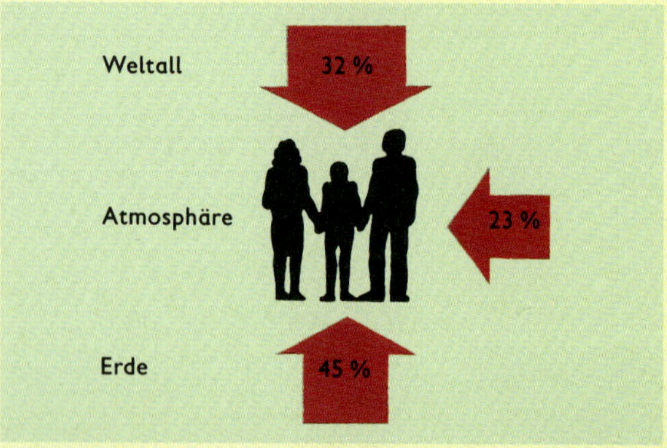

2

Strahlung radioaktiver Stoffe als Therapie. In der Medizin wird die Strahlung radioaktiver Stoffe zur Behandlung von Krebsgeschwüren eingesetzt. Eine Kobalt-Kanone (Bild 3) enthält das radioaktive Kobaltisotop Co-60, das eine energiereiche Gammastrahlung abgibt. Diese Strahlung wird auf den Krankheitsherd gerichtet, um die Krebszellen zu zerstören. Dabei muss jedoch sehr darauf geachtet werden, dass das umgebende gesunde Gewebe nicht zu stark geschädigt wird. Eine geringe Schädigung ist nicht auszuschließen.
Die beachtlichen Ausmaße der Kobalt-Kanone kommen durch die notwendige Abschirmung gegen die Gammastrahlung zustande, denn die Strahlung soll nur in eine bestimmte Richtung austreten.

Natürliche Strahlenbelastung. Seitdem es Menschen gibt, sind sie einer natürlichen Strahlenbelastung ausgesetzt, die aus 3 Komponenten besteht. Dies sind die Strahlung aus der Erde und der Luft, in der auch die Strahlung der Baumaterialien enthalten ist, die Höhenstrahlung und die innere Strahlung (Bild 2).
Somatische Schäden ruft die natürliche Strahlenbelastung wahrscheinlich nicht hervor. Die strahleninduzierte Veränderung von Genen hat möglicherweise großen Einfluss auf die Entwicklung des Lebens auf der Erde gehabt.
Obwohl sehr viel darüber geschrieben wird, ist die durch Industrie und Technik hervorgerufene Strahlenbelastung kleiner als die natürliche. 90 % entfallen auf die Medizin durch Röntgeneinrichtungen. Die Dosis durch Kernkraftwerke beträgt nur 1 % der natürlichen Strahlenbelastung. Im Normalfall liegt die Strahlenbelastung weit unter der zulässigen Grenze.

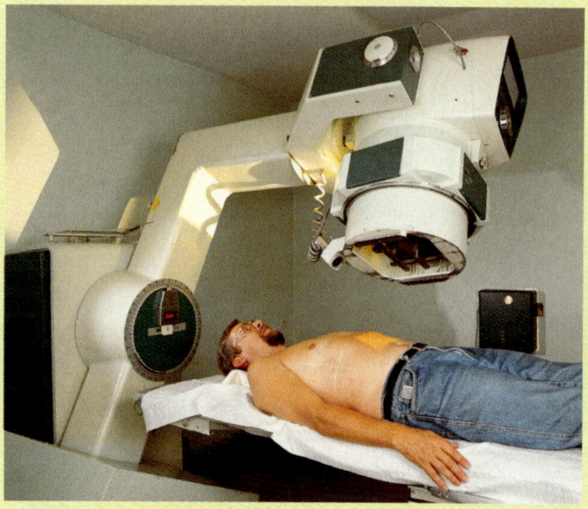
3

Gewusst? Erkannt? Gekonnt?

1. Erläutern Sie den Begriff Spontanzerfall!
2. Erläutern Sie die Gleichung
$^{226}_{88}Ra \rightarrow ^{222}_{86}Rn + ^{4}_{2}\alpha + \gamma$!
3. Wodurch unterscheidet sich der Folgekern vom Ausgangskern bei Emission von Alpha-, Beta- und Gammastrahlung?
4. Beschreiben Sie die Wirkungsweise des Geiger-Müller-Zählrohres! Nutzen Sie Ihre Kenntnisse über den Leitungsvorgang in Gasen!
5. Was sagt Ihnen die Information, dass ein betastrahlendes Präparat eine Aktivität von 50 kBq hat?
6. Erläutern Sie den Begriff Halbwertszeit!
7. Wie viel Kerne des Zn-65 sind nach 750 Tagen noch vorhanden, wenn es ursprünglich 1 Milliarde Kerne waren?
8. Wie viel Kerne des Au-194 sind nach 150 Stunden noch vorhanden, wenn es ursprünglich 1 Milliarde Kerne waren? (Zur Lösung ist ein Diagramm hilfreich.)
9. Bei einem Experiment zur Absorption mit Gammastrahlung wurden folgende Werte gemessen:

Dicke in mm	0	10	20	30
Zählrate in Imp · min^{-1}	2 000	1 320	880	590
Dicke in mm	40	50	60	70
Zählrate in Imp · min^{-1}	410	270	180	120

Wie groß ist die Halbwertsdicke? Wie dick muss die Schicht sein, damit 90 % der Strahlung absorbiert werden? Fertigen Sie zunächst ein Diagramm an!
10. Wodurch kann eine Strahlenschädigung zustande kommen?
11. Nennen Sie die wichtigsten Strahlenschutzmaßnahmen!

Kurz und knapp

Radioaktivität ist die Eigenschaft von Atomkernen, Strahlung abzugeben und sich dabei zu verändern. Man unterscheidet Alpha-, Beta- und Gammastrahlung:

Name	Art	Symbol	elektrische Ladung	Massenzahl	Änderung im Kern	Durchdringungsvermögen
α	Heliumkern	$^{4}_{2}He$	zweifach positiv	4	Massenzahl sinkt um 4 Kernladungszahl sinkt um 2	gering (0,01 mm)
β^-	Elektron	$^{0}_{-1}e$	negativ	0	Kernladungszahl steigt um 1	maximal 1 mm
β^+	Positron	$^{0}_{+1}e$	positiv	0	Kernladungszahl sinkt um 1	
γ	elektromagnetische Strahlung	$^{0}_{0}\gamma$	neutral	0	keine	einige cm bis dm

Die Aktivität eines radioaktiven Stoffes gibt an, wie viel Kerne in einer bestimmten Zeit zerfallen. Die Einheit der Aktivität ist das Becquerel (Bq).
1 Becquerel = 1 Zerfall pro Sekunde.
Die Halbwertszeit eines radioaktiven Isotops gibt an, in welcher Zeit die Hälfte der Kerne zerfällt.

Kernstrahlung kann organische Moleküle und Zellen beschädigen oder zerstören.
Strahlenschutzmaßnahmen: Große Entfernung zur Strahlenquelle, Abschirmung der Strahlung, Aufenthalt in der Strahlenzone kurz halten, Aufnahme radioaktiver Stoffe in den Körper vermeiden.

3 Kernenergie

Kernkraftwerke liefern in einigen Ländern einen beträchtlichen Anteil der Elektroenergie. In England sind es 19 %, in Deutschland 34 % und in Frankreich gar 70 %. Diese Kraftwerke stoßen keine Rauchwolken aus, wie das bei Kohlekraftwerken oft zu beobachten ist. Sie geben auch kein SO_2 und keine Stickstoffoxide ab und eine Verschmutzung der Umwelt durch die anfallende Asche tritt nicht auf. Dennoch wird die Notwendigkeit von Kernkraftwerken in der Öffentlichkeit stark diskutiert. Viele Menschen sind für deren Abschaffung. Warum? Die Kenntnis der physikalischen Vorgänge in einem Kraftwerk wird es Ihnen erleichtern, die Diskussionen zu verstehen.

1

Die Kernspaltung

Im Jahre 1938 entdeckten die deutschen Forscher *Otto Hahn* (1879–1968) und *Fritz Straßmann* (1902–1980), dass man die Atomkerne des Uran spalten kann (Bild 2).
Hahn und *Straßmann* verwendeten Neutronen für ihre Experimente. Sie beschossen metallisches Uran mit Neutronen. Nach genügend langem Beschuss fanden sie im Uran Atome von Elementen aus der Mitte des periodischen Systems, also z. B. Caesium und Ru-

2 Arbeitsplatz von *Hahn*

bidium (Bild 1). Außerdem traten aus dem Uran verstärkt Beta- und Gammastrahlung und Neutronen aus. Also mussten Urankerne gespalten worden und zusätzlich Neutronen frei geworden sein (Bild 2). Jeweils ein Neutron drang in einen U-235-Kern ein und es entstand ein U-236-Kern. Dieser zerplatzte, in unserem Fall in einen Kr-Kern und einen Ba-Kern und 3 Neutronen.
Es können auch andere Kerne entstehen und eine andere Anzahl von Neutronen frei werden. Bedingung ist nur, dass die Summe der Kernladungszahlen 92 und die Summe der Massenzahlen 236 ist. Außerdem wird ein großer Energiebetrag bei dieser Kernreaktion frei, der in Form von thermischer Energie auftritt. Wegen dieser frei werdenden Energie ist die Kernspaltung von großer Bedeutung.

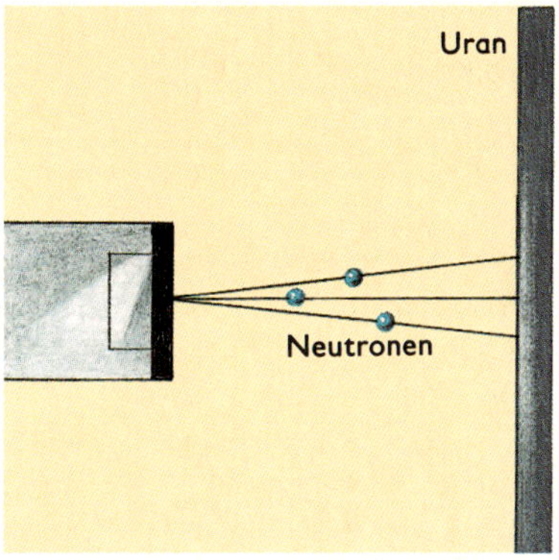

1

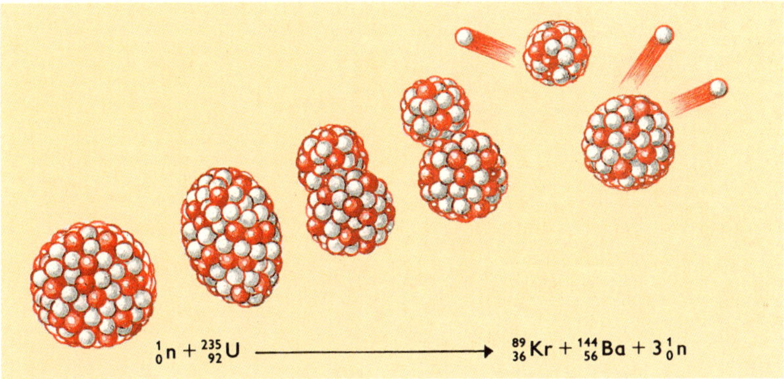

2

Ein Urankern wird gespalten, wenn er von einem Neutron getroffen wird. Dabei werden 2 oder 3 Neutronen und Energie frei.

Die Spaltprodukte, in unserem Fall Krypton und Barium, sind stark radioaktiv. Das äußert sich in einer intensiven Beta- und Gammastrahlung.

Die Kettenreaktion

Um die bei der Kernspaltung frei werdende Energie technisch nutzen zu können, müssen pro Sekunde sehr viele Urankerne gespalten werden. Für jede Spaltung wird ein Neutron benötigt. Woher soll man diese Neutronen nehmen? Neutronenquellen sind dafür zu schwach.
Die Lösung liegt im Spaltungsvorgang selbst. Wenn es gelingt, die bei der Kernspaltung frei werdenden Neutronen zu weiteren Kernspaltungen zu veranlassen, kann eine Kettenreaktion in Gang gesetzt werden. Bild 3 zeigt diesen Vorgang, wenn je Spaltung 3 freie Neutronen auftreten, die ihrerseits je eine Spaltung hervorrufen. Ausgehend von einem Neutron haben wir in der zweiten Generation 3, in der dritten Generation 9, in der vierten Generation 27 freie Neutronen und so fort.
Lawinenartig wächst die Anzahl der freien Neutronen und damit die Anzahl der pro Sekunde gespalteten Kerne.

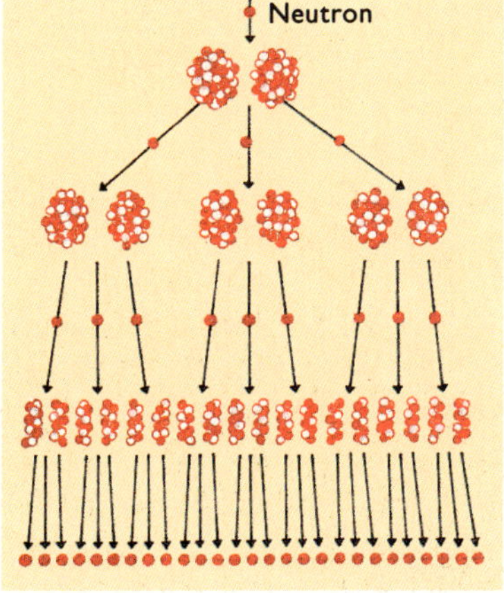

3

In einer Anlage zur Nutzung der Kernenergie darf ein lawinenartiges Anwachsen der Spaltrate nicht eintreten, da in kürzester Zeit so viel Energie frei würde, dass es einer Explosion gleich käme. Bei der Inbetriebnahme muss der Neutronenstrom zunehmen, bis die gewünschte Energie pro Sekunde abgegeben wird. Von da ab darf pro Spaltung nur 1 Neutron zur weiteren Spaltung genutzt werden (Bild 1). Einen solchen Vorgang nennt man eine **gesteuerte Kettenreaktion**.

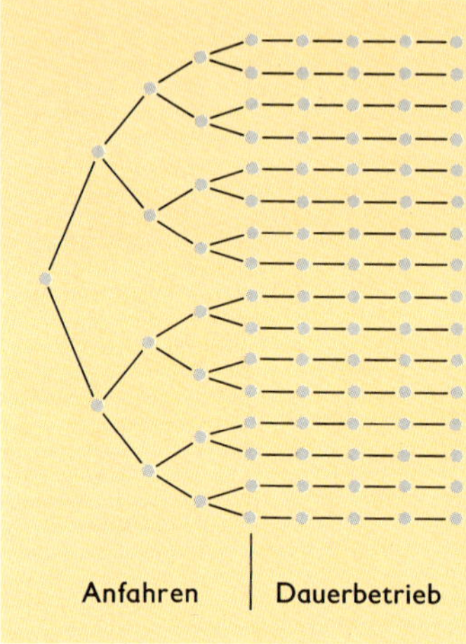

1

Das Spaltmaterial. Das in der Natur vorkommende Uran besteht zu 99,3 % aus U-238 und zu 0,7 % aus U-235 (Bild 2). **Nur das U-235 ist mit Neutronen spaltbar.** Die Trennung der beiden Isotope ist mit sehr großem Aufwand verbunden. Deshalb gibt man sich mit angereichertem Uran zufrieden, in dem das U-235 zu 3 % bis 4 % enthalten ist.

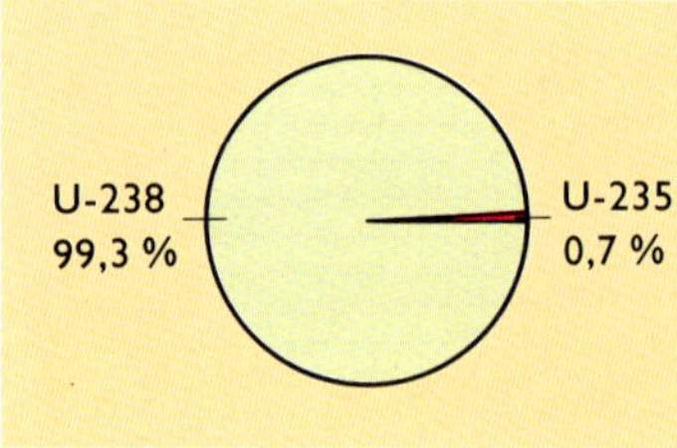

2

Die kritische Masse. Um eine Kettenreaktion aufrecht erhalten zu können, muss eine Mindestmasse an Spaltmaterial vorhanden sein, weil sonst zu viele Neutronen verloren gehen. Diese Masse nennt man **kritische Masse**. Ist die Masse zu klein, treten sehr viele der erzeugten Neutronen aus und stehen zur weiteren Spaltung nicht mehr zur Verfügung. Bei größerer Masse bleiben genügend Neutronen im Spaltmaterial, um eine Kettenreaktion zu ermöglichen.

Die Spaltneutronen. Die bei einer Kernspaltung frei werdenden Neutronen haben eine sehr hohe Energie. Mit diesen ist eine Kettenreaktion nur in reinem Spaltmaterial, also z. B. in U-235, möglich. Liegt das U-235 nicht in reiner Form vor, wie beim angereicherten Uran, braucht man Neutronen sehr geringer Energie, die man als **langsame Neutronen** bezeichnet.

Durch Abbremsung macht man aus energiereichen Neutronen langsame Neutronen. Diese Abbremsung gelingt durch Zusammenstöße mit Atomkernen. Wasserstoffkerne sind besonders gut geeignet, da sie die gleiche Masse haben wie die Neutronen. Die Bremssubstanz heißt **Moderator**. Wasser ist besonders gut als Moderator geeignet.

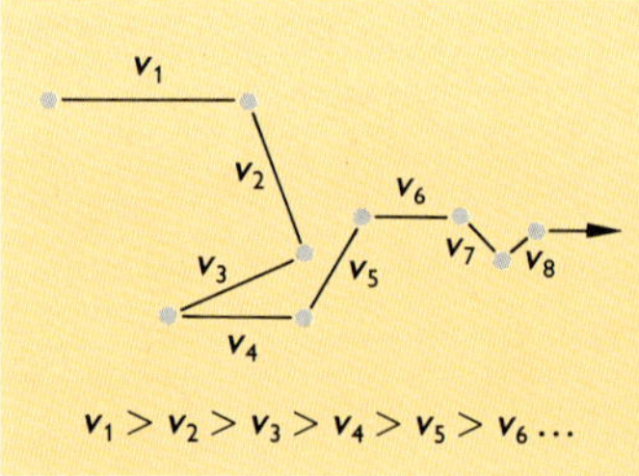

3

Der Kernspaltungsreaktor

Im Kernspaltungsreaktor findet die gesteuerte Kettenreaktion statt. Kernreaktoren werden für Forschungszwecke, als starke Neutronenquellen und zur Energieerzeugung gebaut. Entsprechend dem Verwendungszweck und den unterschiedlichen Konstruktionsmöglichkeiten gibt es verschiedene Reaktortypen.

Der **Brennstoff** ist das Spaltmaterial, meist angereichertes Uran. Er wird in vielen Reaktortypen in Form von Stäben (Ø 1 cm bis 2 cm; Länge 1 m bis 4 m), die in gasdichten Metallmänteln stecken, verwendet. Diese Stäbe werden meist zu Gruppen zusammengefasst, die man als **Brennelemente** bezeichnet (Bild 2, folgende Seite). Diese Brennelemente werden im Reaktorgefäß so befestigt, dass sie leicht austauschbar sind.

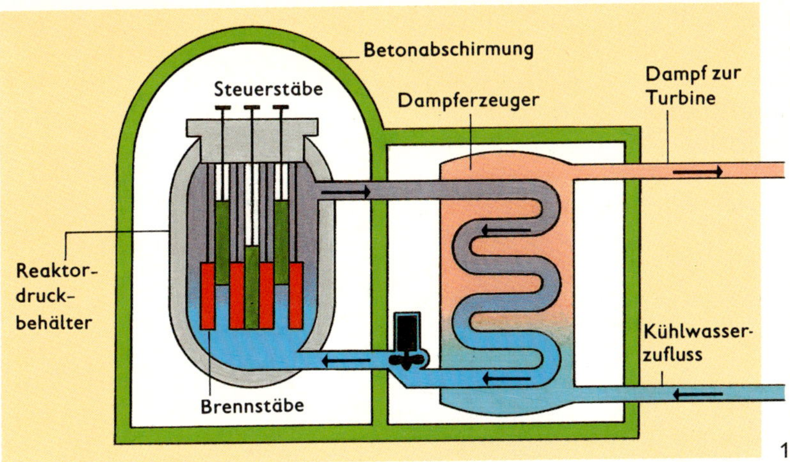

1

2

Der **Moderator** dient der Abbremsung der bei der Kernspaltung entstehenden schnellen Neutronen, also der Umwandlung der schnellen Neutronen in langsame Neutronen. Als Moderator wird Wasser oder Grafit verwendet. Bei einem wassermoderierten Reaktor hängen die Brennelemente im Wasser.

Die **Regelvorrichtung** dient der Steuerung der Kettenreaktion. Sie besteht aus Cadmium- oder Borstäben, deren Eintauchtiefe in das Reaktorgefäß verstellbar ist. Cadmium und Bor haben ein sehr großes Absorptionsvermögen für Neutronen, sie fangen praktisch alle in sie hineingelangenden Neutronen ein. Werden die Regelstäbe aus der aktiven Zone des Reaktors herausgezogen, schwillt der Neutronenstrom an. Tauchen sie etwas ein, bleiben der Neutronenstrom und damit die Spaltrate konstant. Werden die Regelstäbe noch weiter hineingeschoben, verringert sich der Neutronenstrom und kommt zum Erliegen. **Schnellabschaltstäbe** sorgen im Notfall für das Abbrechen der Kettenreaktion innerhalb weniger Sekunden.

Die **Kühleinrichtung** hat die Aufgabe, die bei der Spaltung frei werdende Energie abzutransportieren. Das meistverwendete Kühlmittel ist Wasser. Wegen der weit über 100 °C liegenden Temperatur wird das Wasser unter einem Druck bis zu 20 MPa gehalten, um eine Dampfbildung zu verhindern.

Das **Reaktorgefäß** ist im Allgemeinen ein druckfestes Stahlgefäß, in dem alle Funktionselemente des Reaktors untergebracht sind (Bild 3).

Die **Abschirmung** wird zum Schutz der Menschen vor der im Reaktor entstehenden Neutronen- und Gammastrahlung unbedingt benötigt. Dabei besteht die Schwierigkeit, dass zur Abschirmung der Neutronen Elemente niedriger Ordnungszahl, zur Abschirmung der Gammastrahlung Elemente hoher Ordnungszahl am günstigsten sind. Ein geeigneter Kompromiss als Abschirmmaterial ist Schwerbeton.

3

Die wesentlichen Bestandteile eines Kernspaltungsreaktors sind die Brennelemente, der Moderator, die Regelvorrichtung, die Kühleinrichtung und die Abschirmung.

Kernfusion

Die Erhaltung der Natur erfordert einen sparsamen Umgang mit Energie. Dennoch müssen neue Energiequellen erschlossen werden, denn die Reserven an brennbaren Stoffen und an spaltbarem Uran sind nicht unerschöpflich. Alternative Energiequellen, wie Sonne und Wind, sind nicht ergiebig genug. Deshalb wird intensiv nach anderen Möglichkeiten zur Energiebereitstellung geforscht. Eine Möglichkeit stellt die technische Nutzung der Kernfusion dar, deren Erforschung mit sehr großem Aufwand verbunden ist (Bild 1).

1

Bei der **Kernfusion** werden leichte Kerne miteinander verschmolzen.

Beispiel: 2 Deuteriumkerne, das sind Atomkerne des Wasserstoffisotops H-2, verschmelzen zu einem Heliumkern. Außerdem wird ein Neutron frei:

$^2_1\text{d} + ^2_1\text{d} \rightarrow ^3_2\text{He} + ^1_0\text{n}$.

Die freigesetzte Bindungsenergie ist sehr groß. Die bei der Fusion von 1 kg Deuterium abgegebene Energie entspricht der Verbrennungswärme von 3 Millionen Tonnen Steinkohle. Solche Fusionsprozesse dienen in der Sonne und in Fixsternen zur Energieerzeugung.

Warum muss man dann auf der Erde solch einen großen Forschungsaufwand betreiben? Der Grund liegt in der gleichnamigen Ladung der Atomkerne. Durch sie wird die genügende Annäherung der Atomkerne, die zur Verschmelzung nötig ist, stark behindert. Erst bei Temperaturen von ca. 100 Millionen K ist die Geschwindigkeit der Kerne so groß, dass sie die abstoßenden Kräfte überwinden können. Es gibt jedoch keinen Werkstoff, der diese Temperaturen verträgt. Starke Magnetfelder sollen anstelle von stofflichen Wänden das hoch erhitzte Gas zusammenhalten. Zurzeit gelingt dies nur für Bruchteile von Sekunden.

Dennoch ist man sicher, das Ziel zu erreichen. Auf dem Wege dahin sind auch viele Forschungsergebnisse zu erwarten, die weit über das Gebiet der Stromerzeugung hinausgehen.

Kernwaffen

Die Entdeckung der Kernspaltung des Urans und der Kettenreaktion zur Aufrechterhaltung des Prozesses fiel in die Vorbereitungszeit des 2. Weltkrieges. Deshalb ist es nicht verwunderlich, dass Forschung und Entwicklung zunächst auf die kriegerische Nutzung gerichtet wurden. Durch enorme Konzentration von Wissenschaftlern und Mitteln gelang es innerhalb weniger Jahre, diese Vernichtungswaffen zu bauen und sogar zum Einsatz zu bringen. Die japanischen Städte Nagasaki und Hiroshima (Bild 1) wurden im August 1945 durch je eine Kernspaltungsbombe zerstört. Mehrere hunderttausend Menschen starben. Viele Sekundärschäden, z. B. Missbildungen bei Neugeborenen, treten auch heute noch auf.

1

Es gibt Kernspaltungs- und Kernfusionswaffen.
In einer **Kernspaltungsbombe** wird U-235 oder Pu-239 durch schnelle Neutronen unter starker Energieabgabe gespalten. Das Prinzip ist einfach: Sobald die kritische Masse an Spaltmaterial erreicht oder überschritten wird (etwa 12 kg), setzt die Kettenreaktion ein und breitet sich lawinenartig aus. Sehr viel Energie wird schlagartig freigesetzt.
Vor dem gewünschten Explosionszeitpunkt darf die kritische Masse nicht erreicht werden. Man stellt zwei Halbkugeln aus Spaltmaterial mit unterkritischer Masse her, die zusammen die kritische Masse überschreiten. Diese Halbkugeln werden in genügendem Abstand so in einem Zylinder untergebracht, dass sie zu einer Kugel vereinigt werden können.
Damit die Energieproduktion möglichst konzentriert und lange ablaufen kann, werden die Halbkugeln mit Sprengladungen aufeinander geschossen (Bild 2).
Im Moment der Vereinigung der beiden Kugeln nimmt das Spaltmaterial eine Temperatur von 50 Millionen Kelvin an.
Der Druck beträgt 100 000 MPa.
Damit das Spaltmaterial nicht zu schnell auseinander platzt, wird die Bombe mit einem dicken Stahlmantel umgeben, der auch noch als Neutronenreflektor dient. Trotzdem wird nur etwa 1 kg Spaltmaterial gespalten. Der Rest verdampft.

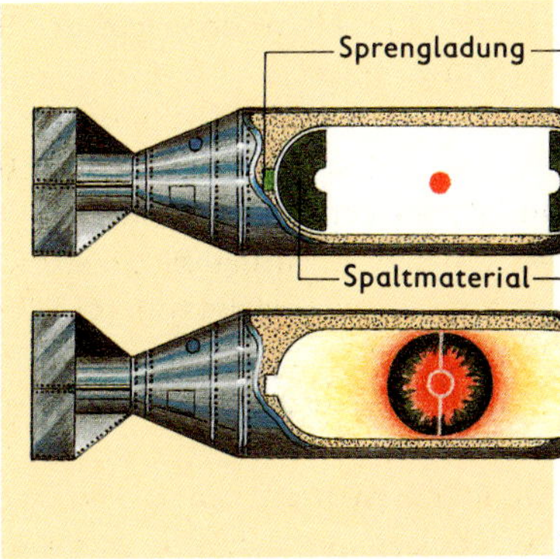

2

Prinzip einer Kernspaltungsbombe

Die Sprengkraft einer Kernwaffe gibt man in Äquivalenten zum hochbrisanten Sprengstoff TNT (Trinitrotoluol) an.
Sie beträgt für die beschriebene Bombe die unvorstellbare Menge von 20 000 Tonnen TNT.
In einer **Kernfusionsbombe** (auch Wasserstoffbombe genannt) wird z. B. Lithiumdeuterid – LiD – nach folgendem Mechanismus in Helium umgewandelt, wobei Energie frei wird:

$${}^{6}_{3}\text{Li} + {}^{1}_{0}\text{n} \rightarrow {}^{4}_{2}\text{He} + {}^{3}_{1}\text{T} + 4{,}6\ \text{MeV}$$

$${}^{3}_{1}\text{T} + {}^{2}_{1}\text{D} \rightarrow {}^{4}_{2}\text{He} + {}^{1}_{0}\text{n} + 17{,}6\ \text{MeV}.$$

Die notwendigen Neutronen werden in diesem Zyklus selbst erzeugt. Die für die Fusion nötige hohe Temperatur des Gasgemisches erreicht man durch eine Kernspaltungsbombe. Eine Kernfusionsbombe besteht also aus 2 Teilen: einer Kernspaltungsbombe als „Zünder“ und einem Mantel aus fusionsfähigem Material. Die Sprengkraft einer Fusionsbombe ist unbegrenzt. Bomben mit der ungeheueren Sprengkraft von einigen Millionen Tonnen TNT sollen schon erprobt worden sein.
Das Bild 1 zeigt den entstehenden Feuerball bei der Explosion einer Atombombe.

1

Die Wirkungen von Kernwaffen bestehen in einer starken Druckwelle, einer enormen Licht- und Wärmestrahlung und einer intensiven Kernstrahlung. Dabei sind besonders die Neutronen gefährlich, da sie ihrerseits Radioaktivität erzeugen. Auch die Spaltprodukte tragen zur Verseuchung der Umgebung bei.
Bei der Explosion werden große Mengen radioaktiver Stoffe in höhere Atmosphärenschichten geschleudert, aus der sie nur langsam ausgeschieden werden. Noch Jahre nach den letzten Testexplosionen konnte man überall auf der Erde eine erhöhte Radioaktivität des Regens messen.
Es ist auf die Vernunft der Verantwortlichen zu hoffen, damit diese Waffen nie eingesetzt werden.
Weltweit sind sehr viele Kernwaffen vorhanden. 8 % davon würden ausreichen, die gesamte Erde unbewohnbar zu machen. Deshalb sind politische Konzepte notwendig, um die Selbstzerstörung der Menschheit zu verhindern. Die meisten Länder der Erde, auch die Bundesrepublik Deutschland, haben sich im Atomwaffensperrvertrag verpflichtet, auf die Herstellung und den Besitz von Kernwaffen zu verzichten.

2

Testgelände Bikini-Atoll:
Noch 25 Jahre nach der letzten Testexplosion war die Strahlung für Menschen gefährlich.

Ein Blick in die Technik

Kernkraftwerke. In Kernkraftwerken wird die im Kernspaltungsreaktor erzeugte thermische Energie zur Gewinnung elektrischer Energie eingesetzt. Dabei treten folgende Energieumwandlungen auf (Bild 1). Die durch die Kernspaltung erzeugte thermische Energie wird durch das Kühlwasser abgeführt und aus Sicherheitsgründen in einem Wärmetauscher an das Wasser eines 2. Kreislaufes übertragen. Das Wasser im 2. Kreislauf verdampft. Der Dampf treibt eine Turbine an, die mit einem Generator gekoppelt ist. Der Generator wandelt die mechanische Energie in elektrische Energie um.

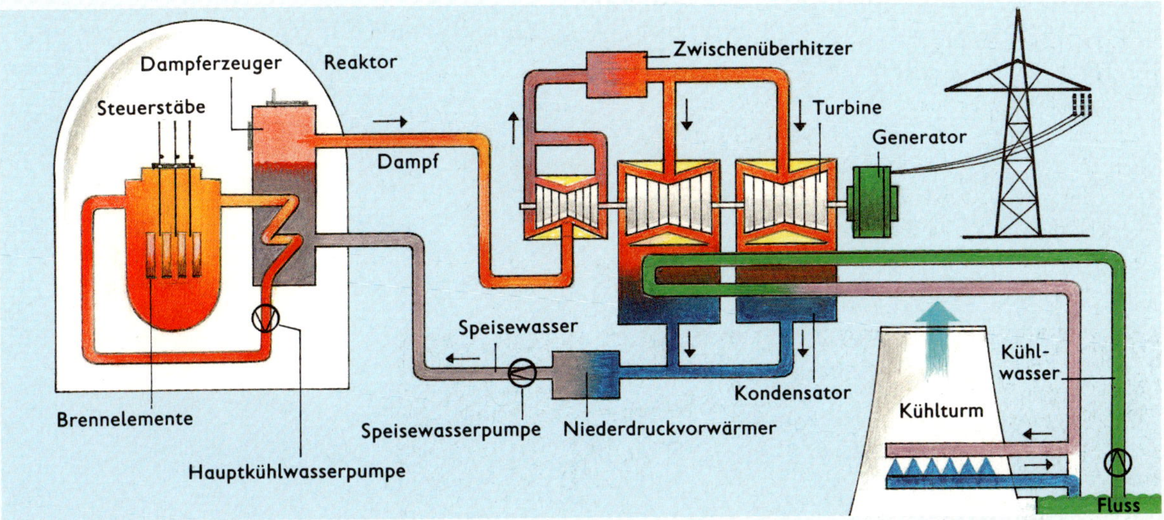

1

Der Reaktor und der 1. Kreislauf sind in einem runden Behälter untergebracht. Dieser Behälter ist eine Stahlkugel von ca. 50 m Durchmesser, die nur aus Sicherheitsgründen vorhanden ist. Um diese Kugel befindet sich zur Erhöhung der Sicherheit, z. B. gegen Flugzeugabstürze, ein Betonmantel.

Am Beispiel des in der Nähe von München erbauten Kernkraftwerkes Isar 2 (Bild 2) sollen Sie eine Vorstellung von der Größe einer solchen „Energiefabrik" erhalten. Das Kraftwerk kann eine elektrische Leistung von 1 310 MW abgeben. Zum Vergleich: Stuttgart hat einen Bedarf von etwa 1 000 MW.

2

Das Reaktorgefäß hat eine Höhe von etwa 12 m und eine Masse von ≈ 510 t. Darin befinden sich 193 Brennelemente mit je 300 Brennstäben. Die Gesamtmasse des Urans beträgt 108 t. Beim jährlich stattfindenden Wechsel der verbrauchten Brennelemente gegen frische wird ein Drittel der Brennelemente entnommen. Beim Verlassen des Reaktors hat das Kühlwasser eine Temperatur von 320 °C und einen Druck von 16 MPa. Im Wärmetauscher wird Dampf von 280 °C und 6,4 MPa erzeugt, der die Turbinen antreibt.

Sicherheitskonzept eines Kernkraftwerkes. Kerntechnische Anlagen sind so zu bauen, dass auf keinem Fall unzulässige Mengen radioaktiver Stoffe in die Umgebung des Reaktors austreten können. Durch verschiedene Sicherheitsvorkehrungen wird das erreicht:

1. **Passive Schutzeinrichtungen** (Bild 1); 6 Barrieren verhindern auch in kritischen Situationen zuverlässig den Austritt radioaktiver Stoffe: das Kristallgitter des Brennstoffs, die Brennstabhülle, das Reaktorgefäß, die Betonabschirmung, der Sicherheitsbehälter und die Stahlbetonhülle.
2. **Aktive Sicherheitseinrichtungen** sorgen dafür, dass die passiven Barrieren unter allen Umständen ihre Aufgaben erfüllen können. Gesteuert werden sie von einem elektronischen Reaktorschutzsystem.
3. **Selbstregelungsverhalten des Reaktors.** Eine unkontrollierte Zunahme der Kernspaltungen, die zur Explosion des Kernreaktors führen könnte, ist physikalisch nicht möglich. Die meisten Reaktoren sind so konstruiert, dass bei einem Temperaturanstieg zunehmend Neutronen für die Kernspaltung verloren gehen, sodass eine höhere Spaltrate ausgeschlossen ist.

Trotz dieser mannigfachen Sicherheitsvorkehrungen werden in der Umgebung der Kernkraftwerke ständig Luft, Wasser, Boden und Pflanzen auf ihren Gehalt an radioaktiven Stoffen überprüft (Bild 2).

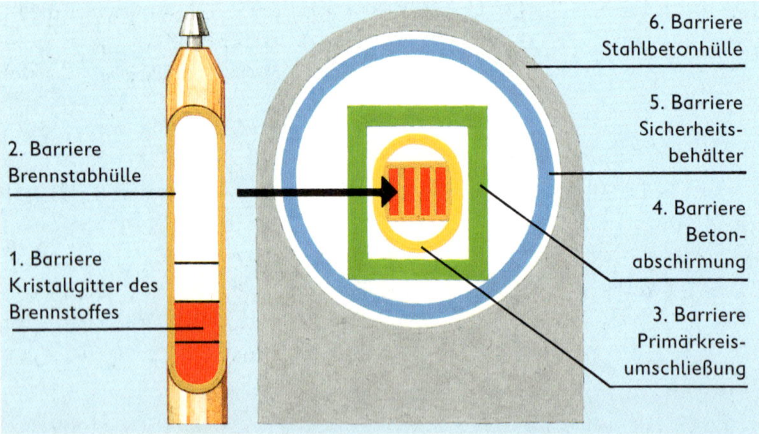

1

2

Entsorgung von Kernkraftwerken. Beim Betrieb von Kernkraftwerken entstehen radioaktive Stoffe, die entsorgt werden müssen. Da die Radioaktivität nicht aufgehoben werden kann, müssen die Abfälle so gelagert werden, dass ihre Strahlung die Menschen nicht gefährden kann. Ein Eindringen in das Grundwasser und in die Atmosphäre muss unbedingt vermieden werden.

Um ein Höchstmaß an Sicherheit zu erreichen, werden die hochaktiven Abfälle in Glas und die weniger radioaktiven Abfälle in Beton gegossen und in Fässern untergebracht. Diese Fässer werden zur vorläufigen Endlagerung in ausgediente Bergwerke gebracht, wo sie einer ständigen Kontrolle zugänglich sein müssen.

Trotz aller Sicherheitsvorkehrungen bleibt ein Restrisiko, z. B. wegen nicht vorhersehbarer geologischer Vorgänge. Deshalb sucht man für Endlagerstätten geologisch stabile Erdformationen. Salzstöcke sind besonders dafür geeignet.

In Kraftwerken vom Typ Isar 2 fallen jährlich ca. 300 m^3 aufgearbeitete radioaktive Abfälle zur Endlagerung an.

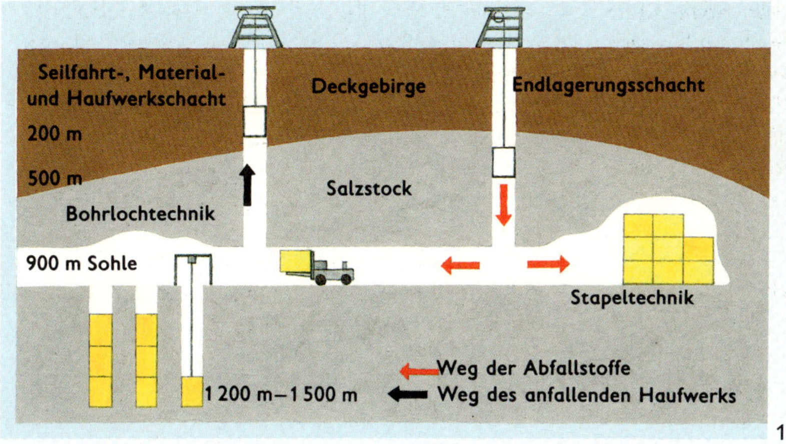

1

2

Gewusst? Erkannt? Gekonnt?

1. Erläutern Sie den Unterschied zwischen Kernspaltung und Kernfusion!
2. Beschreiben Sie eine Kettenreaktion!
3. Erläutern Sie die Rolle des Moderators!
4. Beschreiben Sie die Wirkungsweise eines Kernspaltungsreaktors!
5. Wie verhindert man das Austreten radioaktiver Stoffe aus einem Reaktor?
6. Beschreiben Sie die Wirkungsweise der Schnellabschaltstäbe!
7. Ein U-235-Kern wird durch ein Neutron in einen Ba-144-Kern und einen Kr-89-Kern gespalten. Wie viel Neutronen werden frei? Stellen Sie die Reaktionsgleichung auf!

Kurz und knapp

Bei der Spaltung eines U-235-Kerns durch ein Neutron entstehen 2 mittelschwere Atomkerne und 2 bis 3 Neutronen. Außerdem wird Energie frei.

Eine Kettenreaktion tritt auf, wenn die bei der Spaltung eines Kerns freigesetzten Neutronen weitere Spaltungen hervorrufen, bei denen wieder Neutronen frei werden, die ihrerseits Kernspaltungen bewirken usw.

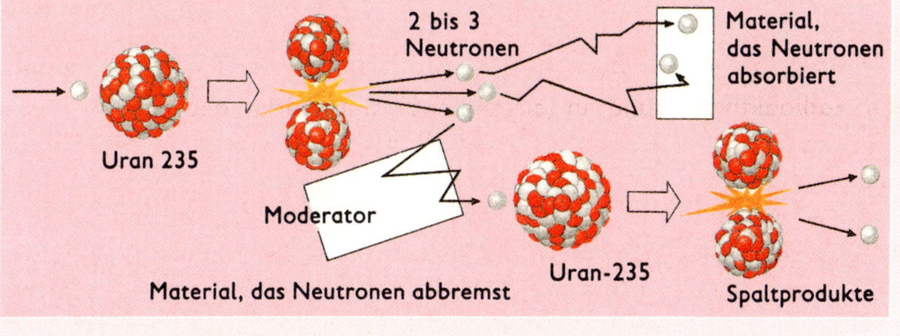

Die wichtigsten Teile eines Kernreaktors sind die Brennelemente, der Moderator, die Regelvorrichtung, die Kühleinrichtung und die Abschirmung.
Bei der Kernfusion werden leichte Atomkerne unter Energieabgabe verschmolzen.

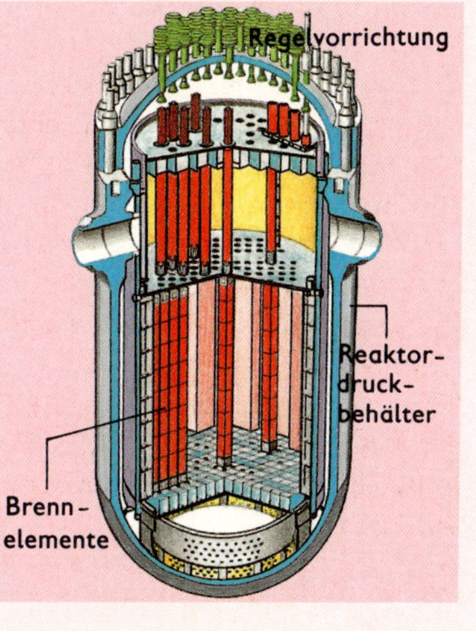

Register

Quellennachweis der Abbildungen

ADAC, München: 19/1. AEG Aktiengesellschaft, Frankfurt a. M.: 130/3. AEG Elotherm, Remscheid: 137/3. Bildart Photos, Berlin: 4/1, 5/1, 5/3, 9/1, 12/2, 23/1, 26/1, 30/1, 30/3, 36/2, 45/2, 50/2, 50/3, 51/2, 51/3, 64/1, 64/3, 71/1, 78/1, 78/2, 78/3, 80/2, 84/1, 85/4, 85/5, 88/1, 89/2, 90/1(3), 90/3, 91/1, 91/2, 94/1, 95/1, 97/2, 99/1, 102/2, 102/3, 114/1(2), 114/2(2), 115/1, 116/3, 118/1, 122/4, 126/2, 127/2, 132/1, 132/4, 133/1, 136/1, 142/1, 145/2, 147/2, 150/1, 150/2, 154/1, 155/2, 156/1, 158/3, 160/4, 161/3, 164/2, 167/2, 169/2, 170/3, 174/1, 177/2, 178/1 (a,b,c), 179/1(2), 182/4, 183/2, 183/3, 188/1, 189/2, 189/3, 192/2, 194/2, 195/2, 197/1, 197/2, 198/1, 208/2, 210/2, 212/1, 213/2, 216/2, 217/1, 219/3, 224/1, 228/2, 232/1, 234/3. Robert Bosch GmbH, Stuttgart: 138/2, 171/3. Citroën Deutschland AG, Köln: 154/2. Deutsches Museum, München: 74/1, 92/1, 102/1. 140/1, 187/2, 215/1, 233/1, 236/2. dpa, Frankfurt a. M.: 50/1. Felten + Guilleaume, Nordenhamm: 109/1. Fichtel & Sachs AG, Schweinfurt: 75/1, 75/2, 75/3, 75/4. Fischer, R., Berlin: 30/2. Hoyer, E., Galenbeck: 226/1. IBM Deutschland GmbH, Stuttgart: 158/4, 162/1, 173/2, 182/1, 194/1. Janowski, D., Henningsdorf: 218/1, 218/2. Kathrein-Werke KG, Rosenheim: 185/2, 186/1. Kraftwerk Isar GmbH, Essenbach: 243/2. Helga Lade Berliner Bildagentur GmbH, Berlin: 12/1, 30/4, 57/1, 61/3, 64/2, 85/1, 192/1, 202/1, 208/1, 219/2, 219/4. Leybold-Didactic GmbH, Hürth: 79/1, 84/2, 156/3, 157/1, 226/4, 228/3. Main-Kraftwerk AG, Frankfurt a. M.: 54/1. Mannesmann Demag, Wetter: 98/3(2). Max-Planck-Institut, Garching: 222/1, 240/1. Osram, München: 160/1. Philips GmbH, Hamburg: 161/1, 161/2, 167/3, 172/4. Phywe Systeme GmbH, Göttingen: 18/2, 28/1, 28/2, 88/3, 151/1, 204/3. Preiß, L., Berlin: 138/1. RWE, Essen: 139/2, 236/1, 239/2. Siemens AG, München: 56/1, 130/2, 164/1, 165/1, 173/1, 188/2, 204/4. Siemens KWU, Erlangen: 126/1, 129/1, 139/3, 239/3, 244/2, 245/2. Solar Energie-Technik, Altlußheim: 170/1, 171/2. Sonnenschein GmbH, Büdingen: 155/3. Telefunken, Nürnberg; 164/4. Texas Instruments Deutschland GmbH, Freising: 169/4. U. S. Information Service, Bonn: 36/1, 144/1, 169/3, 171/2, 186/2, 217/2, 241/1, 242/1, 242/2. Varta Batterie AG, Hannover: 153/1, 153/3. Volkswagen AG, Wolfsburg: 47/1(2), 47/2. VWV Archiv, Berlin: 4/2, 4/3, 10/1, 21/1, 21/2, 22/1, 46/1, 72/2, 85/2, 90/2(2), 98/1, 98/2, 100/1, 103/2, 123/1, 129/3, 129/4, 130/1, 143/6, 182/2, 187/1, 195/1, 228/4.